高等职业院校教学改革创新示范教材 · 软件开发系列

ASP.NET 程序设计项目教程

许礼捷　陆国浩　主　编

電子工業出版社
Publishing House of Electronics Industry
北京 · BEIJING

内 容 简 介

ASP.NET是微软公司推出的Web开发的主流技术之一。本书采用微软平台最新的Web动态网站开发技术ASP.NET 4.5，使用C#作为ASP.NET 4.5的开发语言，介绍Web动态网站开发所涉及的技术领域，全面讲解Web动态网站设计与开发的基本原理和主要方法。

本书在编写过程中创新性地采用了**“DAP教学模式”**，通过**Demo→Activity→Project**的教学做一体化过程，循序渐进地培养学生的编程能力，建立并完善Web动态网站开发的知识框架，逐步培养出真实的Web动态网站开发的职业岗位技能。

本书可作为应用型本科、高职高专计算机类专业Web开发课程的教材，也可作为自学人员和社会培训机构的培训用书，还可供动态网站编程开发人员作为技术学习与参考用书。

图书在版编目（CIP）数据

ASP.NET 程序设计项目教程 / 许礼捷，陆国浩主编. —北京：电子工业出版社，2016.1
高等职业院校教学改革创新示范教材. 软件开发系列
ISBN 978-7-121-27035-2

Ⅰ. ①A… Ⅱ. ①许… ②陆… Ⅲ. ①网页制作工具－程序设计－高等职业教育－教材 Ⅳ. ①TP393.092

中国版本图书馆CIP数据核字（2015）第200947号

策划编辑：程超群
责任编辑：郝黎明
印　　刷：三河市华成印务有限公司
装　　订：三河市华成印务有限公司
出版发行：电子工业出版社
　　　　　北京市海淀区万寿路 173 信箱　邮编 100036
开　　本：787×1 092　1/16　印张：19.5　字数：499 千字
版　　次：2016 年 1 月第 1 版
印　　次：2016 年 1 月第 1 次印刷
定　　价：45.00 元

凡所购买电子工业出版社图书有缺损问题，请向购买书店调换。若书店售缺，请与本社发行部联系，联系及邮购电话：（010）88254888。

质量投诉请发邮件至 zlts@phei.com.cn，盗版侵权举报请发邮件至 dbqq@phei.com.cn。

服务热线：（010）88258888。

本书以微软平台最新的Web动态网站开发技术——ASP.NET 4.5为例，介绍Web动态网站开发所涉及的技术领域，重点讲解Web动态网站设计与开发的基本原理和主要方法。编写团队结合多年的实际教学和培训经验，创新性地采用了**“DAP 教学模式”**，帮助读者掌握企业开发规范，建立Web动态网站开发的知识框架，并将掌握与理解的内容补充到这个知识框架中，逐步培养出真实的Web动态网站开发的职业岗位技能。

“DAP 教学模式”，即通过**Demo→Activity→Project 的教学模式**：

（1）Demo（基础训练）：通过 Demo 演示，教师讲述理解知识点、示范掌握技能点，然后让读者通过Demo重演，理解知识、掌握技能。

（2）Activity（提高训练）：在Demo之后，安排与Demo的知识和技能点相同的Activity案例，让读者在课堂中独立完成。从而加深理解知识点、灵活运用技能点的能力。并在此基础上安排课外 Activity（巩固训练），要求在课外独立完成，使读者进一步巩固知识点，掌握技能点，并融会贯通。

（3）Project（项目实战）：在完成Web动态网站开发所需关键知识和技能的Demo和Activity之后，最后安排Project环节作为课程设计或实训。完成多个来源于企业的实际项目，综合培养读者的实际项目开发能力。

本书的特色与创新：

（1）创新 DAP 教学模式：通过 Demo 使读者快速掌握 ASP.NET 编程的基本技能和基础知识；通过 Activity 培养学生灵活应用、融会贯通的能力；通过 Project 介绍企业实际项目的设计思路、开发流程和解决问题的方法。

（2）“教学做一体”原则：本书所选典型实例覆盖了 ASP.NET 开发中的热点问题和关键问题。所选实例具有代表性和极强的扩展性，能够给读者以启发，使读者举一反三、开发出非常实用的Web网站。所有实例都提供了源代码，方便读者使用。整个教学过程中，注重编码规范，注重学生程序设计职业能力的培养，突出实用、强调能力。

（3）校企合作方式：本书所选内容均来源于实际项目的开发，有的实例是作者开发实践的积累，有的实例来源于公司的开发项目。通过与企业专家合作，从高职院校学生的实际出发，重新设计多个企业实际项目作为教学实训案例，突出网站开发工程实践，真实反映职业岗位技能要求。

本书由沙洲职业工学院的许礼捷、陆国浩老师担任主编，周洪斌、温一军老师担任副主编，由沙洲职业工学院易顺明副教授和江苏国泰新点软件有限公司副总经理李强担任主审。其中，许礼捷老师负责第1、4、5章的编写工作，周洪斌老师负责第7、8章的编写工作，陆国浩老师负责第6章、第9、10、11章的编写工作，温一军老师负责第2、3章及附录的编写工作。全书由许礼捷、陆国浩老师统稿。

本书以Visual Studio 2013为开发平台，按实际应用进行分类，全面地介绍了基于ASP.NET开发动态网站的技术。通过本书的训练学习，可以使读者在短时间内掌握更多有用的技术，快速提高Web网站开发水平，希望读者能凭借本书迈入ASP.NET动态网站开发的大门。

同时也要注意，Web开发是非常注重实践的工作，不能仅凭看书、看视频就学会开发，必须扎扎实实、一行一行地编写代码，不断积累项目经验，才能真正掌握Web开发技术。因此，要求读者一定要自己上机操作，勤学苦练。如果能按照本书的要求，循序渐进地完成Demo→Activity→Project，以及课后的理论测试（Test），Web动态网站开发能力必将有一个质的飞跃。

本书配有丰富的教学资源，可从华信教育资源网（www.hxedu.com.cn）免费下载。

本书是沙洲职业工学院2013年度教育教学改革重点课题“基于DAP高职教学模式改革的探索与实践”（课题编号：2013SGJG002）的阶段性研究成果，同时受沙洲职业工学院2014年度国家职业教育规范教材立项课题“ASP.NET程序设计项目教程”和江苏省“青蓝工程”资助。

在本书的编写过程中，参考了书后“参考文献”所列的部分相关资料，编者在此对这些参考文献的作者表示感谢。同时，感谢电子工业出版社在本书的出版过程中所给予的支持和帮助，感谢所有在出版过程中给予编者帮助的人们。

编者虽然在编写过程中竭尽所能，但因水平和时间的限制，错误和不尽如人意之处仍在所难免，诚请本书的使用者及专家学者提出意见或建议，以便以后不断修订并使之更臻完善。

编　者

CONTENTS
目录

第 1 章

ASP.NET 开发基础

教学目标

通过本章的学习，使学生掌握.NET 框架的体系结构，理解 ASP.NET 的技术特点，掌握 IIS 的安装与配置方法，掌握 Visual Studio 2013 开发环境的安装与配置方法，掌握 SQL Server 2012 Express 安装与配置方法，熟悉 ASP.NET 网站的开发流程和注意事项。

知识点

1．.NET 框架
2．ASP.NET 技术
3．Internet 信息服务 IIS（Internet Information Services）
4．Visual Studio 2013 开发环境、Microsoft SQL Server 2012 Express 数据库
5．ASP.NET 网页语法结构
6．ASP.NET 网站开发流程

技能点

1．安装.NET 框架最新版本
2．安装配置 ASP.NET 网站的运行环境 IIS7.0
3．安装配置 ASP.NET 的官方开发工具 Visual Studio 2013 集成开发环境
4．安装配置 SQL Server 2012 Express 数据管理系统
5．使用 VS2013 开发 ASP.NET 网站
6．使用 IIS 配置虚拟网站

重点难点

1．.NET 框架的体系结构
2．VS2013 集成开发环境
3．ASP.NET 网站开发流程

专业英文词汇

1．.NET Framework：________________
2．CLR：________________
3．ASP.NET：________________
4．IIS：________________
5．SSMS：________________
6．AutoEventWireup：________________

7. CodeFile：____
8. Inherits：____

1.1 .NET 开发平台与 ASP.NET 简介

.NET Framework 又称.Net 框架，是由微软开发，一个致力于敏捷软件开发（Agile Software Development）、快速应用开发（Rapid Application Development）、平台无关性和网络透明化的软件开发平台。.NET 框架是以一种采用系统虚拟机运行的编程平台，它包括公共语言运行库 CLR（Common Language Runtime）和 .NET Framework 类库（包含支持多种技术的类、接口和值类型）。.NET Framework 提供托管执行环境、简化的开发和部署，支持多种语言（C#、VB、C++、Python 等）的开发。因此，通过.NET 开发平台，可以构建 Windows、Windows Phone、Windows Server 和 Microsoft Azure 应用程序。

.NET Framework 发展至今，已经发布了多个版本，各版本如表 1.1 所示。

表 1.1 .NET Framework 各版本汇总表

版本	完整版本号	发行日期	Visual Studio	Windows 默认安装
1.0	1.0.3705.0	2002-02-13	Visual Studio .NET 2002	Windows XP Media Center Edition
				Windows XP Tablet PC Edition
1.1	1.1.4322.573	2003-04-24	Visual Studio .NET 2003	Windows Server 2003
2.0	2.0.50727.42	2005-11-07	Visual Studio 2005	
3.0	3.0.4506.30	2006-11-06		Windows Vista
				Windows Server 2008
3.5	3.5.21022.8	2007-11-19	Visual Studio 2008	Windows 7
				Windows Server 2008 R2
4.0	4.0.30319.1	2010-04-12	Visual Studio 2010	
4.5	4.5.40805	2012-02-20	Visual Studio 2012 RC	Windows 8 RP
				Windows Server 8 RC

同时，各版本之间的关系如图 1-1 所示。

.NET Framework 4.5 之后，微软在 Builder 2013 开发者大会上发布了 Visual Studio 2013 预览版，并且发布其程序组件库.NET 4.5.1 的预览版。该软件已于北京时间 2013 年 11 月 13 日 23:00 时正式发布。之后还陆续发布了 4.5.2 和 4.5.3。.NET Framework 4.6 是.NET 框架的下一个版本，将包含在 Visual Studio 2015 一起发布。2014 年末，微软公司发布.NET 2015 预览版。.NET 将进入一个新时代，它包括把开放源码作为核心原则，并使.NET 应用程序可以在多个操作系统上运行。

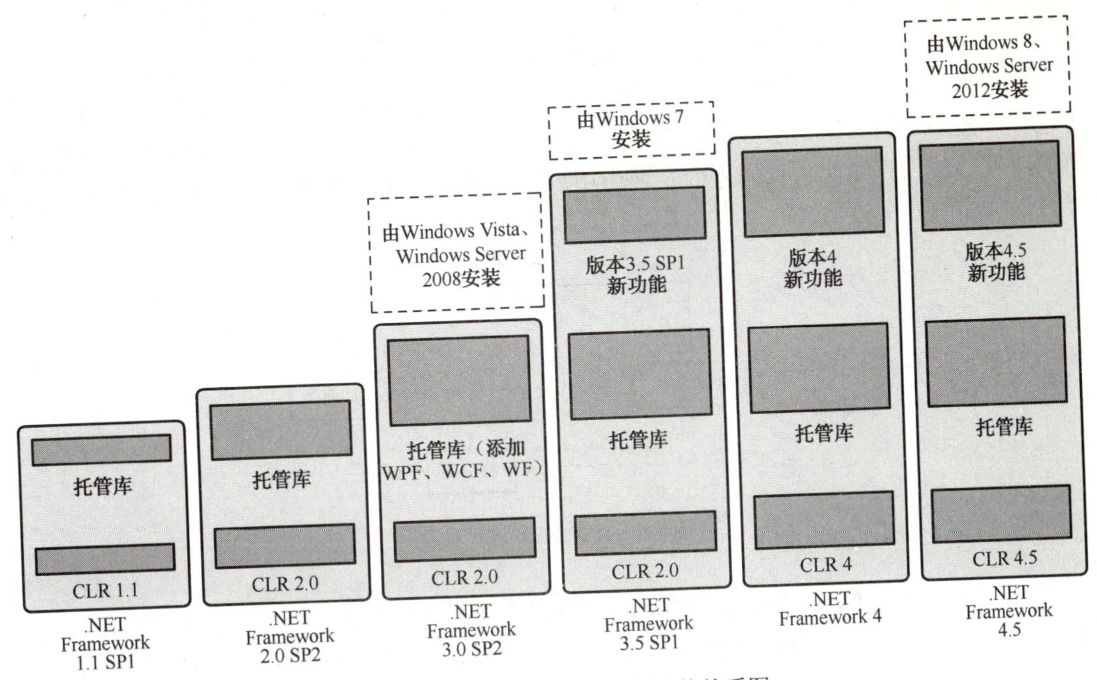

图 1-1　.NET Framework 各版本的关系图

☞ACTIVITY

查看本机 Microsoft.NET Framework 的版本信息有以下两种方法。

① 打开"我的电脑"，在地址栏输入 %systemroot%\Microsoft.NET\Framework；从列出来的文件夹中，可以看到以版本号为目录名的几个目录，而这些目录显示的最高版本号即本机.NET Framework 版本号。

② 在 IE 浏览器中，输入 javascript:alert(navigator.userAgent)；看.NET CLR 后面带的版本号最高到哪个数字，即本机.NET Framework 版本号。

1.2　开发环境的安装与使用

1.2.1　ASP.NET 的运行机制

ASP.NET（Active Server Pages.NET）是 Microsoft .NET Framework 中一套用于生成 Web 应用程序和 Web 服务的技术。它是.NET Framework 的一部分，是一项微软公司的技术。它不是一种语言，而是创建动态 Web 页的一种强大的服务器端技术，利用公共语言运行时（Common Language Runtime）在服务器后端为用户提供建立强大的企业级 Web 应用服务的编程框架。ASP.NET 是 ASP 的 NET 版本，可以创建动态 Web 页面。但是 ASP.NET 却与 ASP 完全不同，可以说微软重新将 ASP 进行编写和组织形成 ASP.NET 技术。

ASP.NET 页在服务器上执行，并生成发送到桌面或浏览器的标记（如 HTML、XML 或者 WML）。可以使用任何.NET 兼容语言（比如 Visual Basic.NET、C#）编写 Web 服务文件中的服务器端（而不是客户端）。ASP.NET 页面使用一种由事件驱动的、已编译的编程模型，这种模型可以提高性能并支持将用户界面层同应用程序逻辑层相隔离。

ASP.NET 页面分为前台页面文件.aspx 和后台代码文件.cs，当用户第一次请求该页面时，

ASP.NET 引擎会将前台页面.aspx 文件和后台代码文件.cs 合并生成一个页面类，然后再由编译器将该页面类编译为程序集，再由程序集将生成的静态 HTML 页面返回给客户端浏览器解释运行，当用户第二次请求该页面时，直接调用编译好的程序集即可，从而大大提高打开页面的速度。正因为如此，我们才会发现当用户第一次打开该页面时速度会很慢，但是以后再打开该页面时速度会很快的原因。其运行机制如图 1-2 所示。

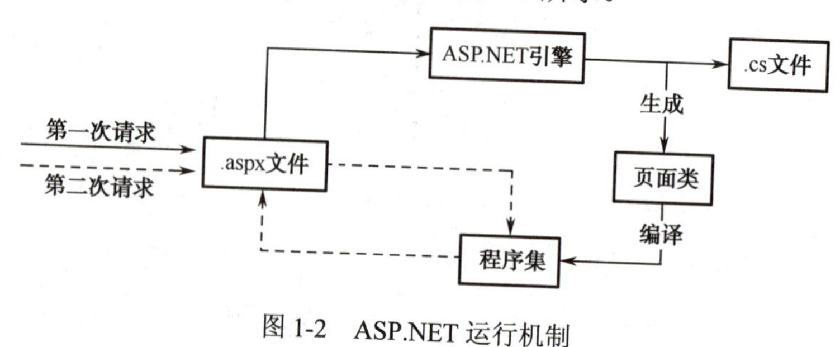

图 1-2　ASP.NET 运行机制

注意：ASP.NET 仅处理具有.aspx 文件扩展名的文件，具有.asp 文件扩展名的文件继续由 ASP 引擎来处理。会话状态和应用程序状态并不在 ASP 和 ASP.NET 页面之间共享。

1.2.2 ASP.NET 的开发环境要求

本书采用的.NET 版本为 4.5，ASP.NET 版本为 4.5。ASP.NET 4.5 的官方开发工具是 Visual Studio 2012 或 2013，本书以 Visual Studio 2013 进行开发。因此在使用 ASP.NET 开发工具之前，需要搭建 Visual Studio 2013 集成开发环境。在开发网站过程中，使用 Visual Studio 集成环境开发并运行网站。当网站发布后，ASP.NET 是在 IIS 服务器中运行的。

如果要开发和运行 ASP.NET 4.5 的网站程序，对软、硬件环境有一定的要求。

1．软件环境

（1）操作系统：Windows 7 SP1、Windows 8 及以上版本；

（2）服务软件：IIS（Internet Information Services）7.0 及以上版本，.NET Framework，如果有 Visual Studio.NET 套件，则只需要在 IIS7.0 基础上安装此套件即可。

（3）客户端浏览器：Internet Explorer 6.0 或以上版本。

2．硬件环境

对运行 ASP.NET 的计算机而言，硬盘及内存越大越好，其中内存最好在 1GB 以上。

1.2.3 IIS 的安装与配置

大部分 Windows 操作系统中，IIS 是需要手动安装的。下面以 Windows 7 为例，说明 IIS 的安装步骤。

☞DEMO

（1）安装 IIS。首先进入 Windows 7 的“控制面板”→“程序”→“程序和功能”，选择左侧的“打开或关闭 Windows 功能”，如图 1-3 所示。

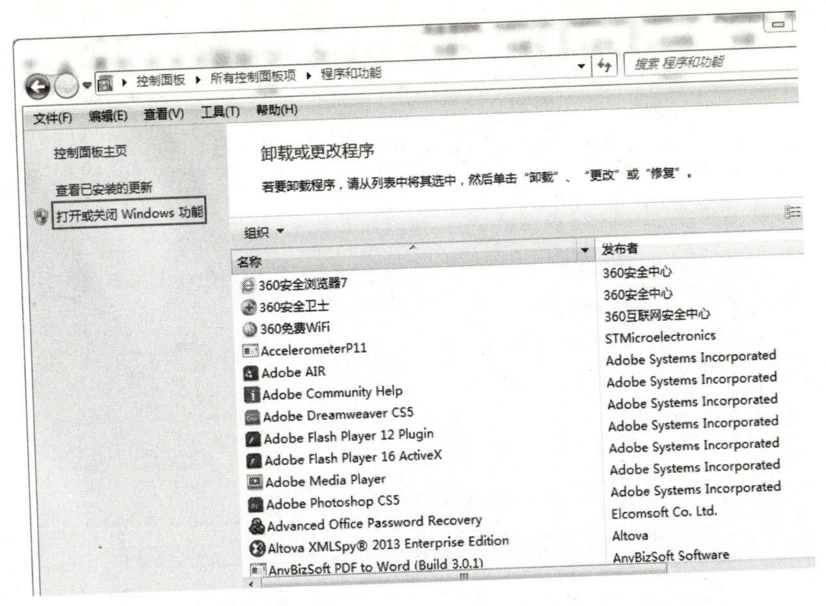

图 1-3　打开或关闭 Windows 功能

然后，出现了安装 Windows 功能的选项菜单，注意选择的项目，需要手动选择需要的功能，按图 1-4 所示，把需要安装的服务都选中。

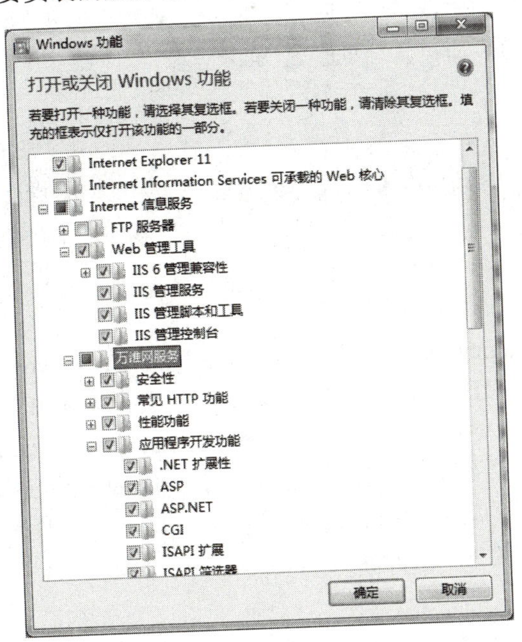

图 1-4　勾选需要安装的 IIS 服务组件

单击“确定”按钮，稍候即可完成 IIS 组件的安装。

（2）配置 IIS。安装完成后，再次进入控制面板，选择“管理工具”，双击“Internet（IIS）管理器”选项，进入 IIS 设置。或者通过右击“计算机”，打开“管理→服务和应用程序→Internet 信息服务（IIS）管理器”，即可进入 IIS 设置，如图 1-5 所示。同时选择默认网站“Default Web Site”，单击操作窗口中的“浏览*:80（http）”，即可在浏览器中打开默认网站，如图 1-6 所示。

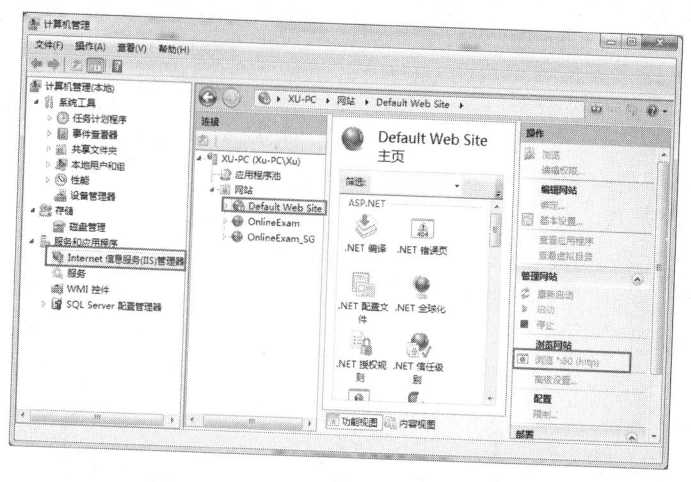

图 1-5　Internet 信息服务（IIS7.0）

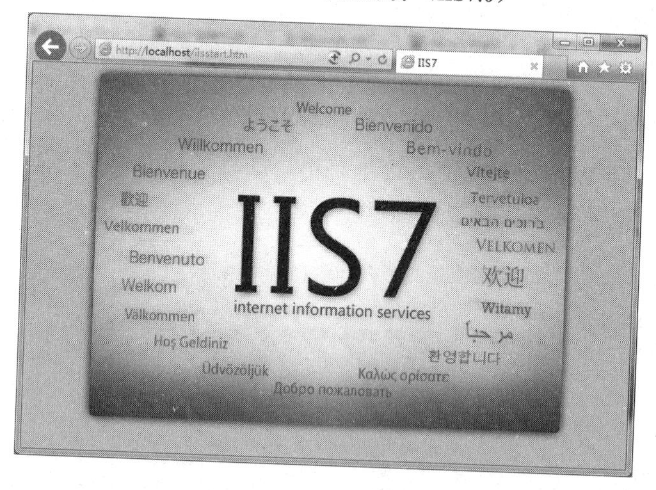

图 1-6　默认网站首页

注意：.NET Framework 4.5 是一个针对 .NET Framework 4 的高度兼容的就地更新，.NET Framework 4.5 在 IIS 中显示为 4.0。而且，一定要先安装 IIS，再安装.NET Framework。

如果后安装 IIS，则需要在 IIS 中重新注册.NET Framework，注册的方法是：

使用管理员身份运行“命令提示符”，进入 C:\WINDOWS\Microsoft.NET\Framework\，并可以看到系统中安装的.NET Framework 版本列表。以 4.0 和 4.5 版本为例，应进入 v4.0.30319 文件夹，在命令行模式下输入：aspnet_regiis　–i

如图 1-7 所示。

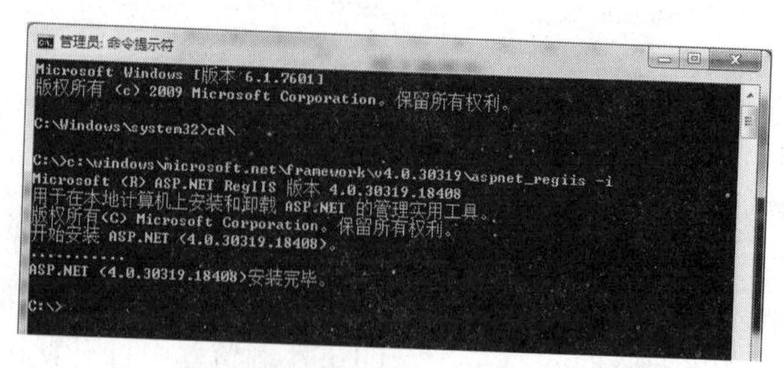

图 1-7　重新注册.NET Framework

✍思考

① 如何查看本机 IIS 是否安装？本机 IIS 默认网站的端口号是多少？

② 浏览本机和其他主机的 IIS 网站的方法有哪些？

③ 如何设置防火墙，允许局域网中的主机访问本机的默认网站。

☞ACTIVITY

在自己的电脑上完成如下操作：

① 检查本机 IIS 是否安装；

② 浏览本机 IIS 默认网站；

③ 浏览局域网中其他主机上的默认网站。

1.2.4 Visual Studio 2013 的安装与使用

1. Visual Studio 2013 的安装

安装 Visual Studio 2013 开发环境的软、硬件配置要求如表 1.2 所示。

表 1.2　安装 Visual Studio 2013 的配置要求

软　硬　件	配　置　要　求
操作系统	● Windows 8.1（x86 和 x64） ● Windows 8（x86 和 x64） ● Windows 7 SP1（x86 和 x64） ● Windows Server 2012 R2 (x64) ● Windows Server 2012 (x64) ● Windows Server 2008 R2 SP1 (x64)
IE 版本	IE10 及以上版本
体系结构	32 位（x86）\64 位（x64）
CPU 处理器	1.6 GHz 或更快的处理器
内存	1 GB RAM（如果在虚拟机上运行，则为 1.5 GB）
硬盘空间	10 GB 可用硬盘空间
硬盘转速	5400 RPM 硬盘驱动器
显卡	与 DirectX 9 兼容的视频卡，其显示分辨率为 1024×768 或更高

☞DEMO

主要的安装步骤如下：

（1）如果系统没有安装 IE10，需要单击“安装 Internet Explorer”下载 IE10 并安装，如果已安装就不会出现这个提示。注：以下以 Windows 7 32 位系统为例， 64 位系统的安装方法也是一样的，Win8/8.1 自带了 IE10 或者 10 以上版本，所以就不需要单独去升级了，如图 1-8 所示。

（2）选择安装路径（非中文路径）并勾选“我同意许可条款和隐私策略”再单击“下一步”按钮，然后选择需要安装的组件，并单击“安装”按钮，开始安装，如图 1-9 所示。

图 1-8　提示首先安装 IE10

图 1-9　选择安装路径、选择需要安装的组件、等待安装完成

（3）等到提示所有指定的组件安装成功，按提示启动软件，如图 1-10 所示。

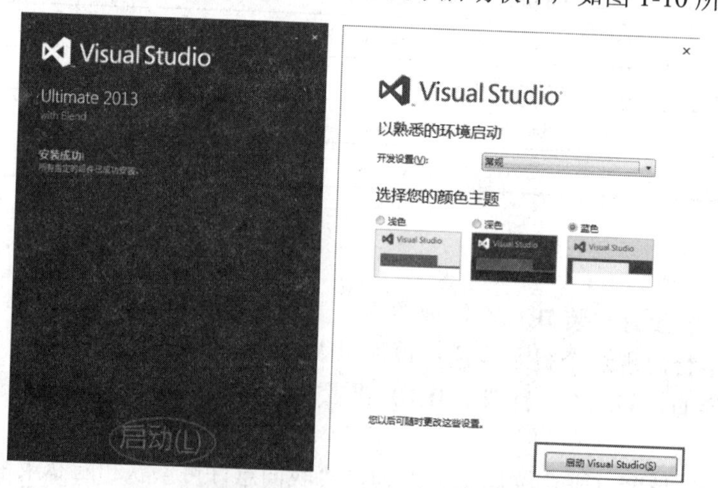

图 1-10　安装完成，第一次启动时选择默认环境设置

（4）启动后，打开如图 1-11 所示的界面。

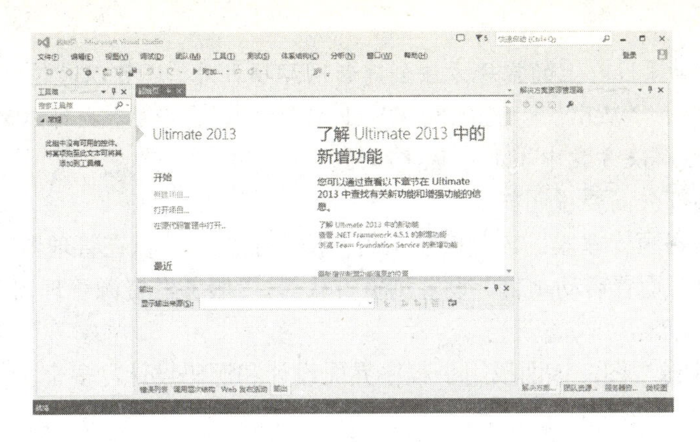

图 1-11　Visual Studio 2013 开发界面

注意：

- 安装前最好是先关闭杀毒软件或安全卫士，以免引起一些误操作导致软件不能一次性安装成功。
- 软件的安装路径不可以是中文路径。
- 只有系统安装了 IE10 及以上版本才能安装 VS2013。
- 开发界面的颜色主题，通过“工具”→“选项”→“环境”→“常规”，设置主题颜色，有三种：蓝色、浅色和深色。
- 如果要修改默认开发环境，通过“工具”→“导入和导出设置”→“重置所有设置”…→“选择一个默认设置集合”，比如“Web 开发”，单击“完成”按钮即可。也可以通过“开始”→“Visual Studio 2013”→“Visual Studio Tools”→“VS2013 开发人员命令”，在出现的命令提示窗口中键入：devenv/resetuserdata 即可。

2. Visual Studio 2013 的使用

Visual Studio 2013 集成开发环境使用典型的平面风格，包括多个可以停靠或浮动的面板，如：解决方案资源管理器、服务器资源管理器、工具箱和属性面板。通过“新建网站”→“模板”→“Visual C#”→“ASP.NET 空网站”，创建一个新网站，如图 1-12 所示。

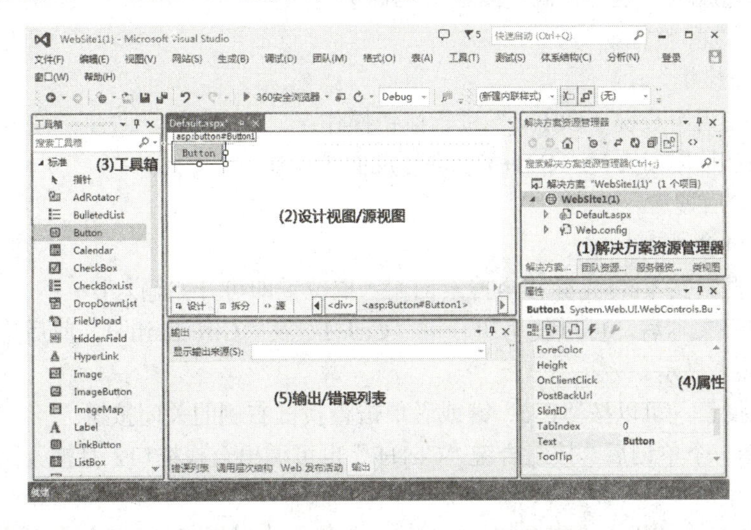

图 1-12　Visual Studio 2013 集成开发环境

注意：除了通过以上的常规方法创建新网站项目外，还可以通过“新建项目”→“模板”→“Visual C#”→“Web”→“ASP.NET Web 应用程序”。当然，也可以新建“Visual Studio 解决方案”，然后在解决方案中添加“新建网站”等方法。

开发环境中各部分简要说明如下。

（1）解决方案资源管理器：该面板显示当前所有文件。可以在管理器中新增项目/网站、新增文件或文件夹、设置启动项目、设置浏览方式等。“服务器资源管理器”也以选项卡的形式停靠在一起。

（2）设计视图/源视图：该面板用于程序界面设计和源码设计，多个文件以选项卡方式进行切换。

（3）工具箱：该面板包含几大类的控件，标准、数据、验证、导航、登录、WebParts、AJAX 扩展、动态数据、报表等控件。

（4）属性：该面板显示当前选中对象的属性值，也包含事件方法。

（5）输出/错误列表：当开发人员在成功编译或运行应用程序之后，“输出”面板将显示当前应用程序的输出文件及其信息。如果应用程序发生了错误而发出警告或信息，这些错误警告或消息将显示在“错误列表”面板中。

3．Visual Studio 2013 的常用快捷键

VS 的精髓就在于随处都有的快捷键，可以大大提高工作效率。现列举一些常用快捷键：

（1）回到上一个光标位置/前进到下一个光标位置。

① 回到上一个光标位置：使用组合键“Ctrl + -”；

② 前进到下一个光标位置：使用组合键“Ctrl + Shift + -”。

（2） 复制/剪切/删除整行代码。

① 如果你想复制一整行代码，只需将光标移至该行，再使用组合键“Ctrl+C”来完成复制操作，而无须选择整行。

② 如果你想剪切一整行代码，只需将光标移至该行，再使用组合键“Ctrl+X”来完成剪切操作，而无须选择整行。

③ 如果你想删除一整行代码，只需将光标移至该行，再使用组合键“Ctrl+L”来完成剪切操作，而无须选择整行。

（3）撤销/反撤销。

① 撤销：使用组合键“Ctrl+Z”进行撤销操作；

② 反撤销：使用组合键“Ctrl+Y”进行反撤销操作。

（4）向前/向后搜索。

① 使用组合键“Ctrl+I”；

② 键入待搜索文本(将光标移至搜索词输入框位置即可开始输入);

③ 键入搜索文本后，可以使用组合键“Ctrl+I”及“Ctrl+Shift+I”前后定位搜索结果，搜索结果会被高亮显示。

④ 要结束搜索，可以按“Esc”键或者单击查找框右侧的关闭按钮。

补充：选择一个单词后，按组合键“Ctrl+F”也可调出查找框口，且搜索结果也会被高亮显示。

（5）框式选择。使用组合键“Shift+Alt+方向键（或鼠标）”即可完成框式选择。框式选

择允许你同时对代码行和列进行选择。这对批量删除某些代码很方便。

（6）在光标所在行的上面或下面插入一行。

① 组合键“Ctrl+Enter”：在当前行的上面插入一个空行；

② 组合键“Ctrl+Shift+Enter”：在当前行的下面插入一个空行。

（7）定位到行首与行尾。

① Home 键：定位到当前行的行首;

② End 键：定位到当前行的行尾。

（8）选中从光标起到行首（尾）间的代码。

① 选中从光标起到行首间的代码：使用组合键“Shift + Home”;

② 选中从光标起到行尾间的代码：使用组合键“Shift + End”。

（9）快速插入代码块。

① 生成方法存根：“Ctrl+K+M”

② 插入代码段：“Ctrl+K+X”

③ 插入外侧代码：“Ctrl+K+S”

（10）调用智能提示。

方法 1：使用组合键“Ctrl+J”;

方法 2：使用组合键“Alt+→”。

（11）调用参数信息提示。对于某些函数体较大的函数来说，想轻松地确认参数在函数内部的使用情况是件比较麻烦的事情。这时可以将光标置于参数名上，再按组合键“Ctrl+Shift+空格”，参数被使用的地方会被高亮显示。

（12）快速切换窗口。使用组合键“Ctrl+Tab”（此时可以打开 IDE 的导航，获得鸟瞰视图）。

（13）快速隐藏或显示当前代码段。使用组合键“Ctrl+M,M”（记住：要按两次 M）。

（14）生成解决方案。使用组合键“Ctrl+Shift+B”。

（15）跳转到指定的某一行。

方法 1：使用组合键“Ctrl+G”;

方法 2：单击状态栏中的行号。

（16）注释/取消注释。

① 注释：使用组合键“Ctrl+K+C”;

② 取消注释：使用组合键“Ctrl+K+U”。

（17）全屏显示/退出全屏显示。使用组合键“Shift + Alt + Enter”。

（18）定义与引用。

转跳到定义：F12;

查找所有引用：使用组合键“Shift+F12”。

（19）查找和替换。

查找：使用组合键“Ctrl+F”;

替换：使用组合键“Ctrl+H”。

（20）大小写转换。

转小写：使用组合键“Ctrl+ U”;

转大写：使用组合键“Ctrl + Shift + U”。

（21）调试相关。

① 调试（启动）：F5；

② 调试（重新启动）：使用组合键“Ctrl+Shift+F5”；

③ 调试（开始执行不调试）：使用组合键“Ctrl+F5”；

④ 调试（逐语句）：F11；

⑤ 调试（逐过程）：F10；

⑥ 设置断点：F9。

1.2.5 SQL Server 2012 的安装与配置

微软公司在其官方网站上提供了各种版本的 SQL Server 软件，本书选择安装的是 SQL Server 2012 Express 版本，安装程序可以从微软的官网下载。

☞DEMO

需要先安装 SSMS（SQL Server Management Studio），它用来管理 SQL Server 的图形化界面。安装文件：64 位操作系统选 SQLManagementStudio_x64_CHS.exe；32 位操作系统选 SQLManagementStudio_x86_CHS.exe。具体的安装步骤如下：

（1）启动安装程序后，选择第一项“全新 SQL Server 独立安装或向现有安装添加功能”，然后勾选“我接受许可协议”，并单击“下一步”按钮，如图 1-13 所示。

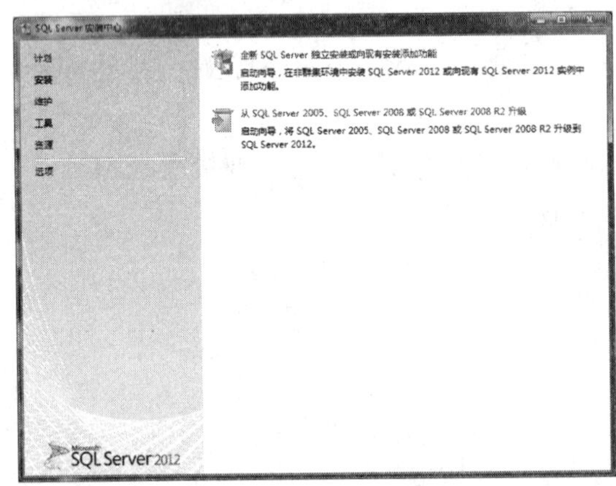

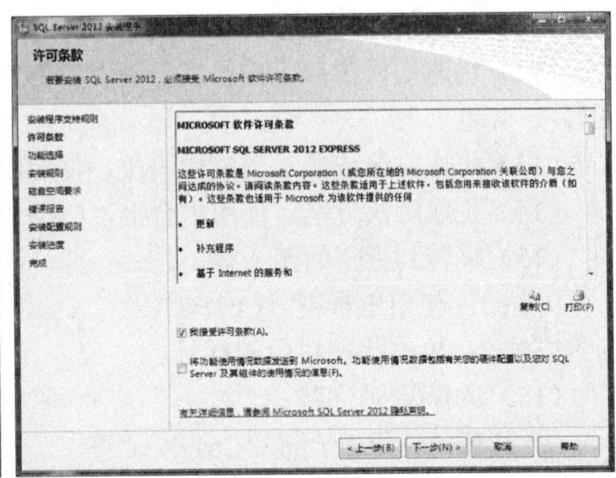

图 1-13　选择全新安装，勾选许可协议

（2）安装程序安装完前置文件后，会让你选择功能。建议全选，并选择默认安装路径，如图 1-14 所示。

（3）单击“下一步”按钮，就开始安装了，如图 1-15 所示。

（4）至此，SQL Server Management Studio 就安装完成，如图 1-16 所示。

注意：安装好 SQL Server Management Studio 之后，还需要安装 SQL Server 2012 的核心部分。

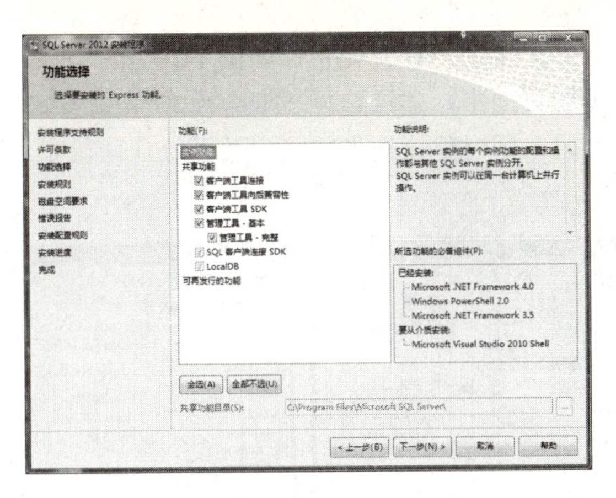

图 1-14　选择安装功能

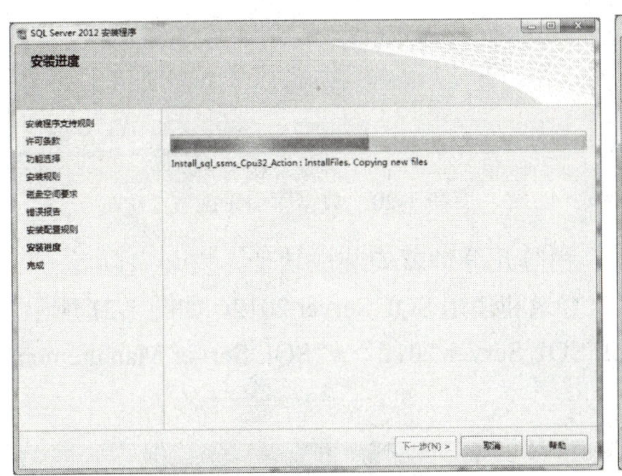

图 1-15　安装进程

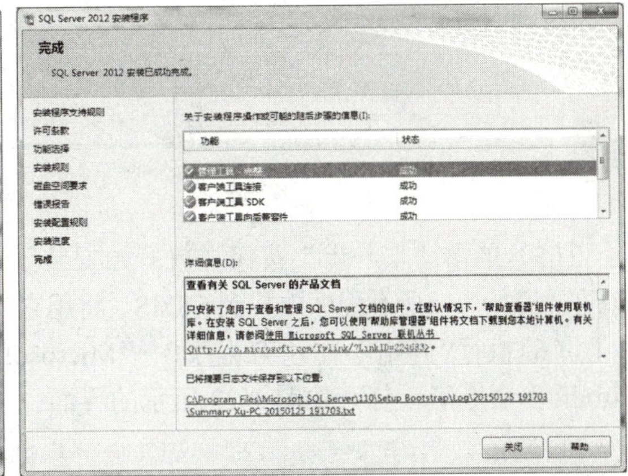

图 1-16　SQL Server Management Studio 安装完成

SQL Server 2012 核心部分的安装文件也分 64 位和 32 位操作系统。64 位操作系统：SQLEXPR_x64_CHS.exe；32 位操作系统：SQLEXPR_x86_CHS.exe。具体的安装步骤如下：

（1）启动安装程序后，选择“全新 SQL Server 独立安装或向现有安装添加功能”。接受许可协议，然后单击“下一步”按钮。在功能选择的页面里，选择“实例功能”下的所有项，如图 1-17 所示。

（2）在实例配置中，使用默认实例。安装路径建议选用默认设置，如图 1-18 所示。

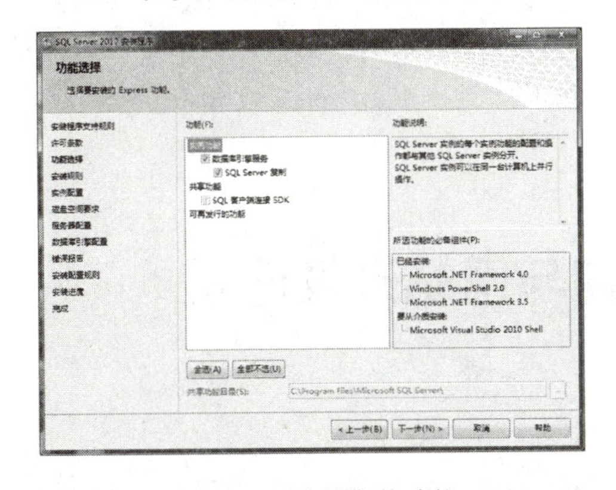

图 1-17　选择安装功能

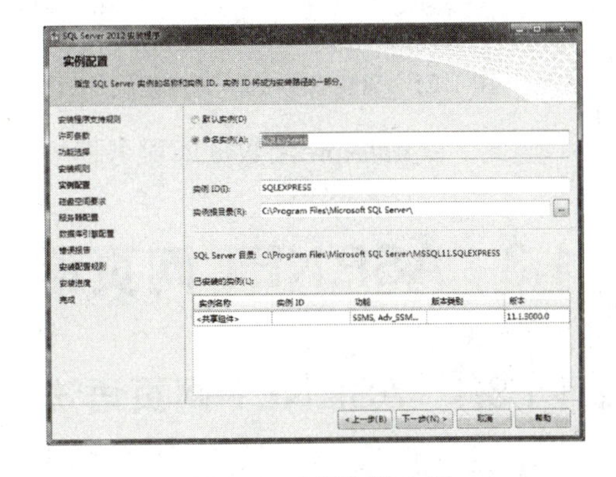

图 1-18　选择安装实例

（3）服务器配置页面中，也使用默认配置，如图 1-19 所示。

（4）在数据库引擎配置页面中，建议选择“混合模式”，并给 SQL 管理员账号 sa 设置密码，但一定要记住这个密码，同时建议把当前账户及系统管理员账号添加到 SQL Server 管理员中，如图 1-20 所示。

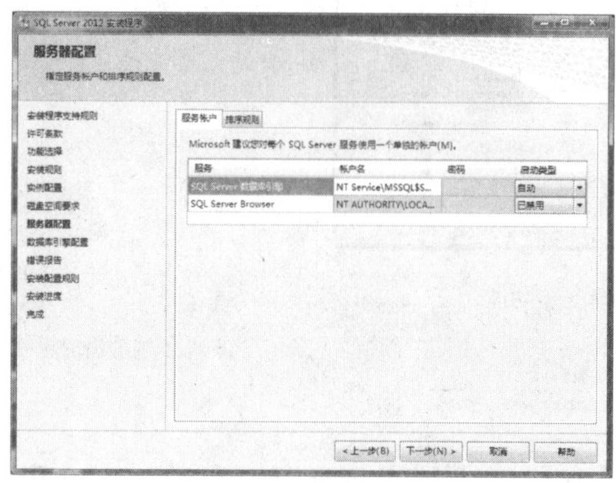

图 1-19　服务器配置

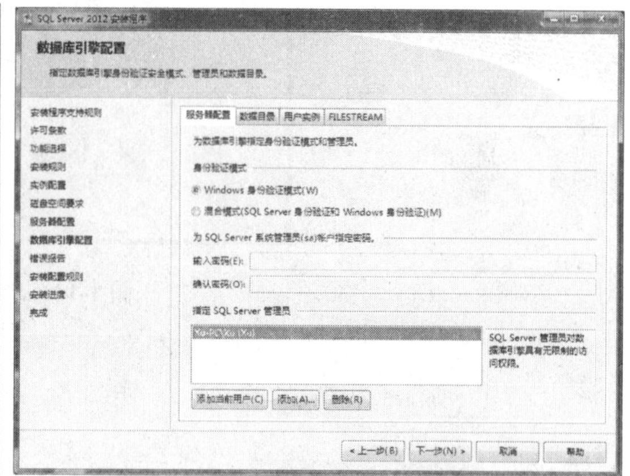

图 1-20　数据库引擎配置

（5）单击“下一步”按钮，就开始安装了，稍等几分钟就安装成功了。安装完以后，可以在“开始”→所有程序中找到 SSMS。将用它来登录和使用 SQL Server 2012，如图 1-21 所示。

（6）执行“开始”→“所有程序”→“Microsoft SQL Server 2012”→“SQL Server Management Studio”命令后，打开如图 1-22 所示的界面。

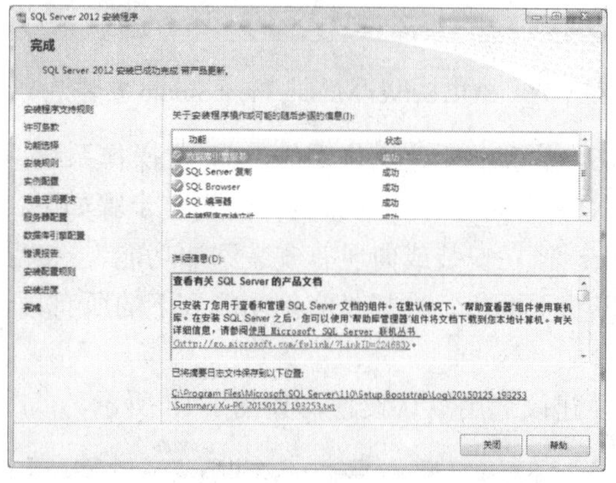

图 1-21　SQL Express　安装完成

图 1-22　连接 SQL Express 数据库服务器

至此，SQL Express 数据库服务器安装完成。

1.3　ASP.NET 网页语法结构与网站开发流程

1.3.1　ASP.NET 网页语法结构

在进行 ASP.NET 网站开发之前，必须先了解 ASP.NET 网页开发的语法结构。

1. ASP.NET 网页扩展名

ASP.NET 网站应用程序中可以包含很多种文件类型，如表 1.3 所示。

表 1.3　ASP.NET 网站应用程序中的文件类型及其扩展名

文件类型	扩展名	文件类型	扩展名
Web 窗体	.aspx	全局应用程序类	.asax
Web 用户控件	.ascs	Web 配置文件	.config
HTML 页	.htm	网站地图	.sitemap
母版页	.master	XML 页	.xml
Web 服务	.asmx	外观文件和样式表	.skin 和.css

2. 常用页面命令

在 ASP.NET 窗体的 HTML 代码窗口中，代码的前几行包含“<%@...%>”这样的语句。这些代码称为页面的指令。页面指令用来定义 ASP.NET 页分析器和编译器使用的特定于该页的一些定义。

在.aspx 文件中常用的页面指令通常有以下几种。

（1）<%@Page%>指令。

@Page 指令用于指定页面中代码的服务器编程语言，指定页面可以是将服务器代码直接包含在其中（即单文件页面），还可以是将代码包含在单独的类文件中（即代码隐藏页面）。该指令的语法结构如下所示。

```
<%@ Page attribute="value" [attribute="value"] %>
```

在语法结构中，attribute 为@Page 指令的属性，如以下语句：

```
<%@ Page Language="C#" AutoEventWireup="true" CodeFile="Default.aspx.cs"
Inherits="_Default" %>
```

其中：Language 声明进行编译时使用的语言，此处为 C#。AutoEventWireup 指示页的时间是否自动绑定，默认值为 true。CodeFile 指定指向页引用的代码隐藏文件的路径。Inherits 定义供页继承的代码隐藏类。它与 CodeFile 属性一起使用。除了以上几个属性外，还有 CodePage、EnableViewState、MasterPageFile、Theme 等属性。

（2）<%@Import%>指令。

该指令用于将命名空间显式导入到 ASP.NET 应用程序文件中，并且导入该命名空间的所有类和接口。语法结构如下所示。

```
<%@Import namespace="value"%>
```

@Import 指令不能有多个 namespace 属性，若要导入多个命名空间，需要使用多条@Import 指令来实现。

（3）<%@Control%>指令。

该指令与@Page 指令基本相似，在.aspx 文件中包含了@Page 指令，而在.ascx 文件中则不包含@Page 执行，该文件中包含@Control 指令。该指令只能用于 Web 用户控件(.ascx)。该指令的语法结构如下所示。

```
<%@ Control attribute="value" [attribute="value"] %>
```

（4）<%@Master%>指令。

该指令只能在母版页（.master 文件）中使用，用于标识 ASP.NET 母版页。每个.master 文件只能包含一条@Master 指令。该指令的语法结构如下所示。

```
<%@ Master attribute="value" [attribute="value"] %>
```

（5）<%@MasterType%>指令。

该指令为 ASP.NET 页的 Master 属性分配类名，使得该页可以获取对母版页成员的强类型引用。该指令的语法结构如下所示。

```
<%@ MasterType attribute="value" [attribute="value"] %>
```

需要注意的是：如果未定义 VirtualPath 属性，则此类型必须存在于当前链接的某个程序集（如 App_Bin 或 App_Code）中。而且 TypeName 属性和 VirtualPath 属性不能同时存在于@MasterType 指令中，否则指令将失败。

3．注释 ASPX 文件内容

服务器端注释指的是允许开发人员在 ASP.NET 应用程序文件（HTML 代码窗口）的任何部分（除了<script>代码块内部）嵌入代码注释。服务器端注释元素的开始标记和结束标记之间的任何内容，不管是 ASP.NET 代码还是文本，都不会在服务器上进行处理或是呈现在结果页上。注释代码使用“<%--”和“--%>符号来实现。如下所示。

```
<%--<asp:Button ID="Button1" runat="server" Text="Button" />--%>
```

1.3.2 ASP.NET 网站开发流程

开发 ASP.NET 网站主要包括创建网站、设计网站页面、添加网页程序代码、运行网站应用程序、发布网站和配置 IIS 虚拟站点等步骤。

以下将通过制作一个简单的 ASP.NET 网站，来讲解 ASP.NET 网站的开发流程。

☞DEMO

1．显示问候（网站名称：HelloDemo）

制作 ASP .NET 动态网页，在 ASP.NET 网页中放置一个按钮，单击按钮弹出消息窗口，“Hello World!”，显示效果如图 1-23 所示。

图 1-23　显示问候的动态页面效果

主要操作步骤如下。

（1）创建网站。选择“开始”→“所有程序”→“Visual Studio 2013”→“Visual Studio 2013”命令，启动 Visual Studio 2013，通过“文件”→“新建网站”，如图 1-24 所示。在对话框中的左侧“模板”列表框内选择“Visual C#”作为编程语言，选择“.NET Framework4.5”框架，再选中“ASP .NET 空网站”选项，以“文件系统”方式保存在本机的“D:\Code_ASPNET\CH01\DEMO\HelloDemo”目录下，然后单击【确定】按钮开始建立网站。

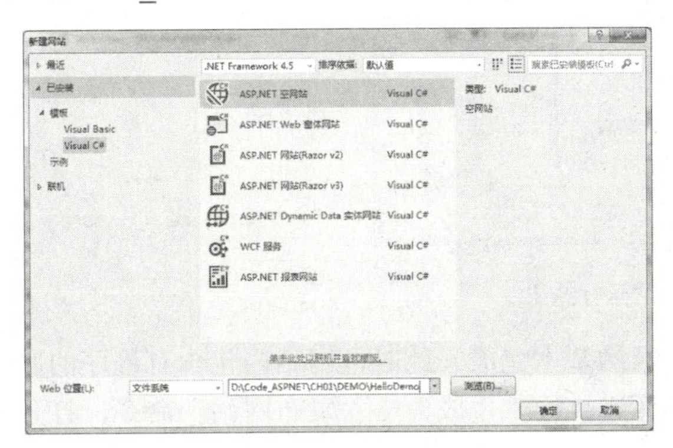

图 1-24　新建网站

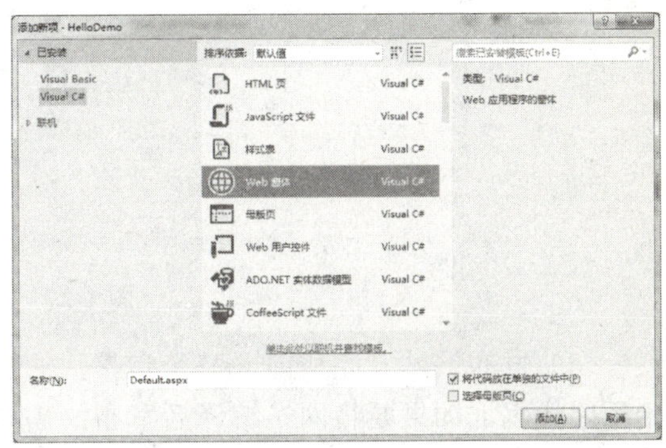

图 1-25　添加 Web 窗体

默认情况下，空网站中只包含一个名为“Web.config”的网站配置文件。可以通过“文件”→“新建文件”或通过右击网站名称“HelloDemo”→“添加”→“添加新项”，选择“Web 窗体”，新建一个名为“Default.aspx”的网页，如图 1-25 所示。

（2）编写代码。单击位于 Default.aspx 窗口左下角的【设计】按钮 设计 拆分 源 切换到“设计视图”。然后从“标准”工具箱中拖入一个按钮到窗体中，并为该按钮的 Text 属性设置为“SayHello”，如图 1-26 所示。

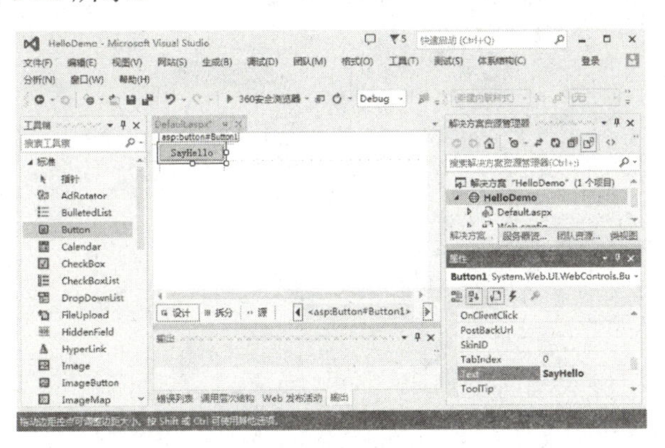

图 1-26　添加按钮并设置 Text 属性

双击按钮，即可进入代码页“Default.aspx.cs”，按钮事件中的代码如下。

```
protected void Button1_Click(object sender, EventArgs e)
    {
        //使用 Page.RegisterStartupScript 方法，在页响应中发出客户端脚本块
        Page.RegisterStartupScript("Hello", "<script>alert('Hello World!')<
/script>");
    }
```

（3）运行调试。单击“调试”→“开始执行（不调试）”菜单命令或按【Ctrl+F5】组合键，启动应用程序。将直接通过浏览器打开该网站，并浏览当前页面 Default.aspx，单击页面中的“SayHello”按钮，出现弹出窗口显示“Hello World！”，如图 1-27 所示。

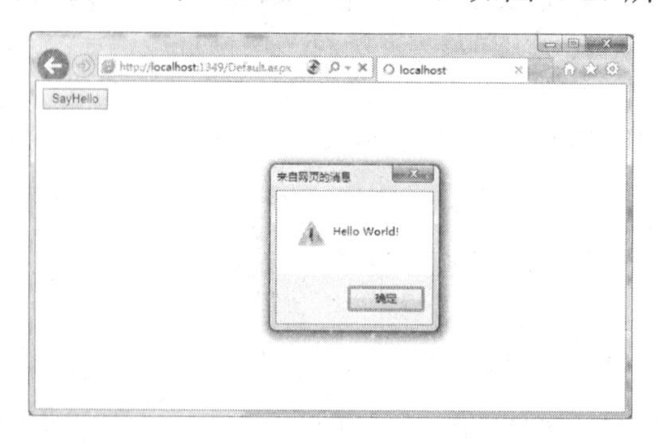

图 1-27　调试运行结果

（4）发布网站。完成前面三个步骤，一个网站基本完成。此时，网站内包含有程序的原始程序代码，如果要将网站编译后发布，需要通过执行“生成”→“发布网站”命令，打开“发布 Web”的窗口。

首先新建配置文件，输入配置文件名称，如“Release”，如图 1-28 所示，单击【确定】按钮。

然后进入连接配置，发布方法中选择“文件系统”，并确定网站准备发布的目标位置，此处输入“D:\Code_ASPNET\CH01\DEMO\HelloDemoRelease”，如图 1-29 所示，单击“下一步”按钮。

图 1-28　新建配置文件

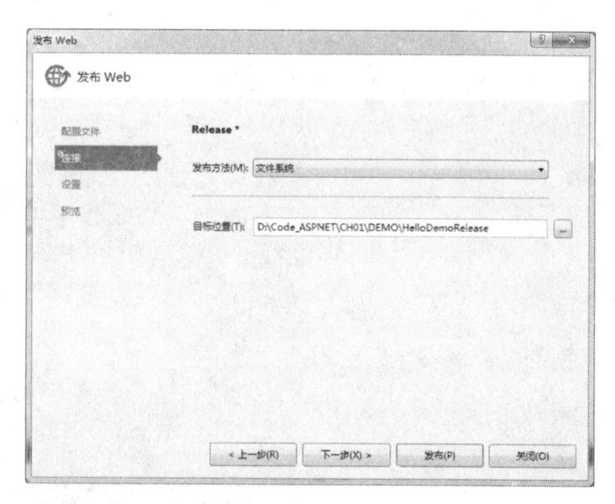

图 1-29　设置连接配置

接着进入设置发布窗口，勾选“在发布前删除所有现有文件”和“在发布期间预编译”。如图 1-30 所示，单击“下一步”按钮，再单击“发布”按钮即可。

发布完成后，请检查发布的目录是否有文件产生，发布的目录文件如图 1-31 所示。检查后发现，发布后，.cs 代码文件已经不见了，并且多了一个 bin 目录，在 bin 目录中有一个.dll 文件，该 dll 文件被 Default.aspx 所调用，调用方式可以查看 Default.aspx 文件中首行指令语句中的 inherits 属性。

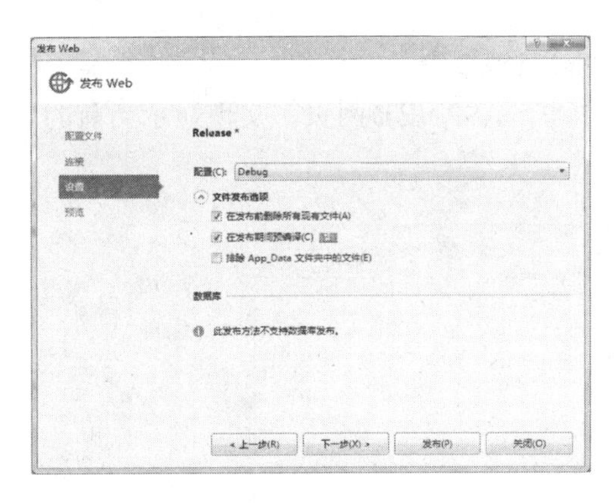

图 1-30　发布选项设置

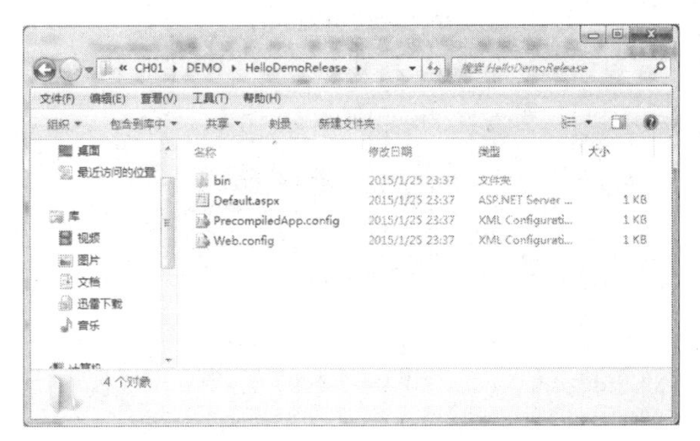

图 1-31　发布后的目录

（5）配置虚拟站点。完成 ASP.NET 网站的设计、代码编写和发布之后，最终还需要将网站配置到 IIS 的虚拟站点。通过“控制面板”→“管理工具”，打开“Internet 信息管理服务（IIS）管理器”窗口。右击“网站”，选择“添加网站”命令，如图 1-32 所示。并为新网站设置网站名称、选择物理路径、配置端口等，如图 1-33 所示。

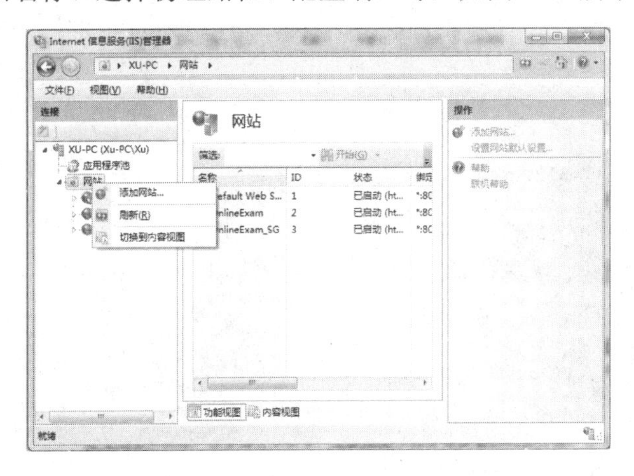

图 1-32　IIS 中添加虚拟网站

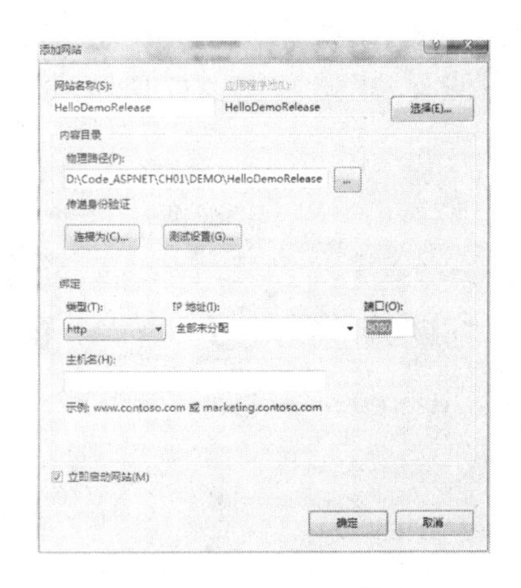

图 1-33　配置网站信息

确定后，新建虚拟网站如图 1-34 所示。选择该网站，切换到“内容视图”，右击“Default.aspx”，选“浏览”，即可在浏览器中打开该网站（或者在浏览器中输入 http://localhost:8080/default.aspx），测试 SayHello 按钮的效果，如图 1-35 所示。

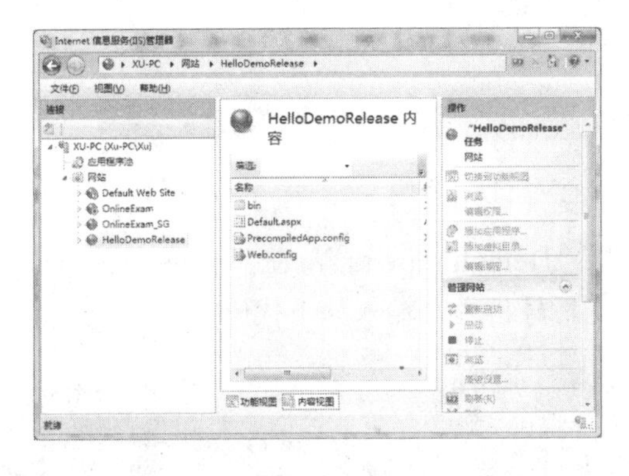

图 1-34　完成虚拟网站的添加

图 1-35　在浏览器中浏览该网站的效果

2．显示当前的日期和时间（网站名称：ShowDateTimeDemo）

参照前一案例，新建一个 ASP.NET 网站，添加一个 ASP.NET 网页，实现显示当前的日期和时间，显示效果如图 1-36 所示。

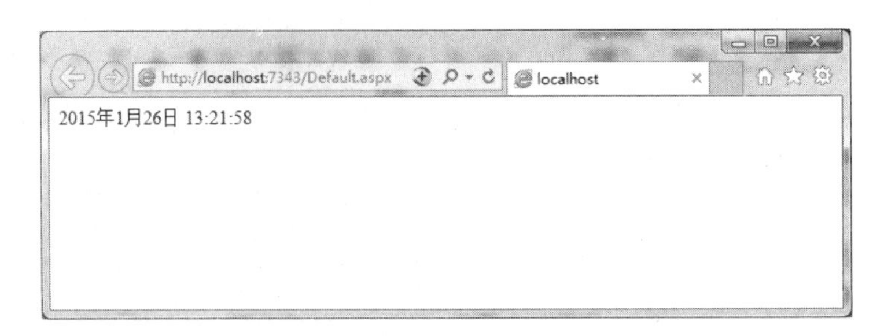

图 1-36　显示当前日期和时间的动态页面效果

主要操作步骤如下。

（1）创建网站。使用同样的方法，新建 ASP.NET 网站，以“文件系统”方式保存在本机的“D:\Code_ASPNET\CH01\DEMO\ShowDateTimeDemo”目录下，然后单击【确定】按钮开始建立网站，添加 Web 窗体 Default.aspx，并在窗体中添加 Label 标签，将该 Label 标签的 Text 属性设置为空，如图 1-37 所示。

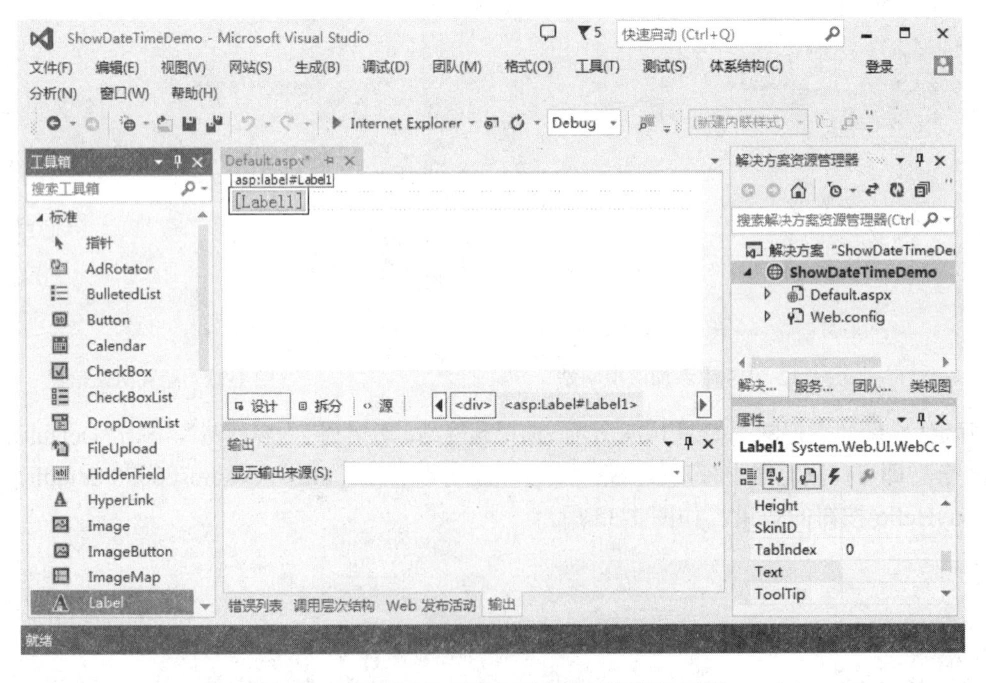

图 1-37　显示当前日期和时间的网页设计视图

（2）编写代码。单击页面空白处，进入代码页“Default.aspx.cs”，在“protected void Page_Load(object sender, EventArgs e)”下面的一对花括号{}之间输入如下代码。

```
protected void Page_Load(object sender, EventArgs e)
{
    string strDateTime = "";
```

```
        strDateTime = System.DateTime.Now.ToString("F");
        Label1.Text = strDateTime;
    }
```

（3）运行调试。执行“调试”→“开始执行（不调试）”命令，或按【Ctrl+F5】组合键，启动应用程序。将直接通过浏览器打开该网站，并浏览当前页面 Default.aspx，显示效果如图 1-38 所示。

图 1-38　调试运行的效果

（4）发布网站。参照上一案例的方法，将该网站发布到“D:\Code_ASPNET\CH01\DEMO\ShowDateTimeDemoRelease”。

（5）配置虚拟站点。参照上一案例的方法，在“Internet 信息管理服务（IIS）管理器”窗口中，为刚发布的网站目录配置一个虚拟网站 ShowDateTimeDemoRelease，端口设置为 8081，如图 1-39 所示。浏览该网站后的效果如图 1-40 所示。

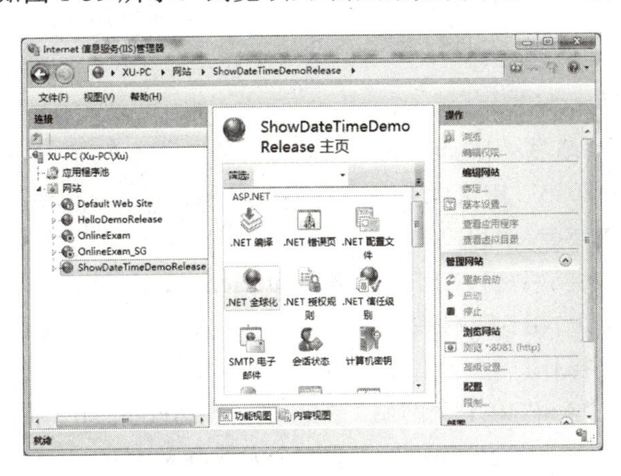

图 1-39　添加虚拟网站

图 1-40　浏览该网站效果

注意：本案例使用到的日期处理函数 System.DateTime.Now.ToString("F")的字符 F，还可以根据实际输出格式的要求，将字符 F 更换为：D、d、F、f、G、g、T、t、U、u、M、m、R、r、Y、y、O、o、s 或者是组合："yyyy-MM-dd HH：mm：ss：ffff"、"yyyy 年 MM 月 dd HH 时 mm 分 ss 秒"等格式。

☞ACTIVITY

在学习了前面的 2 个 Demo 案例之后，完成以下的 2 个 Activity 实践的操作。

1．显示个人信息（网站名称：MyFirstWebAct）

新建 ASP.NET 空网站，并新建 Web 窗体 Default.aspx，在窗体中插入 1 个 Button 按钮、1 个 TextBox 文本框和 1 个 Label 标签。

在 TextBox 文本框中输入个人的姓名，单击 Button 按钮后，在 Label 标签中显示“您好，某某某。这是我的第一个 ASP.NET 网站”。如图 1-41 所示。

图 1-41　我的第一个网站

2．显示不同时间段的问候（项目名称：JudgeTimeAct）

新建 ASP.NET 空网站，并新建 Web 窗体 Default.aspx，在窗体中插入 1 个 Button 按钮和 1 个 Label 标签。

单击按钮后，Label 标签可以根据客户端浏览器访问 Web 服务器的时间，自动选择显示不同的问候语。0 点到 6 点之间，显示“凌晨好”；6 点到 12 点之间，显示“上午好”；12 点到 18 点之间，显示“下午好”，18 点到 24 点之前，显示“晚上好”。

将该网站发布，并在 IIS 中创建虚拟网站，在本机浏览结果。在同一个局域网中，使用另外一台电脑访问服务器(本机)的该虚拟网站（访问方法“http://服务器 IP:端口号/路径”），查看显示结果。

✍**思考**

显示不同的问候语是以服务器时间为准，还是以远程访问的电脑上的时间为准？

1.4　课外 Activity

1．为自己的计算机安装并配置开发和运行环境

- 在自己的计算机上安装 IIS 并配置 IIS 站点；
- 在自己的计算机上安装 Visual Studio 2013（中文版），设置开发环境；
- 在自己的计算机上安装 Microsoft SQL Server 2012 Express。

2．创建“ASP.NET Web 窗体网站”（网站名称：ASPNETWebSiteHomeAct）

与 1.3.2 中的 2 个 Demo 案例中新建“ASP.NET 空网站”不同，要求在 VS2013 中，新建一个“ASP.NET Web 窗体网站”，完成如下操作。

- 体验“ASP.NET Web 窗体网站”与“ASP.NET 空网站”的区别；在 About.aspx 中，分别添加个人的班级、学号和姓名等信息；在 Contact.aspx 中，添加个人的联系方式；
- 在本网站的窗体中，实现本节的 2 个 Demo 案例和 2 个 Activity 实践；
- 调试并运行该网站，浏览结果。

1.5　本章小结

本章我们主要学习了如下内容：

1．.NET 框架的基本概念和发展历史；

2．ASP.NET 运行机制及开发环境的要求；

3．Internet 信息服务(IIS)的安装配置；

4．Visual Studio 2013 开发环境的安装和使用；

5．Microsoft SQL Server 2012 Express的安装配置；
6．ASP.NET网站开发流程；
7．ASP.NET网站开发的技巧与方法。

1.6　技能知识点测试

1．填空题

（1）.NET框架是以一种采用系统虚拟机运行的编程平台，它由_____、_____、______和________四部分组成。

（2）电脑上的文件夹____________________可以查看本机已经安装.NET 框架。

（3）ASP.NET 页面分为前台页面文件_________和后台代码文件_________。

（4）在命令行模式下重新注册.NET Framework的命令行是_______________。

（5）在Visual Studio 集成开发环境中，启动调试的快捷键是_________。

2．选择题

（1）静态网页文件的扩展名是（　　）。

A．.asp　　B．.aspx　　C．.htm　　D．.jsp

（2）在 ASP .NET 中源程序代码先被生成中间代码（IL 或 MSIL），待执行时再转换为CPU所能识别的机器代码，其目的是（　　）的需要。

A．提高效率　　B．保证安全　　C．程序跨平台　　D．易识别

（3）假设txtName是控件TextBox的ID，那么（　　）是用户输入的内容。

A．txtName.Value　　B．txtName.Name　　C．txtName.Text　　D．txtName.ID

（4）App_Data目录用来放置（　　）

A．专用数据文件　　B．共享文件　　C．被保护的文件　　D．代码文件

（5）IIS默认网站使用的端口号是（　　）

A．21　　B．23　　C．80　　D．110

（6）ASP.NET网站的Web配置文件是（　　）

A．App.config　　B．Web.config　　C．App.xml　　D．Web.xml

3．判断题

（1）和 ASP 一样，ASP .NET 也是一种基于面向对象的系统。　　（　　）

（2）在 ASP .NET 中能够运行的程序语言只有 C#和 VB.net 两种。　　（　　）

（3）ASP.NET编译后将.cs代码文件编译成dll文件存放在bin目录。　　（　　）

第 2 章

网页布局和设计

教学目标

通过本章的学习，使学生了解一个 HTML 文件的基本结构，掌握 HTML 文件的相关标记的基本使用方法和技巧。使学生掌握 JavaScript 的基本语法，在网页设计中能熟练使用。另外，使学生能在网页设计中熟练使用 CSS。

知识点

1．HTML 语法
2．JavaScript 的基本语法
3．CSS 的使用
4．HTML5、CSS3 及 Bootstrap 简介

技能点

1．HTML 文件结构
2．表格设计标记
3．表单设计标记
4．JavaScript 脚本
5．CSS 的应用
6．HTML5 等技术的简介

重点难点

1．表格标记
2．表单标记
3．JavaScript 代码
4．CSS 的使用

专业英文词汇

1．HTML：______________________________
2．CSS：______________________________
3．JavaScript：______________________________
4．Form：______________________________

2.1　网站前端设计概述

开发人员设计的网站是用户通过浏览器直接看到的网页效果。网页的实际效果都是由各种代码生成或调用的。下面我们要求通过获得 163 邮箱注册网页的代码来说明 HTML 等代码来实现的网页效果。

☞DEMO

保存 163 邮箱注册的网页源代码。（项目名称：略）

主要步骤

（1）输入网址“mail.163.com”，打开网易邮箱首页，单击“注册”按钮，新申请一个邮箱，如图 2-1 所示。

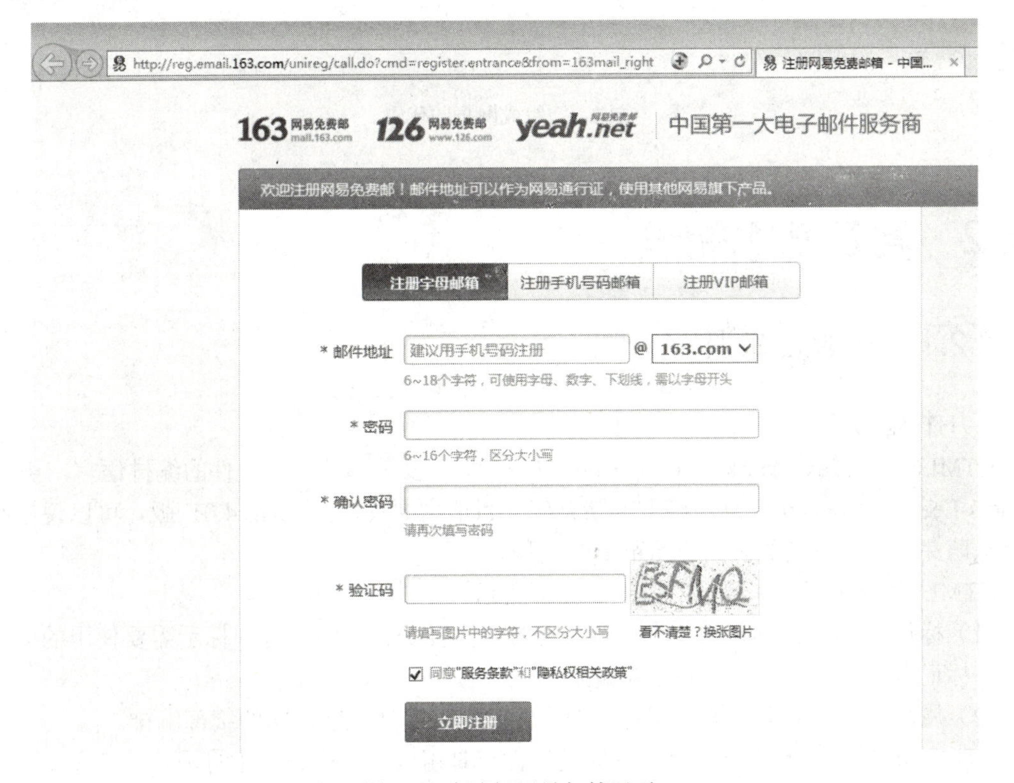

图 2-1　申请新网易邮箱网页

（2）选择浏览器菜单【查看】→【源】命令（或网页上右击，选择【源】命令），即可看到构成该网页的相关代码，如图 2-2 所示。

（3）可以对源代码进行保存。源代码中主要为 HTML 代码，本章将对网页最基本的元素 HTML、注册网页中的 JavaScript 代码以及网页中应用到的 CSS 技术分别加以介绍。本章中的示例全用记事本工具实现，项目名称省略。

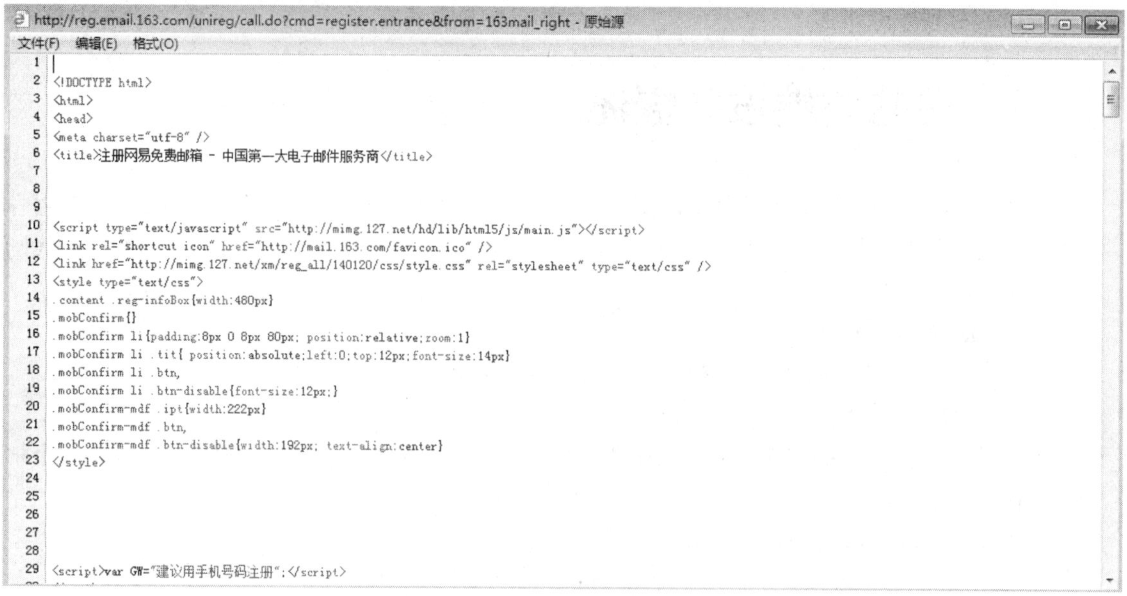

http://reg.email.163.com/unireg/call.do?cmd=register.entrance&from=163mail_right - 原始源

文件(F) 编辑(E) 格式(O)

```
1
2  <!DOCTYPE html>
3  <html>
4  <head>
5  <meta charset="utf-8" />
6  <title>注册网易免费邮箱 - 中国第一大电子邮件服务商</title>
7
8
9
10 <script type="text/javascript" src="http://mimg.127.net/hd/lib/html5/js/main.js"></script>
11 <link rel="shortcut icon" href="http://mail.163.com/favicon.ico" />
12 <link href="http://mimg.127.net/xm/reg_all/140120/css/style.css" rel="stylesheet" type="text/css" />
13 <style type="text/css">
14 .content .reg-infoBox{width:480px}
15 .mobConfirm{}
16 .mobConfirm li{padding:8px 0 8px 80px; position:relative;zoom:1}
17 .mobConfirm li .tit{ position:absolute;left:0;top:12px;font-size:14px}
18 .mobConfirm li .btn,
19 .mobConfirm li .btn-disable{font-size:12px;}
20 .mobConfirm-mdf .ipt{width:222px}
21 .mobConfirm-mdf .btn,
22 .mobConfirm-mdf .btn-disable{width:192px; text-align:center}
23 </style>
24
25
26
27
28
29 <script>var GW="建议用手机号码注册";</script>
```

图 2-2　组成网页的代码

2.2　网页基本知识

2.2.1　HTML 知识

1. HTML 概述

HTML(HyperText Markup Language，超文本标记语言)是一种文件的编排语言，由 Tim Berners-Lee 在 1989 年建立。经过不断升级，目前主要使用 HTML 4.01 版，可以说历经了一个从萌芽发展、遭受非议到全面革新的过程。

HTML 使用了标记和属性的语法，如下所示。

（1）标记：HTML 标记是一个字符串符号，主要是在文字内容中标示需要使用的编排格式，在标记内的文字使用指定的格式编排。

（2）属性：每一个标记可以拥有一些属性，用来定义文字内容的细部编排。

HTML 的功能比较单一，它的目标是文件，是组成 HTML 文件的元素，包含文字、段落、图片、表格和表单，HTML 标记组合这些元素编排成一份精美的文件。

HTML 文件统一了 Web 的文件格式，用户只需拥有浏览器，就可以将 HTML 标记所建立的文件显示出其编排的效果。

2. HTML 文件的基本结构

HTML 文件是一种使用 HTML 进行内容格式编排的文件，拥有一组预建的标记集，因此在编写 HTML 文件的时候，必须遵循 HTML 的语法规则，只有这样浏览器才能正确地预览文件的内容。实际上整个 HTML 文件就是由元素与标记组成的。

HTML 文件的基本结构如下所示。

```
<HTML>      HTML 文件开始
<HEAD>      HTML 文件的头部开始
……
……          HTML 文件的头部内容
</HEAD>     HTML 文件的头部结束
<BODY>      HTML 文件的主体开始
……
……          HTML 文件的主体内容
</BODY>     HTML 文件的主体结束
</HTML>     HTML 文件结束
```

可以看出，HTML 文件的结构分为 3 个部分。

<HTML>……</HTML>：告诉浏览器 HTML 文件的开始和结束，其中包含<HEAD>和<BODY>标记。

<HEAD>……</HEAD>：HTML 文件的头部标记，主要是用来定义文件的标题、文件的网址和文件本身。一般来说，位于头部的内容都不会在网页上直接显示，例如，标题是在头部定义的，但是它显示在网页的标题栏上。

<BODY>……</BODY>：HTML 文件的主体标记，绝大多数 HTML 内容都放置在这个区域里面。

HTML 文件在浏览器中显示时并不会检查语法，如果有浏览器看不懂的标记，就直接跳过，所以在编写 HTML 文件时需要注意以下事项。

（1）HTML 文件使用“<”和“>”符号夹着指令，称为标记，大部分的标记都是成对使用的，并且结束的标记总是在开始的标记前面加一个“/”(斜杠)。

（2）HTML 标记可以嵌套，例如：

```
<H1><CENTER>我的第一个 HTML 文件</CENTER></H1>
```

（3）HTML 标记不区分大小写，例如：<HEAD>、<HeAD>、<head>都代表相同的标记。

（4）Enter 键和空格键在 HTML 文件显示时并不起作用。如果需要强迫换行，可以使用
标记；在 HTML 文件内容中的连续空格在浏览器显示时自动简化成一个空格，如果需要多个空格，则可以使用“ ”符号代码（注意：分号不能省略）。

（5）HTML 文件的注释以“<!--”开始，以“-->”结束，浏览器将会在显示时忽略注释行，如下所示。

```
<!--文件说明：第一个 HTML 文件-->
```

3．表格和表单标记

（1）表格标记结构。表格标记结构如下。

```
<TABLE>
<TR>
<TD>…</TD>
……
</TR>
<TR>
```

```
<TD>…</TD>
……
</TR>
……
</TABLE>
```

其中，<TABLE>标记表示表格的开始，<TR>标记表示行的开始，而<TD>和</TD>之间的就是单元格的内容。

（2）表格的修饰。对表格进行修饰的常见属性见表 2.1。

表 2.1 <Table>的属性

属　性	描　述
Border	设置表格框线的宽度，如果为 0，表格将不显示框线
Width、Height	设置表格的宽度、高度
BgColor	设置表格的背景色
BorderColor	设置表格框线的颜色（上下左右边的框线）
BackGround	设置表格的背景图片
CellSpacing	设置单元格间距（单元格与单元格之间的距离）
CellPadding	设置单元格边距（单元格内容和边框之间的距离）
Align	设置表格的水平对齐方式

表格中的 Align、BgColor、BorderColor、BorderColorLight、BorderColorDark、BackGround 属性同样适用于<TR><TD>，此外，还可以通过 VAlign 属性来设置行、单元格中内容的垂直对齐方式，其取值为 top、middle、bottom、baseline。要实现水平方向上多个单元格的合并，可以通过行合并属性 RowSpan，语法结构如下。

```
<TD RowSpan=value>……</TD>
```

其中，value 代表单元格合并的行数，例如：需要合并下一行就是 2，下两行就是 3。同样，要实现垂直方向上多个单元格的合并，可以通过列合并属性 ColSpan，语法结构如下。

```
<TD ColSpan=value>……</TD>
```

其中，value 代表单元格合并的列数。

（3）表单的结构。表单的结构如下。

```
<Form Name="form_name" Method=GET/POST Action="url">
  <Input>……</Input>
  <Textarea></Textarea>
  <Select>
    <Option>……</Option>
  </Select>
</Form>
```

其中，<Form>标记的属性见表 2.2。

表 2.2　<Form>标记的属性

属　性	描　述
Name	表单的名称
Method	定义表单数据从浏览器传送到服务器的方法
Action	定义表单处理程序的位置

<Form>标记内的标记见表 2.3。

表 2.3　<Form>标记内的标记

标　记	描　述
<Input>	表单输入标记
<Select>	菜单和列表标记，需要和<Option>标记配合
<Option>	菜单和列表项目标记
<Textarea>	文字域标记

（4）文本框、密码框和文本区域。

文本框的语法结构如下。

```
<Input Type="Text" Name="field_name" Maxlength=value Size=value
Value="string">
```

其属性见表 2.4。

表 2.4　文本框属性

属　性	描　述
Name	文本框的名称
Maxlength	文本框的最大输入字符数(默认为 0，不限宽度)
Size	文本框的宽度
Value	文本框的默认值

密码框的语法结构如下。

```
<Input Type="Password" Name="field_name" Maxlength=value Size=value>
```

其属性说明和文本框相同。

文本区域的语法结构如下。

```
<Textarea Name="memo_name" Rows=value Cols=value Value="string">
```

其属性见表 2.5。

表 2.5　文本区域属性

属　性	描　述
Name	文本区域的名称
Rows	文本区域的行数
Cols	文本区域的列数
Value	文本区域的默认值

（5）单选按钮与复选框。

单选按钮的语法结构如下。

```
<Input Type="Radio" Name="field_name" CHECKED Value="string">
```

其中 CHECKED 属性表示此项被默认选中，Value 表示选中项目后传送到服务器端的值。

复选框的语法结构如下。

```
<Input Type="Checkbox" Name="field_name" CHECKED Value="string">
```

其属性与单选按钮相同。

（6）下拉列表。下拉列表的语法结构如下。

```
<Select Name="select_name" Size=number MULTIPLE>
  <Option Value="select_name" SELECTED>选项名称
  <Option Value="select_name">选项名称
</Select>
```

其属性见表 2.6。

表 2.6　下拉列表属性

属　性	描　述
Name	下拉列表的名称
Size	显示的选项数目，1 为下拉列表框，大于 1 则是列表框
MULTIPLE	允许选项多选
Value	选项的值
SELECTED	默认选项

（7）文件框。文件框主要用来浏览客户端的文件列表，然后将选择的文件上传到 Web 服务器，其语法结构如下。

```
<Input Type="File" Name="field_name" >
```

（8）隐藏框。隐藏框在页面中对用户是不可见的，用来传送数据给 Web 服务器。浏览者提交表单时，隐藏框的信息也被一起发送到服务器。其语法结构如下。

```
<Input Type="Hidden" Name="field_name" Value="string">
```

其中 Value 值用于设定传送的值。

（9）按钮。表单中的按钮可以分为 4 种：普通按钮、提交按钮、重置按钮、图片按钮。普通按钮主要是配合 Java Script 等客户端的 Script 脚本来进行表单的处理；单击“提交”按钮后，可以实现表单内容的提交；单击“重置”按钮后，可以清除表单的内容，恢复成默认值；图片按钮是用图片作为按钮的，具有按钮的功能。其语法结构如下。

```
<Input Type="Button/Submit/Reset" Name="field_name" Value="button_text">
```

其中 Value 值代表显示在按钮上面的文字。图片按钮的语法结构如下。

```
<Input Type="Image" Name="field_name" Src="image_url">
```

其中 Src 属性代表图片的路径。

☞ACTIVITY

1. 打开记事本，编写一个考试报名的 HTML 网页。报名网页应该包含报名人的基本信息，要求使用表格标记结构来实现，内容自定。（项目名称：略）

2. 用 Word 文档的“插入表格”编辑一个与上题类似的网页，并另存为网页。把保存的网页文件在记事本中打开，比较一下 HTML 源代码。（项目名称：略）

2.2.2 JavaScript 知识

JavaScript 是一种基于对象的脚本语言，使用它可以开发 Internet 客户端的应用程序。JavaScript 是一种嵌入 HTML 文件中的脚本语言，它是基于对象和事件驱动的，能对诸如鼠标单击、表单输入、页面浏览等用户事件做出反应并进行处理。

JavaScript 是 Netscape 公司为了扩充 Netscape Navigator 浏览器功能而开发的一种可以嵌入 Web 页面的编程语言。它由 Netscape 公司在 1995 年的 Netscape 2.0 中首次推出，最初被叫做“Mocha”，当在网上测试时，又将其改称为“LiveScript”，到 1995 年 5 月 Sun 公司正式推出 Java 语言后，Netscape 公司引进 Java 的有关概念，将 LiveScript 更名为 JavaScript。在随后的几年中，JavaScript 语言被大多数浏览器所支持。就目前使用最广泛的两种浏览器 Netscape 和 Internet Explorer 来说，Netscape 2.0 及以后的版本、IE 3.0 及以后的版本都支持 JavaScript 脚本语言，所以 JavaScript 具有通用性好的优点。

JavaScript 语言具有如下特点：

（1）JavaScript 是一种脚本语言。JavaScript 的表示符形式上与 C，C++，Pascal 和 Delphi 十分类似。另外，它的命令和函数可以同其他的正文和 HTML 标识符一同放置在用户的 Web 主页中。当用户的浏览器检索主页时，将运行这些程序并执行相应的操作。

（2）JavaScript 是基于对象的语言。相同类型的对象作为一个类（Class）被组合在一起（例如：“公共汽车”、“小汽车”对象属于“汽车”类）。并且它可以用系统创建的对象，许多功能可以由脚本环境中对象的方法与脚本的相互作用来完成。

（3）JavaScript 是事件驱动的语言。当在 Web 主页中进行某种操作时，就产生了一个“事件”。事件可以是：单击一个按钮、拖动鼠标等。JavaScript 是事件驱动的，当事件发生时，它可以对事件做出响应，但具体如何响应某个事件取决于事件响应处理程序。

（4）JavaScript 是安全的语言。JavaScript 被设计为通过浏览器来处理并显示信息，但它不能修改其他文件中的内容。也就是说，它不能将数据存储在 Web 服务器或用户的计算机上，更不能对用户文件进行修改或删除操作。

（5）JavaScript 是与平台无关的语言。对于一般的计算机程序，它们的运行与平台有关。JavaScript 则并不依赖于具体的计算机平台（虽然有一些限制），它只与解释它的浏览器有关。不论使用 Macintosh 还是 Windows，或是 UNIX 版本的 Netscape Navigator，JavaScript 都可以正常运行。

1. JavaScript 程序的编辑和调试

可以用任何文本编辑器来编辑 JavaScript 程序，例如 NotePad，需要将 JavaScript 程序嵌入 HTML 文件，程序的调试在浏览器中进行。

将 JavaScript 程序嵌入 HTML 文件的方法有两种：

（1）在 HTML 中使用<script>、</script>标识加入 JavaScript 语句，这样 HTML 语句和 JavaScript 语句位于同一个文件中。其格式为：

```
<script language="JavaScript">
```

其中 language 属性用于指明脚本语言的类型。通常有两种脚本语言：JavaScript 和 VBScript，language 的默认值为 JavaScript。<script>标记可插入 HTML 文件的任何位置。

（2）将 JavaScript 程序以扩展名“.js”单独存放，再利用以下格式的 script 标记嵌入 HTML 文件：

```
<script src=JavaScript 文件名>
```

第二种方式将 HTML 代码和 JavaScript 代码分别存放，有利于程序的共享，即多个 HTML 文件可以共用相同的 JavaScript 程序。<script>标记通常加在 HTML 文件的头部。

另外，在编写 JavaScript 程序时还要注意以下几点：

（1）JavaScript 的大小写是敏感的，这点与 C++相似。

（2）在 JavaScript 程序中，换行符是一个完整语句的结束标志；若要将几行代码放在一行中，则各语句间要以分号（;）分隔；（习惯上，也可像 C++一样，在每一个语句之后以一个分号结束，虽然 JavaScript 并不要求这样做。）

（3）JavaScript 的注释标记是//之后的部分，或/*与*/之间的部分（与 C++相同）。上面的例子中便使用了第一种格式的注释，意为若浏览器不能处理 JavaScript 脚本，则忽略它们，否则解释并执行该脚本程序。

2. 函数

函数为程序设计人员提供了实现模块化的工具。通常在进行一个复杂的程序设计时，总是根据所要完成的功能，将程序划分为一些相对独立的部分，每部分编写一个函数，从而使各部分充分独立，任务单一，程序清晰，易懂、易读、易维护。JavaScript 函数可以封装那些在程序中可能要多次用到的功能块。函数定义的语法格式为：

```
return 表达式
```

或：

```
return （表达式）
```

☞DEMO

设计一个页面，它显示指定数的阶乘。（项目名称：略）

HTML 源文件如下所示。要注意说明函数的定义和调用方法。

```
<html>
    <head><title>函数简例</title>
    <script language="JavaScript">
      function factor(num){
        var i,fact=1;
        for (i=1;i<num+1;i++)
        fact=i*fact;
        return fact;
      }
    </script>
    </head>
    <body>
      <p>
        <script>
         document.write("调用 factor 函数，6 的阶乘等于：",factor(6),"。");
        </script>
      </p>
    </body>
</html>
```

上例在 HTML 文件头部定义了函数 factor(num)，它计算 num!并返回该值；在 HTML 体部的脚本程序中调用了 factor，实参值为 6，即计算 6!。

注意：

（1）函数定义位置。虽然语法上允许在 HTML 文件的任意位置定义和调用函数，但我们建议在 HTML 文件的头部定义所有的函数，因为这样可以保证函数的定义可以先于其调用语句载入浏览器，从而不会出现调用函数时由于函数定义尚未载入浏览器而引起的函数未定义错。

（2）函数的参数。函数的参数是在主调程序与被调用函数之间传递数据的主要手段。在函数的定义时，可以给出一个或多个形式参数，而在调用函数时，却不一定要给出同样多的实参。这是 JavaScript 在处理参数传递上的特殊性。JavaScript 中，系统变量 arguments.length 中保存了调用者给出的实在参数的个数。

3．JavaScript 定义的事件及事件处理属性

一般来说，任何 JavaScript 代码都可以作为事件处理程序属性值的参数，但如果属性值用双引号括起来，则事件处理代码中要使用单引号；如果属性值用单引号括起来，则事件处理代码要用双引号。多个 JavaScript 语句必须用分号分开。JavaScript 主要的事件及事件处理属性见表 2.7。

表 2.7　JavaScript 定义的事件

HTML 元素	HTML 标志	JavaScript 事件	说　明
链接	<A>……</A>	Click	鼠标单击链接
		MouseOver	鼠标经过链接
		MouseOut	鼠标移出链接

续表

HTML 元素	HTML 标志	JavaScript 事件	说　明
图形	<IMG>	Abort	中断图形装入操作
		Error	图形装入错误
		Load	图形装入显示
区域	<AREA>	MouseOver	鼠标经过客户机的图形映射区域
		MouseOut	鼠标移出图形映射区域
文档主体	<BODY> …… </BODY>	Blur	当前文档失去输入焦点属性
		Error	文档装入错误
		Focus	当前文档得到输入焦点属性
		Load	文档装入并显示
		Unload	用户退出文档
帧组	<FRAMESET> …… </FRAMESET>	Blur	当前帧组失去输入焦点属性
		Error	帧组装入错误
		Focus	当前帧组得到输入焦点属性
		Load	帧组装入完毕
		Unload	用户退出帧组
帧	<FRAME>…… </FRAME>	Blur	当前帧失去输入焦点属性
		Focus	帧得到输入焦点属性
表单	<FORM>>…… </FORM>	Submit	提交表单
		Reset	表单复位
文本字段	<INPUT TYPE="text">	Blur	当前文本字段失去输入焦点属性
		Focus	文本字段得到当前输入焦点属性
		Select	文本字段中的文本被选中
文本区	<TEXTAREA> …… </TEXTAREA>	Blur	文本区失去当前输入焦点属性
		Focus	文本区得到当前输入焦点属性
		Change	文本区修改并失去当前输入焦点属性
		Select	文本区中的文本被选中
按钮	<INPUT TYPE="button">	Click	单击按钮
提交	<INPUT TYPE="submit">	Click	单击提交按钮
复位	<INPUT TYPE="reset">	Click	单击复位按钮
单选钮	<INPUT TYPE="radio">	Click	单击单选按钮
复选框	<INPUT TYPE="checkbox">	Click	单击复选框
选项	<SELECT> …… </SELECT>	Blur	选择元素失去当前输入焦点属性
		Focus	选择元素得到当前输入焦点属性
		Change	选择元素修改并失去当前输入焦点属性

表 2.8　事件处理属性

事件处理属性	表示何时处理属性
OnAbort	用户中断图形装入时操作
OnBlur	文档、帧组、文本字段、文本区或选项失去当前输入焦点属性时
OnChange	文档、帧组、文本字段、文本区或选项因修改而失去当前输入焦点属性时
OnClick	单击链接、客户机图形映射区、按钮、提交按钮、复选钮、单选钮或选框时
OnError	图形装入出错时
OnFocus	文档、帧组、文本字段、文本区或选项得到当前输入焦点属性时
OnLoad	装入图形、文档或帧组时
OnMouseOut	鼠标移出链接或客户机图形映射区时
OnMouseOver	鼠标经过链接或客户机图形映射区时
OnReset	用户单击表单复位链接或复位表单时
OnSelect	文本区或文本字段的文本被选中时
OnSubmit	提交表单时
OnUnload	用户退出文档或帧组时

处理鼠标的事件很多，比较常用的有 MouseDown、MouseMove、MouseUp、MouseOver、MouseOut、Click、Blur 以及 Focus 等事件。在鼠标事件发生的时候，JavaScript 解释器会自动把事件信息填充到一个 Event 对象的实例中，并作为一个参数传送给鼠标事件处理函数。

2.2.3　CSS 知识

CSS，指层叠样式表(Cascading Style Sheets)，简称样式表。要理解层叠样式表的概念先要理解样式的概念。样式就是对网页中元素（字体、段落、图像、列表等）属性的整体概括。

样式定义如何显示 HTML 元素，样式通常存储在样式表中，把样式添加到 HTML 中，是为了解决内容与表现分离的问题。外部样式表可以极大提高工作效率。外部样式表通常存储在 CSS 文件中，多个样式定义可层叠为一。

1997 年 W3C 颁布 HTML 4.0 标准时同时公布了 CSS 的第一个标准 CSS1。由于 CSS 使用简单、灵活，很快得到了很多公司的青睐和支持。接着 1998 年 5 月 W3C 组织又推出了 CSS2，使得 CSS 的影响力不断扩大。

CSS 和 HTML 一样，也是一种标识语言，也需要通过浏览器解释执行，可以使用任何文本编辑器来编写，可以直接嵌入 HTML 网页文件中，也可以单独存储，单独存储的文件扩展名为.css。

CSS 对网页内容的控制比 HTML 更精确，行间距和字间距等都能控制，利用 CSS 修饰的网页特别易于更新，一个 CSS 文件可以同时控制多个网页内容的样式，需要修改时，只修改单个 CSS 文件即可。

（1）样式解决了一个普遍的问题。

HTML 标签原本被设计为用于定义文档内容。通过使用<p>、<table> 这样的标签，HTML 的标签是表达 “这是段落”、“这是表格”之类的信息。同时文档布局由浏览器来完成，而不使用任何的格式化标签。

由于两种主要的浏览器（Netscape 和 Internet Explorer）不断地将新的 HTML 标签和属性（比如字体标签和颜色属性）添加到 HTML 规范中，创建文档内容清晰地独立于文档表现层的站点变得越来越困难。

为了解决这个问题，万维网联盟（W3C），这个非营利的标准化联盟，肩负起了 HTML 标准化的使命，并在 HTML 4.0 之外创造出样式（Style）。

所有的主流浏览器均支持层叠样式表。

（2）样式表极大地提高了工作效率。

样式表定义如何显示 HTML 元素，就像 HTML 3.2 的字体标签和颜色属性所起的作用那样。样式通常保存在外部的 .css 文件中。通过仅仅编辑一个简单的 CSS 文档，外部样式表使你有能力同时改变站点中所有页面的布局和外观。

由于允许同时控制多重页面的样式和布局，CSS 可以称得上 Web 设计领域的一个突破。作为网站开发者，你能够为每个 HTML 元素定义样式，并将之应用于你希望的任意多的页面中。如需进行全局的更新，只需简单地改变样式，然后网站中的所有元素均会自动地更新。

（3）使用 CSS 布局的优点。采用 CSS 布局相对于传统的 TABLE 网页布局而具有以下几个显著优势：

1）表现和内容相分离。将设计部分剥离出来放在一个独立样式文件中，HTML 文件中只存放文本信息。这样的页面对搜索引擎更加友好。

2）提高页面浏览速度。对于同一个页面视觉效果，采用 CSS 布局的页面容量要比 TABLE 编码的页面文件容量小得多，前者一般只有后者的 1/2 大小。浏览器就不用去编译大量冗长的标签。

3）易于维护和改版。你只要简单修改几个 CSS 文件就可以重新设计整个网站的页面。

4）使用 CSS 布局更符合现在的 W3C 标准。强调一下，在实现使用 CSS 布局时，要明确掌握以下三点。

① 样式表和基本结构。一个样式(style)的基本语法由 3 部分构成：selector 选择器、property 属性和 value 属性值。<STYLE>和</STYLE>标签之间的所有内容都是样式规则，样式规则的第一部分称为选择器。每个选择器都有属性以及对应的属性值。而文档样式表一般位于 HTML 文件的头部，定义的样式规则就可应用到当前页面中。

② 样式规则。层叠样式表是一组规则，用于定义文档的样式。例如，可以创建一个样式规则，来指定所有<P>标题的颜色等属性。例如：

```
P { color:red; font-family:"隶书"; font-size:24px; }
```

其中 P 是规则的选择器。括在大括号内的部分称为声明。声明由两部分组成：冒号前面的是属性，冒号后面的是该属性的值。一个选择器可以有多个属性，它们可以写在一起，用分号隔开。

③ 类样式（class）。在任务 3 中，我们使用了类样式来实现字体的表现。类名为选择器。注意类名前面有一个“.”号，类名可随意命名，最好根据元素的用途来定义一个有意义的名称。

2.3　新用户注册应用实例

下面以简单的新用户注册网页为例，利用此页面用户只能完成填写操作，而不能真正地提交给服务器。

☞DEMO

1．用 HTML 完成新用户注册网页的设计。（项目名称：略）

制作一个“用户注册”的页面，预览效果如图 2-3 所示。

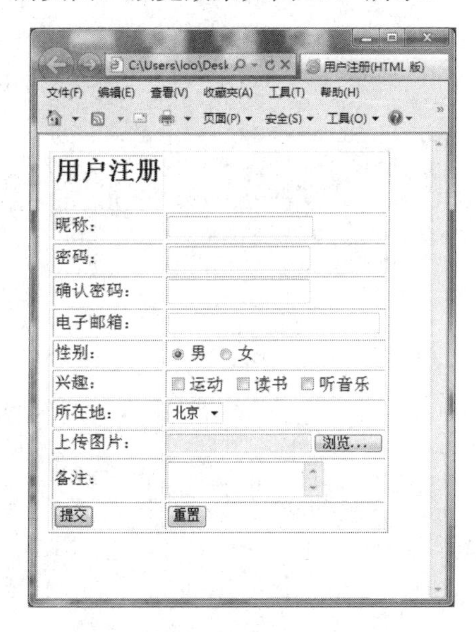

图 2-3　用户注册界面

主要步骤如下。

（1）打开记事本，编写如下代码：

```
<html>
<head>
  <title>新用户注册(HTML 实现)</title>
</head>
<body>
  <form  name="reg_form" >
    <table border="1" aligen="center">
      <tr><td><h2><font face="楷体_GB2312">用户注册</font></h2></td></tr>
      <tr><td>昵称：</td>
          <td><input    name="username"    type="text"    id="username"
size="20"></td></tr>
      <tr><td>密码：</td>
          <td><input     name="pwd"      type="password"      id="pwd"
size="20"></td></tr>
    <tr><td>确认密码：</td>
```

```
            <td><input        name="pwd2"        type="password"        id="pwd2"
size="20"></td></tr>
        <tr><td>电子邮箱：</td>
            <td><input name="email" type="text" id="email" size="30"></td></tr>
        <tr><td>性别：</td>
            <td><input name="sex" type="radio" value="male" checked>男
                <input type="radio" name="sex" value="female">女</td></tr>
        <tr><td>兴趣：</td>
            <td><input name="sport" type="checkbox" id="sport" value="sport">
运动
                <input name="book" type="checkbox" id="book" value="book">读书
                <input name="music" type="checkbox" id="music" value="music">
听音乐
            </td></tr>
        <tr><td>所在地：</td>
            <td><select name="address" id="address">
                    <option value="0" selected>北京</option>
                    <option value="1">上海</option>
                    <option value="2">广州</option>
                    <option value="3">南京</option>
                    <option value="4">沈阳</option>
                </select> </td></tr>
        <tr><td>上传图片：</td>
            <td><input type="file" name="file"></td></tr>
        <tr><td>备注：</td>
            <td><textarea name="textarea"></textarea></td></tr>
        <tr><td><input name="hiddenField" type="hidden" value="register">
                <input type="submit" name="Submit" value="提交"></td>
            <td><input  name="Reset"  type="reset"  id="Reset"  value=" 重 置
"></td></tr>
       </table>
     </form>
    </body>
    </html>
```

（2）保存文件，选择【文件】|【保存】命令，在【保存类型】下拉列表框中选择“所有文件”选项，在【文件名】下拉列表框中输入文件名“newuserHtml.htm”，选择相应的路径，单击【保存】按钮。

（3）浏览页面。在磁盘上找到上面保存的路径，找到 newuserHtml.htm 文件，双击打开，就可以看到图 2-3 所示的效果。

2．用 HTML 和 JavaScript 完成新用户注册网页的设计。（项目名称：略）

本案例将进一步深入讨论用 HTML 和 JavaScript 程序设计来实现新用户注册网页。

用户通过表单将数据传递给服务器，如果将表单内的所有数据都交由服务器处理，则将加重服务器数据处理的负担。可利用 JavaScript 的交互能力，对用户的输入在客户端进行语法检查，然后把合法数据传递给服务器。本例就是在用户填写好表单后提交时，对用户所输入的数据在客户端进行合法性检查。如图 2-3 所示，完成的功能主要有：

（1）不能为空验证。如，昵称不能为空。

（2）两次输入的密码不相同。

（3）电子邮箱格式是否正确等。

主要步骤如下

（1）打开记事本，修改 DEMO1 中的 HTML 文件。

（2）在<head></head>中间插入一段代码如下：

```
<script language="JavaScript">
  function init( ){
   document.reg_form.usrname.focus( );   //初始将光标定位在昵称输入框
  }
  function Verify( ) {  //校验用户输入
    if (VerifyUsrName( )==false) return false;         //校验用户名
    if (VerifyPasswd( )==false) return false;          //校验密码
    if (VerifyEmail( )==false) return false;           //校验电子邮件地址
    return true;
  }
  function VerifyUsrName( ) {
    if (document.reg_form.usrname.value.length==0)
       {
        alert(" 用户名不能为空!请输入合法的用户名。");
        return false;
       }
      return true;
   }
  function VerifyPasswd( )
    {
       if (document.reg_form. pwd.value.length==0)
          {
            alert(" 密码不能为空!请输入您的密码。");
            return false;
           }
       if (document.reg_form. pwd.value!=document.reg_form. pwd2.value)
          {
           alert("您两次输入的密码不相同!请重新输入密码。");
           return false;
          }
           return true;
       }
  function VerifyEmail  ( ) {
   if (document.reg_form. email.value.length==0)
      {
           alert("电子邮件地址不能为空!");
           return false;
     }
   if ()
     return true;
   }
 //说明：读者可自行补齐其他校验程序
 </script>
```

（3）修改部分 HTML 代码如下：

```
    <table border="1" aligen="center">改为<table border="1" aligen="center"
onLoad="init()">
    <form name="reg_form">改为<form name="reg_form" onSubmit="return Verify()">
```

（4）浏览增强版注册网页。

浏览器加载页面后，首先触发 onLoad 事件，执行 init( )函数。init( )函数将初始光标定位在用户名输入框。页面的总体结构是一个表，表分为左、右两个部分，左部是对表单数据填写的说明，而右部则是表单输入区域。在表单属性中设置了 onSubmit 事件的处理函数为 Verify( )，Verify( )函数分别再调用函数 VerifyUsrName( )、VerifyPasswd( )等 14 个函数分别检查用户名、密码等 14 个用户输入数据的合法性，若某个输入数据不合法，则以警告对话框提示用户重新输入。全部数据经过检查后，则认为用户输入的数据符合要求，函数 Verify( )返回真值，即 onSubmit 事件处理返回真值，那么浏览器就开始发往服务器。否则 onSubmit 事件处理返回假值，那么数据不会提交给服务器处理。

3．增加 CSS 的新用户注册网页设计。（项目名称： NewUserWebPage3Demo）

在上两个 DEMO 中，网页中的文字都没有任何的修饰和处理。在网页应该用 CSS 来使网页中的文字更加美观，或者是可以用 CSS 来使注册页面有不同的风格。DEMO3 中简单地用回顾了 CSS 的一些用法。

主要步骤如下。

（1）用记事本编辑 DEMO2 的 HTML 文件。在<head></head>中插入代码如下：

```
<STYLE type="text/css">
body{background:yellow;}
.webFont
{
   font-size:12px;
   font-family:"宋体";
   text-align:left;
}
.bigFont
{
   font-size:16px;
   color:red;
}
</STYLE>
```

（2）修改表格的 HTML 代码为：

```
<table border="1" aligen="center" class="webFont">
```

使整个网页表格内的文字为宋体等的样式。

（3）修改网页中“确认密码：”为样式中的 16 磅红色字体。

```
<td class="bigFont">确认密码：</td>
```

（4）浏览页面。在浏览页面时，背景变为黄色，网页中的字体也做了相应的改变。请与图 2-3 进行比较。并再进行样式的修改，形成其他风格。

☞ACTIVITY

1．编写 HTML 网页，完成“个人简历”的网上录入页面。（项目名称：略）

2．对上述网页增加 JavaScript 的数据有效性验证，并用 CSS 使“个人简历”具有不同的风格。（项目名称：略）

2.4 HTML5、CSS3 及 Bootstrap 简介

2.4.1 HTML5 介绍

HTML5 是下一代的 HTML。它将成为 HTML、XHTML 以及 HTML DOM 的新标准。HTML5 仍处于完善之中。然而，大部分现代浏览器已经具备了某些 HTML5 支持。

WHATWG（Web Hypertext Application Technology Working Group）致力于 Web 表单和应用程序，而 W3C（ World Wide Web Consortium，万维网联盟）专注于 XHTML 2.0。在 2006 年，双方决定进行合作，来创建一个新版本的 HTML。

为 HTML5 建立的一些规则如下：

（1）新特性应该基于 HTML、CSS、DOM 以及 JavaScript；

（2）减少对外部插件的需求（比如 Flash）；

（3）更优秀的错误处理；

（4）更多取代脚本的标记；

（5）HTML5 应该独立于设备；

（6）开发进程应对公众透明。

HTML5 中的一些有趣的新特性如下：

（1）用于绘画的 canvas 元素；

（2）用于媒介回放的 video 和 audio 元素；

（3）对本地离线存储更好地支持；

（4）新的特殊内容元素，比如 article、footer、header、nav、section；

（5）新的表单控件，比如 calendar、date、time、email、url、search。

简单 HTML5 代码如下：

```
<!DOCTYPE HTML>
<html>
<body>
  <video width="320" height="240" controls="controls">
    <source src="/i/movie.ogg" type="video/ogg">
    <source src="/i/movie.mp4" type="video/mp4">
    Your browser does not support the video tag.
  </video>
</body>
</html>
```

HTML5 要与 CSS3 一起使用。

HTML5 提供了一些新的元素和属性，例如<nav>（网站导航块）和<footer>。这种标签将有利于搜索引擎的索引整理，同时更好地帮助小屏幕装置和视障人士使用，除此之外，还为其他浏览要素提供了新的功能，如<audio>和<video>标记。

（1）取消了一些过时的 HTML4 标记。其中包括纯粹显示效果的标记，如<font>和<center>，它们已经被 CSS 取代。

HTML5 吸取了 XHTML2 一些建议，包括一些用来改善文档结构的功能，比如，新的 HTML 标签 header, footer, dialog, aside, figure 等的使用，将使内容创作者更加容易地创建文档，之前的开发者在实现这些功能时一般都使用 div。

（2）将内容和展示分离。b 和 i 标签依然保留，但它们的意义已经和之前有所不同，这些标签的意义只是为了将一段文字标识出来，而不是为了为它们设置粗体或斜体式样。u，font，center，strike 这些标签则被完全去掉了。

（3）一些全新的表单输入对象。包括日期，URL，Email 地址，其他的对象则增加了对非拉丁字符的支持。HTML5 还引入了微数据，这一使用机器可以识别的标签标注内容的方法，使 Web 的处理更为简单。总体来说，这些与结构有关的改进使内容创建者可以创建更干净、更容易管理的网页，这样的网页对搜索引擎，对读屏软件等更为友好。

（4）全新的，更合理的 Tag。多媒体对象将不再全部绑定在 object 或 embed Tag 中，而是视频有视频的 Tag，音频有音频的 Tag。

（5）本地数据库。这个功能将内嵌一个本地的 SQL 数据库，以加速交互式搜索，缓存以及索引功能。同时，那些离线 Web 程序也将因此获益匪浅。不需要插件的丰富动画。

（6）Canvas 对象。将给浏览器带来直接在上面绘制矢量图的能力，这意味着用户可以脱离 Flash 和 Silverlight，直接在浏览器中显示图形或动画。

（7）浏览器中的真正程序。将提供 API 实现浏览器内的编辑，拖放，以及各种图形用户界面的能力。内容修饰 Tag 将被剔除，而使用 CSS。

（8）Html5 取代 Flash 在移动设备的地位。

（9）其突出的特点就是强化了 web 页的表现性，追加了本地数据库。

2.4.2 CSS3 介绍

对 CSS3 已完全向后兼容，所以不必改变现有的设计。浏览器将永远支持 CSS2。CSS3 被拆分为“模块”。旧规范已拆分成小块，还增加了新的。

一些最重要 CSS3 模块如下：

- 选择器
- 盒模型
- 背景和边框
- 文字特效
- 2D/3D 转换
- 动画
- 多列布局
- 用户界面

2.4.3 Bootstrap 介绍

Bootstrap 来自 Twitter，是目前最受欢迎的前端框架。Bootstrap 是基于 HTML、CSS、JavaScript 的，它简洁灵活，使得 Web 开发更加快捷。读者要是对 Bootstrap 感兴趣，学习 Bootstrap 主要学习：基本结构、Bootstrap CSS、Bootstrap 布局组件和 Bootstrap 插件几个部分。

为什么使用 Bootstrap?

- 移动设备优先：自 Bootstrap 3 起，框架包含了贯穿于整个库的移动设备优先的样式。
- 浏览器支持：所有的主流浏览器都支持 Bootstrap。
- 容易上手：只要您具备 HTML 和 CSS 的基础知识，您就可以开始学习 Bootstrap。
- 响应式设计：Bootstrap 的响应式 CSS 能够自适应于台式机、平板电脑和手机。更多有关响应式设计的内容详见 Bootstrap 响应式设计。
- 它为开发人员创建接口提供了一个简洁统一的解决方案。
- 它包含了功能强大的内置组件，易于定制。
- 它还提供了基于 Web 的定制。
- 它是开源的。

Bootstrap 的一个实例：

```
<!DOCTYPE html>
<html>
  <head>
    <title>Bootstrap 实例</title>
    <!-- 包含头部信息用于适应不同设备 -->
    <meta name="viewport" content="width=device-width, initial-scale=1">
    <!-- 包含 bootstrap 样式表 -->
    <link  rel="stylesheet"
           href="http://apps.bdimg.com/libs/bootstrap/3.2.0/css/bootstrap.
           min.css">
  </head>
  <body>
    <div class="container">
      <h2>表格</h2>
      <p>创建响应式表格 (将在小于 768px 的小型设备下水平滚动)。另外：添加交替单元格的
      背景色：</p>
      <div class="table-responsive">
       <table class="table table-striped table-bordered">
        <thead>
          <tr>
            <th>#</th>
            <th>Name</th>
            <th>Street</th>
          </tr>
        </thead>
        <tbody>
          <tr>
            <td>1</td>
            <td>Anna Awesome</td>
            <td>Broome Street</td>
          </tr>
          <tr>
            <td>2</td>
            <td>Debbie Dallas</td>
            <td>Houston Street</td>
          </tr>
          <tr>
            <td>3</td>
```

```
            <td>John Doe</td>
            <td>Madison Street</td>
          </tr>
        </tbody>
      </table>
     </div>
     <h2>图像</h2>
     <p>创建项应式图片(将扩展到父元素)。 另外：图片以椭圆型展示：</p>
     <img src="cinqueterre.jpg" class="img-responsive img-circle"
     alt="Cinque Terre" width="304" height="236">
     <h2>图标</h2>
     <p>插入图标:</p>
     <p>云图标：<span class="glyphicon glyphicon-cloud"></span></p>
     <p>信件图标：<span class="glyphicon glyphicon-envelope"></span></p>
     <p>搜索图标：<span class="glyphicon glyphicon-search"></span></p>
     <p>打印图标：<span class="glyphicon glyphicon-print"></span></p>
     <p>下载图标：<span class="glyphicon glyphicon-download"></span></p>
    </div>
    <!-- JavaScript 放置在文档最后面可以使页面加载速度更快 -->
    <!-- 可选：包含 jQuery 库 -->
    <script
    src="http://apps.bdimg.com/libs/jquery/2.1.1/jquery.min.js"></script>
    <!-- 可选：合并了 Bootstrap JavaScript 插件 -->
    <script
src="http://apps.bdimg.com/libs/bootstrap/3.2.0/js/bootstrap.min.js"></scrip
t>
  </body>
</html>
```

2.5 课外 Activity

1．试制作如图 2-4 所示的表格页面 page.htm。(提示：利用表格进行排版，上下两个表格，上边表格 1 行 11 列，下边表格 1 行 3 列，均设置边框为 0。)。

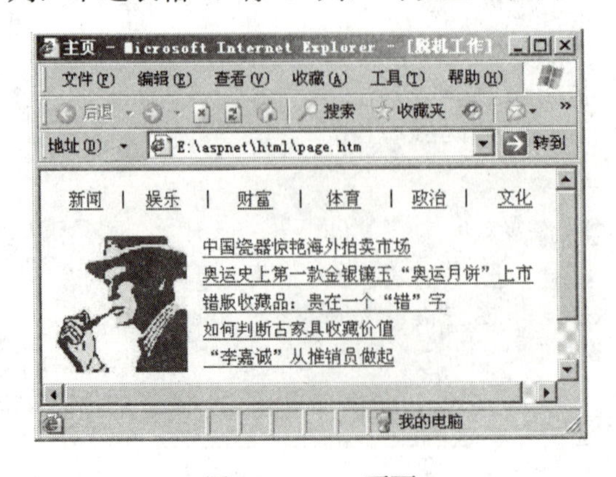

图 2-4　page 页面

2．要求：制作一个.html 文件，效果如图 2-5 所示。

Html 代码要求：做出以上界面，要求用表格布局，密码框和确认密码框要求用密码显示形式。

JavaScript 实现表单验证要求：提交表单时要求验证用户名、密码、确认密码不能为空，如果为空则弹出对话框提示不能为空。另外，还需验证密码和确认密码一致，如果不一致则弹出对话框提示不一致。

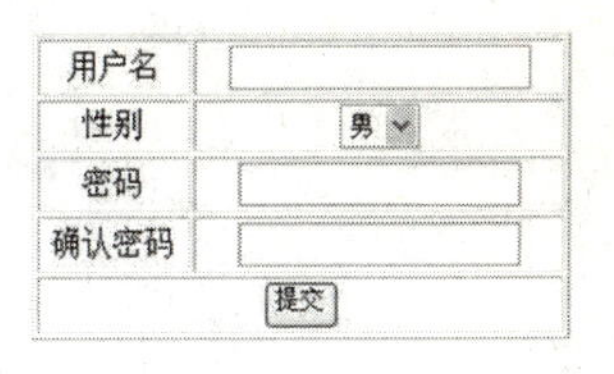

图 2-5　效果页面

CSS 要求：要求用 CSS 代码实现整个表格在页面居中对齐。要求用 CSS 代码实现整个页面的背景颜色为蓝色。

2.6　本章小结

本章我们主要学习了如下内容：通过 3 个 DEMO，概括性地回顾了 HTML 语言、JavaScript 脚本以及 CSS 技术。回顾了表格、表单的相关标记，以及怎样利用脚本和样式表的配合来实现一个网页。HTML 语言中的标记是网页的基本组成元素，不管多么复杂的网页，最终都能以标记的形式来展现。另外，给读者提出了学习网站前端开发更高的要求，对 HTML5、CSS3 和 Bootstrap 也做了简单介绍，给读者的进一步学习指明了方向。

2.7　技能知识点测试

1．html 中的注释标签是（　　）。

A．<--　　-->　　　　B．<--!　　-->

C．<!--　　-->　　　　D．<--　　--!>

2．<strong>…</strong>标签的作用是（　　）。

A．斜体　　B．下画线　　C．上画线　　D．加粗

3．网页中的空格在 html 代码里表示为（　　）。

A．&　　B． 　　C．"　　D．<

4．定义锚记主要用到<a>标签中的（　　）属性。

A．name　　B．target　　C．onclick　　D．onmouseover

5．要在新窗口中打开所单击的链接，实现方法是将<a>标签的 target 属性设为（　　）。

A．_blank　　B．_self　　C．_parent　　D．_top

6．要使表单元素（如文本框）在预览时处于不可编辑状态，显示灰色，要在 input 中加（　　）属性。

A．selected　　B．disabled　　C．type　　D．checked

第 3 章

C#语言基础

教学目标

通过本章的学习，使学生了解 C#语言的优点、了解 C#的主要数据类型、使用表达式进行数学运算、掌握不同数据类型的转换方法、掌握条件及分支语句的使用。

知识点

1．C#概述
2．C#数据类型
3．变量和常量
4．控制结构
5．运算符
6．类及命名空间

技能点

1．了解 C#语言的特点
2．掌握变量的声明与赋值
3．熟练掌握条件及分支语句
4．内建函数
5．了解常用命名空间

重点难点

1．.NET 框架的体系结构
2．条件及分支语句的使用
3．常用的内建函数
4．命名空间的使用

专业英文词汇

1．class：________________________________
2．namespace：____________________________
3．DateTime：_____________________________
4．string：_______________________________

3.1　C#基础知识

.NET Framework 运行环境支持多种编程语言：C#、VB .NET、C++等。作为一名编程人员必须熟练掌握其中一种编程语言。

C#和 .NET Framework 同时出现和发展。由于C#出现较晚，吸取了许多其他语言的优点，解决了许多之前发现的问题。C#是专门为 .NET 开发的语言，并且成为 .NET 最好的开发语言，这是由C#的自身设计决定的。作为专门为 .NET 设计的语言，C#不但结合了 C++ 的强大灵活性和 Java 语言的简洁特性，还吸取了 Delphi 和 VB 所具有的易用性。因此，C#是一种使用简单、功能强大、表达力丰富的语言。C#的正确读法是“CSharp”。

C#语言在使用时应该注意以下几点。

（1）C#语言区分大小写。C#是一种对大小写敏感的编程语言。在 C#中，其语法规则是对字符串中字母的大小写敏感的，例如“CSharp”、“cSharp”、“csHaRp”都是不同的字符串，在编程中应当注意。

（2）保持代码缩进。缩进可以帮助开发人员阅读代码，同样能够给开发人员带来层次感。缩进让代码保持优雅，同一语句块中的语句应该缩进到同一层次，这是一个非常重要的约定，因为它直接影响到代码的可读性。虽然缩进不是必须的，同样也没有编译器强制，但是为了在不同人员的开发中能够进行良好的协调，这是一个值得去遵守的约定。

（3）养成添加注释的良好习惯。在 C/C++里，编译器支持开发人员编写注释，以便开发人员能够方便地阅读代码。当然，在C#里也一样继承了这个良好的习惯。之所以这里说的是习惯，是因为编写注释同缩进一样，没有人强迫要编写注释，但是良好的注释习惯能够让代码更加优雅和可读，谁也不希望自己的代码在某一天过后自己也不认识了。

注释的写法是以符号“/*”开始,并以符号“*/”结束，这样能够让开发人员更加轻松地了解代码的作用，同时，也可以使用符号“//”双斜线来写注释，但是这样的注释是单行的，示例代码如下所示。

```
/*
 * 多行注释
 * 本例演示了在程序中写注释的方法
   在注释内也可以不要开头的*号
 */
//单行注释,一般对单个语句进行注释
```

3.1.1　常量、变量与数据类型

1. 常量

常量就是值固定不变的量。如圆周率就是一个不变的常量。在程序的整个执行过程中其值一直保持不变，常量的声明就是声明它的名称和值。声明格式如下。

const 数据类型　常量表达式；

例如，声明圆周率如下：

```
const float pi=3.1415927f;
```

声明后每次使用就可以直接引用 pi，可避免数字冗长出错。

2. 变量

程序要对数据进行读写等运算操作，当需要保存特定的值或计算结果时，就需要用到变量。变量是存储信息的基本单元，变量中可以存储各种类型的信息。当需要访问变量中的信息时，只需要访问变量的名称。

C#语言的变量命名规范如下。

（1）变量名只能由字母、数字和下画线组成，而不能包含空格、标点符号、运算符等其他符号；

（2）变量名不能与 C#中的关键字名称相同；

（3）变量名最好以小写字母开头；

（4）变量名应具有描述性质；

（5）在包含多个单词的变量名中，从第二个单词开始，每个单词都采取首字母大写的形式。

变量的使用原则：先声明，后使用。变量声明的方法如下：

```
数据类型    变量名;
```

例如，需要声明一个变量用来保存学生的年龄，可以声明一个 int 类型的变量，格式如下：

```
int age;
```

3. 数据类型

数据类型定义了数据的性质、表示、存储空间和结构。C#数据类型可以分为值类型和引用类型：值类型用来存储实际值；引用类型用来存储对实际数值的引用。C#数据类型如图 3-1 所示。

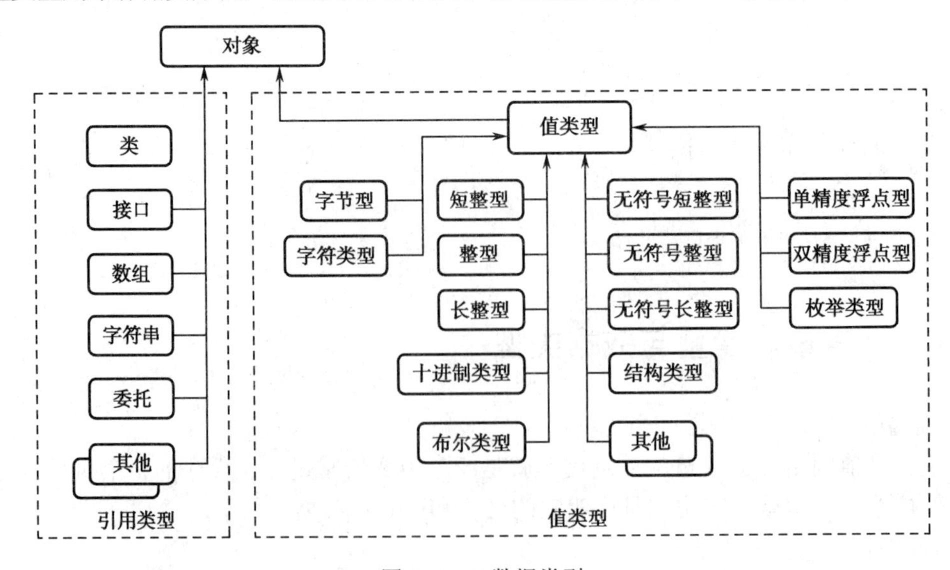

图 3-1　C#数据类型

引用类型包括类(class)、接口(interface)、数组(array)和字符串(string)。本节重点介绍值类型，C#中常用的数值类型见表3.1。

表3.1　数值类型

类　型	描　述	取值范围
bool	布尔型	True 或 False
sbyte	有符号整数	-128～127
short		-32 768～32 767
int		-2 147 483 648～2 147 483 647
long		-9 223 372 036 854 775 808～-9 223 372 036 854 775 807
float	单精度浮点型	1.5*10-45～3.4*1038
double	双精度浮点型	5.0*10-324～1.7*10308
char	字符型	0～65 535
decimal	十进制类型	约 1.0*10-28～7.9*1028
byte	无符号整数	0～255
ushort		0～65 535
uint		0～4 294 967 295
ulong		0～18 446 744 073 709 551 615

3.1.2 运算符与控制语句

1. 常用的操作符及优先级

C#语言中的表达式类似于数学中的运算表达式，由一系列的运算符和操作数构成。常用的运算符如加号（+）用于加法；减号（-）用于减法；当一个表达式有多个运算符时，编译器就会按照默认的优先级别控制求值的顺序，表3.2列出了常用运算符及优先级。

表3.2　常用运算符及从高到低的优先顺序

<table>
<tr><th>运算符类型</th><th>运　算　符</th></tr>
<tr><td>初级运算符</td><td>x.y, f(x), a[x], x++, x--, new, typeof, checked, unchecked</td></tr>
<tr><td>一元运算符</td><td>!, ～, ++, --, (T)x</td></tr>
<tr><td>乘法、除法、取模运算符</td><td>*, /, %</td></tr>
<tr><td>增量运算符</td><td>+ , -</td></tr>
<tr><td>移位运算符</td><td><< , >></td></tr>
<tr><td>关系运算符</td><td>< , > , <= , >= , is, as</td></tr>
<tr><td>等式运算符</td><td>== , !=</td></tr>
<tr><td>逻辑“与”运算符</td><td>&</td></tr>
<tr><td>逻辑“异或”运算符</td><td>^</td></tr>
<tr><td>逻辑“或”运算符</td><td>|</td></tr>
<tr><td>条件“与”运算符</td><td>&&</td></tr>
<tr><td>条件“或”运算符</td><td>||</td></tr>
<tr><td>条件运算符</td><td>?:</td></tr>
<tr><td>赋值运算符</td><td>= , *= , /= , %= , += , -= , <<=, >>= , &= , ^= , |=</td></tr>
</table>

2．控制语句

（1）条件语句。当程序中需要进行两个或两个以上的选择时，可以根据条件来判断选择要执行哪一组语句。C#中提供了 if 和 switch 语句。

1）if 语句。当在条件成立时执行指定的语句，不成立时执行另外的语句。

if … else …语句的语法如下。

```
if (布尔表达式)
{
    执行操作的语句;
}
```

或者

```
if (布尔表达式)
{
    执行操作的语句;
}
else
{
    执行操作的语句;
}
```

2）switch 语句。if 语句每次只能判断两个分支，如果要实现多种选择就可以使用 switch 语句。

switch 语句的语法如下。

```
switch(控制表达式)
{
    case    常量表达式 1:
        语句组 1;
        [break;]
    case    常量表达式 2: 语句组 2;
        [break;]
        ......
    case    常量表达式 n: 语句组 n;
        [break;]
    [default:
        语句组 n+1;
        [break;]]
}
```

（2）循环语句。许多复杂问题往往需要做大量的重复处理，因此循环结构是程序设计的基本结构。C#提供了 4 种循环语句分别适用于不同的情况。

1）while 循环。while 循环的语法格式如下。

```
while (条件)
{
//需要循环执行的语句;
}
```

2）do…while 循环。do…while 循环的语法结构如下。

```
do
{
//需要循环执行的语句;
}
while (条件);
```

do…while 循环与 while 循环的区别在于前者先执行后判断，后者先判断后执行。

3）for 循环。for 循环必须具备以下条件。

（1）条件一般需要进行一定的初始化操作。

（2）有效的循环要能够在适当的时候结束。

（3）在循环体中要能够改变循环条件的成立因素。

for 循环的语法格式如下。

```
for (条件初始化; 循环条件; 条件改变)
{
//需要循环执行的语句
}
```

☞DEMO

将 1～100 的整数累加，用 for 循环完成。（网站名称：C3ForDemo）

主要代码如下。

```
int sum =0;
for ( int i =1 ; i < 100; i++ )
{
sum += i ;
}
```

4）foreach 循环。foreach 语句用于循环访问集合中的每一项以获取所需的信息，但不应用于改变集合内容。

☞DEMO

输出数组的每一项，用 foreach 循环完成。（网站名称：C3ForeachDemo）

主要代码如下。

```
string [] arr =new string[]{"one","two","three"}
foreach (string s in arr)
{
Response.Write(s+"<br>");
}
```

得到的结果如下。

```
one
two
three
```

3.1.3 类与命名空间等

1. 类定义

类就是具有相同或相似性质的对象的抽象。对象的抽象是类，类的具体化就是对象，也可以说类的实例就是对象。

☞DEMO

定义一个 Student 类，其中有两个属性 Age、Name，还有两个对应字段 age 和 name。（项目名称：C3ClassStudentDemo）

主要代码如下。

```
public class Student
{
   private int age;
   private string name;

   public int Age
   {
       get { return age; }
       set { age = value; }
   }
   public string Name
   {
       get { return name; }
       set { name = value; }
   }
   public Student(int age, string name)
   {
       this.age = age;
       this.name = name;
   }
   public Student(Student student)
   {
       this.age = student.age;
       this.name = student.name;
   }
}
```

2．命名空间

C#中的类是利用命名空间组织起来的。与文件或组件不同，命名空间是一种逻辑组合，而不是物理组合，从逻辑上组织类的方式，防止命名冲突。using 语句必须放在 C#文件的开头。

（1）命名空间声明。namespace 关键字用于声明一个命名空间。此命名空间范围允许组织代码并提供了创建全局唯一类型的方法。namespace 的语法格式如下。

```
namespace name
{
类型定义;
}
```

在命名空间中，可以声明类、接口、结构、枚举、委托。

（2）命名空间的使用。在 C#中通过 using 指令来导入其他命名空间和类型的名称。using 语句的语法如下。

```
using 指令;
```

例如，一个使用命名空间的实例如下。

```
using System.Data;
```

3．异常处理

程序运行时出现的错误有两种：可预料的和不可预料的。对于可预料的错误，可以通过各种逻辑判断进行处理；对于不可预料的错误必须进行异常处理。C#语言的异常处理功能提供了处理程序运行时出现的任何意外情况，异常处理使用 try、catch 和 finally 关键字 来处理可能未成功的操作，处理失败并在事后清理资源。C#代码中处理可能的错误情况， 一般要把程序的相关部分分成 3 种不同类型的代码块。

（1）try 块包含的代码组成了程序的正常操作部分，但可能遇到某些严重的错误情况。

（2）catch 块包含的代码处理各种错误情况，这些错误是 try 块中的代码执行时遇到的。

（3）finally 块包含的代码清理资源或执行要在 try 块或 catch 块末尾执行的其他操作。

异常处理语法如下：

```
try
{
//可能出现异常错误的代码块
}
catch
{
//错误捕捉处理
}
finally
{
//负责清理资源
}
```

3.1.4 常用类及函数

1．常用类

System.Math：在 C#中用到数学函数时会应用到该类。

System.IO：对文件操作，包括文件的创建、删除、读写、更新等应用到该类。

System.Data：ADO .NET 的基本类。

System.Data.SqlClient：为 SQL Server 7.0 或更新版本的 SQL Server 数据库设计的数据存取类。

System.Data.OleDb：为 OLE DB 数据源或 SQL Server 6.5 或更早版本数据库设计的数据存取类。

System.Drawing：绘制图形时，需要使用的是 System.Drawing 名称空间下的类。

2．常用属性和方法

（1）DateTime 结构。例如：

```
System.DateTime currentTime=new System.DateTime();
```

取当前年月日时分秒：currentTime=System.DateTime.Now;

取当前年：int year=currentTime.Year;

取当前月：int month=currentTime.Month;

取当前日：int day=currentTime.Day;

取当前时：int hour=currentTime.Hour;
取当前分：int minute=currentTime.Minute;
取当前秒：int second=currentTime.Second;
取当前毫秒：int milisecong=currentTime.Millisecond;
取中文日期显示：年月日时分。

```
string strY=currentTime.ToString("f"); //不显示秒
```

取中文日期显示：年月。

```
string strYM=currentTime.ToString("y");
```

取中文日期显示：月日。

```
string strMD=currentTime.ToString("m");
```

取当前年月日，如：2014-11-21。

```
string strYMD=currentTime.ToString("d");
```

取当前时分，格式：19:31。

```
string strT=currentTime.ToString("t");
```

（2）Int32.Parse(变量) Int32.Parse("常量")：字符型转换，转为 32 位数字型。
（3）变量.ToString()：字符型转换为字符串。例如：

```
12345.ToString("n");   //生成 12345.00
12345.ToString("C");   //生成 ￥12345.00
12345.ToString("e");   //生成 1.234500e+004
12345.ToString("f4");  //生成 12345.000 0
12345.ToString("x");   //生成 3039(16 进制)
12345.ToString("p");   //生成 1234500.00%
```

（4）变量.Length ：求变量的长度，返回值为数字型。例如：

```
string str="中国";
int Len = str.Length ; //Len 是自定义变量，str 是求测的字串的变量名
```

（5）System.Text.Encoding.Default.GetBytes(变量) ：字码转换，转为比特码。例如：

```
byte[] bytStr = System.Text.Encoding.Default.GetBytes(str);
```

然后可得到比特长度如下。

```
len = bytStr.Length;
```

（6）System.Text.StringBuilder("")：字符串相加。例如：

```
System.Text.StringBuilder sb = new System.Text.StringBuilder("");
sb.Append("沙洲");
```

```
sb.Append("职业");
sb.Append("工学院");
```

此时 sb 的值为“沙洲职业工学院”。

（7）变量.Substring(参数 1,参数 2)：截取字串的一部分，参数 1 为左起始位数，参数 2 为截取几位。例如：

```
string s1 = str.Substring(0,2);
```

（8）(char)变量：把数字转为字符，查代码代表的字符。例如：

```
Response.Write((char)22269); //返回“国”字
```

（9）Trim()：清除字串前后空格。

（10）字串变量.Replace("子字串","替换为")：字串替换。例如：

```
string str="沙洲";
str=str.Replace("洲","工");      //将洲字换为工字
Response.Write(str);            //输出结果为“沙工”
```

（11）Math.Max(i,j)：取 i 与 j 中的较大值。例如：

```
int x=Math.Max(5,10); // x 将取值 10
```

3.2　应用案例

回顾 C#的基础知识后，下面我们通过几个案例来强化一下知识。

☞DEMO

1．在页面实现两个数的加运算。（网站名称：C3PlusDemo）

加法器实现两个数的加运算，如图 3-2 所示。

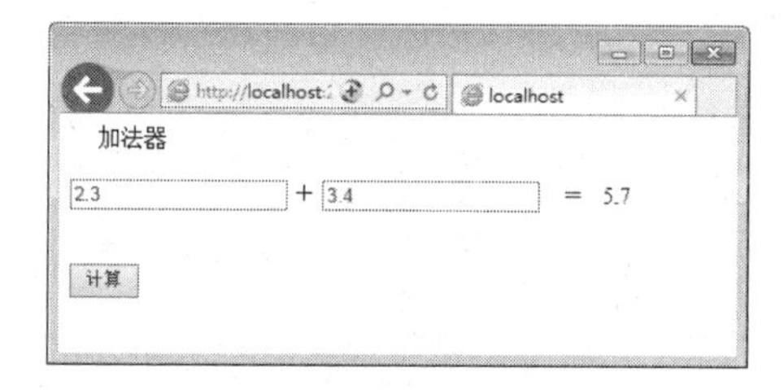

图 3-2　加法器界面

主要步骤如下。

（1）启动 Visual Studio 2013，执行【文件】|【新建】|【网站】选项。

（2）在随后弹出的【新建网站】对话框中【模板】列表框内选择“ASP .NET 空网站”选项，编程语言采用 Visual C#，以文件系统方式保存在本机的“D:\website\aspnet”目录下，然后单击【确定】按钮开始建立网站。

（3）执行【网站】|【添加新项】|【Web 窗体】选项，网页默认名称为“Default.aspx”。

选择该文件。

（4）单击【设计】按钮切换到设计视图。

（5）从左侧的工具箱中拖动标签控件(或双击标签控件)到中心工作区，重复拖动 4 个标签控件；从工具箱中拖动文本框控件(或双击文本框控件)到中心工作区，重复拖动 2 个文本框控件。

（6）从工具箱中拖动按钮控件(或双击按钮控件)到中心工作区。

（7）各个控件布局如图 3-3 所示。

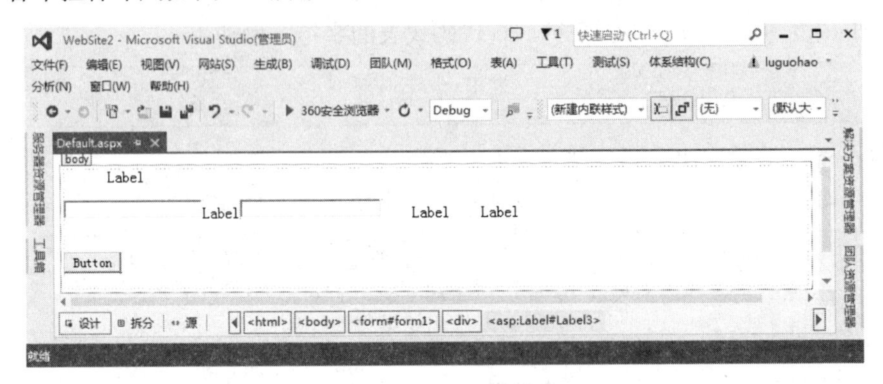

图 3-3　网页布局

（8）控件属性设置。单击选定中心工作区中的第一个标签控件Label，在右下角的【属性】窗口找到 ID 属性， 将内容 Label1 修改为 lblheader，找到 Text 属性，输入“加法器”，其余控件属性设置见表 3.3。

表 3.3　控件属性设置

控件 属性	Label1	Textbox1	Label1	Textbox1	Label1	Label1	Button
ID	lblheader	txtadd1	lbladd	txtadd2	txtequel	lblresult	btnadd
Text	加法器	空	+	空	=	空	计算

显示效果如图 3-4 所示。

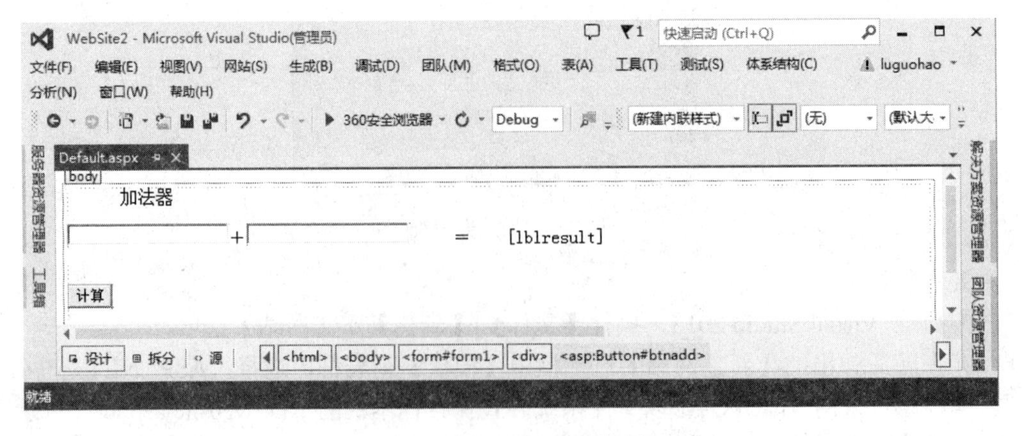

图 3-4　Default.aspx 页面设计效果

（9）编写代码。

1）双击【计算】按钮，进入代码页“Default.aspx.cs”，在“protected void btnTest_Click (object sender, EventArgs e)”下面的一对花括号{}之间填入如下代码。

```
float add1, add2, result;
try
{
add1 = float.Parse(txtadd1.Text);
add2 = float.Parse(txtadd2.Text);
result = add1 + add2;
lblresult.Text = result.ToString();
}
catch
{
lblresult.Text = "输入了非法数值";
}
```

代码页“Default.aspx.cs”如图 3-5 所示。

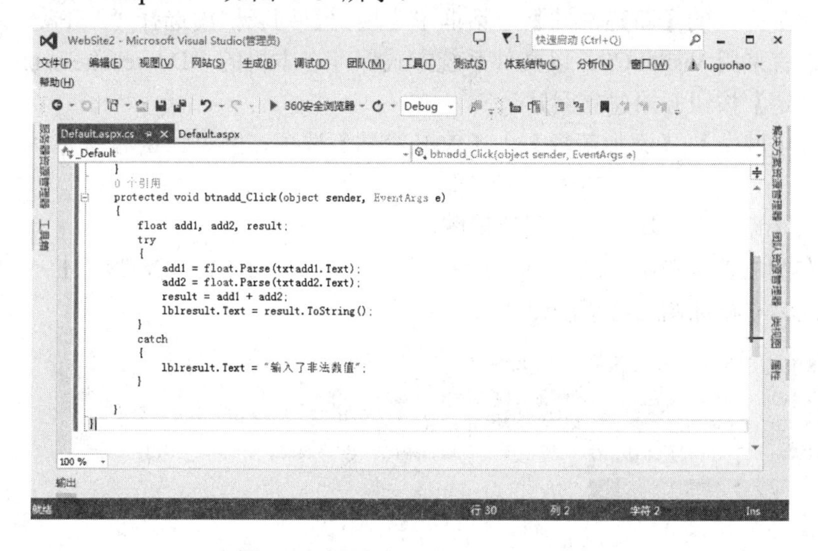

图 3-5　代码页“Default.aspx.cs”

2）单击工具栏中的【运行】按钮 在本机启动应用程序，如图 3-6 所示。

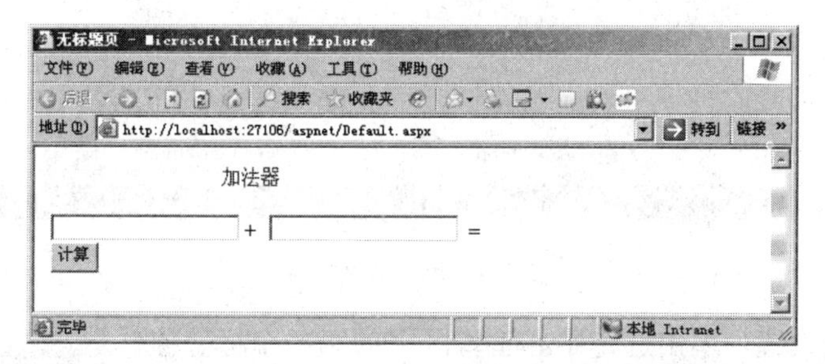

图 3-6　加法器运行效果

2．身份证号码信息阅读器。（网站名称： C3IDCheckDemo）

根据以下规则对身份证号码进行验证，运行效果如图 3-7 所示。

（1）号码长度 18 位。

（2）18 位全是数字。

（3）第 7～10 位是出生的年。

（4）倒数第 2 位号码，奇数为男性，偶数为女性。

图 3-7　身份证号码识别器界面

主要步骤如下。

（1）启动 Visual Studio 2013，执行【文件】|【新建】|【网站】选项。

（2）在随后弹出的【新建网站】对话框中【模板】列表框内选择“ASP .NET 空网站”选项，编程语言采用 Visual C#，以文件系统方式保存在本机的“D:\website\aspnet”目录下，然后单击【确定】按钮开始建立网站。

（3）执行【网站】|【添加新项】|【Web 窗体】选项，网页默认名称为“Default.aspx”。选择该文件。

（4）单击【设计】按钮切换到设计视图。

（5）从左侧的工具箱中拖动 2 个 Label 控件，1 个 TextBox 控件和 1 个 Button 控件到中心工作区，布局如图 3-8 所示。

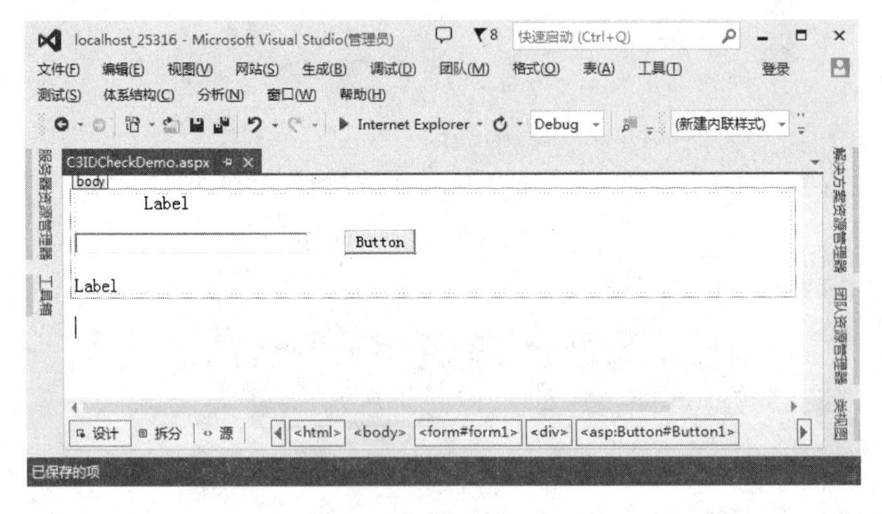

图 3-8　网页控件布局

（6）控件属性设置。单击选定中心工作区中的第一个标签控件 Label，在右下角的【属性】窗口找到 ID 属性，将内容 Label1 修改为 lblheader，找到 Text 属性，输入“身份证号码识别器”，其余控件属性设置见表 3.4。

（7）编写代码。双击【提交】按钮，进入代码页“Default.aspx.cs”，在“protected void btnconfirm_Click(object sender，EventArgs e)”下面的一对花括号{}之间填入如下代码。

表3.4　控件属性表

控件 属性	Label1	Label2	Textbox1	Button1
ID	lblheader	lblmessage	txtcard	btnconfirm
Text	身份证号码识别器	空	空	提交

```
//判断是否为 18 位
if (txtcard.Text.Length != 18)
{
lblmessage.Text = "您应输入 18 位的号码";
}
else
{
    System.Text.ASCIIEncoding ascii = new System.Text.ASCIIEncoding();
    byte[] bytestr = ascii.GetBytes(txtcard.Text);
    foreach (byte c in bytestr)
    {   //判断是否含有非法字符
        if (c < 48 || c > 57)
        {
            lblmessage.Text = "含有非法字符";
        }
        else
        {
            string year;
            year=txtcard.Text.Substring(6,4);
            lblmessage.Text = "您生于" + year + "年";
            // 判断性别
            if (bytestr[16] % 2 == 1)
            {
                lblmessage.Text= lblmessage.Text + ", 您的性别男";
            }
            else
            {
                lblmessage.Text = lblmessage.Text + ", 您的性别女";
            }
        }
    }
}
```

（8）浏览网页。浏览网页，分别输入数据进行验证。

☞ACTIVITY

1．制作一个运算器：含加减乘除运算。（项目名称：C3ComputeAct）

2．制作一个手机号码识别器：以 13、17、18 开头的 11 位数。（项目名称：C3MPhoneNumberCheckAct）

3.3　课外 Activity

1．编写程序，在 ASP.NET 页面上输出 1～50 之间的所有偶数和。

2．编写程序，在 ASP.NET 页面上输出九九乘法表。

注意：在页面上输出可以用语句 Response.Write(s)，参数 s 为要输出的字符串；换行可以用语句 Response.Write("<br>")。

3.4 本章小结

本章我们主要学习了如下内容：

熟练掌握 C#语言是高效利用 ASP .NET 开发强大动态网站的基础。本章通过 DEMO“加法器”案例介绍了 C#语言的基本语法结构。变量的声明、数据类型定义方法，数据类型的转换函数和对程序异常的处理。通过 DEMO“身份证号码信息阅读器”案例，介绍了变量的声明、数据类型的定义方法和一些常见的判断语句的结构。通过 ACTIVITY 更加强化了要掌握的知识点。

3.5 技能知识点测试

1．填空题

（1）如果 int x 的初始值为 1，则执行表达式 x + = 1 之后，x 的值为________。

（2）存储整型的变量应当用关键字________来声明。

（3）布尔型的变量可以赋值为关键字________或________。

2．选择题

（1）在 C#中无需编写任何代码就能将 int 型数值转换为 double 型数值，称为（　　）。

A．显示转换　　B．隐式转换

C．数据类型变换　　D．变换

（2）如果左操作数大于右操作数，（　　）运算符返回 false。

A．=　　B．<　　C．<=　　D．以上都是

（3）在 C#中，（　　）表示为“”。

A．空字符　　B．空串　　C．空值　　D．以上都不是

3．判断题

（1）使用变量前必须声明其数据类型。（　　）

（2）算术运算符*、/、%、+、-处于同一优先级。（　　）

（3）每组 switch 语句中必须有 break 语句。（　　）

4．简答题

（1）计算下列表达式的值，并在 Visual Studio 2008 中进行验证。

A．5+3*4　　B．(4+5)*3　　C．7%4

（2）下列代码运行后，scoreInteger 的值是多少？

```
int scoreInteger;
double scoreDouble=6.66;
scoreInteger=(int) scoreDouble;
```

（3）指出下列程序段的错误并改正。

```
i = 1;
while (i <= 10 );
i++;
}
```

5．操作题

（1）求 1～50 之间的所有奇数和，使用 for 语句。

（2）求出当前日期后第 20 天的日期。

（3）利用 replace()函数将字符串 abcd'c--ef 中的'替换为"，-替换为 a。

第 4 章

Web 服务器控件

教学目标

通过本章的学习，了解 ASP.NET 服务器控件的类型，掌握 Web 服务器控件的基本属性和方法，提高利用 Web 服务器控件在动态网站设计中的综合运用能力和开发技巧。

知识点

1．ASP.NET 服务器控件的类型
2．Web 服务器控件的基本类型
3．基本的 Web 控件的属性与方法
4．选择和列表控件的属性与方法
5．文件上传控件的属性和方法
6．表控件和容器控件的属性和方法

技能点

1．ASP.NET 服务器控件与 HTML 控件的区别
2．Web 服务器控件的共用属性和方法运用
3．基本 Web 控件的属性设置和方法编程
4．选择和列表控件的属性设置和方法编程
5．文件上传控件的属性设置和方法编程
6．表控件和容器控件的属性设置和方法编程

重点难点

1．熟悉 Web 服务器控件的属性
2．掌握 Web 服务器控件的方法
3．掌握 Web 服务器控件的综合运用

专业英文词汇

1．Web server control：________________
2．ID：________________
3．ClientID：________________
4．Runat：________________
5．Visible：________________
6．Wrap：________________
7．Multiline：________________

8．AutoPostBack：____

9．RepeatDirection：____

4.1　ASP.NET 服务器控件

1．ASP.NET 服务器控件简介

在 ASP.NET 中，它提供了许多不同类型的服务器控件，按照 Visual Studio 工具栏的布局，可以把它们大致分为如下几种类型。

（1）HTML 服务器控件。HTML 服务器控件是服务器可理解的 HTML 标签，它封装了标准的 HTML 元素。默认 HTML 元素是作为文本来进行处理的，要想使这些元素可编程，就需要向这些 HTML 元素添加 runat="server" 属性，如 <input id="Button1" type="button" runat="server" value="提交" />。其中，runat="server"表示该元素是一个服务器控件。除此之外，还需要添加 id 属性来标识该服务器控件，在实际开发中，id 是非常重要的属性，使用 id 可以在代码里面自由地操作 HTML 服务器控件。

（2）Web 标准服务器控件。简称 Web 服务器控件，是服务器可理解的特殊 ASP.NET 标签，类似于 HTML 服务器控件，Web 标准服务器控件也在服务器上创建，它们同样需要 runat="server"属性以使其生效。这些控件比 HTML 服务器控件具有更多内置功能，它不仅包括窗体控件（例如按钮和文本框），而且还包括具有特殊用途的控件（例如日历、菜单和树视图控件）。因此，与 HTML 控件相比，Web 标准服务器控件更为抽象。

（3）验证控件。它的主要功能是验证用户输入，如果用户输入没有通过验证，将给用户显示一条错误消息。因此，验证控件可用于对必填的字段进行检查，对照字符的特定值或模式进行测试，验证某个值是否在限定范围之内等等。

（4）导航控件。它实现了页面导航的功能，有了这个导航功能，用户可以很方便地在一个复杂的网站中进行页面之间的跳转。它包括 SiteMapPath 控件、Menu 控件和 TreeView 控件。

（5）数据控件。为了能够更好地满足对数据的复杂处理要求，Microsoft Expression Web 提供了两种类型的 ASP.NET 数据控件：一种是数据源控件，用于设置数据库或 XML 的连接属性；另一种是数据控件，用于显示来自数据源控件中指定的数据源的数据。这些将在后面详细讲解。

（6）登录控件。登录控件可以算是 ASP.NET 的一大特色，你不必自行编写用于表单验证的界面就可以使用这些控件来获得预建的、可定制的登录页面、密码恢复和用户创建向导。在默认情况下，登录控件与 ASP.NET 成员资格和 Forms 验证集成，以使网站的用户身份验证过程自动化。

（7）WebParts 控件。ASP.NET Web 部件是一组集成的控件，用于创建允许最终用户直接通过浏览器修改网页的内容、外观和行为的网站。这些修改适用于网站上的所有用户或个别用户。当用户修改网页和控件时，可以保存这些设置以便在以后的浏览器会话中保留用户的个人首选项，这种功能称为“个性化设置”。这些 Web 部件功能意味着开发人员可以使最终用户能够动态地对 Web 应用程序进行个性化设置，而无须开发人员或管理人员的干预。

（8）ASP.NET AJAX 控件。这些控件可以让你使用很少的客户端脚本或不使用客户端脚本就能使用 Ajax 技术，从而创建丰富的客户端行为，比如，在异步回发过程中，进行部分页

更新（在回发时刷新网页的选定部分，而不是刷新整个网页）和显示更新进度等。

2．ASP.NET 服务器控件的类层次结构

在 ASP.NET 中，所有的服务器控件都是直接或间接地派生自 System.Web.UI 命名空间中的 System.Web.UI.Control 基类，无论是 HTML 服务器控件、Web 服务器控件，还是用户自定义控件，都是从 System.Web.UI.Control 继承而来的，如图 4-1 所示。

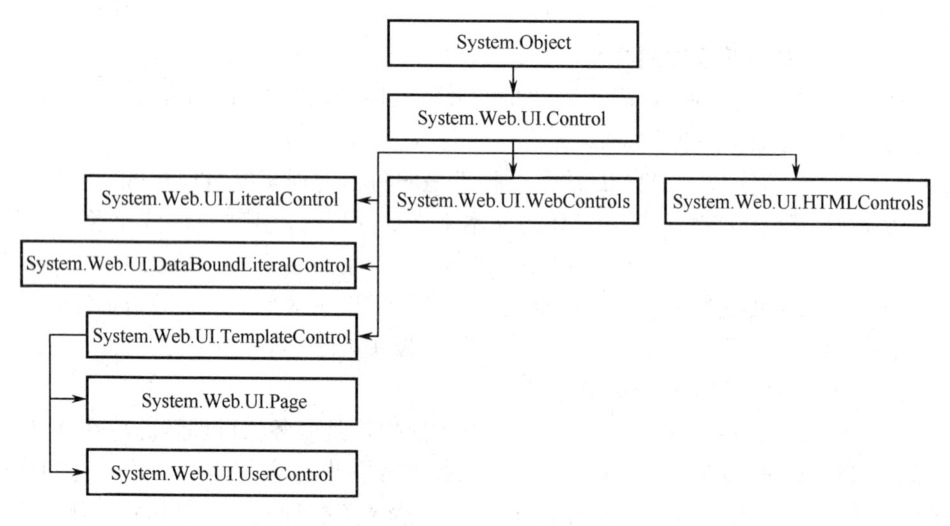

图 4-1　ASP.NET 服务器控件的类层次结构

其中 System.Web.UI.WebControls 包含了 Web 服务器控件，System.Web.UI.HtmlControls 包含了 HTML 服务器控件，System.Web.UI.Page 是所有 ASP.NET Web 页面（.aspx 文件）的基类，System.Web.UI.UserControl 是所有 ASP.NET Web 用户控件（.ascx 文件）的基类，System.Web.UI.Page 和 System.Web.UI.UserControl 不能同时被继承。

3．Web 服务器控件的类型和共用属性

Web 服务器控件都被放置在 System.Web.UI.WebControls 命名空间下面，用来组成与用户进行交互的界面。本章节重点讲解 Web 服务器控件，VS2013 工具箱“标准”组中的控件一般都是 Web 服务器控件，下面将对常用的几个 Web 服务器控件进行介绍。

（1）Web 服务器控件的基本类型。常用的类型见表 4.1。

表 4.1　常用 Web 服务器控件基本类型

控 件 名 称	控 件 功 能
Label	用于显示普通文本
Image	用于插入图片
TextBox	用于单行、多行文本框和密码框
Button	用于生成普通按钮
ImageButton	用于生成图片按钮
LinkButton	用于生成链接按钮
RadioButton	用于生成单选按钮
RadioButtonList	用于生成支持数据链接的方式建立单选按钮列表

续表

控件名称	控件功能
CheckBox	用于生成复选框
CheckBoxList	用于生成支持数据链接的方式建立复选框列表
ListBox	用于生成下拉列表，支持多选
DropDownList	用于生成下拉列表，只支持单选
FileUpload	用于上传文件
Table	用于建立动态表格
Panel	容器控件，存放控件并控制其显示或隐藏
PlaceHolder	容器控件，动态存放控件

（2）Web 服务器控件的共用属性。各种 Web 服务器控件有一些共用属性，如表 4.2 所示。

表 4.2　Web 服务器控件的共用属性

属　　性	说　　明
AccessKey	用来指定键盘上的快速键。可以指定这个属性的内容为数字或英文字母，当使用者按下键盘上的【Alt】键再加上所指定的值时，标识选择该控件
BackColor	控件的背景色
BorderWidth	控件的边框宽度
BorderStyle	控件的外框样式
Enabled	控件是否激活（有效）。本属性的默认值为 True，如果要让控件失去作用，只要将控件的 Enabled 属性值设为 False 即可
Font	控件的字体
Height	控件的高度，单位是 pixel（像素）
Width	控件的宽度，单位是 pixel（像素）
TabIndex	当用户按下【Tab】键时，Web 控件接收驻点的顺序，如果这个属性没有设定的话，就是默认值 0。如果 Web 控件的 TabIndex 属性值一样的话，则是以 Web 控件在 ASP.NET 网页中被配置的顺序来决定
ToolTip	设定该属性时，若用户停留在该控件上时就会出现提示的文字
Visible	控件是否可见。设定该属性为 False 时，该控件就不可见

服务器控件从工具箱拖放到工作区后，在源代码视图模式会自动生成相应的代码。控件虽然可以直接使用，但是只有了解了代码的含义，才能更好地利用控件。代码在书写时有一定的结构要求，格式如下。

```
<asp:Control ID="name" runat="server"></asp:Control>
```

或者写成

```
<asp:Control id="name" runat="server" />
```

代码需要写在一对尖括号内，前缀 asp 为必加项，Control 表示控件的类型；ID 为该控件的【属性】，是控件的唯一标识，即编程时使用的名字；runat 是固有属性，其值为固定值

“server”，表示这是一个服务器控件。根据实际情况，里面还可以有更多的属性，可以在【属性】窗口设置或在源代码中直接添加。

☞DEMO

ASP.NET 服务器控件（网站名称：HelloAspNetDemo）

以 Label 控件为例，通过工具箱把 A Label 图标拖动到工作区，在【属性】窗口把其 ID 属性值改为“lblHelloASPNET”，Text 属性值改为“ASP.NET，您好！”，如图 4-2 所示。

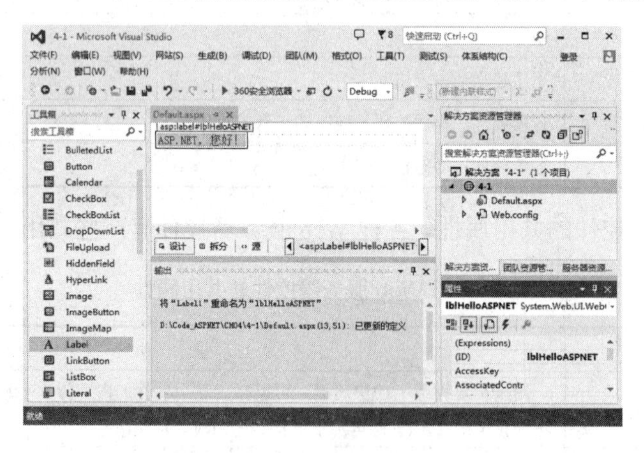

图 4-2　Label 控件实例

单击【源】按钮 设计 拆分 源 进入源代码视图，Label 控件对应的代码如下。

```
<asp:Label  ID="lblHelloASPNET"  runat="server"  Text="ASP.NET ， 您 好 ！
"></asp:Label>
```

可以看出，该控件为服务器控件，控件类型为 Label 控件，控件的 ID 属性值为在【属性】窗口中设置的“lblHelloASPNET”，runat 属性值为“server”，Text 属性值为所设置的“ASP.NET，您好！”，是控件上显示的文本信息。

在浏览器中测试该页面，选择【查看】|【源文件】命令，可以看到源文件如图 4-3 所示，完全是 HTML 格式的代码，表明服务器控件在服务器端执行完成后，是以 HTML 的形式传送给客户端浏览器的。

图 4-3　页面源文件

☞ACTIVITY

新建 ASP.NET 网站，添加 Web 窗体，在窗体中，添加 ASP.NET 服务器控件。

（1）查看控件的代码格式；

（2）启动调试，在浏览器中查看页面源代码，比较设计时的控件代码和运行后的代码之间的区别。

4.2　基本的 Web 控件

在 ASP.NET 服务器控件中，最为经常使用的基本 Web 控件有：Label 控件、Image 控件、TextBox 控件、Button 控件、ImageButton 控件和 LinkButton 控件。

4.2.1　显示控件 Label 和 Image

显示控件包含：文本显示控件“Label 控件”和图片显示控件“Image 控件”。

Label 控件为开发人员提供了一种以编程方式设置 Web 窗体页面中文字和图片的方法。通常，在运行时更改页面中的文本或图片时，就可以使用 Label 控件和 Image 控件。

Label 控件用于在页面上显示文本，Image 控件用于在页面上显示图像，在工具箱中对应的图标为 A Label 和 Image ，拖放到工作区分别显示 Label 和 ，使用 Image 控件的 ImageUrl 属性设置图形文件所在的目录或是网址，如果在同一个目录，则可以省略目录名，直接指定文件名即可。设置完成后对应的图标才会显示相应的图形。

Label 控件的语法格式如下：

```
<asp:Label ID="Label1" runat="server" Text="显示的文字"></asp:Label>
```

Image 控件的语法格式如下：

```
<asp:Image ID="Image1" runat="server" ImageUrl="图片所在地址" AlternateTet="图形未加载时的替代文字"/>
```

下面的例子中，页面中包括 Label 控件和 Image 控件，如图 4-4 所示。

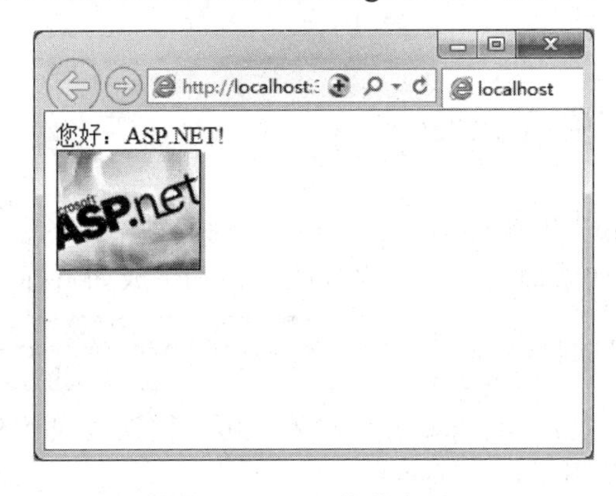

图 4-4　显示控件实例

☞DEMO

显示标签文本和图片（网站名称：ShowLabelImageDemo）

主要步骤如下：

（1）创建网站，创建 Web 窗体文件。新建网站，并添加 Web 窗体，将窗体文件命名为“ShowLabelImage.aspx”。

（2）页面的界面设计。将 Label 控件的 Text 属性值设置为“您好：ASP.NET!”。

Image 控件使用 ImageUrl 属性设置所使用的图形文件，为了方便管理站点中的图形文件，在站点中新建一个名字叫做“images”的文件夹，用来存放站点中用到的图形。单击 Image 控件【属性】窗口中的【ImageUrl 属 性】按钮后，弹出如图 4-5 所示的对话框，单击【项目文件夹】中的 images 文件夹，其中的图形文件会在右侧显示，在右侧选择需要的图形文件。

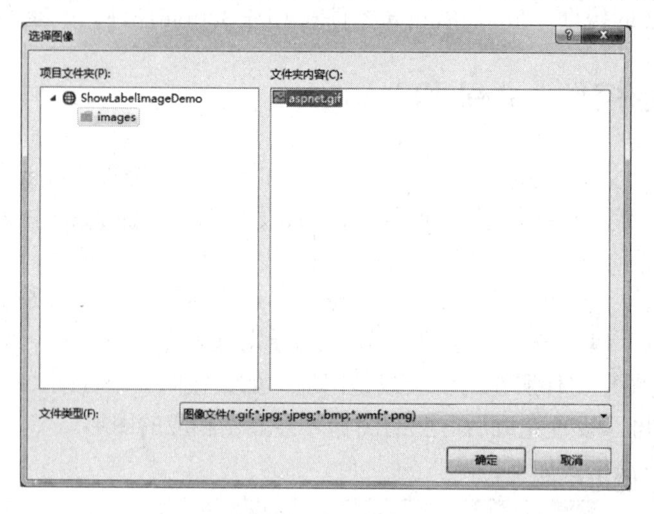

图 4-5 选择图像

（3）测试页面。保存文件，按快捷键【F5】测试页面，验证实际效果。

☞ACTIVITY

更换标签信息和图片文件（网站名称：ChangeLabelImageAct）

在 Web 窗体中，放置 1 个 Label 控件、1 个 Image 控件和 1 个 Button 控件，并设置 Label 标签的文本信息和 Image 控件的默认图片。通过单击 Button，更换 Label 标签的文本和 Image 的图片。

4.2.2 文本框控件 TextBox

TextBox 控件在工具箱中的图标为 TextBox，拖放到工作区会显示一个文本框，用户可以在文本框中输入文本。如果切换到源代码视图会自动生成如下标签。

```
<asp:TextBox ID="TextBox1" runat="server"></asp:TextBox>
```

更多的属性设置，如宽度、默认显示文本等，可以切换到设计视图通过【属性】窗口进行设置。TextBox 控件的常用属性见表 4.3。

表4.3　TextBox 控件的常用属性

属　性	功　能
Columns	设置或得到文本框的宽度，以字符为单位
MaxLength	设置或得到文本框中可以输入的最多字符个数
Rows	设置或得到文本框中可以输入的字符的行数，当 TextMode 设为 MultiLine 时有效
Text	设置或得到文本框中的内容
TextMode	设置或得到文本框的输入类型
Wrap	设置或得到一个值，当该值为“true”时，文本框中的内容自动换行；当该值为“false” 时，文本框中的内容不自动换行；当 TextMode 设为 MultiLine 时该属性有效

☞DEMO

显示输入的个人信息（网站名称：ShowInputInfoDemo）

在 Web 窗体中，添加 3 个文本框控件，分别用于输入姓名、输入密码和输入个人简介等内容；并添加 1 个按钮。通过对文本框控件 TextBox 的属性进行设置，并编写按钮事件，实现一个接收用户姓名、密码和个人简介信息，并输入的功能。

程序运行效果如图 4-6 所示。

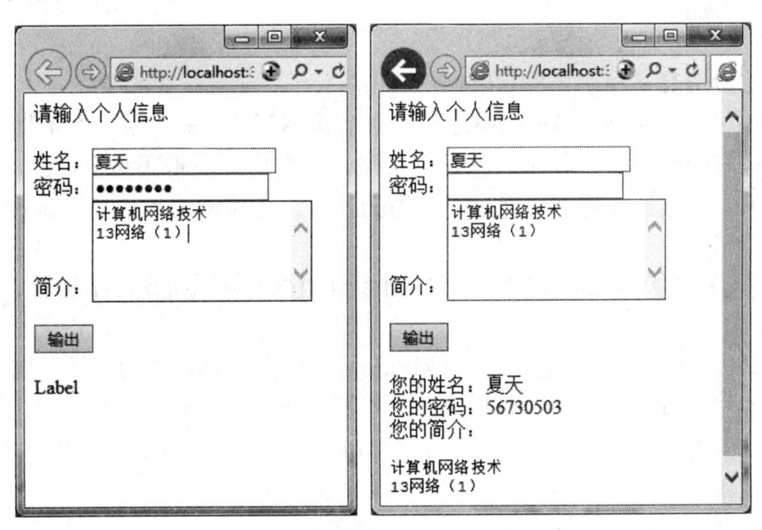

图 4-6　TextBox 控件实例

主要步骤如下：

（1）创建网站，创建 Web 窗体文件。新建网站，并添加 Web 窗体，将窗体文件命名为“ShowInputInfoDemo.aspx”。

（2）页面的界面设计。在页面中添加使用了 3 个 TextBox 控件、1 个 Button 按钮和 1 个 Label 标签。各控件的属性设置见表 4.4。

表 4.4　各控件的属性设置

功　能	控　件	属　性	值	说　明
输入姓名	TextBox	ID	txtName	

续表

功　能	控　件	属　性	值	说　明
输入密码	TextBox	ID	txtPassword	
		TextMode	Password	设置为 password，使输入的字符都会以"•"显示
		MaxLength	8	确保密码输入的长度不能超过 8
输入简介	TextBox	ID	txtIntroduce	
		TextMode	MultiLine	
		Rows	5	设置该文本框为 5 行的文本框
输出按钮	Button	ID	btnShowInputInfo	
输出标签	Label	Text	空值	

（3）测试页面。保存文件，按快捷键【F5】测试页面，验证实际效果。

注意：

（1）在 Label 标签文本中换行输出，可以加入“
”换行标识符；

（2）在 Label 标签文本中，保留 TextBox 多行文本中的换行格式，可以使用“<PRE>”和“</PRE>”进行格式化输出。

☞ACTIVITY

显示会员注册信息（网站名称：ShowRegInfoAct）

在 Web 窗体中，放置 3 个 TextBox 控件，设置为普通文本框、密码文本框和多行文本框，用于会员注册信息的录入，分别是：会员登录账号、会员登录密码和会员注册信息。还有 1 个 Button 按钮和 1 个 Label 控件，通过单击 Button，将会员注册的信息显示在 Label 标签上。

4.2.3 按钮控件 Button、ImageButton 和 LinkButton

Button 控件、ImageButton 控件、LinkButton 控件在工具箱中的图标分别为 Button 、ImageButton 和 LinkButton ，拖放到工作区会显示 Button 、 和 LinkButton 这 3 种按钮形式，其中 ImageButton 控件需要在【属性】窗口设置 ImageUrl 属性值为图片存放的路径，才会生成相应的图形按钮。

三种控件在源视图模式中对应的标签如下。

```
<asp:Button ID="Button1" runat="server" Text="Button" />
<asp:ImageButton ID="ImageButton1" runat="server" />
<asp:LinkButton ID="LinkButton1" runat="server">LinkButton</asp:LinkButton>
```

按钮控件均可以把页面上的输入信息提交给服务器，对其发生 Click(单击)事件能激活服务器脚本中对应的事件过程代码。

☞DEMO

按钮控件演示（网站名称：ButtonDemo）

将在页面上添加 1 个 Button 控件、1 个 ImageButton、1 个 LinkButton 和 1 个 Label 控件，分别单击三种按钮时，会在 Label 标签中显示“您单击了 Button 按钮！”、“您单击了 ImageButton 按钮！”和“您单击了 LinkButton 按钮！”，程序运行效果如图 4-7 所示。

图 4-7　Button 控件实例

主要步骤如下：

（1）创建网站，创建 Web 窗体文件。新建网站，并添加 Web 窗体，将窗体文件命名为“ButtonDemo.aspx”。

（2）页面的界面设计。

1）根据要求，在页面中添加 1 个 Button 控件、1 个 ImageButton、1 个 LinkButton 和 1 个 Label 控件。各控件的属性设置如表 4.5 所示。

表 4.5　各控件的属性设置

功　能	控　件	属　性	值	说　明
普通按钮	Button	ID	btnButton	
		Text	普通按钮	
图片按钮	ImageButton	ID	btnImageButton	
		ImageUrl	~/images/trynow.jpg	图片文件在 images 目录
		Text	图片按钮	
链接按钮	LinkButton	Text	btnLinkButton	
		Text	链接按钮	
信息标签	Label	ID	lblInfo	用于显示按钮的单击信息
		Text	空值	

2）双击 Button 控件，进入代码编辑模式，在 btnButton_Click 事件过程中输入“txtInfo.Text= "您单击了提交按钮！"”语句，如下所示。

```
protected void btnButton_Click(object sender, EventArgs e)
{
lblInfo.Text = "您单击了 Button 按钮！";
}
```

3）回到源代码视图模式，Button 控件的标签为已经变为以下内容。

```
<asp:Button ID="btnButton" runat="server" OnClick="btnButton_Click" Text="
普通按钮"/>
```

OnClick 为 Button 控件的一个属性，属性值为 btnButton_Click，表明当 Button 发生 Click 事件时，激活了 btnButton_Click 事件过程脚本，该过程通过“lblInfo.Text = "您单击了 Button

按钮！""语句，向 Label 控件中写入"您单击了 Button 按钮！"。

4）ImageButton 和 LinkButton 按钮的事件也参照该方法编写。

（3）测试页面。保存文件，按快捷键【F5】测试页面，验证实际效果。

注意：

① Button 控件的 Click 事件中，有一个 CommandEventArgs 类型的参数 e，利用 e.CommandName 和 e.CommandArgument 属性可以取得被单击 Button 控件的 CommandName 命令名称、CommandArguments 命令参数两个属性。实际程序开发中，常用这两个属性来确定是哪一个按钮被单击，从而做出不同反应。

② OnCommand 事件通常用于与特定的命令名（CommandName）关联时，可以在一个网页上创建多个 Button，指定不同的 CommandName，然后在同一个事件处理程序中，分别处理不同 Button。如下代码所示。

```
    <asp:Button  id="Button1"  Text="Sort  Ascending"  CommandName="Sort"
CommandArgument="Asc"  OnCommand="CommandBtn_Click"  runat="server"/>   
 
    <asp:Button  id="Button2"  Text="Sort  Descending"  CommandName="Sort"
CommandArgument="Desc"  OnCommand="CommandBtn_Click"  runat="server"/>   
 
    <asp:Button  id="Button3"  Text="Submit"  CommandName="Submit"  OnCommand="
CommandBtn_Click" runat="server"/>
```

☞ACTIVITY

显示会员注册信息（网站名称：ShowRegInfoAct）

在 Web 窗体中，放置 2 个 Button 控件和 1 个 Label 控件，两个按钮文本分别为"红色"和"蓝色"，单击红色按钮，则 Label 的背景色变为红色；单击蓝色按钮，则 Label 的背景色变为蓝色。

提示：通过设置按钮不同 CommandName 属性和同一个 OnCommand 事件，来分别处理两个按钮的事件。

4.3 选择与列表控件

选择与列表控件包含三组控件：RadioButton 控件和 RadioButtonList 控件、CheckBox 和 CheckBoxList 控件、ListBox 控件和 DropDownList 控件。

4.3.1 单选控件 RadioButton 和 RadioButtonList

1. RadioButton 控件

RadioButton 控件用于从多个选项中选择一项，属于单选控件，其基本功能相当于 HTML 控件的<input type="radio">。语法格式如下：

```
    <asp:RadioButton
    ID="RadioButton1"
    runat="server"
    AutoPostBack="True | False"
    GroupName="组名称"
    Text="控件的文字"
```

```
    TextAlign="Left | Right"
    OnCheckedChanged="事件程序名称"
    />
```

使用 RadioButton 控件可以生成一组单选按钮。拖放 RadioButton 控件在工具箱中的图标 ⊙ RadioButton 到工作区，显示 [RadioButton1]。拖放多个 RadioButton 控件构成一组单选按钮，为确保用户选择时只能选中其中的一项，须将这些单选按钮的 GroupName 属性设置为相同的值。Text 属性用来设置按钮上显示的文本信息。如果将组中某个控件的 Checked 属性设置为 True，则此项为默认选中项。也可以通过 Checked 属性判断单选按钮是否被选中，值为 True，表明按钮被选中，值为 False，表明按钮没有被选中。

若希望在一组 RadioButton 控件中只能选择一个时，只要将它们的 GroupName 设置为同一个属性值即可。RadioButton 控件有 CheckedChanged 事件，这个事件是在当 RadioButton 控件的选择状态发生改变时触发；要触发该事件，必须把 AutoPostBack 属性设置为 True。

☞DEMO

RadioButton 单选按钮控件演示（网站名称：RadioButtonDemo）

本案例中，使用 RadioButton 控件生成了一组用于选择访问者用户身份的单选按钮，默认选中项为“教师”，当单击【确认】按钮后，页面显示效果如图 4-8 所示。

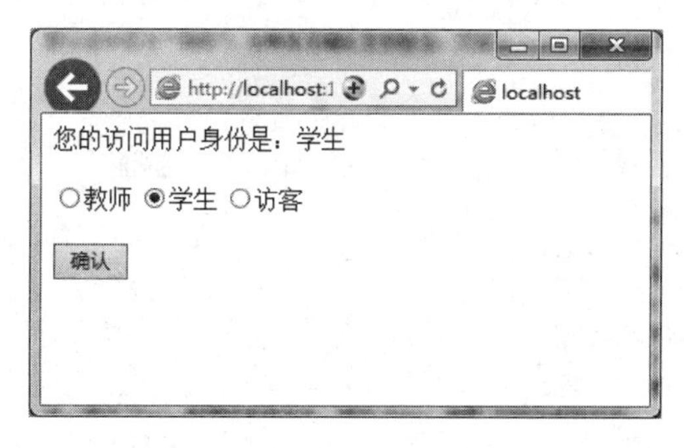

图 4-8　RadioButton 控件实例

主要步骤如下：

（1）创建网站，创建 Web 窗体文件。新建网站，并添加 Web 窗体，将窗体文件命名为“RadioButton.aspx”。

（2）页面的界面设计。本例中使用了 3 个 RadioButton 控件，1 个是用于提交信息的 Button 控件，还有 1 个是用于显示提交结果的 Label 控件。

各控件的属性设置如表 4.6 所示。

表 4.6　各控件的属性设置

功　能	控　件	属　性	值	说　明
单选按钮	RadioButton	ID	radTeacher	
		GroupName	LoginUser	同一个 GroupName 属性值
		Text	教师	
		Checked	True	默认选中项

续表

功　能	控　件	属　性	值	说　明
单选按钮	RadioButton	ID	radStudent	
		GroupName	LoginUser	同一个 GroupName 属性值
		Text	学生	
单选按钮	RadioButton	ID	radGuest	
		GroupName	LoginUser	同一个 GroupName 属性值
		Text	访客	
信息标签	Label	ID	lblLoginUser	用于显示选择的信息
		Text	空值	
确认按钮	Button	ID	btnLogin	
		Text	确认	

（3）编写代码。双击【确认】按钮，进入代码编辑模式，在 btnLogin_Click 事件过程中输入代码，如下所示。

```
protected void btnLogin_Click(object sender, EventArgs e)
    {
       string strMsg = "";
       if (radTeacher.Checked)       //如果选中 教师
          strMsg = "教师";
       if (radStudent.Checked)       //如果选中 学生
          strMsg = "学生";
       if (radGuest.Checked)         //如果选中 访客
          strMsg = "访客";
       lblLoginUser.Text = strMsg;  //输出显示结果
    }
```

当按钮控件发生 Click 事件时，激活 btnLogin_Click 事件过程，在该过程中通过 if 语句对 3 个 RadioButton 控件的 Checked 属性值进行判断，如果其中的一个值为 True，表明该控件被选中，把对应的值(“教师”、“学生”或“访客”)赋给变量 strMsg，最后通过“lblLoginUser.Text=strMsg;语句给 Label 控件的 Text 赋值，在该控件的位置上显示相应的文本信息。

由于每一个 RadioButton 控件都是独立的控件，要判断一个组内是否有被选中的项，必须判断所有控件的 Checked 属性值，这样在程序判断上比较复杂，针对这种情况，ASP .NET 提供了 RadioButtonList 控件，该控件具有和 RadioButton 控件同样的功能，并且可以方便地管理各个数据项。

（4）测试页面。保存文件，按快捷键【F5】测试页面，验证实际效果。

2. RadioButtonList 控件

当使用多个 RadioButton 控件时，在程序的判断上非常麻烦，RadioButtonList 控件提供一组 RadioButton，可以方便地取得用户所选取的项目。

RadioButtonList 控件的语法格式如下：

```
    <asp:RadioButtonList ID="RadioButtonList1" OnSelectedIndexChanged="事件程
序名称" runat="server">
            <asp:ListItem>项目 1</asp:ListItem>
            <asp:ListItem>项目 2</asp:ListItem>
        </asp:RadioButtonList>
```

RadioButtonList 控件的常用属性如表 4.7 所示。

表 4.7　RadioButtonList 控件的常用属性

属　性	说　明
AutoPostBack	设定是否立即响应 OnSelectedIndexChanged 事件
CellPading	各项目之间的距离，单位为 pix 像素
Items	返回 RadioButtonList 控件中 ListItem 的对象
RepeatColumns	一行放置选择项目的个数，默认为 0（忽略此项）
RepeatDirection	选择项目的排列方向，可设置为 vertical（垂直，默认值）或 horizontal（水平）
RepeatLayout	设定 RadiobuttonList 控件的 ListItem 排列方式：Table 排列或直接排列
SelectedIndex	返回被选取到 ListItem 的 Index 值
SelectedItem	返回被选取到 ListItem 对象
TextAlign	设定各项目所显示的文字是在按钮的左 Left 或右 Right，默认为 Right

ListItem 的语法格式如下：

```
            <asp:ListItem>Item1</asp:ListItem>
    或
            <asp:ListItem Text=" Item1"/>
```

ListItem 控件常用的属性如表 4.8 所示。

表 4.8　各控件的属性设置

属　性	说　明
Selected	此项目是否被选取
Text	项目的文字
Value	和该 Item 相关的数据

RadioButtonList 控件中的数据项是通过控件 ListItem 控件来定义的。ListItem 控件表示 RadioButtonList 控件中的数据项，它不是一个独立存在的控件，必须依附在其他的控件下使用，比如 RadioButtonList 控件以及后面要学习的 DropDownList 控件和 CheckBoxList 控件。

RadioButtonList 控件还具有 SelectedItem 对象，代表控件中被选中的数据项，可以通过该对象获取被选中项的相关属性值。

☞DEMO

RadioButtonList 按钮控件演示（网站名称：RadioButtonListDemo）

本案例中，使用 RadioButtonList 控件设定 3 个科目供选择，一旦选中其中的某一个项目，在标签中将会显示出该项目的文本和对应的值。页面显示效果如图 4-9 所示。

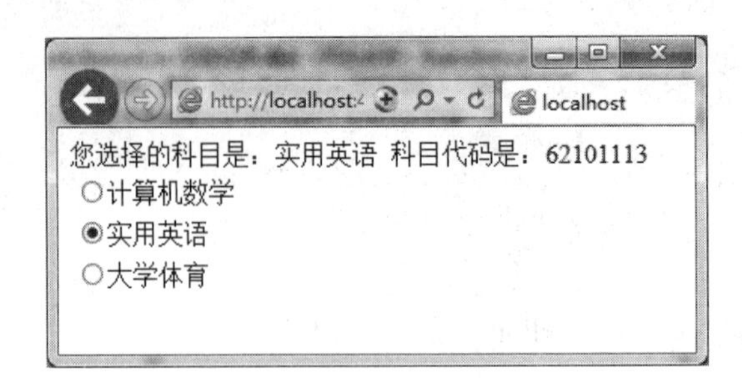

图 4-9　RadioButtonList 控件实例

主要步骤如下：

（1）创建网站，创建 Web 窗体文件。新建网站，并添加 Web 窗体，将窗体文件命名为“RadioButtonList.aspx”。

（2）页面的界面设计。本例中使用了 1 个 RadioButtonList 控件，1 个是用于显示提交结果的 Label 控件。

RadioButtonList 控件在工具箱中的图标为 RadioButtonList，拖放该图标到工作区显示 未绑定。选中该控件，在控件上会出现图标，单击可以显示或隐藏 RadioButtonList 任务菜单。选择【RadioButtonList 任务】|【编辑项】命令，弹出【ListItem 集合编辑器】对话框，可以通过【添加】按钮或【移除】按钮，为 RadioButtonList 控件添加或删除数据项，如图 4-10 所示。

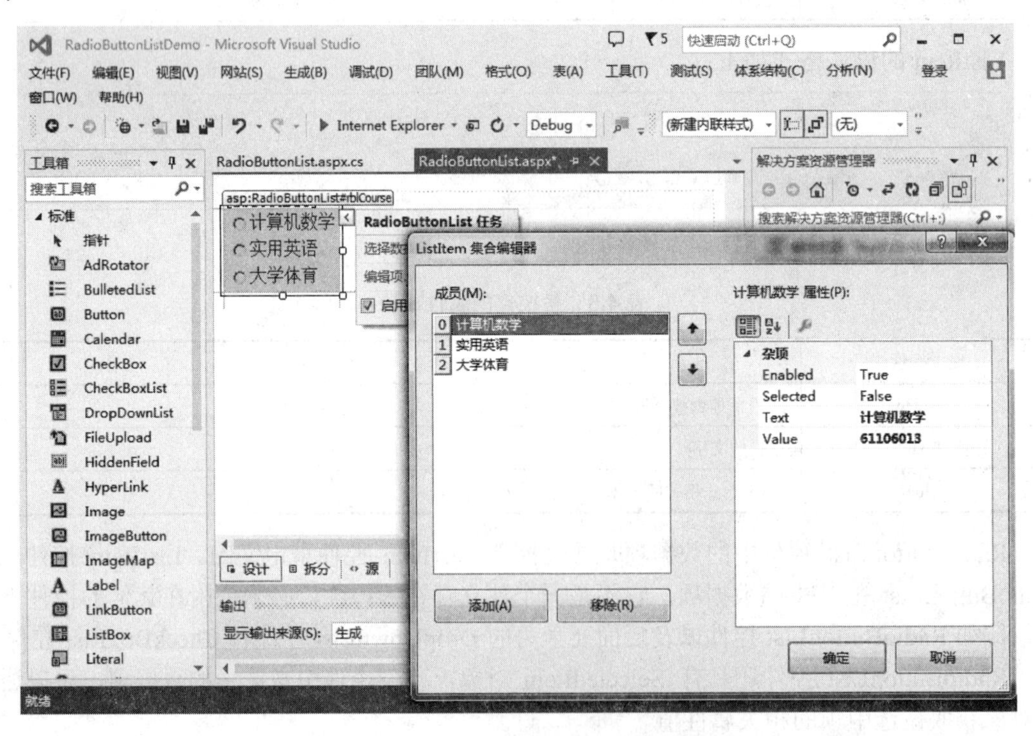

图 4-10　为 RadioButtonList 控件添加数据项

（3）编写代码。完成数据项的添加，进入源代码视图，RadioButtonList 控件对应的代码如下所示。

```
    <asp:RadioButtonList  ID="rblCourse"  runat="server"  AutoPostBack="True"
OnSelectedIndexChanged="rblCourse_SelectedIndexChanged">
            <asp:ListItem Value="61106013">计算机数学</asp:ListItem>
            <asp:ListItem Value="62101113">实用英语</asp:ListItem>
            <asp:ListItem Value="64101113">大学体育</asp:ListItem>
      </asp:RadioButtonList>
```

双击 RadioButtonList 控件进入代码编辑模式，在 rblCourse_SelectedIndexChanged 事件过程中输入代码，如下所示。

```
    protected void rblCourse_SelectedIndexChanged(object sender, EventArgs e)
      {
          lblCourse.Text = "您选择的科目是：" + rblCourse.SelectedItem.Text +
"  科目代码是：" + rblCourse.SelectedItem.Value;
      }
```

"rblCourse.SelectedItem.Text"代表被选中项的 Text 值，"rblCourse.SelectedItem.Value"代表被选中项的 Value 属性值，两个字符串连接，赋值给 Label 控件的 Text 属性。

RadioButtonList 控件除了上述的用法外，还支持动态数据绑定，也就是在代码编辑视图中为该控件添加数据项。对于上面的例子，从工具箱拖放 RadioButtonList 控件后，进入代码编辑视图，在 Page_Load 事件过程中输入如下代码，同样可以实现上例中的效果。

```
      protected void Page_Load(object sender, EventArgs e)
      {
          if(!Page.IsPostBack)    //如果是第一次加载页面
          {
              //添加项目，方法一
              rblCourse.Items.Add("计算机基础");
              //添加项目，方法二
              rblCourse.Items.Add(new ListItem("专业英语", "82101013"));
          }
      }
```

其中，Items 为 RadioButtonList 控件的对象，使用其 Add 方法可以向 RadioButtonList 控件中添加数据项（ListItem）。

（4）测试页面。保存文件，按快捷键【F5】测试页面，验证实际效果。

注意：

① 要将 RadioButtonList 的 AutoPostBack 属性设置为 True，才能够触发 rblCourse_SelectedIndexChanged 事件。

② 产生 ListItem 对象常用以下两种方式：

```
ListItem item=new ListItem("Item1");
ListItem item=new ListItem("Item1","Item Value");
```

第一种方式在创建 ListItem 对象时设定了 Text 属性；第二种方式则是分别设定 Text 属性和 Value 属性。

☞ACTIVITY

1．使用 RadioButton 按钮选择所在省份（网站名称：RadioButtonAct）

在 Web 窗体上放置 4 个 RadioButton 控件用于显示省份信息，1 个 Button 按钮用于处理显示所选省份的名称。

2．使用 RadioButtonList 按钮选择所在国家（网站名称：RadioButtonListAct）

在 Web 窗体上放置 1 个 RadioButton 控件，并设置 3 个项目，用于显示 3 个国家信息，选择某个选项后立即显示所选国家的名称。

4.3.2 复选控件 CheckBox 和 CheckBoxList

1．CheckBox 控件

CheckBox 控件为用户提供了一种在真/假、是/否或开/关选项之间切换的方法。

CheckBox 控件常用的属性如表 4.8 所示。

表 4.8　CheckBox 控件的常用属性

属　性	说　明
AutoPostBack	设定当用户选择不同的项目时，是否自动触发 OnCheckedChange 事件
Checked	返回或设定是否该项目被选取
GroupName	按钮所属组
TextAlign	项目所显示的文字的对齐方式
Text	CheckBox 中所显示的内容

使用 CheckBox 控件可以生成一组复选框，在工具箱中的图标为☑ CheckBox，拖放到工作区显示☐[CheckBox1]，通过 Text 属性值来设置控件上显示的文本，选项被选中后，Checked 属性值变为 True。

☞DEMO

兴趣爱好的多项选择 1（网站名称：ShowFavCheckBoxDemo）

本案例中，使用 CheckBox 控件生成一组兴趣爱好复选框，当选择了其中的数据项提交后，在【提交】按钮下显示相关信息，如图 4-11 所示。

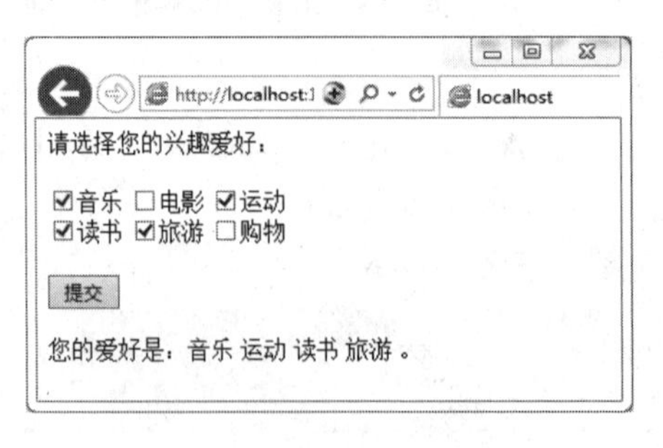

图 4-11　CheckBox 控件实例

主要步骤如下：

（1）创建网站，创建 Web 窗体文件。新建网站，并添加 Web 窗体，将窗体文件命名为“ShowFavCheckBox.aspx”。

（2）页面的界面设计。本例中使用了 6 个 CheckBox 控件（控件 ID 分别为 chkFav1～chkFav6；Text 属性分别为“音乐”、“电影”、“运动”、“读书”、“旅游”和“购物”），1 个用于提交信息的 Button 控件，还有 1 个是用于显示提交结果的 Label 控件。

（3）编写代码。双击【提交】按钮，进入代码编辑模式，在 btnSubmit_Click 事件过程中输入代码，如下所示。

```
protected void btnSubmit_Click(object sender, EventArgs e)
    {
        string msg = "";
        if (chkFav1.Checked == true)    //如果被选中
        {
        msg = msg + chkFav1.Text+" ";   //将选中的项目的文本加入到msg字符串中
        }
        if (chkFav2.Checked == true)
        {
        msg = msg + chkFav2.Text + " ";
        }
        if (chkFav3.Checked == true)
        {
        msg = msg + chkFav3.Text + " ";
        }
        if (chkFav4.Checked == true)
        {
        msg = msg + chkFav4.Text + " ";
        }
        if (chkFav5.Checked == true)
        {
        msg = msg + chkFav5.Text + " ";
        }
        if (chkFav6.Checked == true)
        {
        msg = msg + chkFav5.Text + " ";
        }
        lblFav.Text = "您的爱好是：" + msg + "。";
    }
```

（4）测试页面。保存文件，按快捷键【F5】测试页面，验证实际效果。

注意：程序中有 6 个 if 语句，对 6 个 CheckBox 控件 Checked 属性值进行判断，如果为 True，即选项被选中，把选项的 Text 属性值赋值给 msg 变量。

提示：以上实现方法，也可采用：for each(control ctrl in form1.controls)。

虽然使用 CheckBox 控件可以生成一组复选框，但这种方式对于多个选项来说，在程序判断上也比较复杂，因此，CheckBox 控件一般用于数据项较少的复选框，而对于数据项较多的复选框，多使用 CheckBoxList 控件，可以方便地获得用户所选取数据项的值。

2．CheckBoxList 控件

当要使用一组 CheckBox 控件时，在程序的判断上非常麻烦，可以使用 CHeckBoxList 控件，它和 RadioButtonList 控件一样，可以方便地取得用户选取的项目。其语法格式如下：

```
<asp:CheckBoxList
ID="CheckBoxList1"
runat="server"
```

```
OnSelectedIndexChanged="CheckBoxList1_SelectedIndexChanged" >
        <asp:ListItem>选项 1</asp:ListItem>
        <asp:ListItem>选项 2</asp:ListItem>
</asp:CheckBoxList>
```

CheckBoxList 控件常用的属性如表 4.9 所示。

表 4.9　CheckBoxList 控件的常用属性

属　性	说　明
AutoPostBack	设定是否响应 OnSelectedIndexChanged 事件
CellPading	各项目之间的距离，单位是像素
Items	返回 CheckBoxList 控件中 ListItem 的对象
RepeatColumns	项目的横向字段数目
RepeatDirection	设定 CheckBoxList 控件的排列方式是以水平（Horizontal）排列，还是垂直（Vertical）排列
RepeatLayout	设定 CheckBoxList 控件的 ListItem 排列方式为要使用 Table 来排列还是直接排列，默认是 Table
SelectedIndex	返回被选取到 ListItem 的 Index 值
SelectedItem	返回被选取到 ListItem 对象
SelectedItems	由于 CheckBoxList 控件可以复选，被选取的项目会被加入 ListItems 集合中，本属性可以返回 ListItems 集合，为只读
TextAlign	设定 CheckBoxList 控件中各项目所显示的文字是在按钮的左方 Left 或右方 Right，默认是 Right

☞DEMO

兴趣爱好的多项选择 2（网站名称：ShowFavCheckBoxListDemo）

本案例中，使用 CheckBoxList 控件替代多个 CheckBoxList 生成一组兴趣爱好复选框，当选择了其中的数据项提交后，在【提交】按钮下显示相关信息，如图 4-12 所示。

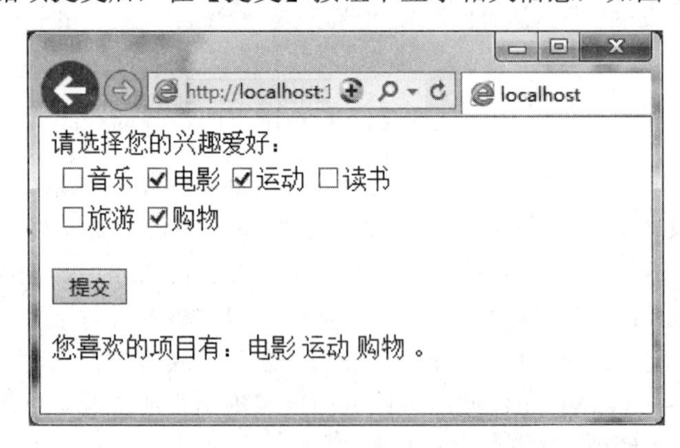

图 4-12　CheckBoxList 控件实例

主要步骤如下：

（1）创建网站，创建 Web 窗体文件。新建网站，并添加 Web 窗体，将窗体文件命名为“ShowFavCheckBoxList.aspx”。

（2）页面的界面设计。本例中使用了 1 个 CheckBoxList 控件，并在该控件的编辑项中，添加 6 个项目，分别为“音乐”、“电影”、“运动”、“读书”、“旅游”和“购物”，设置 CheckBoxList 控件的 RepeatColumns 属性值为 4，RepeatDirection 的属性值为 Horizontal；使用 1 个用于提交信息的 Button 控件，还有 1 个是用于显示提交结果的 Label 控件。

（3）编写代码。双击【提交】按钮，进入代码编辑模式，在 btnSubmit_Click 事件过程中输入代码，如下所示。

```
protected void btnSubmit_Click(object sender, EventArgs e)
    {
        string msg = "";
        //遍历 CheckBoxList 的每一项
        for (int i = 0; i <= cblFav.Items.Count - 1; i++)
        {
            if (cblFav.Items[i].Selected)        //如果被选中
            {
                //将选中的文字加入到字符串 msg 中
                msg = msg + cblFav.Items[i].Text + " ";
            }
        }
        lblFav.Text = "您喜欢的项目有：" + msg + "。";
    }
```

（4）测试页面。保存文件，按快捷键【F5】测试页面，验证实际效果。

注意：Items 为 CheckBoxList 控件的对象，它的 count 属性值为控件中数据项的个数，Items[i]为具体的某一项，如果该项被选中，cblFav.Items[i].Selected 的值为 True，反之为 False。通过代码可以看出，使用 CheckBoxList 控件，仅用一个 for 循环就能判断出所有被选中的数据项。

以上实现方法，也可采用：

```
        for each(ListItem item in CheckBoxList1.Items)
            if(item.Selected)
                Label1.Text=item.Text
        ….
```

☞ACTIVITY

1．使用 CheckBox 控件选择您学过的科目（网站名称：SubjectCheckBoxAct）

在 Web 窗体上放置 1 组 CheckBox 复选框控件（5 个）、1 个 TextBox 文本框。1 组 CheckBox 复选框分别显示专业课程的名称（C 语言程序设计、C#程序设计、SQL 数据库、ADO.NET 数据库开发、计算机网络基础）。为多个复选框控件添加 CheckedChanged 方法，将选择项的课程名称显示到 TextBox 控件上。如图 4-13 所示。

2．选择曾经去过的城市（网站名称：CityCheckBoxListAct）

在 Web 窗体上放置 1 个 CheckBoxList 控件用于显示城市名称、1 个 Label 控件用于显示在 CheckBoxList 控件中勾选的城市名称。如图 4-14 所示。

要求：CheckBoxList 中的项目名称，不在设计界面添加，而是全部由后台代码自动产生。

思考：在 Page_Load 中，自动为 CheckBoxList 添加项目，需要注意页面的回送问题，即 Page.IsPostBack。

图 4-13　使用 CheckBox 控件选择学过的科目

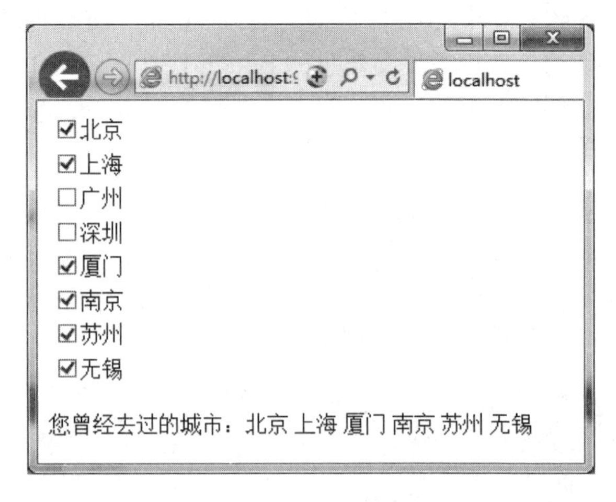

图 4-14　使用 CheckBoxList 控件选择去过的城市

4.3.3 列表控件 ListBox 和 DropDownList

1．ListBox 控件

ListBox 控件是一个列表式的选择控件，可以一次将所有的选项都显示出来。其语法格式如下：

```
<asp:ListBox
ID="ListBox1"
runat="server"
OnSelectedIndexChanged="ListBox1_SelectedIndexChanged">
<asp:ListItem>项目 1</asp:ListItem>
    <asp:ListItem>项目 2</asp:ListItem>
    </asp:ListBox>
```

ListBox 控件常用的属性如表 4.10 所示。

表 4.10　ListBox 控件的常用属性

属　性	说　明
AutoPostBack	设定是否响应 OnSelectedIndexChanged 事件
Items	返回 ListBox 控件中 ListItem 的对象
Rows	ListBox 控件一次要显示的行数
SelectedIndex	返回被选取到 ListItem 的 Index 值
SelectedItem	返回被选取到 ListItem 对象
SelectedItems	由于 ListBox 控件可以多选，被选取的项目会被加入 ListItems 集合中，本属性可以返回 ListItems 集合，为只读
SelectMode	设定 ListBox 控件是否可以按住【Shift】键或【Ctrl】键进行多选，默认值为 Single；设为 Multiple 时可以多选

☞DEMO

选择向往的城市（网站名称：CityListBoxDemo）

本案例中，使用 2 个 ListBox 分别存放城市列表和被选择的城市名称，通过 2 个按钮，分别对所选城市在 2 个 ListBox 之间进行移动，如图 4-15 所示。

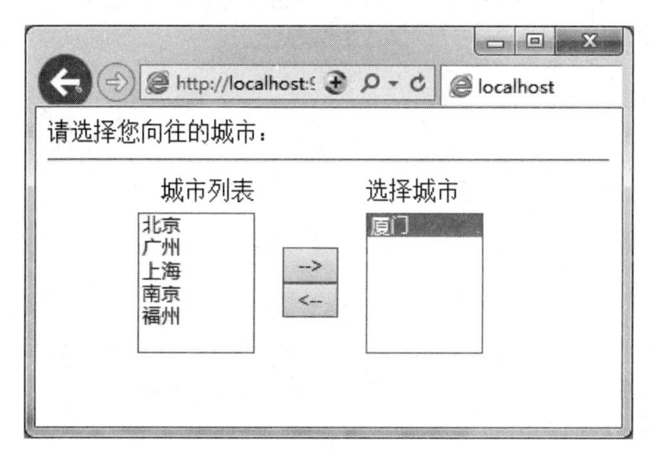

图 4-15　ListBox 控件实例

主要步骤如下：

（1）创建网站，创建 Web 窗体文件。新建网站，并添加 Web 窗体，将窗体文件命名为“CityListBoxDemo.aspx”。

（2）页面的界面设计。本例中使用了 2 个 ListBox 控件，并在该控件的编辑项中，添加 6 个城市名称（如图 4-14），设置 2 个 ListBox 控件的 SelectMode 属性值为 Multiple；使用 2 个用于左右选择的 Button 控件。

（3）编写代码。双击【→】按钮，进入代码编辑模式，在 btnGoRight_Click 事件过程中输入代码，如下所示。

```
protected void btnGoRight_Click(object sender, EventArgs e)
    {
        //遍历左侧 ListBox 的每一项
        for (int i = lstCity1.Items.Count - 1; i >= 0;i-- )
        {
            //取得当前项 ListItem
            ListItem itemCity = lstCity1.Items[i];
            if(itemCity.Selected)   //如果被选中
            {
                //往右侧 ListBox 中加入该项
                lstCity2.Items.Add(itemCity);
                //从左侧 ListBox 中移除选中的项目
                lstCity1.Items.Remove(itemCity);
            }
        }
    }
```

双击【←】按钮，进入代码编辑模式，在 btnGoLeft_Click 事件过程中输入代码，如下所示。

```
protected void btnGoLeft_Click(object sender, EventArgs e)
    {
        for (int i = lstCity2.Items.Count - 1; i >= 0;i-- )
        {
            ListItem itemCity = lstCity2.Items[i];
            if (itemCity.Selected)
            {
                lstCity1.Items.Add(itemCity);
                lstCity2.Items.Remove(itemCity);
            }
        }
    }
```

（4）测试页面。保存文件，按快捷键【F5】测试页面，验证实际效果。

注意：在代码中，遍历 ListBox 每一项使用的是 i--递减的方式“for (int i = lstCity1.Items.Count - 1; i >= 0;i--)”；如果使用 i++递增的方式“for(int i=0;i<=lstCity1.Items.Count-1;i++)”，则会出现不同的情况。请验证。

2．DropDownList 控件

DropDownList 和 ListBox 控件的功能几乎一样，只是 DropDownList 不是一次将所有的选项都显示出来，而是采取下拉式的选择方式。其语法格式如下：

```
<asp:DropDownList
ID="DropDownList1"
runat="server"
OnSelectedIndexChanged="DropDownList1_SelectedIndexChanged">
        <asp:ListItem>项目 1</asp:ListItem>
        <asp:ListItem>项目 2</asp:ListItem>
</asp:DropDownList>
```

DropDownList 控件常用的属性如表 4.11 所示。

表 4.11　DropDownList 控件的常用属性

属　性	说　明
AutoPostBack	设定是否响应 OnSelectedIndexChanged 事件
Items	返回 DropDownList 控件中 ListItem 的对象
SelectedIndex	返回被选取到 ListItem 的 Index 值
SelectedItem	返回被选取到 ListItem 对象

☞DEMO

城市选择（网站名称：CityDropDownListDemo）

本案例中，将 DropDownList 控件中选中的城市名称，显示到 Label 标签控件中。如图 4-16 所示。

主要步骤如下：

（1）创建网站，创建 Web 窗体文件。

新建网站，并添加 Web 窗体，将窗体文件命名为“CityDropDownListDemo.aspx”。

图 4-16　DropDownList 控件实例

（2）页面的界面设计。本例中使用了 1 个 DropDownList 控件，并在该控件的编辑项中，添加 6 个城市名，将 AutoPostBack 属性设置为 True；1 个 Label 控件用于显示在 DropDownList 中所选择的城市名称。

（3）编写代码。双击 DropDownList 控件，进入代码编辑模式，在 ddlCity_SelectedIndexChanged 事件过程中输入代码，如下所示。

```
    protected void ddlCity_SelectedIndexChanged(object sender, EventArgs e)
        {
            lblCity.Text = "您选择的城市是：<font color=red>"+ddlCity.SelectedItem.
Text+"</font>";
        }
```

（4）测试页面。保存文件，按快捷键【F5】测试页面，验证实际效果。

☞ACTIVITY

班级和课程信息（网站名称：ClassCourseAct）

在 Web 窗体上放置 1 个 TextBox 文本框、1 个 DropDownList 控件、1 个 ListBox 控件、1 个 Button 按钮和 1 个 Label 控件。单击“提交”按钮后，将所输入的信息、所选择的内容显示在 Label 标签上。如图 4-17 所示。

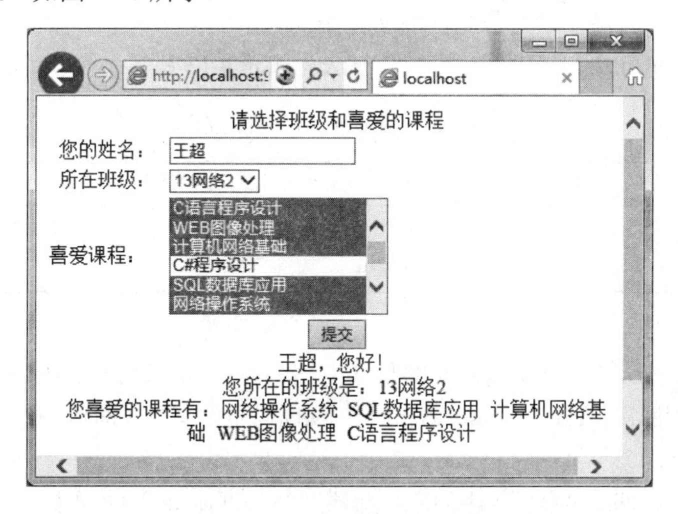

图 4-17　班级和课程信息实例

4.4 文件上传控件

文件上传控件 FileUpload 实现的功能是将文件上传到服务器。本节学习如何使用 FileUpload 控件上传文件，以及如何上传大文件和一次上传多个文件的方法。

当使用 FileUpload 控件选定要上传的文件，提交后，该文件将作为请求的一部分进行上传。即当页面提交时，客户端将同时完成向服务器上传文件的过程，用户可以看到浏览器进度条在前进。文件上传完成后，文件被完整缓存在服务器内存中。文件上传完成后页面代码才正式开始运行。此时可以使用 FileUpload 的一些属性和方法来访问和保存上传的文件。FileUpload 控件提供了一些属性让开发人员使用，常用的属性如表 4.12 所示。

表 4.12 FileUpload 控件的常用属性

属　性	说　明
Enabled	允许或禁止 FileUpload 控件
FileBytes	获取上传文件内容的字节数组
FileContent	获取上传文件内容的流式数据
FileName	获取上传文件的文件名
HasFile	当文件已经被上传时，该属性返回 True
PostedFile	获取上传文件的 HttpPostedFile 对象

其中，PostedFile 属性是 HttpPostedFile 类型的对象，用于向用户提供一些关于已经上传的文件信息。PostedFile 对象公开的属性如下所示。

- ContentLength：允许获取以字节为单位的上传文件的尺寸；
- ContentType：允许获取上传文件的 MIME 类型；
- FileName：允许获取上传文件的文件名；
- InputStream：允许获取上传文件的文件流。

除了属性，FileUpload 控件还支持一些方法。如表 4.13 所示。

表 4.13 FileUpload 控件的方法

方法	说　明
Focus	允许将焦点设置到文件上传控件
SaveAs	允许保存上传的文件到文件系统中

☞DEMO

1. 使用 FileUpload 控件上传图片文件（网站名称：SingleSmallFileUploadDemo）

本案例中，使用 1 个 FileUpload 控件上传 4MB 以下的文件（图形文件）。如图 4-18 所示。

主要步骤如下：

（1）创建网站，创建 Web 窗体文件。新建网站，并添加 Web 窗体，将窗体文件命名为“SingleSmallFileUploadDemo.aspx”。

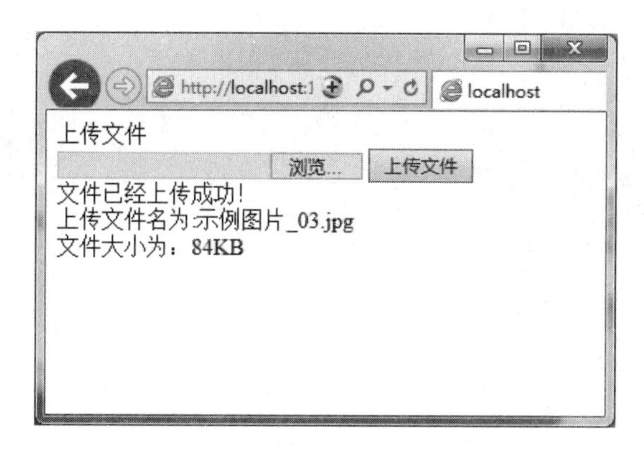

图 4-18　FileUpload 上传图片文件

（2）页面的界面设计。在窗体上添加一个 FileUpload 控件，添加 FileUpload 控件后，出现一个文本框和一个按钮。需要再添加一个上传文件的 Button 按钮，执行将文件上传到服务器缓存的功能。另外，添加一个 Label 控件，用于显示上传后的信息提示。

并且，在网站项目里，添加一个名为 UploadImage 的文件夹，用来存放上传的文件。

（3）编写代码。为 Button 控件添加验证上传文件的代码，如果是图像文件，保存到文件系统中，否则提示文件类型不接受。具体代码如下：

```
protected void btnUpload_Click(object sender, EventArgs e)
    {
        Boolean fileOK = false;     //置文件验证 fileOK 的初值为 false
        string path = Server.MapPath("~/UploadImage/");  //设置文件上传路径
        if(FileUpload1.HasFile)  //如果已单击浏览并添加文件到 FileUpload 文本框中
        {
            //获取 FileUpload 文本框中的文件名，并转为小写字母
            string fileExtentision = System.IO.Path.GetExtension(FileUpload1.
            FileName).ToLower();
             //设置允许上传图片文件扩展名
            string[] allowedExtensions= { ".gif", ".png", ".jpeg", ".jpg" };
            //验证添加的文件是否属于图片文件
            for(int i=0;i<ext.Length;i++)
            {
                if (fileExtentision == allowedExtensions[i])
                    fileOK = true;
            }
            //如果验证上传的是图片文件，开始上传到服务器的操作
            if (fileOK)
            {
                try
                {
                    //上传到 UploadImage 目录，并在 Label 中显示信息。
                    FileUpload1.PostedFile.SaveAs(path + FileUpload1.FileName);
                    lblMsg.Text = "文件已经上传成功！<BR>" + "上传文件名为:" +
                    FileUpload1.FileName  +  "<BR> 文 件 大 小 为 ：  "  +
                    FileUpload1.PostedFile.ContentLength / 1024 + "KB";
                }
                catch(Exception ex)
                {
                    //如果捕获到错误，提示错误信息。
                    lblMsg.Text = "文件上传失败！原因是：" + ex.Message;
```

```
                }
            }
            else
            {
                //如果上传的不是图片文件，提示错误信息。
                lblMsg.Text = "不可接受的文件类型！";
            }
        }
    }
```

（4）测试页面。保存文件，按快捷键【F5】测试页面，验证实际效果。

注意：

① 该案例中，按钮的单击事件分为三步。首先检查 FileUpload 控件的 HasFile 属性，判断该控件是否包含上传文件。然后检查上传文件的扩展名是否和设定的扩展名匹配，若匹配则上传，否则不允许上传。最后将文件保存到 Upload 文件夹中，并在标签控件中显示文件上传成功和文件名、文件大小等信息。

② 检查服务器上是否存在这个物理路径，如果不存在则创建，实现代码如下：

```
if (!System.IO.Directory.Exists(savePath))
{  System.IO.Directory.CreateDirectory(savePath);  }
```

③ 如果要在代码中控制上传文件的大小，可以通过如下代码实现：

```
int filesize = FileUpload1.PostedFile.ContentLength;
if (filesize > 1024 * 1024)
{  strErr += "文件大小不能大于 1MB\n";  }
```

④ 除了通过后台代码实现文件类型判断的方法外，也可以通过简单的验证控件（后续章节将会讲解）来实现，只需要添加一个验证控件，页面代码如下：

```
<asp:RegularExpressionValidator  ID="RegularExpressionValidator1"  runat=
"server" ControlToValidate="FileUpload1"
          ErrorMessage="必须是  jpg 或者 gif 文件"  ValidationExpression="
^(([a-zA-Z]:)|(\\{2}\W+)\$?)(\\(\W[\W].*))+(.jpg|.Jpg|.gif|.Gif)$"></asp:Regular
ExpressionValidator>
```

⑤ 该案例是使用图片文件原本的文件名对上传后的文件命名。而通常情况下，会采用日期时间加 3-4 为随机数字对文件名进行编码设计，并保留原有的文件名。请尝试！

2．上传大文件（网站名称：SingleLargeFileUploadDemo）

默认情况下，FileUpload 控件支持上传的文件大小是 4MB(4096KB)。限制上传文件大小的目的是保护应用程序，防止恶意用户上传文件，占用服务器资源。如果需要上传大的文件，可以在 Web.config 配置文件中添加<httpRuntime>配置。

在<httpRuntime>配置中设置 maxRequesLength 和 requestLengthDiskThreshold 属性的值。这两个属性值说明如下：

- maxRequestLength：设置服务器可以接收文件的最大限制，默认为 4096KB；
- requestLengthDiskThreshold：设置决定服务器端可以缓存多大数量的 Form 提交。ASP.NET4.5 允许开发人员将大文件缓存到文件系统中，即 ASP.NET 临时文件夹中。

➢ requestLengthDiskThreshold 的设置值必须小于 maxRequestLength 的值。

本案例中，使用 1 个 FileUpload 控件上传 4MB 以上的音乐文件。如图 4-19 所示。

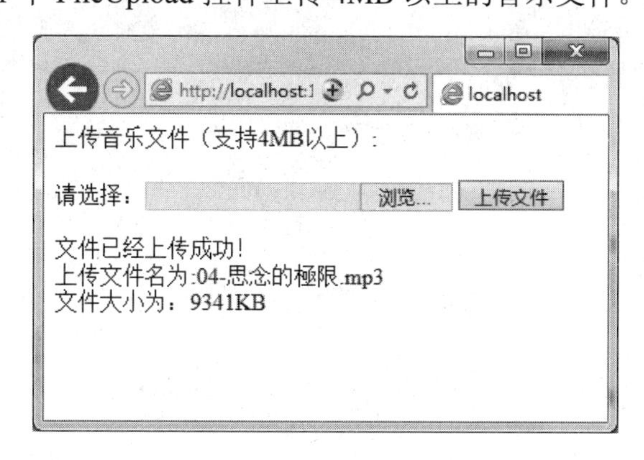

图 4-19　FileUpload 上传 4MB 以上的大音乐文件

主要步骤如下：

（1）创建网站，创建 Web 窗体文件。新建网站，并添加 Web 窗体，将窗体文件命名为“SingleLargeFileUploadDemo.aspx”。

（2）页面的界面设计。在窗体上添加一个 FileUpload 控件，添加 FileUpload 控件后，出现一个文本框和一个按钮。需要再添加一个上传大音乐文件的 Button 按钮，执行将文件上传到服务器缓存的功能。另外，添加一个 Label 控件，用于显示上传后的信息提示。

并且，在网站项目里，添加一个名为 UploadMusic 的文件夹，用来存放上传的文件。

（3）编写代码。为 Button 控件添加验证上传文件的代码，如果是音乐文件，保存到文件系统中，否则提示文件类型不接受。具体代码如下：

```
protected void btnUpload_Click(object sender, EventArgs e)
    {
        Boolean fileOK = false;     //置文件验证 fileOK 的初值为 false
        string path = Server.MapPath("~/UploadMusic/");  //设置文件上传路径
        if (FileUpload1.HasFile)    //如果已单击浏览并添加文件到 FileUpload 文本
                                    //框中
        {
            //获取 FileUpload 文本框中的文件名，并转为小写字母
            string fileExtentision = System.IO.Path.GetExtension(FileUpload1.
            FileName).ToLower();
            //设置允许上传音乐文件扩展名
            string[] ext = { ".mp3"};
            //验证添加的文件是否属于 mp3 音乐文件
            for (int i = 0; i < ext.Length; i++)
            {
                if (fileExtentision == ext[i])
                    fileOK = true;
            }
            //如果验证上传的是音乐文件，开始上传到服务器的操作
            if (fileOK)
            {
                try
                {
                    //上传到 UploadMusic 目录，并在 Label 中显示信息。
```

```
                    FileUpload1.PostedFile.SaveAs(path + FileUpload1.FileName);
                    lblMsg.Text = "文件已经上传成功!<BR>" + "上传文件名为:" +
                    FileUpload1.FileName + "<BR>文件大小为: " + FileUpload1.
                    PostedFile.ContentLength / 1024 + "KB";
                }
                catch (Exception ex)
                {
                    //如果捕获到错误，提示错误信息。
                    lblMsg.Text = "文件上传失败!原因是: " + ex.Message;
                }
            }
            else
            {
                //如果上传的不是音乐文件，提示错误信息。
                lblMsg.Text = "不可接受的文件类型!";
            }
        }
    }
```

同时，为了支持大文件的上传，需要在 web.config 配置文件的<httpRuntime>配置 maxRequestlength 和 requestLengthDiskThreshold 属性的值。参考代码如下：

```
<?xml version="1.0" encoding="utf-8"?>
<!--
  有关如何配置 ASP.NET 应用程序的详细信息，请访问
  http://go.microsoft.com/fwlink/?LinkId=169433
  -->
<configuration>
    <system.web>
      <compilation debug="true" targetFramework="4.5" />
      <httpRuntime targetFramework="4.5" maxRequestLength="10240"
      requestLengthDiskThreshold="100" />
      <!--配置 maxRequestLength 和 requestLengthDiskThreshold 属性的值 -->
    </system.web>
</configuration>
```

本案例中，将 maxRequestlength 属性设置为 10240，即 10MB。将 requestLengthDiskThreshold 属性设置为 100KB，即当文件缓冲大于 100KB 时，将其缓存到磁盘中。

（4）测试页面。保存文件，按快捷键【F5】测试页面，验证实际效果。

3．一次上传多个文件（网站名称：MultiFileUploadDemo）

在实际开发中，有时需要一次上传多个文件，而 ASP.NET 并没有内置从单个页面上传多个文件的能力。因此开发人员需要结合位于 System.IO 命名空间的类和 HttpPostedFile 类，捕获 Request 对象发送的所有文件，然后再单独对每个文件进行处理，这样就可以实现一次上传多个文件的功能。

本案例中，使用 2 个 FileUpload 控件上传多个文件。如图 4-20 所示。

主要步骤如下：

（1）创建网站，创建 Web 窗体文件。新建网站，并添加 Web 窗体，将窗体文件命名为“MultiFileUploadDemo.aspx”。

（2）页面的界面设计。在窗体上添加 2 个 FileUpload 控件、1 个 Button 按钮和 1 个 Label 控件。

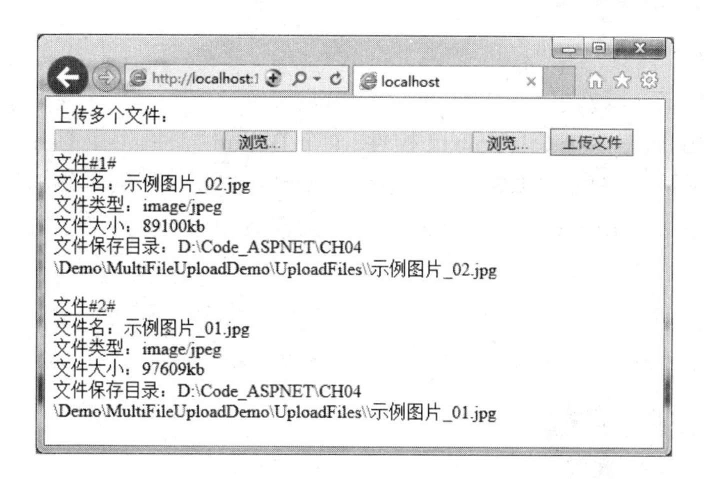

图 4-20　FileUpload 上传多个文件

并且在网站项目里，添加一个名为 UploadFiles 的文件夹，用来存放上传的多个文件。

（3）编写代码。为 Button 控件添加验证上传文件的代码，将 2 个 FileUpload 中的文件保存到文件系统中，并提示 2 个上传文件的各种信息。具体代码如下：

```
protected void btnUpload_Click(object sender, EventArgs e)
    {
        //设置上传文件的目录
        string filePath = Server.MapPath("~/UploadFiles/");
        //获取上传的文件的文件内容，文件名等信息
        HttpFileCollection uploadFiles = Request.Files;
        for(int i=0;i<uploadFiles.Count;i++)
        {
            //循环获取单个文件对象 HttpPostedFile，将上传的文件赋值 userPostedFile
            HttpPostedFile userPostedFile = uploadFiles[i];
            try
            {
                //上传的文件如果不为空，通过属性获取上传文件的各种信息
                if (userPostedFile.ContentLength > 0)
                {
                    //输出显示上传文件的各种信息
                    lblMsg.Text += "<u>文件#"+(i+1)+"</u>#<br>";
                    lblMsg.Text += "文件名：" + userPostedFile.FileName + "<br>";
                    lblMsg.Text+="文件类型："+userPostedFile.ContentType+"<br>";
                    lblMsg.Text += "文件大小：" + userPostedFile.ContentLength
                    + "kb<br>";
                    userPostedFile.SaveAs(filePath + "\\" + System.IO.Path.
                    GetFileName(userPostedFile.FileName));
                    lblMsg.Text += "文件保存目录：" + filePath + "\\" +
                   System.IO.Path.GetFileName(userPostedFile.FileName) + "<p>";
                }
            }
            catch(Exception ex)
            {
                lblMsg.Text += "上传失败！原因是：<br>"+ex.Message;
            }
        }
    }
```

☞ACTIVITY

图片上传并显示（网站名称：ShowUploadImgAct）

在 Web 窗体上放置 1 个 FileUpload 控件、1 个 Button 控件、1 个 Label 控件、1 个 Image 控件。单击上传图片按钮后，将图片文件上传到 UploadPic 文件夹，并以日期格式命名。同时，将图片文件显示在 Image 空间上，并将图片文件名和文件大小显示在 Label 标签上。如图 4-21 所示。

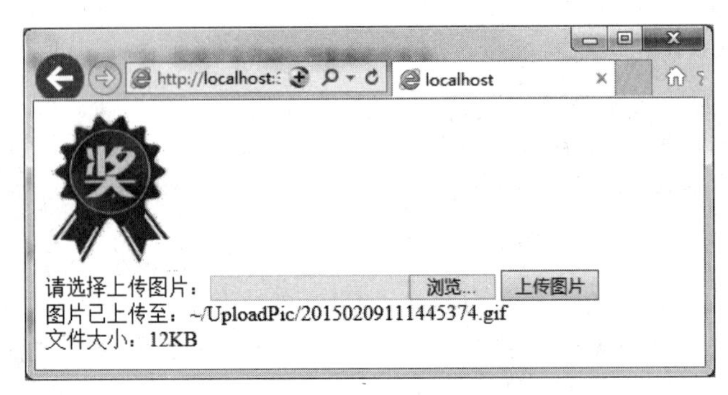

图 4-21　图片上传并显示

4.5　表控件

HTML 提供了 Table，但是这种 Table 生成的表格多用于显示静态数据，表格在使用之前就已经定义好了行数和列数，不能根据所要显示的数据动态地调整表格的行数和列数。

服务器端 Table 控件也可以创建表格，它可以通过编程的方式根据数据内容动态生成表格或动态调整表格的行数和列数。

动态表格的生成除了需要使用 Table 控件外，还需要使用 TableRow 控件和 TableCell 控件。Table 控件代表整个表格，TableRow 控件代表表格中的行，TableCell 控件代表每一行中的单元格。Table 控件的语法格式如下：

```
<asp:Table ID="Table1"
runat="server"
GridLines="None | Horizontal | Vertical | Both">
</asp:Table>
```

Table 控件的基本属性如表 4.14 所示。

表 4.14　Table 控件的基本属性

方　法	说　明
BackImageUrl	表格的背景图形
CellPadding	表格单元格边框与单元格内容之间的距离，单位为像素
CellSpacing	表格单元格之间的距离，单位为像素

续表

方　法	说　明
GridLines	设定表格内的水平线或垂直线是否出现，有四种值： None：两者都不出现 Horizontal：只出现水平线 Vertical：只出现垂直线 Both：两者都出现
HorizontalAlign	水平对齐方式
Rows	TableRow 集合对象，用来设定或取得 Table 中有多少列

☞DEMO

1．动态生成表格 1（网站名称：Table1Demo）

本案例中，利用 Table 控件，动态生成了一个一行两列的表格，如图 4-22 所示。

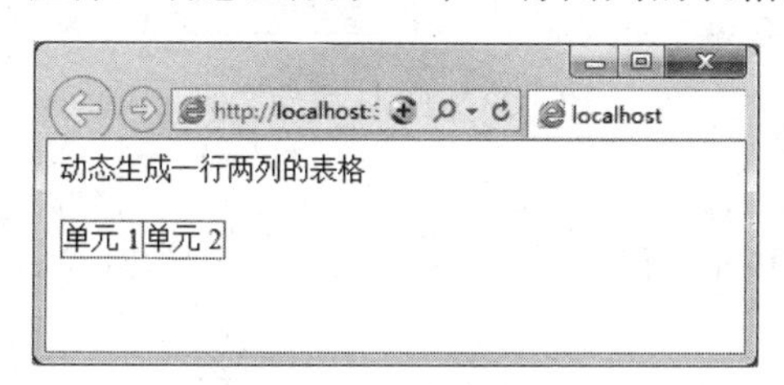

图 4-22　Table 实例

主要步骤如下：

（1）创建网站，创建 Web 窗体文件。新建网站，并添加 Web 窗体，将窗体文件命名为“Table1Demo.aspx”。

（2）页面的界面设计。拖放工具箱中 Table 图标到工作区，显示###。可以发现：工作区中的 Table 控件没有任何表格的特征，需要通过编程方式生成表格。为了使表格有边框，设置其 GridLines 属性为“Both”。

（3）编写代码。在代码编辑视图中的 Page_Load 事件中，输入如下代码。

```
protected void Page_Load(object sender, EventArgs e)
{
//创建两个单元格
TableCell c1 = new TableCell();
TableCell c2 = new TableCell();
//为单元格设置显示内容
c1.Text = "单元 1";
c2.Text = "单元 2";
//创建表格的一行
TableRow r = new TableRow();
//将单元格插入行中
r.Cells.Add(c1);
r.Cells.Add(c2);
//将一行插入表格中
Table1.Rows.Add(r);
}
```

在程序中先创建了两个单元格，为单元格的 Text 属性赋值，然后创建一行，将单元格放入行中，最后将行放入整个表格中。

（4）测试页面。保存文件，按快捷键【F5】测试页面，验证实际效果。

2．动态生成表格 2（网站名称：Table2Demo）

下面的例子稍复杂一些，可以根据输入的行数和列数动态生成表格，结果如图 4-23 所示。

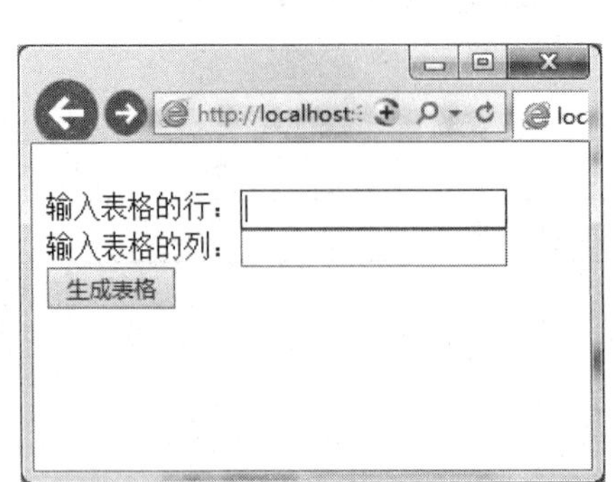

图 4-23　Table 控件实例

主要步骤如下：

（1）创建网站，创建 Web 窗体文件。新建网站，并添加 Web 窗体，将窗体文件命名为“Table2Demo.aspx”。

（2）页面的界面设计。其中，两个文本框控件 ID 属性分别为“txtRows”和“txtCells”，Text 属性都设置成 0。Table 控件的 ID 属性值为“TableInfo”，GridLines 属性值为“Both”。Button 控件的 ID 属性值为“btnCreateTable”。

（3）编写代码。双击【生成表格】按钮后，代码如下。

```
protected void btnCreateTable_Click(object sender, EventArgs e)
    {
        //获得表格的行数赋给变量 rows
        int rows = int.Parse(txtRows.Text);
        //获得表格的列数赋给变量 cells
        int cells = int.Parse(txtCells.Text);
        //int count = 0;
        for (int i = 0; i < rows; i++)
        {
            //创建表格的一行
            TableRow r = new TableRow();
            for (int j = 0; j < cells; j++)
            {
                //创建一个单元格
                TableCell c = new TableCell();
                //将 i 和 j 组成字符串在单元格中显示
                c.Text = (i + 1).ToString() + (j + 1).ToString();
                //将单元格插入对应的行中
                r.Cells.Add(c);
            }
            //将行插入表格中
            Table1.Rows.Add(r);
        }
    }
```

（4）测试页面。保存文件，按快捷键【F5】测试页面，验证实际效果。

3. 动态生成表格 3（网站名称：Table3Demo）

以上的两个案例都是通过代码自动生成多行多列的表格，在开发过程中，我们也经常会在 Table 控件的单元格中预先放置其他 Web 控件，然后通过后台代码，对放置在 Table 控件单元格中的其他控件进行控制处理，此时的 Table 控件，跟常规的 HTML 中的表格类似，只不过，Table 控件还具备后续编程开发的可能。

设计视图和运行后的效果如图 4-24 所示。

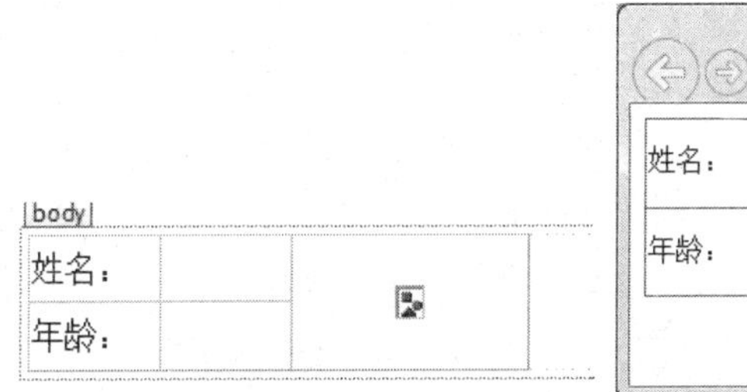

图 4-24　Table 控件内含其他 Web 控件的实例

主要步骤如下：

（1）创建网站，创建 Web 窗体文件。新建网站，并添加 Web 窗体，将窗体文件命名为“Table3Demo.aspx”。

（2）页面的界面设计。

在 Web 窗体中，放置 1 个 Table 控件，Table 控件的 GridLines 属性值为“Both”，Height 属性值为“64px”；Width 属性值为“240px”。

该 Table 控件为 2 行 3 列，其中第 3 列合并，并且在第一行的第一列和第二行的第一列分别输入：“姓名：”和“年龄：”；第一行的第二列和第二行的第二列分别插入两个 Label 控件，两个 Label 控件 ID 属性分别为“lblName”和“lblAge”，在合并的第三列，插入一个 Image 控件，该控件 ID 属性为“ImgPic”。前两列的宽度均设置为 Width="60"。页面中 Table 控件的源代码如下：

```
<asp:Table  ID="Table1"  runat="server"  GridLines="Both"  Height="64px"
Width="240px">
    <asp:TableRow runat="server">
        <asp:TableCell runat="server" Width="60">姓名：</asp:TableCell>
        <asp:TableCell runat="server" Width="60">
            <asp:Label ID="lblName" runat="server" Text=""></asp:Label>
        </asp:TableCell>
        <asp:TableCell runat="server" RowSpan="2" HorizontalAlign="Center">
            <asp:Image ID="imgPic" runat="server" />
        </asp:TableCell>
    </asp:TableRow>
        <asp:TableRow runat="server">
            <asp:TableCell runat="server" Width="60">年龄：</asp:TableCell>
            <asp:TableCell runat="server" Width="60">
                <asp:Label ID="lblAge" runat="server" Text=""></asp:Label>
            </asp:TableCell>
        </asp:TableRow>
    </asp:Table>
```

（3）编写代码。在代码编辑视图中的 Page_Load 事件中，输入如下代码。

```
protected void Page_Load(object sender, EventArgs e)
    {
        //为表格中的 Web 控件的属性赋值
        lblName.Text = "王毅之";
        lblAge.Text = "18";
        imgPic.ImageUrl = "~/girl.gif";  //图片文件 girl.gif
    }
```

（4）测试页面。保存文件，按快捷键【F5】测试页面，验证实际效果。

☞ACTIVITY

使用 Table 控件显示九九乘法表（网站名称：MultiplicationTableAct）

在 Web 窗体上放置 1 个 Table 控件，设置 Table 控件的 Caption 属性为“九九乘法表”，GridLines 属性为“Both”，代码实现利用 Table 控件显示九九乘法表。如图 4-25 所示。

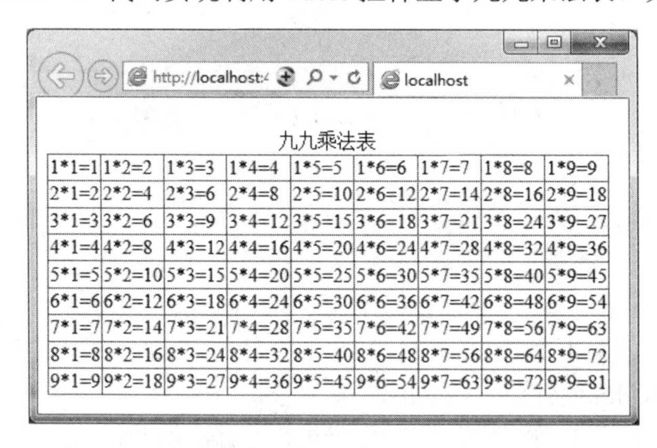

九九乘法表

1*1=1	1*2=2	1*3=3	1*4=4	1*5=5	1*6=6	1*7=7	1*8=8	1*9=9
2*1=2	2*2=4	2*3=6	2*4=8	2*5=10	2*6=12	2*7=14	2*8=16	2*9=18
3*1=3	3*2=6	3*3=9	3*4=12	3*5=15	3*6=18	3*7=21	3*8=24	3*9=27
4*1=4	4*2=8	4*3=12	4*4=16	4*5=20	4*6=24	4*7=28	4*8=32	4*9=36
5*1=5	5*2=10	5*3=15	5*4=20	5*5=25	5*6=30	5*7=35	5*8=40	5*9=45
6*1=6	6*2=12	6*3=18	6*4=24	6*5=30	6*6=36	6*7=42	6*8=48	6*9=54
7*1=7	7*2=14	7*3=21	7*4=28	7*5=35	7*6=42	7*7=49	7*8=56	7*9=63
8*1=8	8*2=16	8*3=24	8*4=32	8*5=40	8*6=48	8*7=56	8*8=64	8*9=72
9*1=9	9*2=18	9*3=27	9*4=36	9*5=45	9*6=54	9*7=63	9*8=72	9*9=81

图 4-25　Table 控件显示九九乘法表的实例

注意：本实例是产生四边形的九九乘法表，如果要形成倒三角形状的九九乘法表，该如何处理？

4.6 容器控件

ASP .NET 提供两种容器控件：Panel 面板控件和 PlaceHolder 控件。

1. Panel 面板控件

Panel 面板控件中可以添加多个控件，在实际网站开发中，有时需要 Panel 控件实现将控件进行分组的功能，用于显示或隐藏一组控件。其语法格式如下：

```
<asp:Panel
ID="Panel1"
runat="server"
BackImageUrl="背景图像文件 URL"
HorizontalAlign="Left | Right | Center | Justify | NotSet"
Wrap="True | False">
其他控件
</asp:Panel>
```

Panel 控件常用的属性如表 4.15 所示。

表 4.15　Panel 控件的常用属性

方　法	说　明
BackImageUrl	获取或设置控件背景的图像文件的 URL
DefaultButton	获取或设置指定 Panel 控件中默认按钮的 ID
Direction	获取或设置 Panel 控件的内容显示方向
Enabled	获取或设置一个值，该值指示是否启用 Panel 控件
GroupingText	获取或设置 Panel 控件组的标题
HorizontalAlign	获取或设置控件内容的水平对齐方式，共有如下几种： Left：Panel 控件内容左对齐 Right：Panel 控件内容右对齐 Center：Panel 控件内容居中 Justify：Panel 控件内容均匀展开，与左右边距对齐 NotSet：未设置 Panel 控件内容水平对齐方式
ID	获取或设置分配给服务器控件的编程标识符
ScrollBars	获取或设置 Panel 控件中滚动栏的位置和可见性
Visible	获取或设置一个值，该值指示控件是否可见

Panel 控件可以将放入其中的一组控件作为一个整体来操作。通过设置 Visible 属性控制该组控件的显示或隐藏。拖放工具箱中 Panel 图标到工作区时，可以将其他控件拖放到该控件中使用。

2．PlaceHolder 控件

PlaceHolder 控件的功能与 Panel 控件的功能相似，PlaceHolder 控件在某些情况下是非常有用的，比如需要在 Panel 控件中某一部分根据程序执行的过程动态地添加新的控件时就必须用到 PlaceHolder 控件。因此，PlaceHolder 控件用于在页面上保留一个位置，以便运行时在该位置动态放置其他的控件。

在 Web 窗体中，可以通过拖放工具箱中的 PlaceHolder 图标到工作区，显示 asp:placeholder#PlaceHolder1 [PlaceHolder "PlaceHolder1"]。PlaceHolder 控件不能直接向其中添加子控件，添加工作必须在程序中完成。可以根据程序的执行情况，动态地添加需要的控件。Panel 控件也具有动态添加控件的功能。

典型的处理方法如下：

（1）aspx 页面：

```
<asp:PlaceHolder ID="PlaceHolder1" runat="server"></asp:PlaceHolder>
```

（2）cs 页面代码：

```
HtmlButton bt=new HtmlButton();          //声明一个新的按钮
bt.InnerText="按钮添加";
PlaceHolder1.Controls.Add(bt);           //添加到控件中
Literal htm = new Literal();             //添加<br/>或<p>或普通 text 使用这种方式
htm.Text="<p></p>HTML 代码<br/>";
PlaceHolder1.Controls.Add(htm);
```

☞DEMO

1．Panel 控件案例（网站名称：PanelDemo）

本案例中，使用 Panel 控件实现了 Label 控件和 TextBox 控件的显示与隐藏，当选中“其他语种”时，在下方出现一段文本与一个文本框，页面如图 4-26 所示。

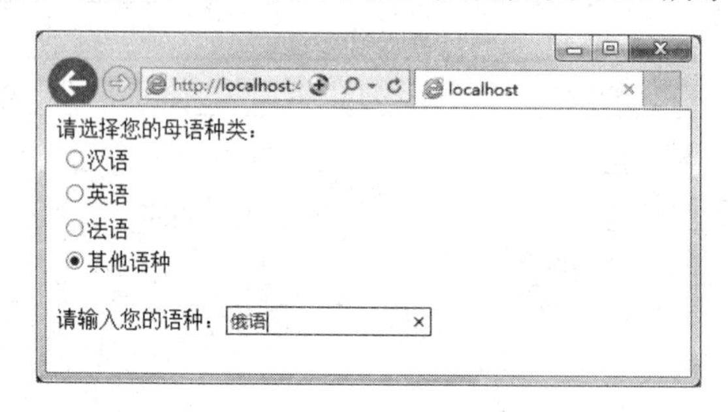

图 4-26　Panel 控件实例

主要步骤如下：

（1）创建网站，创建 Web 窗体文件。新建网站，并添加 Web 窗体，将窗体文件命名为“PanelDemo.aspx”。

（2）页面的界面设计。页面中，使用 RadioButtonList 控件生成一组单选按钮列表（项目分别为：汉语、英语、法语、其他语种），RadioButtonList 控件的 ID 属性值为“radlistLanguage”，当选中单选列表中的某一项的时候，激活 radlistLanguage_SelectedIndexChanged 事件过程。在程序执行的过程中，RadioButtonlist 控件的 AutoPostBack 属性要设置为 True，表明当选中单选按钮列表中的某项时，触发 SelectedIndexChanged 事件。

在 RadioButtonList 控件下方拖放一个 Panel 控件，其中插入一个 Label 控件和一个 TextBox 控件，如图 4-27 所示。

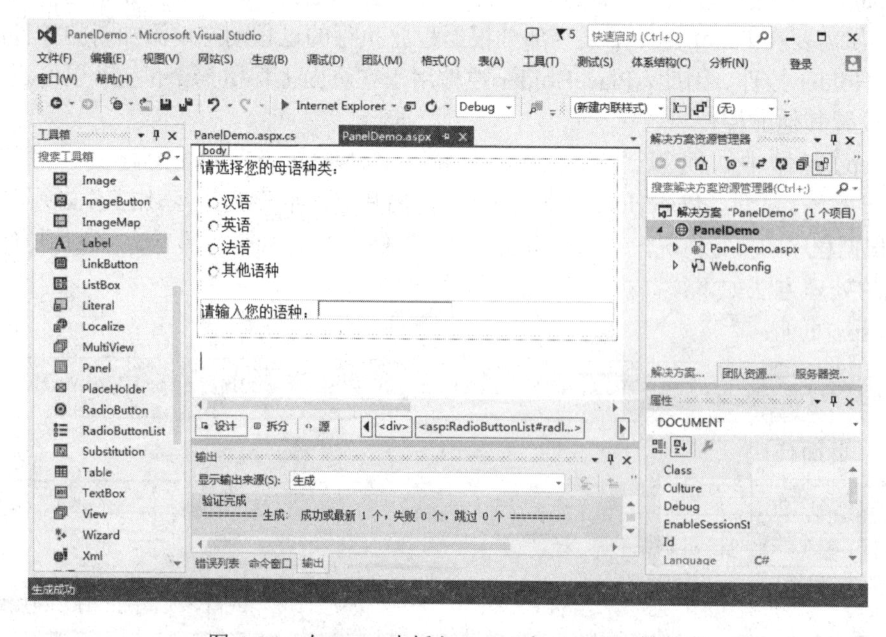

图 4-27　在 Panel 中插入 Label 和 TextBox 控件

将 Panel 控件的 ID 属性值设为“Panel1”，Visible 属性的初始值设为 False，当选择单选列表中的某一项时，在事件过程中判断用户是否选择了最后一项，如果是，Panel 控件的 Visible 属性设为 True，其中的 Label 控件和 TextBox 控件出现。

（3）编写代码。双击 RadioButtonList 控件，在 radlistLanguage_SelectedIndexChanged 事件过程中输入如下代码。

```
protected void radlistLanguage_SelectedIndexChanged(object sender, EventArgs e)
    {
        if (radlistLanguage.SelectedItem.Text == "其他语种")
            Panel1.Visible = true;
        else
            Panel1.Visible = false;
    }
```

（4）测试页面。保存文件，按快捷键【F5】测试页面，验证实际效果。

2．PlaceHolder 控件案例（网站名称：PlaceHolderDemo）

下面的例子使用 PlaceHolder 控件动态地添加了子控件，页面第一次加载时，在 PlaceHolder 控件的位置动态添加了一个 Label 控件和一个 Button 按钮控件，如图 4-28 所示。

图 4-28　PlaceHolder 控件实例

主要步骤如下：

（1）创建网站，创建 Web 窗体文件。新建网站，并添加 Web，将窗体文件命名为“PlaceHolderDemo.aspx”。

（2）页面的界面设计。在工作区，拖放一个 PlaceHolder 控件，ID 属性值为“holder”，如图 4-29 所示。

图 4-29　在工作区拖放 PlaceHolder 控件

（3）编写代码。进入代码编辑视图，编辑代码如下。

```
protected void Page_Load(object sender, EventArgs e)
    {
        Label lblTitle = new Label();
        lblTitle.Text = "PlaceHolder 控件实例！";
        PlaceHolder1.Controls.Add(lblTitle);
        PlaceHolder1.Controls.Add(new LiteralControl("<br>"));
        Button btnSubmit = new Button();
        btnSubmit.Text = "按钮";
        PlaceHolder1.Controls.Add(btnSubmit);
    }
```

提示：以上代码中“LiteralControl”表示：HTML 元素文本和 ASP.NET 页面中不需要服务器上处理的任何其他字符串，可以不再服务端处理的标记。

上述代码在页面加载过程中动态地为 PlaceHolder 控件添加了两个子控件：Label 和 Button 控件。

（4）测试页面。保存文件，按快捷键【F5】测试页面，验证实际效果。

注意：Panel 控件和 PlaceHolder 控件的区别。

（1）PlaceHolder 控件使您可以将空容器控件放置到页内，然后在运行时动态添加、移除或依次通过子元素。该控件只呈现其子元素；它不具有自己的基于 HTML 的输出。例如，您可能想要根据用户选择的选项，在 Web 页上显示数目可变的按钮。在该情况下，用户不面对可能导致混乱的选择，即那些要么不可用、要么与其自身需要无关的选择。

Panel 控件在 Web 页内提供了一种容器控件，您可以将它用作静态文本和其他控件的父级。Panel 控件适用于：

- 分组行为。通过将一组控件放入一个面板，然后操作该面板，您可以将这组控件作为一个单元进行管理。例如，可以通过设置面板的 Visible 属性来隐藏或显示该面板中的一组控件。
- 动态控件生成。Panel 控件为您在运行时创建的控件提供了一个方便的容器。
- 外观。Panel 控件支持 BackColor 和 BorderWidth 等外观属性，您可以设置这些属性来为页面上的局部区域创建独特的外观。

（2）Pannel 控件内可以放置任何内容，可能通过 enable 或 visable 属性设置控件内容是否允许操作或是否可以显示，但容器里面的内容不能动态加载；而 placeholder 控件可以动态加载相应的 ascx 用户控件。例：siteinfo.Controls.Add(LoadControl("./ascxcontrol/siteinfo.ascx"));

显示两个控件最明显的区别就是：前者不可以动态加载相应的文件，而后者可以根据条件动态加载相应的文件或内容。

4.7 Web 控件的综合案例

☞DEMO

公司员工基本信息登记表（网站名称：StaffInfoDemo）

本案例综合了多个 Web 标准控件，实现了公司员工基本信息登记的功能。

1. 开发要求

“公司员工基本信息登记表”案例使用几种常用的 Web 标准控件完成，用户在登记表中可以输入信息，最后提交信息，效果如图 4-30 所示。

2. 操作步骤

（1）创建 Web 窗体文件。

1）打开或新建 ASP.NET 站点。

2）在站点中为项目添加 Web 窗体，将窗体文件命名为“StaffInfoDemo.aspx”。

（2）页面的界面设计。

1）使用 HTML 中的表格控件搭建页面框架。选择菜单栏【布局】|【插入表】命令，设置表格的相关属性，如图 4-31 所示。

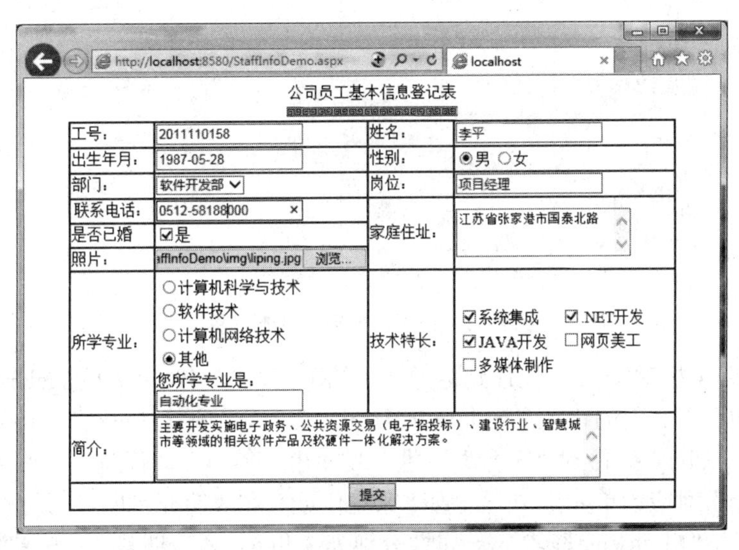

图 4-30 “公司员工基本信息登记表”界面

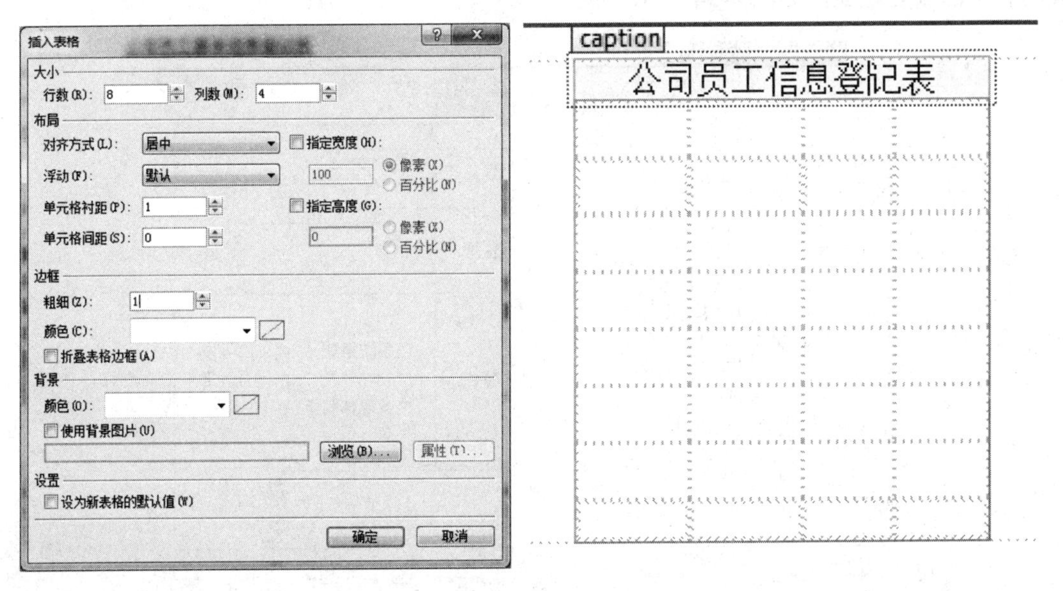

图 4-31 插入表格

图 4-32 插入表格标题行

并添加表格标题行，即在页面代码的行标记<tr>前，添加<Caption></Caption>标签。如图 4-32 所示。

2）界面布局设计。

①在表格的标题部分，输入页面的标题“学生基本信息登记表”，设置文字大小为 24pt，将其余的文本信息输入各单元格，与单元格左对齐，如图 4-33 所示。

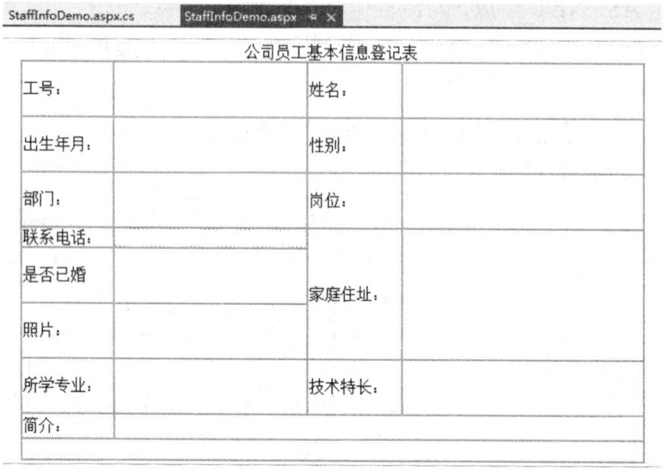

图 4-33　在表格中输入文本信息

② 从工具箱中拖动 Image 控件到标题文本的下面，将该控件的 ImageUrl 属性设置为站点中事先存放的图形文件的路径“～/img/Pattern.gif”，适当调整 Image 控件的宽度；从工具箱中分别拖动 Textbox 控件到“工号”、“姓名”、“出生年月”、“岗位”、“联系电话”、“家庭住址”和“简介”对应的单元格中，设置“家庭住址”和“简介”所对应的 Textbox 控件的 TextMode 属性为“MultiLine”，Rows 属性分别为 3 和 6，适当调整 Textbox 控件的宽度，使其与表格的宽度匹配，如图 4-34 所示。

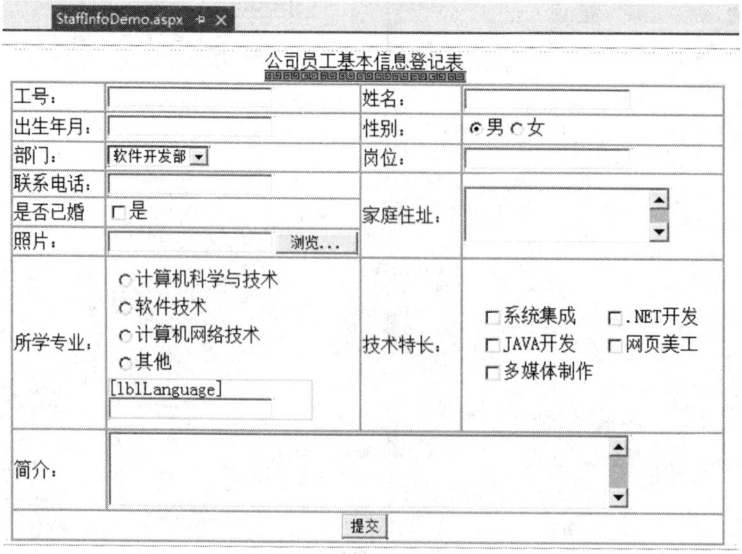

图 4-34　在表格中添加 Image 控件和 Textbox

③ 同样，参照图 4-34。在“性别”对应的单元格中，插入两个 RadioButton 控件，两者的 GroupName 属性都设置为“sex”，以确保两者在同一组内，这样两个按钮为互斥按钮，Text 属性分别设置为“男”和“女”。

在“部门”对应的单元格中，插入一个 DropDownList 控件，并在该控件的【ListItem 集合编辑器】对话框中添加数据项，输入 3～5 个部门的名称。

在“所学专业”对应的单元格中依次插入一个 RadioButtonList 控件和一个 Panel 控件，插入 RadioButtonList 控件时弹出【RadioButtonList 任务】快捷菜单，在快捷菜单中选择【编辑项】命令，参考实例在【ListItem 集合编辑器】对话框中添加数据项，最后将该控件的 AutoPostBack 属性设置为“True”。

在“所学专业”RadioButtonList 控件下方的 Panel 控件中插入 Label 控件和 TextBox 控件，作用是当用户选择“其他”选项时显示相应的文本信息和文本框，Panel 控件的初始 Visible 属性设置为“False”，表明页面第一次加载时不显示该控件。

④ 在“技术特长”对应的单元格中分别插入 CheckBoxList 控件，参考实例输入相应的数据项。并将 RepeatDirection 属性设置为“Horizontal”，使数据项水平方向排列，RepeatColumns 属性设置为“2”，表明每行有两个数据；在“是否已婚”对应的单元格中，插入一个 CheckBox 控件，设置其 Text 属性为“是”。

⑤ 在“所学专业”对应的单元格中插入 RadioButtonList 控件，参考实例输入“计算机应用”等几个专业的选项；在“照片”对应的单元格中插入一个 FileUpload 控件；在整个表格最后一行，插入一个 Button 控件，设置其 Text 属性为“提交”，最终页面效果如图 4-34 所示。

（3）为控件添加脚本。回到设计视图模式，在【属性】窗口中将“所学专业”对应单元格的 RadioButtonList 控件命名为“rblMajor”，双击该控件，进入代码编辑模式，编写如下代码。

```
protected void rblMajor_SelectedIndexChanged(object sender, EventArgs e)
    {
        if (rblMajor.SelectedItem.Text == "其他")
        {
            lblMajor.Text = "您所学专业是：";
            Panel1.Visible = true;
            txtOtherMajor.Focus();
        }
        else
            Panel1.Visible = false;
    }
```

代码实现功能为：当【其他】复选框被选中时，显示 Panel 控件，其中的 Label 控件 Text 属性被赋值“您所学专业是：”，并在其下方显示一文本框，等待用户输入自己的专业名称；当【其他】复选框未被选中时，Panel 控件不可见。

（4）测试页面。保存文件，按快捷键【F5】测试页面，结果如图 4-35 所示。

提示：如果结合后续的第 5 章中相关的验证控件，就可以实现一个基于 ASP.NET 技术，集输入和验证为一体的网站页面。

☞ACTIVITY

设计制作学生个人基本信息登记表（网站名称：PersonalResumeAct）

利用本章所介绍的各类 Web 控件，设计完成个人基本信息登记表的制作，主要包括：学号、姓名、出生日期、性别、民族、所在系部、联系电话、是否党员、家庭地址、个人照片、外语种类、兴趣特长、个人简介等，如图 4-36 所示。

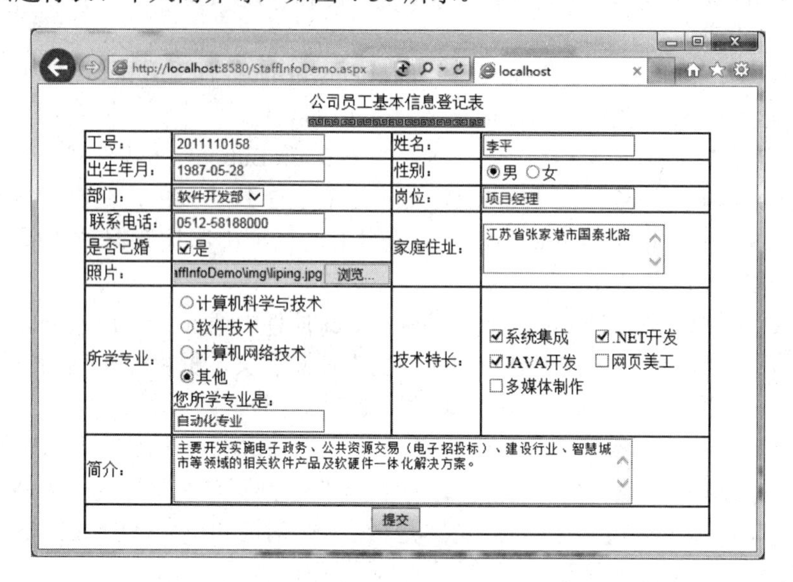

图 4-35 “公司员工基本信息登记表”运行结果

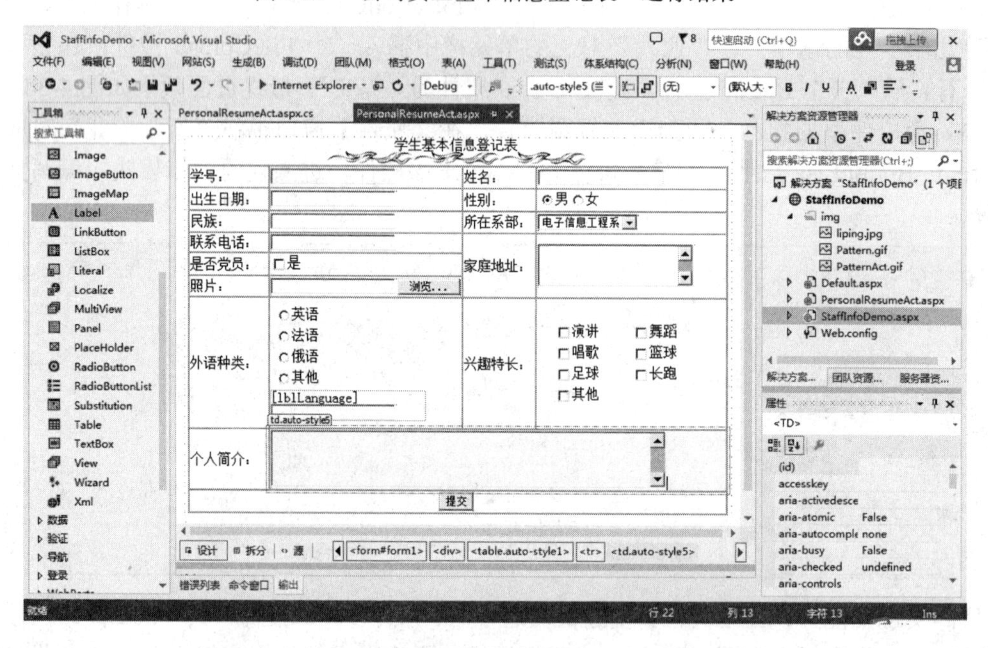

图 4-36 学生个人基本信息登记表

4.8 课外 Activity

1．列表框联动程序（网站名称：CountryAndCityHomeAct）

编写程序，实现如图 4-37 所示的列表框级联程序。在左边的 ListBox 中选中国家后，右边的 ListBox 中会出现相应的城市，城市名称可以多选。选择国家和城市后，单击“确定”按钮，在下方显示所选择的国家和城市。如图 4-37 所示。

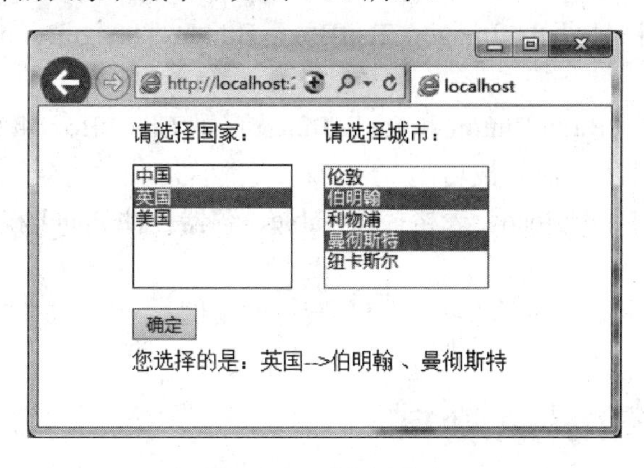

图 4-37　列表框联动

2．个人信息注册程序（网站名称：PersonalRegHomeAct）

使用本章所学内容，完成如图 4-38 所示界面，当用户信息输入完成单击【保存】按钮后，显示“添加用户成功!”。

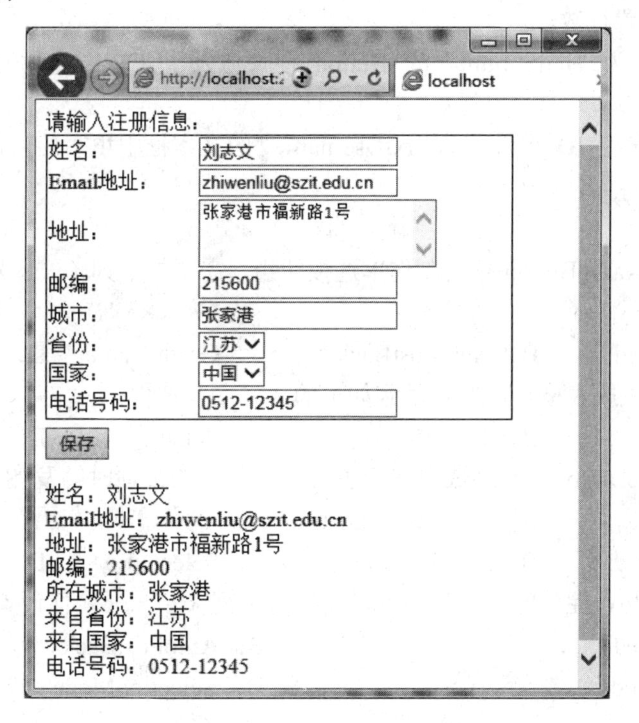

图 4-38　个人信息注册程序界面

4.9　本章小结

本章我们主要学习了如下内容：

1．ASP.NET 服务器控件的几种类型和类层次结构；

2．了解 Web 服务器控件的基本属性和方法；

3．基本 Web 控件（Label、Image，TextBox，Button、ImageButton、LinkButton 等）的使用方法和技巧；

4. 选择和列表控件（RadioButton 和 RadioButtonList，CheckBox 和 CheckBoxList，ListBox 和 DropDownList）的使用方法和技巧；

5．文件上传控件 FileUpload、表格控件 Table、容器控件 Panel 和 PlaceHolder 的使用方法和技巧；

6．综合运用 Web 控件，实现信息登记与管理的案例。

4.10 技能知识点测试

1．填空题

（1）容器控件有________和________，其中常用于动态生成其他控件的是________。

（2）使用 TextBox 控件生成多行的文本框，需要把 TextMode 属性设为________才可以通过 Rows 属性设置行数。

（3）ID 属性值为“btnSubmit”的 Button 控件激发了 Click 事件时，将执行________事件过程。

（4）要获取用户在 ID 属性值为“txtUsername”的文本框中填写的值，可以使用________的方式调用。

2．选择题

（1）使用一组 RadioButton 按钮制作单选按钮组，需要把下列（　　）属性的值设为同一值。

A．Checked　　B．AutoPostBack　　C．GroupName　　D．Text

（2）要动态地生成表格，需要使用到如下的（　　）控件。

A．Table　　B．TableRow　　C．Panel　　D．TableCell

（3）使用 RadioButtonList 生成单选列表，选中其中的某项时触发 SelectedIndexChanged 事件，则该控件的（　　）属性要设置为 True。

A．Checked　　B．AutoPostBack　　C．Selected　　D．Text

（4）要使 ListBox 控件的行数为多行，需要将下列（　　）属性设置为 Multiple。

A．Checked　　B．AutoPostBack

C．TextMode　　D．SelectionMode

3．判断题

（1）ListBox 控件所显示的列表可以选择多项。　　（　　）

（2）判断 CheckBox 控件是否被选中可以通过其 Selected 属性的值来判断。　　（　　）

第 5 章

验证控件

教学目标

通过本章的学习，使学生了解 ASP.NET 验证控件对 Web 控件的验证原理，并理解和掌握 RequiredFieldValidator、CompareValidator、RangeValidator、RegularExpressionValidator 、CustomValidator 和 ValidationSummary 这 6 种验证控件的作用和使用方法。

知识点

1．验证控件的功能和分类；

2．验证控件在 ASP.NET 网站开发中的使用方法；

3．RequiredFieldValidator、CompareValidator、RangeValidator 验证控件的属性；

4．RegularExpressionValidator 验证控件的 ValidationExpress 属性；

5．CustomValidator 验证控件的属性和方法；

6．ValidationSummary 验证汇总控件的属性。

技能点

1．理解验证控件的功能；

2．掌握 RequiredFieldValidator、CompareValidator、RangeValidator 的常用属性的设置；

3．掌握 RegularExpressionValidator 验证控件的 ValidationExpress 属性及使用方法；

4．掌握 CustomValidator 验证控件的 OnServerValidate 属性及 ServerValidate 事件的使用方法；

5．掌握 ValidationSummary 验证汇总控件的属性及使用方法。

重点难点

1．验证控件的 ControlToValidate、ErrorMessage 和 Text 属性的使用；

2．验证控件的 Display、ValidationGroup 属性的使用；

3．CustomValidator 控件的 ServerValidate 事件的使用；

4．RegularExpressionValidator 的正则表达式的使用。

专业英文词汇

1．Validator：________________________________

2．RequiredField：________________________________

3．Compare：________________________________

4．Range：________________________________

5．RegularExpression：________________________________

6．Custom：____

7．Summary：____

8．ServerValidate：____

9．Display：____

10．ValidationGroup：____

5.1　验证控件的概述

ASP.NET 提供了强大的验证控件，它可以验证 ASP.NET 服务器控件中用户的输入，并在验证失败的情况下显示一条自定义错误消息。验证控件直接在客户端执行，用户提交后执行相应的验证无需使用服务器端进行验证操作，从而减少服务器与客户端之间的往返过程。

ASP.NET 提供了 5 种验证控件和 1 个汇总控件。这些内置验证控件各具特色，大大提高了开发网站的效率。如果现有的验证规则还不能满足需求，开发人员还可以自定义验证控件。ASP.NET 内置的这 6 个验证控件分别是：

- CompareValidator：比较验证；
- CustomValidator：自定义验证；
- RangeValidator：范围验证；
- RegularExpressionValidator：正则表达式验证；
- RequiredFieldValidator：必填字段验证；
- ValidationSummary：验证汇总。

在 IDE 中，验证控件可以在“验证”栏中找到。如图 5-1 所示。

图 5-1　验证控件在工具栏中的位置

所有的验证控件都派生自 BaseValidator 类，该类提供了验证控件的基本功能。6 个验证控件各自实现了不同的验证功能，它们之间的关系如图 5-2 所示。

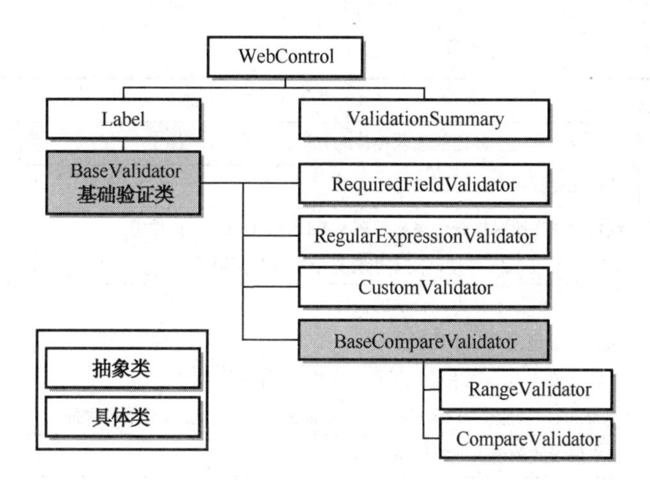

图 5-2 验证控件的层次关系

BaseValidator 类的常用属性如表 5.1 所示。

表 5.1 BaseValidator 类的常用属性

属　性	说　明
ControlToValidate	获取或设置用于验证的输入控件的 ID
Display	获取或设置如何显示错误信息
EnableClientScript	获取或设置一个值，该值指示是否开启客户端脚本验证功能
Enable	获取或设置用户启用或禁用验证
ErrorMessage	设置验证失败时错误信息显示在 ValidationSummary 控件中
Text	获取或设置验证失败时显示的错误文本
IsValide	获取或设置一个值，该值指示输入控件是否通过验证
SetFocusOnError	获取或设置用户尝试提交页面时，浏览器是否将焦点移动到验证失败的输入控件中
ValidationGroup	获取或设置将多个验证控件在逻辑上的分组

5.2 验证控件的使用

5.2.1 RequiredFieldValidator 控件

RequiredFieldValidator 验证控件用于确保输入控件成为一个必选字段（注：也可以使用 IntialValue 属性来制定空字符串之外的默认值）。通过该控件，如果输入值的初始值未改变，那么验证将失败。初始值默认为空字符串(" ")。RequiredFieldValidator 控件的常用属性如表 5.2 所示。

表 5.2 RequiredFieldValidator 控件的常用属性

属　性	说　明
ID	获取或设置控件的 ID 值

续表

属　性	说　明
ControlToValidate	获取或设置用于验证的输入控件的 ID
Enable	获取或设置用户启用或禁用验证
ErrorMessage	设置验证失败时错误信息显示在 ValidationSummary 控件中； 如果未设置 Text 属性，文本也会显示在该验证控件中
Display	验证控件的显示行为。合法的值有： None：验证消息从不内联显示 Static：在页面布局中分配用于显示验证消息的空间 Dynamic：若验证失败，用于显示验证消息的空间动态添加到页面
Text	获取或设置验证失败时显示的错误文本
IsValide	获取或设置一个值，该值指示输入控件是否通过验证

其中 ControlToValidate 属性和 ErrorMessage 属性比较重要，分别规定 RequiredFieldValidator 控件要验证的控件 ID 和验证失败显示的错误提示信息。

☞DEMO

RequiredFieldValidator 控件的应用实例（网站名称：RequiredFieldValidatorDemo）

本案例设计一个登录界面，要求在 Web 窗体中放置 2 个 TextBox 文本框，一个用于输入姓名，一个用于输入密码，通过 RequiredFieldValidator 验证控件，验证是否输入为空，如果不为空，则显示验证错误信息；如果验证通过，则弹出提示窗口。效果如图 5-3 所示。

图 5-3　RequiredFieldValidator 控件的应用实例

主要步骤如下：

（1）创建网站，创建 Web 窗体文件。新建网站，并添加 Web 窗体，将窗体文件命名为“RequiredFieldValidatorDemo.aspx”。

（2）页面的界面设计。插入 3 行 3 列的表格，并为表格增加表格标题行；在表格中输入文字，插入 2 个 TextBox 控件、2 个 RequiredFieldValidator 验证控件和 1 个 Button 按钮。如图 5-4 所示：

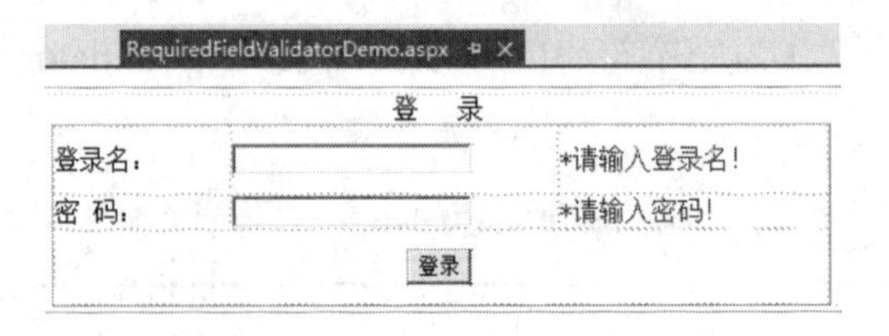

图 5-4　设计界面

将两个 RequiredFieldValidator 验证控件的 ControlToValidate 属性分别设置成准备验证的两个文本框控件 ID，并且在 Text 属性中，输入验证错误的提示信息，同时将 ForeColor 属性设置为 Red，如图 5-4 所示。

（3）编写代码。双击【登录】按钮，进入代码编辑模式，在 btnLogin_Click 事件过程中输入代码，如下所示。

```
protected void btnLogin_Click(object sender, EventArgs e)
    {
        //如果验证通过
       if(Page.IsValid)
       {
        string loginUser = txtLoginName.Text;
        string loginPwd = txtLoginPwd.Text;
        //输出弹窗脚本
        Response.Write("<script>alert('"+"登录名: "+loginUser+"\\n"+"登录密
                      码: "+loginPwd+"');</script>");
       }
    }
```

（4）测试页面。

保存文件，按快捷键【F5】测试页面，验证实际效果。

注意:

（1）使用必填验证控件需要在 Bin 文件夹中添加 aspnet.scriptmanager.jquery.dll。添加方法：首先在解决方案中先“添加 ASP.NET 文件夹”→选择“Bin”文件夹，然后再右击 Bin 文件夹，添加引用，选择浏览，找到 C:\Program Files\Microsoft Web Tools\Packages\AspNet.ScriptManager.jQuery.1.10.2\lib\net45 下的 aspnet.scriptmanager.jquery.dll 文件，确定即可。jQuery 版本也可能是 jQuery.1.8.2 版本。

（2）在 alert()弹窗消息中要换行，需要使用“\\n”字符。

5.2.2 CompareValidator 控件

CompareValidator 验证控件使用比较运算符将用户输入与一个常量值或另一控件的属性值进行比较，或是进行一个数据类型的检查。如果输入控件为空，验证不会失败，也不会提示信息，这个时候应同时使用 RequiredFieldValidator 控件，使字段成为必选字段。

CompareValidator 控件的常用属性如表 5.3 所示。

表 5.3 CompareValidator 控件的常用属性

属性	说明
ControlToCompare	获取或设置与其他控件进行比较时其他控件的 ID
ControlToValidate	获取或设置用于验证的输入控件的 ID
Enable	获取或设置用户启用或禁用验证
EnableClientScript	获取或设置一个值，该值指示是否开启客户端脚本验证功能
ErrorMessage	设置验证失败时错误信息显示在 ValidationSummary 控件中

续表

属　性	说　明
Operator	获取或设置用于比较的操作类型，包括：Equal、NotEqual、GreaterThan、GreaterThanEqual、LessThan、LessThanEqual、DataTypeCheck
Text	获取或设置验证失败时显示的错误文本
Type	获取或设置比较的两个值的数据类型，默认为 String
ValueToCompare	获取或设置用于比较的固定值

要用 CompareValidator 进行比较验证，除了设置常用的 ControlToValidate、ErrorMessage（或 Text）和 Type 等 3 个属性之外，还要用 ControlToCompare 属性设置要比较的控件 ID，用 Operator 属性设置比较的方式。

☞DEMO

CompareValidator 控件的应用实例（网站名称：CompareValidatorDemo）

本案例设计一个注册页面，要求在 Web 窗体中放置 3 个 TextBox 文本框，一个用于输入注册用户名，一个用于输入密码，还有一个用于输入确认密码。并且添加 3 个 RequiredFieldValidator 控件分别对 3 个文本框进行必填验证，同时添加一个 CompareValidator 比较验证控件，对两个密码文本框进行比较，验证是否密码输入一致，如果不一致，则显示验证错误信息；如果验证通过，则弹出提示窗口。效果如图 5-5 所示。

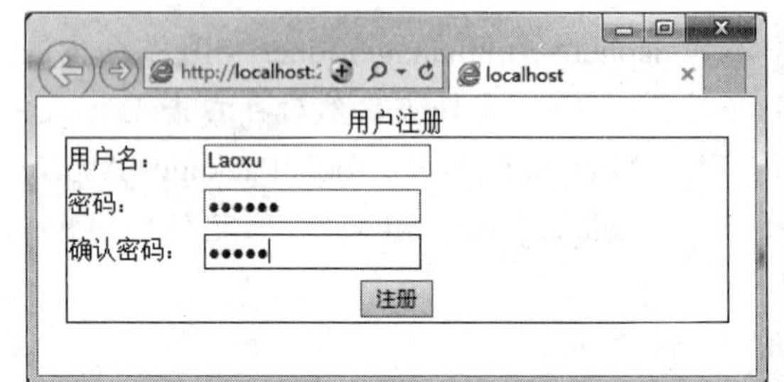

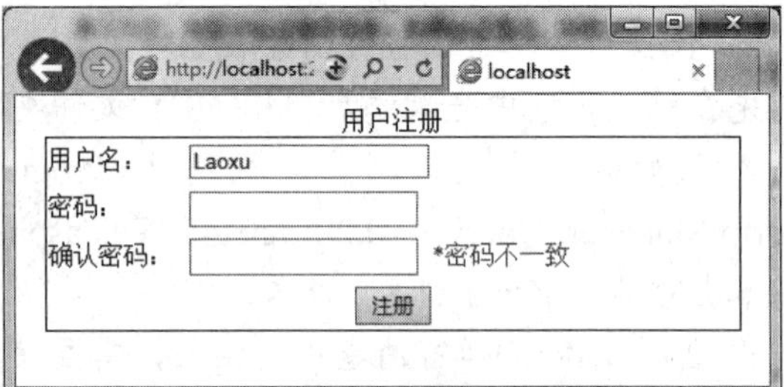

图 5-5　CompareValidator 控件的应用实例

主要步骤如下：

（1）创建网站，创建 Web 窗体文件。新建网站，并添加 Web 窗体，将窗体文件命名为“CompareValidatorDemo.aspx”。

（2）页面的界面设计。本例中插入 4 行 3 列的表格，并使用了 3 个 TextBox 控件，1 个是用于提交注册信息的 Button 控件，3 个 RequiredFieldValidator 验证控件，1 个 CompareValidator 验证控件。设计界面如图 5-6 所示。

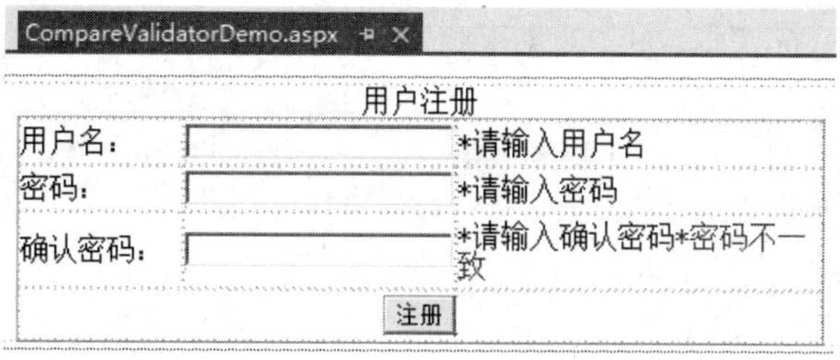

CompareValidatorDemo.aspx

用户注册

用户名：　*请输入用户名

密码：　*请输入密码

确认密码：　*请输入确认密码*密码不一致

注册

图 5-6　设计界面

各控件的属性设置如表 5.4 所示。

表 5.4　各控件的属性设置

功　能	控　件	属　性	值	说　明
用户名	TextBox	ID	txtLoginUser	
		Text	空	
密码	TextBox	ID	txtPwd	
		Text	空	
确认密码	TextBox	ID	txtConfirm	
		Text	空	
用户名必填验证	RequiredFieldValidator	ControlToValidate	txtLoginUser	
		Display	Dynamic	不显则不占位
		Text	*请输入用户名	
密码必填验证	RequiredFieldValidator	ControlToValidate	txtPwd	
		Display	Dynamic	
		Text	*请输入密码	
确认密码必填验证	RequiredFieldValidator	ControlToValidate	txtConfirm	
		Display	Dynamic	
		Text	*请输确认密码	
两次密码比较验证	CompareValidator	ControlToCompare	txtPwd	
		ControlToValidate	txtConfirm	
		Text	*密码不一致	

（3）编写代码。双击【注册】按钮，进入代码编辑模式，在 btnReg_Click 事件过程中输入代码，如下所示。

```
protected void btnReg_Click(object sender, EventArgs e)
    {
        //如果验证通过
        if (Page.IsValid)
        {
            string loginUser = txtLoginUser.Text;

            string loginPwd = txtPwd.Text;
```

```
            //输出弹窗脚本
            Response.Write("<script>alert('" + "注册信息如下: \\n 用户名: " +
                        loginUser
    + "\\n" + "密码: " + loginPwd + "');</script>");
        }
        else
            return;
    }
```

（4）测试页面。保存文件，按快捷键【F5】测试页面，验证实际效果。

注意：与上一个 Demo 一样，使用比较验证控件也需要在 Bin 文件夹中添加 aspnet.scriptmanager.jquery.dll。添加方法同上一个 Demo。

5.2.3 RangeValidator 控件

RangeValidator 控件用于检测用户输入的值是否介于一个最大和最小值的范围之内。可以对不同类型的值进行比较，比如数字、日期以及字符。如果输入控件为空，验证不会失败，也不会提示信息，这个时候应同时使用 RequiredFieldValidator 控件，使字段成为必选字段。RangeValidator 验证控件的常用属性如表 5.5 所示。

表 5.5 RangeValidator 控件的常用属性

属　性	说　明
ControlToValidate	要验证的控件的 ID
ErrorMessage	当验证失败时，在 ValidationSummary 控件中显示的文本注释：如果未设置 Text 属性，文本也会显示在该验证控件中
MinimumValue	获取或设置指定范围的最小值
MaximumValue	获取或设置指定范围的最大值
Text	获取或设置验证失败时，显示的错误文本
Type	规定要检测的值的数据类型。类型有 Currency、Date、Double、Integer、String

由于部分属性与 RequiredFieldValidator 控件的属性相同，这里不再重复列出。表 5.5 所示的 6 个属性是 RangeValidator 控件最主要的属性。要对用户输入的内容进行范围验证，只要在设置 ControlToValidate 属性和 ErrorMessage 属性(或 Text 属性)为相应控件 ID 和错误提示信息的基础上，再设置 Type 属性为要比较的类型，MinimumValue 属性为最小值，MaximumValue 为最大值即可。

☞DEMO

RangeValidator 控件的应用实例（网站名称：RangeValidatorDemo）

本案例设计一个数字范围验证页面，要求在 Web 窗体中放置 1 个 TextBox 文本框、1 个 Button 按钮和 1 个 Label 标签；并且添加 1 个 RequiredFieldValidator 控件对文本框进行必填验证，同时添加一个 RangeValidator 范围验证控件，对文本框输入的数字进行验证，验证输入的数字是否在 18～40 之间，如果验证不通过，则显示验证错误信息；如果验证通过，则在 Label 上显示相关数字的信息。效果如图 5-7 所示。

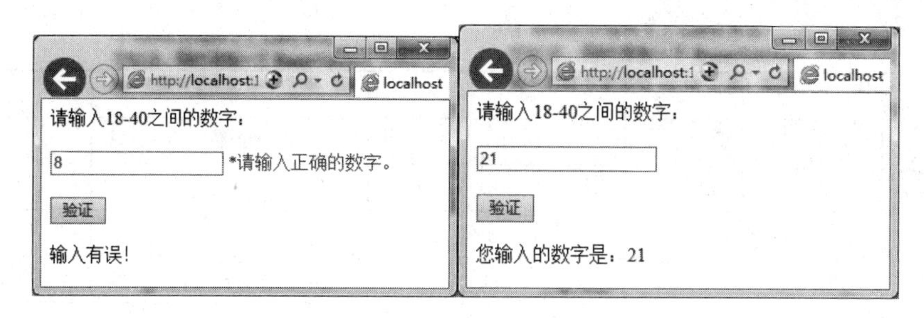

图 5-7 RangeValidator 控件的应用实例

主要步骤如下：

（1）创建网站，创建 Web 窗体文件。新建网站，并添加 Web 窗体，将窗体文件命名为“RangeValidatorDemo.aspx”。

（2）页面的界面设计。本例中使用了 1 个 TextBox 控件，1 个是用于提交验证信息的 Button 控件和 1 个用于显示信息的 Label 控件；并使用 1 个 RequiredFieldValidator 必填验证控件，1 个 RangeValidator 验证控件，验证类型为 Integer，数字范围在 18～40 之间。设计界面如图 5-8 所示。

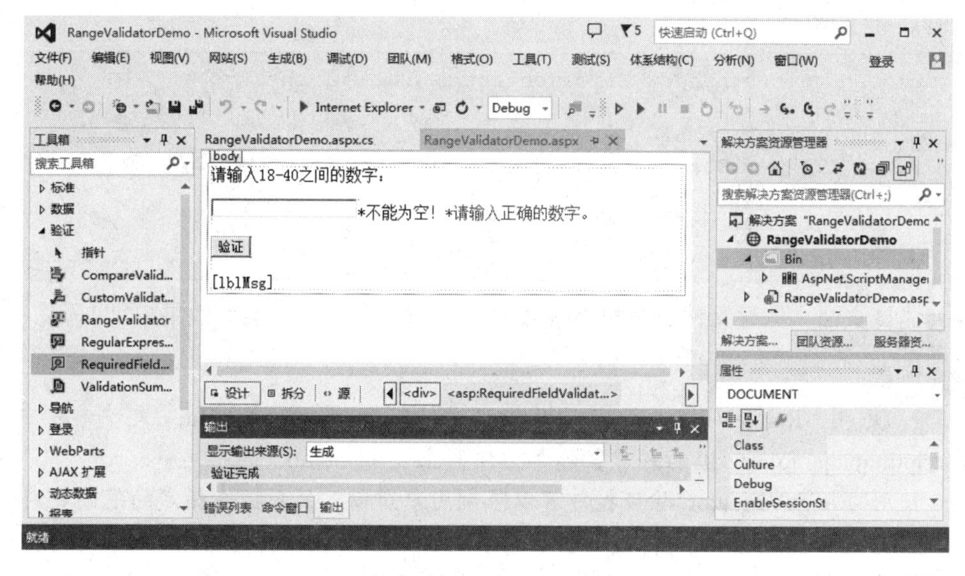

图 5-8 RangeValidator 实例的设计界面

各控件的属性设置如表 5.6 所示。

表 5.6 各控件的属性设置

功 能	控 件	属 性	值	说 明
数字输入	TextBox	ID	txtNum	
		Text	空	
验证按钮	Button	ID	btnCheck	
		Text	验证	

续表

功　能	控　件	属　性	值	说　明
信息显示	Label	ID	lblMsg	
		Text	空	
数字框 必填验证	RequiredFieldValidator	ControlToValidate	txtNum	
		Display	Dynamic	不显则不占位
		Text	*不能为空	
数字框 范围验证	RangeValidator	ControlToValidate	txtNum	
		Type	Integer	选整型类型
		MaximumValue	40	最大值
		MinimumValue	18	最小值
		Display	Dynamic	不显则不占位
		Text	*请输入正确的数字。	

（3）编写代码。双击【验证】按钮，进入代码编辑模式，在 btnReg_Click 事件过程中输入代码，如下所示。

```
protected void btnCheck_Click(object sender, EventArgs e)
    {
        if(Page.IsValid)
            lblMsg.Text = "您输入的数字是: " + txtNum.Text ;
        else
            lblMsg.Text = "输入有误! ";
    }
```

（4）测试页面。保存文件，按快捷键【F5】测试页面，验证实际效果。

注意：

（1）使用 RangeValidator 范围验证控件也需要在 Bin 文件夹中添加 aspnet.scriptmanager.jquery.dll 程序集。添加方法同上一个 Demo。

（2）使用 RangeValidator 验证控件可以限制用户所输入的数据在指定的范围之内，而有时，我们需要将输入的数据控制在大于某个数字之后，此时，我们也可以采用 CompareValidator 比较验证控件，只需要对 CompareValidator 控件的 ValueToCompare 属性值设置为需要的数字，比如 18，同时，将 Operator 设置为 “GreaterThanEqual”，即可设置所验证的控件输入必须是大于或等于 18 的数据。

5.2.4 RegularExpressionValidator 控件

RegularExpressionValidator 验证控件用于验证输入值是否是否匹配一个特定的正则表达式。如果输入控件为空，验证不会失败，也不会提示信息，这个时候应同时使用 RequiredFieldValidator 控件，使字段成为必选字段。RegularExpressionValidator 控件的常用 属性见表 5.7。

表 5.7 RegularExpressionValidator 控件的常用属性

属　性	描　述
ControlToValidate	要验证的控件的 ID
Display	获取或设置如何显示错误信息
ErrorMessage	当验证失败时，在 ValidationSummary 控件中显示的文本注释：如果未设置 Text 属性，文本也会显示在该验证控件中
Text	验证失败时，显示的错误文本
ValidationExpression	规定验证输入控件的正则表达式 在客户端和服务器上，表达式的语法是不同的，默认值是空字符串

RegularExpressionValidator 验证控件的属性比较简单，大部分与前面所介绍的验证控件类似，最主要的属性设置在于 ValidationExpression 属性中的正则表达式。下面简单介绍正则表达式的内容。

（1）正则表达式的由来与语法结构。

正则表达式（regular expression）的概念来源于对人类神经系统如何工作的早期研究。1956 年，一位叫做 Stephen Kleene 的美国数学家在神经生理学家 McCulloch 和 Pitts 早期工作的基础上，发表了一篇标题为“神经网事件的表示法”的论文，引入了正则表达式的概念。正则表达式就是用来描述称为“正则集的代数”的表达式，因此采用“正则表达式”这个术语。

随后，发现可以将这一工作应用于使用 Ken Thompson 的计算搜索算法的一些早期研究，Ken Thompson 是 UNIX 的主要发明人。正则表达式的第一个实际应用程序就是 UNIX 中的 qed 编辑器。从那时起直至现在正则表达式都是基于文本的编辑器和搜索工具中的一个重要部分。

正则表达式描述了一种字符串匹配的模式，由普通字符(例如大小写英文字母和数字等)及特殊字符(称为元字符)组成。该模式描述在查找文字主体时待匹配的一个或多个字符串。正则表达式作为一个模板，将某个字符模式与所搜索的字符串进行匹配。

正则表达式中常用的元字符列表见表 5.8。

表 5.8 正则表达式的常用元字符

字　符	描　述
^	匹配输入字符串的开始位置
$	匹配输入字符串的结束位置
*	匹配前面的子表达式零次或多次。例如，zo*能匹配"z"及"zoo"。*等价于{0,}
+	匹配前面的子表达式一次或多次。例如，'zo+'能匹配"zo"及"zoo"，但不能匹配"z"+等价于{1,}
?	匹配前面的子表达式零次或一次。例如，"do(es)?"可以匹配"do"或"does"中的"do" ? 等价于{0,1}
{n}	n 是一个非负整数。匹配确定的 n 次。例如，'o{2}'不能匹配"Bob"中的'o'，但是能匹配"food"中的两个 o
{n,}	n 是一个非负整数。至少匹配 n 次。例如，'o{2,}'不能匹配"Bob"中的'o'，但能匹配"foooood"中的所有 o。'o{1,}'等价于'o+'。'o{0,}'则等价于'o*'
{n,m}	M 和 n 均为非负整数，其中 n≤m。最少匹配 n 次且最多匹配 m 次。例如，"o{1,3}"将匹配"fooooood"中的前 3 个 o。'o{0,1}'等价于'o?'。注意在逗号和两个数之间不能有空格

续表

字　符	描　述
.	匹配除"\n"之外的任何单个字符。要匹配包括'\n'在内的任何字符，应使用像'[.\n]'的模式
x|y	匹配 x 或 y。例如，'z|food'能匹配"z"或"food"。'(z|f)ood'则匹配"zood"或"food"
[xyz]	字符集合。匹配所包含的任意一个字符。例如'[abc]'可以匹配"plain"中的'a'
[^xyz]	负值字符集合。匹配未包含的任意字符。例如'[^abc]'可以匹配"plain"中的'p'
[a-z]	字符范围。匹配指定范围内的任意字符。例如，'[a-z]'可以匹配'a'～'z'范围内的任意小写字母字符
[^a-z]	负值字符范围。匹配任何不在指定范围内的任意字符。例如，'[^a-z]'可以匹配不在'a'～'z'范围内的任意字符
\d	匹配一个数字字符。等价于[0-9]
\D	匹配一个非数字字符。等价于[^0-9]
\n	匹配一个换行符
\w	匹配包括下划线的任何单词字符。等价于'[A-Za-z0-9_]'
\W	匹配任何非单词字符。等价于'[^A-Za-z0-9_]'
\	将下一个字符标记为一个特殊字符、或一个原义字符、或一个后向引用、或一个八进制转义符。例如，'n'匹配字符"n"。'\n'匹配一个换行符。序列'\\'匹配"\"而"\("则匹配"("

常见的正则表达式如下：

- 非负整数（正整数+0）：^\d+$
- 正整数：^[0-9]*[1-9][0-9]*$
- 匹配中文字符的正则表达式：[\u4e00-\u9fa5]
- 匹配双字节字符（包括汉字在内）：[^\x00-\xff]
- 货币（非负数），要求小数点后有两位数字：\d+(\.\d\d)?
- 货币（正数或负数）：(-)?\d+(\.\d\d)?

由于篇幅关系，这里列出的元字符比较少，有兴趣的读者可以去查阅搜索相关的内容。

（2）用自定义正则表达式进行数据验证。

利用前面所介绍的元字符可以构造各种各样具有强大匹配功能的正则表达式，如中国的邮政编码可以用正则表达式“\d{6}”来匹配，即 6 个整数，其中“\d”匹配任意一个数字，“{6}”表示出现 6 次。而 QQ 号码可以用正则表达式“\d{6,10}”来匹配，代表 6～10 个任意数字。

以上的正则表达式结合 RegularExpressionValidator 正则表达式验证控件就可以对各种用户输入进行验证了，如在本章“用户注册(服务器控件版)”案例中，对联系电话输入的验证使用正则表达式“(\(\d{3}\)|\d{3}-)?\d{8}”，这个“联系电话”正则表达式是系统自己提供的，具体设置方法已由前面给出，能匹配如“(010)87654321”或“010-87654321”或者是“87654321”的电话号码格式。

当然前面介绍的这个电话号码正则表达式还有缺陷，比如不能匹配 4 位区号的电话号码等，更合适的正则表达式留待读者完善。要实现对电话号码输入的验证，只要将该正则表达式写入 RegularExpressionValidator 控件的 ValidationExpression 属性，并设置 ControlToValidate 属性为要限制的控件“txtPhone”，ErrorMessage 属性为“联系电话输入格式不正确！”即可，运行之后当输入的内容不符合如“(010)87654321”或“010-87654321”或者是“87654321”

的格式时，系统会提示“联系电话输入格式不正确!”。另外，在案例中，电子邮件的正则表达式也由系统提供，在 ValidationExpression 属性中直接选取，手机号码的正则表达式由自己编写，“1\d{10}”匹配以数字 1 开始的 11 位整数。

提示：

1）一种较为合理的电话号码正则表达式：(\(\d{3,4}\)|\d{3,4}-)?\d{7,8}。

2）正则表达式验证控件 RegularExpressionValidator 控件的 ValidationExpression 属性值中可以直接输入正则表达式，也可以选取系统自己提供的正则表达式，方法是单击 ValidationExpression 属性中的 按钮，在弹出的【正则表达式编辑器】对话框中选取相应的标准表达式。

☞DEMO

RegularExpressionValidator 应用实例（网站名称：RegularExpressionValidatorDemo）

本案例设计个人信息录入验证页面，要求在 Web 窗体中放置 5 个 TextBox 文本框（分别是：用户账号、电子邮箱、身份证号、固定号码、移动电话）、1 个 Button 按钮和 1 个 Label 标签；并且添加 5 个 RequiredFieldValidator 控件对文本框进行必填验证，同时添加 5 个 RegularExpressionValidator 验证控件，对文本框输入的信息进行正则表达式的验证。效果如图 5-9 所示。

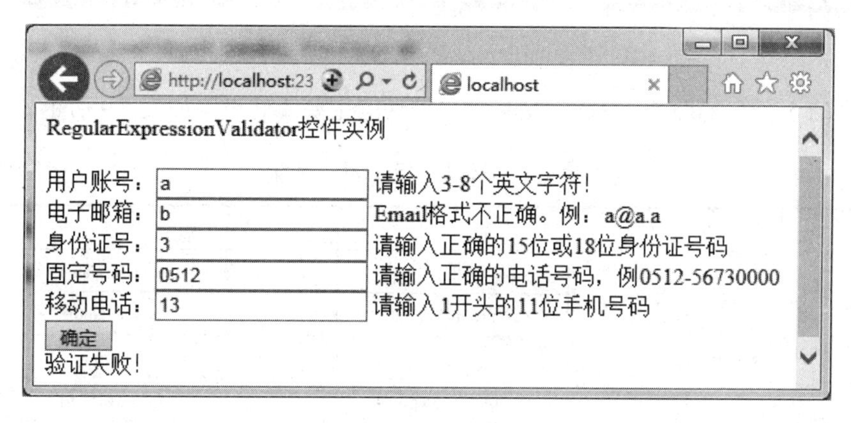

图 5-9　RegularExpressionValidator 验证控件实例

主要步骤如下：

（1）创建网站，创建 Web 窗体文件。新建网站，并添加 Web 窗体，将窗体文件命名为“RegularExpressionValidatorDemo.aspx”。

（2）页面的界面设计。本例中使用了 5 个 TextBox 控件，1 个用于提交验证信息的 Button 控件和 1 个用于显示信息的 Label 控件；5 个 RequiredFieldValidator 控件对文本框进行必填验证，同时添加 5 个 RegularExpressionValidator 验证控件，对文本框输入的信息进行正则表达式的验证。设计界面如图 5-10 所示。

5 个 TextBox 文本框的 ID 分别设置为：txtUserName、txtEmail、txtPid、txtTel、txtCellphone，Button 按钮的 ID 为 btnSubmit。5 个 RequiredFieldValidator 必填验证控件的 ControlToValidate 属性分别设置为该 5 个 TextBox 控件的 ID，Text 属性分别设置为如图 5-9 所示的文本。

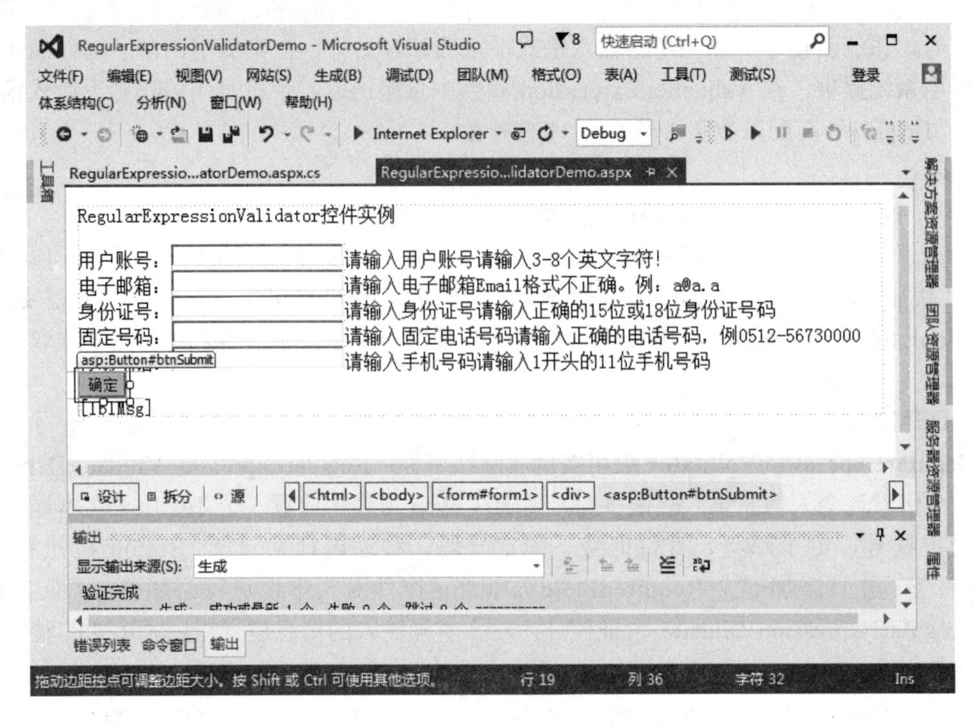

图 5-10　RegularExpressionValidator 实例的设计界面

最关键的 5 个 RegularExpressionValidator 控件的主要属性设置如表 5.9 所示。

表 5.9　各控件的主要属性设置

<table>
<tr><th>功　　能</th><th>控　　件</th><th>属　　性</th><th>值</th></tr>
<tr><td rowspan="5">用户账号
正则表达式验证</td><td rowspan="5">RegularExpressionValidator</td><td>ID</td><td>revUserName</td></tr>
<tr><td>ControlToValidate</td><td>txtUserName</td></tr>
<tr><td>Display</td><td>Dynamic</td></tr>
<tr><td>ValidationExpress</td><td>[a-zA-z]{3,8}</td></tr>
<tr><td>Text</td><td>请输入 3～8 个英文字符！</td></tr>
<tr><td rowspan="5">电子邮箱
正则表达式验证</td><td rowspan="5">RegularExpressionValidator</td><td>ID</td><td>revEmail</td></tr>
<tr><td>ControlToValidate</td><td>txtEmail</td></tr>
<tr><td>Display</td><td>Dynamic</td></tr>
<tr><td>ValidationExpress</td><td>\w+([-+.']\w+)*@\w+([-.]\w+)*\.\w+([-.]\w+)*</td></tr>
<tr><td>Text</td><td>Email 格式不正确。例：a@a.a</td></tr>
<tr><td rowspan="5">身份证号
正则表达式验证</td><td rowspan="5">RegularExpressionValidator</td><td>ID</td><td>revPid</td></tr>
<tr><td>ControlToValidate</td><td>txtPid</td></tr>
<tr><td>Display</td><td>Dynamic</td></tr>
<tr><td>ValidationExpress</td><td>\d{17}[\d|X]|\d{15}</td></tr>
<tr><td>Text</td><td>请输入正确的 15 位或 18 位身份证号码</td></tr>
</table>

续表

功　能	控　件	属　性	值
固定号码 正则表达式验证	RegularExpressionVali dator	ID	revTel
		ControlToValidate	txtTel
		Display	Dynamic
		ValidationExpress	(\(\d{3,4}\)|\d{3,4}-)?\d{7,8}
		Text	请输入正确电话号码，例 0512-56730000
手机号码 正则表达式验证	RegularExpressionVali dator	ID	revCellphone
		ControlToValidate	txtCellphone
		Display	Dynamic
		ValidationExpress	1\d{10}
		Text	请输入 1 开头的 11 位手机号码

提示：Visual Studio 集成开发环境中，自带了部分自定义的正则表达式验证供使用。

（3）编写代码。双击【确定】按钮，进入代码编辑模式，在 btnSubmit_Click 事件过程中输入代码，如下所示。

```
protected void btnSubmit_Click(object sender, EventArgs e)
    {
        if (Page.IsValid)
            lblMsg.Text = "验证通过！";
        else
            lblMsg.Text = "验证失败！";
    }
```

（4）测试页面。保存文件，按快捷键【F5】测试页面，验证通过后的实际效果。如图 5-11 所示。

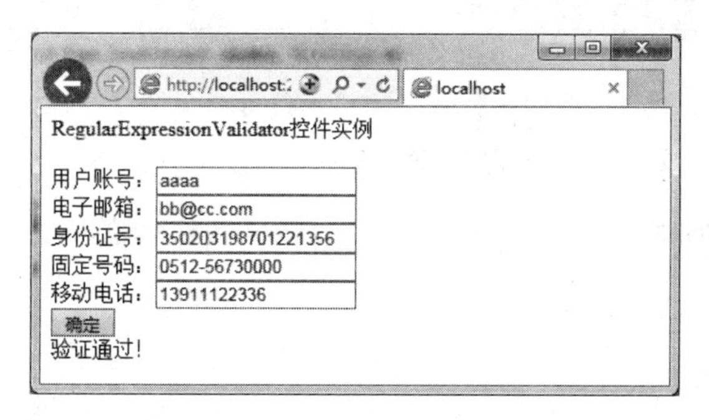

图 5-11　RegularExpressionValidator 实例运行效果

注意：使用 RegularExpressionValidator 验证控件也需要在 Bin 文件夹中添加 aspnet.scriptmanager.jquery.dll 程序集。

5.2.5　CustomValidator 控件

如果各种验证控件执行的验证类型仍无法达到验证的目的，还可以使用 CustomValidator

控件。CustomValidator 控件可对输入控件执行用户定义的验证。CustomValidator 控件的主要属性见表 5.10。

表 5.10 CustomValidator 控件的主要属性

属　性	描　述
ControlToValidate	要验证的输入控件的 ID
ClientValidationFunction	规定用于验证的自定义客户端脚本函数的名称 注释：脚本必须用浏览器支持的语言编写，比如 VBScript 或 JScript，并且函数必须位于表单中
ValidateEmptyText	是否验证空文本，即当所验证控件值为空时执行客户端验证 跟 ClientValidationFunction 一起配合使用
ErrorMessage	验证失败时 ValidationSummary 控件中显示的错误信息的文本注释：如果设置了 ErrorMessage 属性但没有设置 Text 属性，则验证控件中也将显示 ErrorMessage 属性的值
OnServerValidate	规定被执行的服务器端验证脚本函数的名称

使用 CustomValidator 自定义验证控件时，可以自行定义验证算法，并同时利用控件提供的其他功能。为了在服务器端验证函数，先将 CustomValidator 控件拖入窗体，并将 ControlToValidate 属性指向被验证的对象，然后给该验证控件的 ServerValidate 事件提供一个验证程序，最后在 ErrorMessage 属性中填写出现错误时显示的信息。

在 ServerValidate 事件处理程序中，可以从 ServerValidateEventArgs 参数的 Value 属性中获取输入到被验证控件中的字符串。验证的结果要存储到 ServerValidateEventArgs 的属性 IsValid（true 或者 false）中。

☞DEMO

1．CustomValidator 服务端自定义验证应用实例（网站名称：CustomValidatorOnServerDemo）

本案例利用自定义 CustomValidator 控件验证某个输入框输入的数据能否被 3 整除。若不能被 3 整除时发出错误信息。如图 5-12 所示。

图 5-12 CustomValidator 服务端自定义验证实例运行效果

主要步骤如下：

（1）创建网站，创建 Web 窗体文件。新建网站，并添加 Web 窗体，将窗体文件命名为“CustomValidatorOnServerDemo.aspx”

（2）页面的界面设计。本例中使用了 1 个 TextBox 控件、1 个 Button 按钮和 1 个 Label 标签，另外添加一个 RequiredFieldValidator 验证控件和 1 个 CustomValidator 自定义验证控件。设计界面如图 5-13 所示。

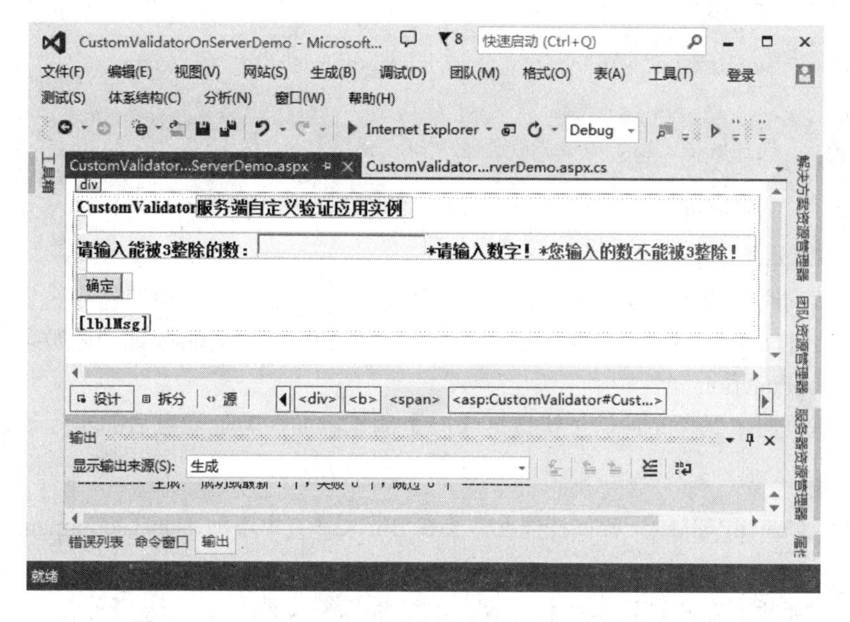

图 5-13 CustomValidator 服务端自定义验证实例设计界面

各控件属性设置如表 5.11 所示。

表 5.11 各控件的主要属性设置

功　能	控　件	属　性	值
输入数字	TextBox	ID	txtNum
文本框必填验证	RequiredFieldValidator	ControlToValidate	txtNum
		Display	Dynamic
		Text	*请输入数字！
文本框自定义验证	CustomValidator	ControlToValidate	txtNum
		Display	Dynamic
		Text	*您输入的数不能被 3 整除！

（3）编写代码。双击自定义控件 CustomValidator1，进入代码编辑模式，在 CustomValidator1_ServerValidate 事件过程中输入代码，如下所示。

```
protected void CustomValidator1_ServerValidate(object source,
ServerValidateEventArgs args)
    {
        int number = int.Parse(args.Value);      // 取出输入的数据
        if ((number % 3) == 0)                   // 校验能否被 3 整除
            args.IsValid = true;                 // 结果正确
        else
            args.IsValid = false;                // 结果错误
    }
```

双击【确定】按钮，进入代码编辑模式，在 btnSubmit_Click 事件过程中输入代码，如下所示。

```
protected void btnConfirm_Click(object sender, EventArgs e)
    {
        if (Page.IsValid)
            lblMsg.Text = "验证通过！";
        else
            lblMsg.Text = "验证失败！";
    }
```

如果需要同时提供客户端验证程序以便让具有 DHTML 能力的浏览器先进行验证时，应该在.aspx 的 HTML 视图中用 JScript 语言编写验证程序，同时将验证的函数名写入控件的 ClientValidationFunction 属性中。

（4）测试页面。保存文件，按快捷键【F5】测试页面，验证通过后的实际效果。

注意：

（1）使用 CustomValidator 验证控件也需要在 Bin 文件夹中添加 aspnet.scriptmanager.jquery.dll 程序集。

（2）需要等所有客户端验证结束之后，才能触发验证事件及 Click 事件。

（3）因为有了 ClientValidationFunction 属性，CustomValidator 自定义验证控件就具备 Client 端验证和 Server 端验证两种方法，通过双重检测，可以使得客户端录入的资料更加安全可控。

2．CustomValidator 验证控件实现客户端和服务端双重验证实例（网站名称：CustomValidatorDemo）

本案例在不使用 RequiredFieldValidator 必填验证控件的情况下，利用自定义 CustomValidator 控件的客户端验证和服务端验证两种方法，分别对输入信息进行必填验证，同时分别实现“输入的数据能否被 3 整除”和“输入的数据是否偶数”两种自定义验证。如图 5-14 所示。

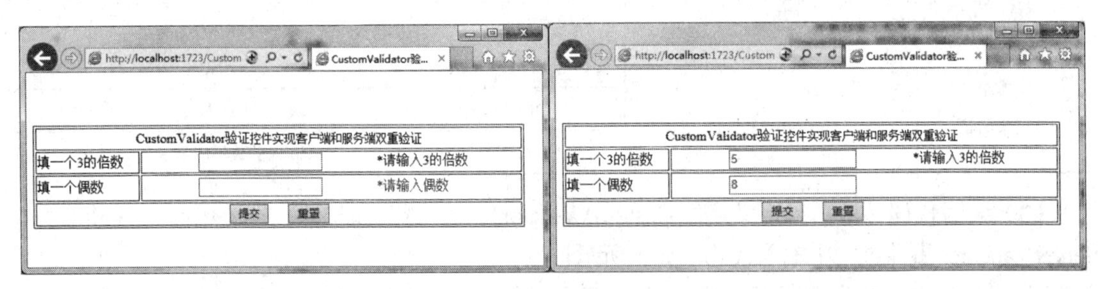

图 5-14　CustomValidator 验证控件实现客户端和服务端双重验证的效果

主要步骤如下：

（1）创建网站，创建 Web 窗体文件。新建网站，并添加 Web 窗体，将窗体文件命名为“CustomValidatorDemo.aspx”

（2）页面的界面设计。本例中使用了 2 个 TextBox 控件，2 个 Button 控件；2 个 CustomValidator 自定义验证控件，对文本框输入的信息进行正则表达式的验证。设计界面如图 5-15 所示。

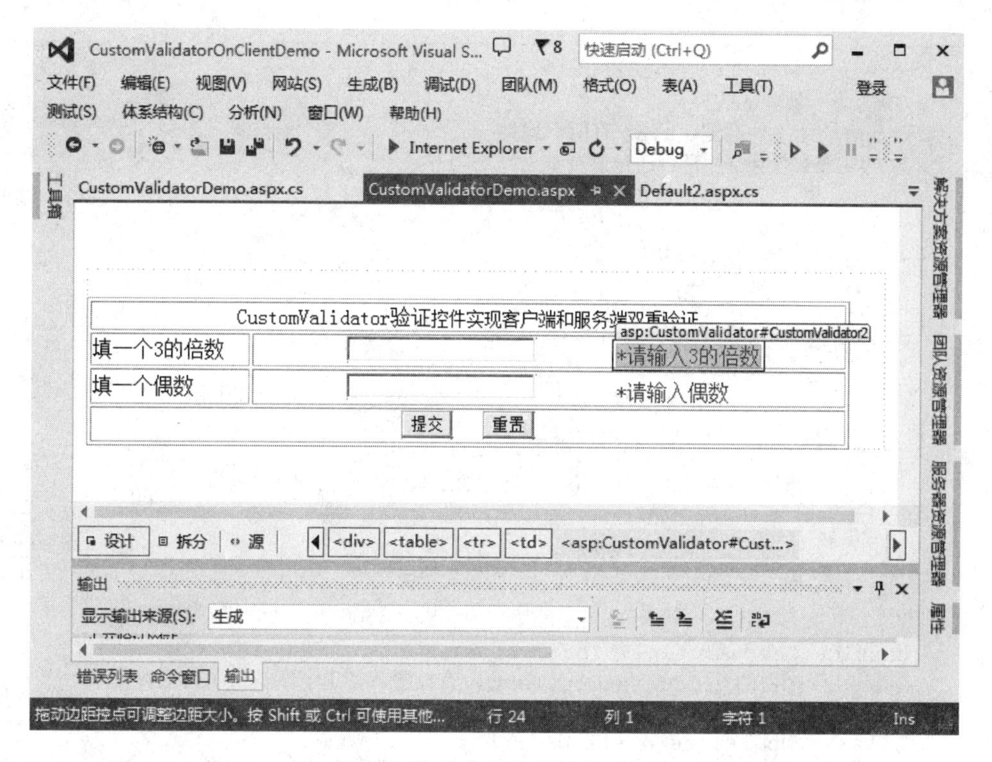

图 5-15　CustomValidator 验证控件实现客户端和服务端双重验证的设计界面

各控件属性设置如表 5.12 所示。

表 5.12　各控件的主要属性设置

功　能	控　件	属　性	值
输入 3 的倍数	TextBox	ID	txtOdd
输入偶数	TextBox	ID	txtEven
偶数 自定义验证	CustomValidator	ID	CustomValidator1
		ControlToValidate	txtEven
		ValidateEmptyText	True
		ClientValidationFunction	CheckEven
		Display	Dynamic
		Text	*请输入偶数
3 的倍数 自定义验证	CustomValidator	ID	CustomValidator2
		ControlToValidate	txtOdd
		ValidateEmptyText	True
		ClientValidationFunction	CheckMultiple3
		Display	Dynamic
		Text	*请输入 3 的倍数

（3）编写代码。

1）在 aspx 页面源代码中添加 CheckMultiple3 和 CheckEven 两个 JS 脚本函数，如下：

```
<script type="text/javascript">
    //obj 表示被验证的控件
    //args 表示事件数据，args 有两个属性
    //IsValid 指示控件是否通过验证
    //Value 表示被验证的控件的值

    function CheckEven(obj, args) {
        var numberPattern = /\d+/;
        //由于控件的 ValidateEmptyText 设置为 true
        //所以当控件没有值时进行客户端验证
        if (!numberPattern.test(args.Value)) {
            args.IsValid = false;//表示未通过验证，出现错误提示
        }
        else if (args.Value % 2 == 0) {
            args.IsValid = true;//表示通过验证，不出现错误提示
        }
        else {
            args.IsValid = false;//表示未通过验证，出现错误提示
        }
    }
    function CheckMultiple3(obj, args) {
        //由于控件的 ValidateEmptyText 没有设置，使用了默认值 false
        //所以当控件没有值时不进行客户端验证
        var numberPattern = /\d+/;
        if ((!numberPattern.test(args.Value)) || (args.Value % 3 != 0)) {
            args.IsValid = false;
        }
        else {
            args.IsValid = true;
        }
    }
</script>
```

2）为两个 CustomValidator 控件编写 ServerValidate 事件代码。

双击自定义控件 CustomValidator1，进入代码编辑模式，在 CustomValidator1_ServerValidate 事件过程中输入代码，用于验证控件值是否为偶数。如下所示。

```
protected void CustomValidator1_ServerValidate(object source, Server
ValidateEventArgs args)
    {
        System.Text.RegularExpressions.Regex regex = new System.Text.
        RegularExpressions.Regex(@"\d+");
        //先用正则判断用户输入的是否能转换成数字
        if (!regex.IsMatch(args.Value))
        {
            args.IsValid = false;
        }
        else
        {
            //如果对 2 取模为 0 就是偶数
            args.IsValid = (int.Parse(args.Value) % 2 == 0);
        }
    }
```

双击自定义控件 CustomValidator2，进入代码编辑模式，在 CustomValidator2_

ServerValidate 事件过程中输入代码，用于验证控件值是否为 3 的倍数。如下所示。

```
protected void CustomValidator2_ServerValidate(object source, ServerValidate
EventArgs args)
    {
        System.Text.RegularExpressions.Regex regex = new System.Text.
        RegularExpressions.Regex(@"\d+");
        //先用正则判断用户输入的是否能转换成数字
        if (!regex.IsMatch(args.Value))
        {
            args.IsValid = false;//表示验证不通过
        }
        else
        {
            //如果对 3 取模为 0 就是 3 的倍数
            args.IsValid = (int.Parse(args.Value) % 3 == 0);
        }
    }
```

（4）测试页面。保存文件，按快捷键【F5】测试页面，验证通过后的实际效果。

5.2.6　ValidationSummary 控件

如果各种验证控件执行的验证类型仍无法达到验证的目的，还可以使用 CustomValidator 控件。

ValidationSummary 控件用于在网页、消息框或在这两者中汇总显示所有验证错误的摘要。在该控件中显示的错误消息是由每个验证控件的 ErrorMessage 属性规定的。如果未设置验证控件的 ErrorMessage 属性，就不会为那个验证控件显示错误消息。ValidationSummary 控件的主要属性见表 5.13。

表 5.13　ValidationSummary 控件的主要属性

属　性	描　述
HeaderText	ValidationSummary　控件中的标题文本
DisplayMode	如何显示信息摘要。合法值有 BulletList：分行显示出错信息，每条信息前加符号“·” List：分行显示出错信息，每条信息前不加符号 SingleParagraph：以单行形式显示所有出错信息，每条信息之间用空格分隔
ShowMessageBox	布尔值，指示是否弹出消息框并显示验证摘要
ShowSummary	布尔值，规定是否显示验证摘要
EnableClientScript	布尔值，指示是否使用客户端验证，默认值 True
Validate	获取或设置执行验证并且更新 IsValid 属性

ValidationSummary 控件的使用很简单，直接拖入该控件到网页上即可，如果有特殊要求可设置表 5.13 中的各属性。注意：需要将其他验证控件的 Display 属性设置为 None，使得验证消息仅在 ValidationSummary 控件中显示。

注意：有时候 ValidationSummary 显示错误时，在验证控件的位置还是显示出了错误提示信息。这时你可以设置验证控件的 Text 属性为“*”，那样就会在错误提示的时候，使验证控件的位置仅显示一个红色的“*”。还有一种方式，就是不设置 Text 属性，而是在验证控件的标签中写“*”，比如：

```
<asp:RequiredFieldValidator ID="rfvUserName" runat="server" ErrorMessage="请输入用户名" ControlToValidate="txtLoginId">*</asp:RequiredFieldValidator>
```

效果是一样的。

☞DEMO

ValidationSummary 验证汇总应用实例（网站名称：ValidationSummaryDemo）

本案例利用 ValidationSummary 控件显示验证的汇总信息。如图 5-16 所示。

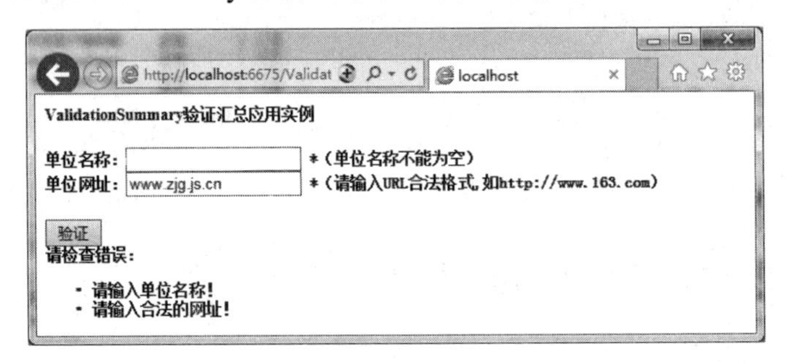

图 5-16　ValidationSummary 验证汇总应用实例

主要步骤如下：

（1）创建网站，创建 Web 窗体文件。新建网站，并添加 Web 窗体，将窗体文件命名为“ValidationSummaryDemo.aspx”。

（2）页面的界面设计。本例中使用了 2 个 TextBox 控件、1 个 Button 按钮、1 个 RequiredFieldValidator 控件、1 个 RegularExpressionValidator 控件和 1 个 ValidationSummary 控件。设计界面如图 5-17 所示。

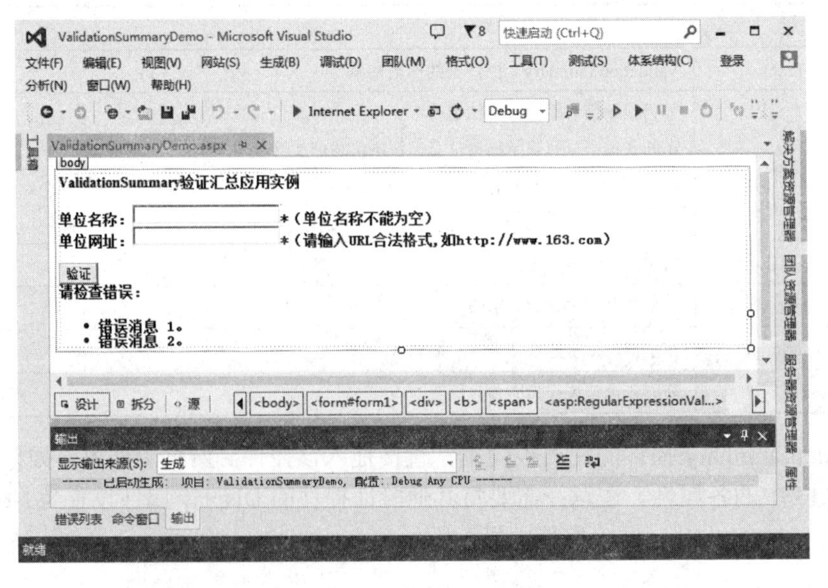

图 5-17　ValidationSummary 验证汇总应用实例的设计界面

各控件属性设置如表 5.14 所示。

表 5.14　各控件的主要属性设置

功　能	控　件	属　性	值
输入单位名称	TextBox	ID	txtCompanyName
输入单位网址	TextBox	ID	txtCompanyUrl
单位名称 必填验证	RequiredFieldValidator	ControlToValidate	txtCompanyName
		Display	Dynamic
		ErrorMessage	请输入单位名称！
		Text	*（单位名称不能为空）
单位网址 正则表达式验证	RegularExpressionValidator	ControlToValidate	txtCompanyUrl
		Display	Dynamic
		ErrorMessage	请输入合法的网址！
		ValidationExpression	http(s)?://([\w-]+\.)+[\w-]+(/[\w- ./?%&=]*)?
		Text	*（请输入 URL 合法格式,如 http://www.163.com）
验证汇总	ValidationSummary	HeaderText	请检查错误：
		DisplayMode	BulletList
		DisplayMode	BulletList

（3）测试页面。保存文件，按快捷键【F5】测试页面，验证通过后的实际效果。

注意：

（1）使用 CustomValidator 验证控件也需要在 Bin 文件夹中添加 aspnet.scriptmanager.jquery.dll 程序集。

（2）验证控件中 ErrorMessage 在 ValidationSummary 汇总信息中显示，而验证控件的 Text 信息在验证控件所在的位置显示。

5.3　输入验证的综合案例——公司职员注册验证功能的实现

本实践案例制作了一个公司职员注册网页，利用 ASP .NET 提供的各种验证控件为用户名、密码、姓名、身高、手机号码和电子邮件等的输入提供各种验证，包括必选验证、比较验证、范围验证和正则表达式验证等。

☞ACTIVITY

公司职员注册（网站名称：StaffRegisterAct）

当不输入任何内容单击【确定】按钮时所得到的效果如图 5-18 所示。

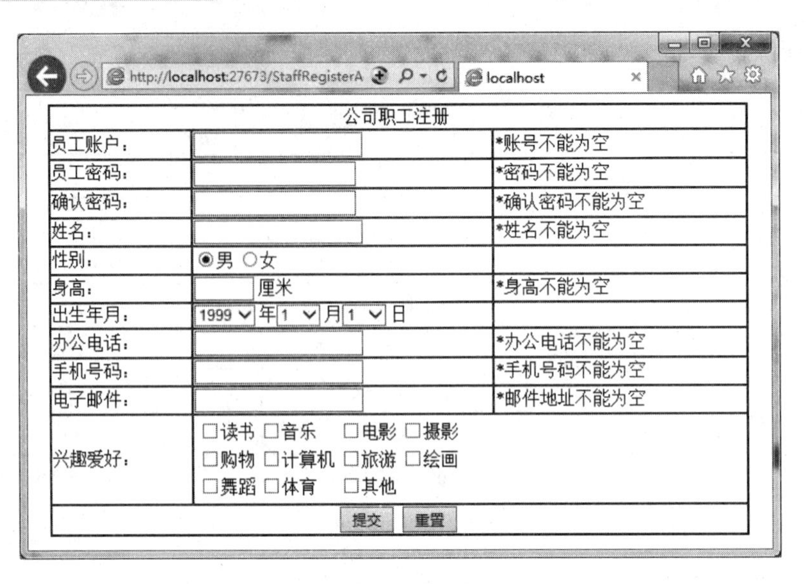

图 5-18　公司职员注册实例的运行结果

主要步骤如下：

（1）创建网站，创建 Web 窗体文件。新建网站，并添加 Web 窗体，将窗体文件命名为“StaffRegisterAct.aspx”。

（2）页面的界面设计。案例中使用了 8 个 TextBox 控件、2 个 RadioButton 控件、3 个 DropDownList 控件、1 个 CheckBoxList 控件、2 个 Button 控件。验证控件有：8 个 RequiredFieldValidator 控件、1 个 CompareValidator 控件（验证密码和确认密码）、1 个 RangeValidator 控件（验证身高）和 3 个 RegularExpressionValidator（验证办公电话、手机号码和电子邮件）控件。设计界面如图 5-19 所示。

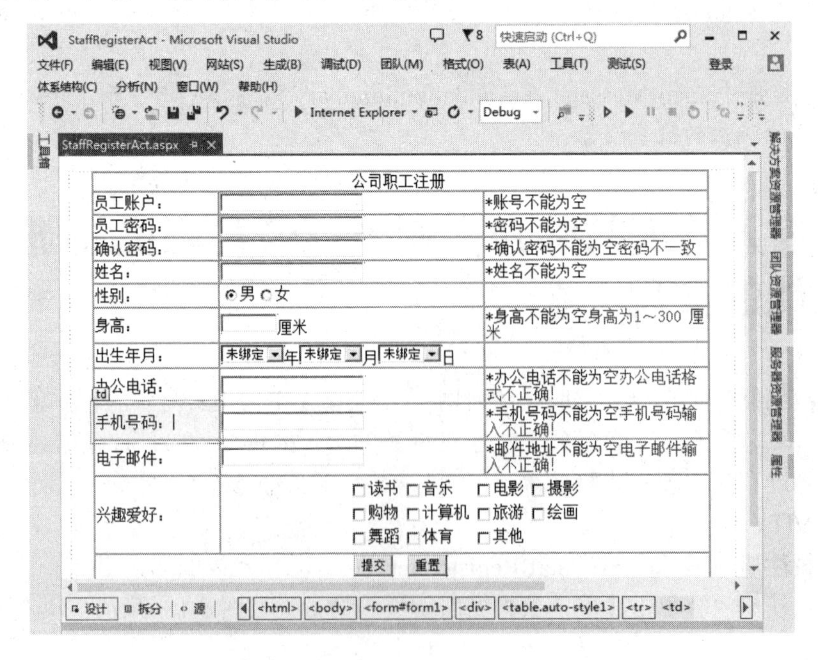

图 5-19　公司职员注册实例的设计界面

本案例中使用到的 Web 标准控件的主要属性如表 5.15 所示。

表 5.15　Web 控件属性值

控件类型	说明	属性	属性值
文本框	员工账户	ID	txtUser
	员工密码	ID	txtPassword
		TextMode	Password
	确认密码	ID	txtCfm
		TextMode	Password
	姓名	ID	txtName
	身高	ID	txtHeight
	办公电话	ID	txtPhone
	手机号码	ID	txtMobile
	电子邮件	ID	txtEmail
按钮	提交	ID	btnSubmit
		Text	确定
	清空	ID	btnClear
		Text	重置
单选按钮	【男】单选按钮	ID	rbMale
		Text	男
		Checked	True
		GroupName	rbSex
	【女】单选按钮	ID	rbFemale
		Text	女
		GroupName	rbSex
下拉列表框	【年】下拉列表框	ID	ddlYear
		Items	1915～2015
	【月】下拉列表框	ID	ddlMonth
		Items	1～12
	【日】下拉列表框	ID	ddlDay
		Items	1～31
复选框列表	11 个“兴趣爱好”复选框列表	ID	cblFav
		Items	各个项目值如图 5-18 所示
		RepeatColumns	4
		RepeatDirection	Horizontal

除 RequiredFieldValidator 控件外，本案例中使用到的验证控件主要属性如表 5.16 所示。

表 5.16　验证控件主要属性值

<table>
<tr><th>控 件 类 型</th><th>说　　明</th><th>控 件 属 性</th><th>属　性　值</th></tr>
<tr><td rowspan="3">比较验证控件
CompareValidator1</td><td rowspan="3">比较验证“用户密码”和“确认密码”是否一致</td><td>ErrorMessage</td><td>密码不一致！</td></tr>
<tr><td>ControlToValidate</td><td>txtCfm</td></tr>
<tr><td>ControlToCompare</td><td>txtPassword</td></tr>
<tr><td rowspan="5">范围验证控件
RangeValidator1</td><td rowspan="5">验证“身高”的输入在 1～300 之间</td><td>ErrorMessage</td><td>身高为 1～300 厘米</td></tr>
<tr><td>ControlToValidate</td><td>txtHeight</td></tr>
<tr><td>Type</td><td>Integer</td></tr>
<tr><td>MinimumValue</td><td>1</td></tr>
<tr><td>MaximumValue</td><td>300</td></tr>
<tr><td rowspan="9">正则表达式验证控件
RegularExpressionValidator1
RegularExpressionValidator2
RegularExpressionValidator3</td><td rowspan="3">验证“联系电话”输入格式</td><td>ErrorMessage</td><td>办公电话格式不正确！</td></tr>
<tr><td>ControlToValidate</td><td>txtPhone</td></tr>
<tr><td>ValidationExpression</td><td>(\(\d{3}\)|\d{3}-)?\d{8}</td></tr>
<tr><td rowspan="3">验证“手机号码”输入格式</td><td>ErrorMessage</td><td>手机号码输入不正确！</td></tr>
<tr><td>ControlToValidate</td><td>txtMobile</td></tr>
<tr><td>ValidationExpression</td><td>1\d{10}</td></tr>
<tr><td rowspan="3">验证“电子邮件”输入格式</td><td>ErrorMessage</td><td>电子邮件输入不正确！</td></tr>
<tr><td>ControlToValidate</td><td>txtEmail</td></tr>
<tr><td>ValidationExpression</td><td>\w+([-+.']\w+)*@\w+([-.]\w+)*\.\w+([-.]\w+)*</td></tr>
</table>

（3）编写部分代码。为方便显示年月日下拉列表框中的数字信息，建议参考如下所示代码实现：

```
protected void Page_Load(object sender, EventArgs e)
{
    //如果是首次加载页面，为年、月、日添加列表项
    if(!Page.IsPostBack)
    {
        for (int i = 1915; i <= 2015; i++)
            ddlYear.Items.Add(i.ToString());
        for (int i = 1; i <= 12; i++)
            ddlMonth.Items.Add(i.ToString());
        for (int i = 1; i <= 31; i++)
            ddlDay.Items.Add(i.ToString());
    }
}
```

（4）测试页面。保存文件，按快捷键【F5】测试页面，验证通过后的实际效果。

注意：使用验证控件需要在 Bin 文件夹中添加 aspnet.scriptmanager.jquery.dll 程序集。

5.4 课外 Activity

1．1～100之间的偶数验证（网站名称：CheckEvenHomeAct）

编写程序，验证用户输入的数是否为1～100之间的偶数。建议使用：用户自定义验证CustomValidator控件。

2．错误验证汇总（网站名称：ValidationSummaryHomeAct）

利用本章所学验证控件，编写如图5-20所示的程序，验证用户的注册信息（将错误信息汇总显示）。

指导：可使用ValidationSummary控件进行错误信息汇总显示，该控件中显示的错误消息是由每个验证控件的ErrorMessage属性规定的。

3．分组验证（网站名称：ValidationGroupHomeAct）

在上一个实践的基础上，将用户名文本框、E_mail地址文本框和确定按钮的ValidationGroup属性值均设置为FZ，然后再测试验证的效果。

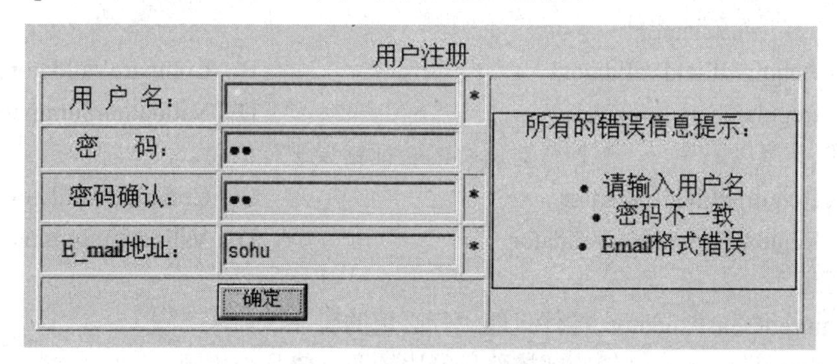

图5-20 验证用户注册信息的效果

5.5 本章小结

本章我们主要学习了如下内容：

1．验证控件的主要用途；

2．RequiredFieldValidator必填验证控件的使用和注意事项；

3．CompareValidator比较控件的使用和注意事项；

4．RangeValidator范围验证控件的使用和注意事项；

5．RegularExpressionValidator表达式验证控件的使用和注意事项；

6．CustomValidator自定义验证控件的使用和注意事项；

7．ValidationSummary验证汇总控件的使用和注意事项。

5.6 技能知识点测试

1．填空题

（1）对年龄进行输入验证，要使用________验证控件。

（2）RequiredFieldValidator 控件的________属性用来记录当验证失败时，在 ValidationSummary 控件中显示的文本。

（3）RegularExpressionValidator 控件的________属性用来规定验证输入控件的正则表达式。

（4）正则表达式“1(3|5)\d{9}”匹配________。

2．选择题

（1）以下（　　）属性不是验证控件所共有的。

A．ControlToValidate　　B．ErrorMessage

C．Display　　D．ValueToCompare

（2）在网页中输入出生年月和入团年月，若要验证入团年月的输入必须比出生年月要大，可以用以下（　　）验证控件。

A．RequiredFieldValidator　　B．CompareValidator

C．RegularExpressionValidator　　D．ValidationSummary

（3）可以使用以下（　　）控件对所有的验证错误进行汇总。

A．RequiredFieldValidator　　B．CompareValidator

C．RegularExpressionValidator　　D．ValidationSummary

3．判断题

（1）RequiredFieldValidator 控件只能进行必填的验证。　　（　　）

（2）CompareValidator 比较验证控件只能比较两个值是否相同。　　（　　）

（3）正则表达式“\d”和“[0-9]”是等价的，都代表一个整数。　　（　　）

第 6 章

导航控件

教学目标

通过本章的学习，使学生了解网站导航的概念，理解和掌握使用 TreeView 控件、Menu 控件和 SiteMapPath 控件进行网站导航的方法，掌握站点地图文件的设计和创建，并了解 TreeView 控件、Menu 控件和 SiteMapPath 控件的常用属性、方法和事件。

知识点

1．TreeView 控件
2．站点地图文件
3．Menu 控件
4．SiteMapPath 控件

技能点

1．TreeView 控件的使用
2．掌握站点地图文件的设计方法
3．Menu 控件的使用
4．SiteMapPath 控件的使用

重点难点

1．TreeView 控件的常用属性、事件和使用方法
2．站点地图文件的作用和设计方法
3．Menu 控件的常用属性、事件和使用方法
4．SiteMapPath 控件的常用属性和使用方法

专业英文词汇

1．SiteMapDataSource：____
2．SiteMapPath：____
3．NavigateUrl：____
4．TreeView：____

6.1 导航控件的使用概述

随着网站规模的扩大，网页栏目和数量越来越多，用户浏览起来往往“迷路”，解决办法

是在合理安排网站结构的基础上，在网页中设置导航提示，例如“安星网络”的网站使用了两种导航提示，分别是弹出式菜单导航和站点路径导航，如图 6-1 所示。

图 6-1 导航提示

下面将对 ASP.NET 中导航提示的设计加以介绍。

6.2 TreeView 控件

TreeView 服务器端控件是一个功能非常丰富的控件，可以显示层次数据。这个控件可以通过它的折叠框架动态加载要显示的节点，即使这些节点是隐藏的，也可以加载。如果站点导航系统比较大，这是很理想的。此时，动态加载 TreeView 控件的节点可以大大提高性能。

TreeView 控件由节点组成。树中的每个项都称为一个节点，它由一个 TreeNode 对象表示。节点类型的定义如下。

（1）包含其他节点的节点称为“父节点”。

（2）被其他节点包含的节点称为“子节点”。

（3）没有子节点的节点称为“叶节点”。

（4）不被任何其他节点包含的同时是所有其他节点的上级的节点是“根节点”。

TreeView 控件的结构是一个树状结构，TreeView 控件上的每个元素或每一项都称为节点。层次结构中最上面的节点是根节点。TreeView 控件可以有多个根节点。在层次结构中，任何节点，包括根节点在内，如果在它的下面还有节点，就称为父节点。每个父节点可以有一个或多个子节点。如果节点不包含子节点，就称为叶节点。

一个节点可以同时是父节点和子节点，但是不能同时为根节点、父节点和叶节点。节点为根节点、父节点还是叶节点决定着节点的几种可视化属性和行为属性。

尽管通常的树状结构只具有一个根节点，但是 TreeView 控件允许向树状结构中添加多个根节点。如果要在不显示单个根节点的情况下显示选项列表（如同在产品类别列表中），这种控件就非常有用。

利用 TreeView 控件创建导航的方法可以打开【TreeView 节点编辑器】对话框，直接在上面进行手工编辑，这里除了编辑各种节点之外，还要设置各个节点的属性，常用的节点属性见表 6.1。

表 6.1　TreeView 控件节点的常用属性

属　性	说　明
NavigateUrl	获取或设置单击节点时导航到的 URL 地址。本案例中为各张网页的 URL 地址
Target	获取或设置用来显示与节点关联的网页内容的目标窗口或框架。本案例中为“main”
Text	获取或设置为 TreeView 控件中的节点显示的文本。本案例中为各张网页的显示文本
Value	获取或设置用于存储有关节点的任何其他数据(如用于处理回发事件的数据)的非显示值

TreeView 控件提供了多个事件。表 6.2 列出了 TreeView 控件支持的常用事件。

表 6.2　TreeView 控件的常用事件

事　件	说　明
TreeNodeCheckChanged	当 TreeView 控件的复选框在向服务器的两次发送过程之间状态有所更改时发生
SelectedNodeChanged	当选择 TreeView 控件中的节点时发生
TreeNodeExpanded	当扩展 TreeView 控件中的节点时发生
TreeNodeCollapsed	当折叠 TreeView 控件中的节点时发生
TreeNodePopulate	当其 PopulateOnDemand 属性设置为 true 的节点在 TreeView 控件中展开时发生
TreeNodeDataBound	当数据项绑定到 TreeView 控件中的节点时发生

下面我们通过打开【TreeView 节点编辑器】对话框，直接在上面进行手工编辑，在页面上显示学校的专业设置，便于快速了解各专业的简要情况。

☞DEMO

在页面上显示某学校组织机构情况。（网站名称：TreeViewProfessionalDemo）

使用 TreeView 控件进行页面导航。由于母版页的知识将在后面的章节才讲解，这里暂时使用 CSS 进行网站的排版，另外，提前准备了几张具体专业的介绍网页，以得到较好的效果。案例运行效果如图 6-2 所示。

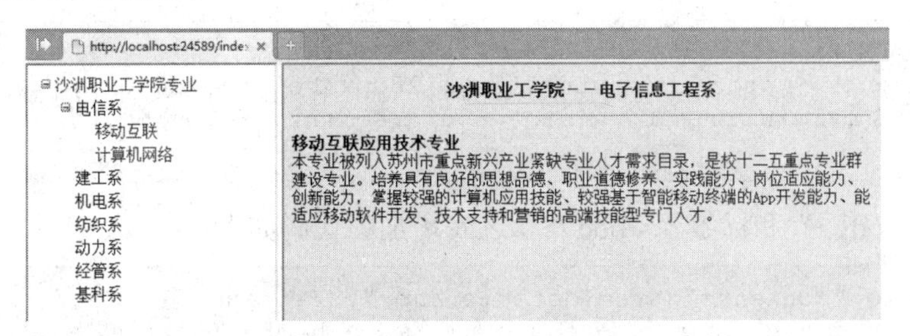

图 6-2　案例效果图

主要步骤如下。

（1）在创建“专业设置”网站之前，先要准备好具体机构介绍的显示内容，这里主要显示学院中的部分专业设置情况及电子信息工程系的部分具体专业的介绍，所以先准备一张显示学校的专业设置列表网页“main.htm”以及 2 张描述具体专业的网页：“jsj001.htm”和“jsj002.htm”，界面如图 6-3 所示。

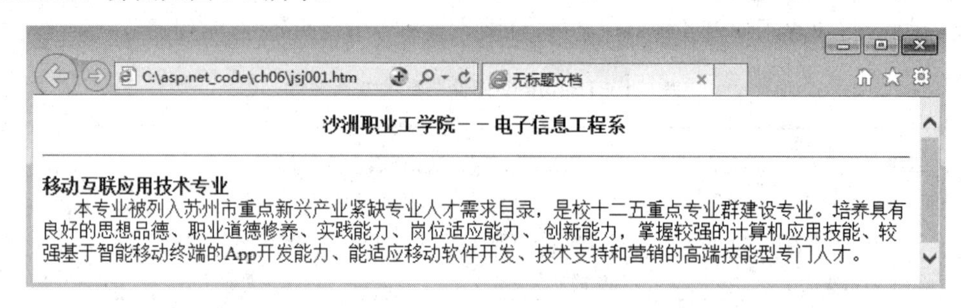

图 6-3 “学校专业设置-移动互联专业”介绍界面

（2）启动 Visual Studio 2013，创建一个 ASP.NET 空网站，在创建好的网站上新建一个文件夹，命名为“Professionals”，通过右击菜单弹出的【添加现有项】命令添加列表网页“main.htm”到该文件夹下，在该文件夹下新建一个文件夹，命名为“dxx”，并在把前面准备的 2 张专业介绍网页通过右击菜单弹出的【添加现有项】命令添加到【dxx】节点下。实现后的效果如图 6-4 所示。

（3）选择菜单【网站】|【添加新项】命令，在弹出的【添加新项】对话框中选择模板“HTML 页”选项，在下方的【名称】文本框中输入“index.htm”，单击【添加】按钮，会添加一张 HTML 网页，默认显示代码的界面。效果如图 6-5 所示。

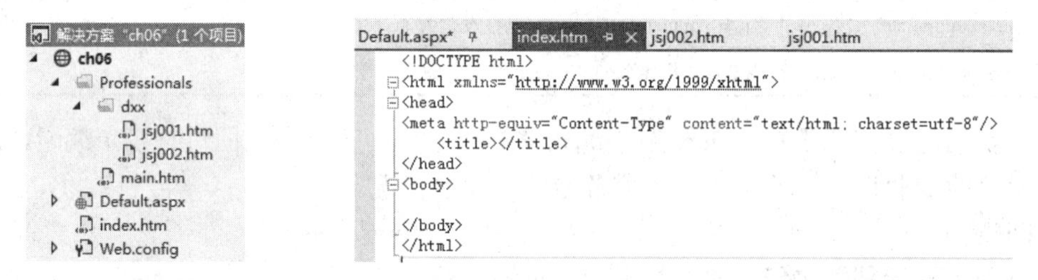

图 6-4 添加预先准备的网页　　　　图 6-5 添加的 HTML 网页代码界面

（4）在上面所示的代码文件中，在标签“<head>”和标签“</head>”之间增加 CSS 代码如下：

```
<style type="text/css">
    #contents {margin: 0 auto;width: 250px;height: 500px;}
    #main {margin: 0 auto;width: 600px;height: 500px;background: #cff;}
</style>
```

在标签“<body>”和标签“</body>”之间增加的代码如下：

```
<iframe id="contents" src="default.aspx"></iframe>
<iframe id="main" src="Professionals/main.htm"></iframe>
```

得到如图 6-6 所示的目录型框架代码效果。

```
<!DOCTYPE html>
<html xmlns="http://www.w3.org/1999/xhtml">
<head>
<meta http-equiv="Content-Type" content="text/html; charset=utf-8"/>
    <title></title>
    <style type="text/css">
        #contents {margin: 0 auto;width: 250px;height: 500px;}
        #main {margin: 0 auto;width: 600px;height: 500px;background: #cff;}
    </style>

</head>
<body>
    <iframe id="contents" src="default.aspx"></iframe>
    <iframe id="main" src="Professionals/main.htm"></iframe>
</body>
</html>
```

图 6-6　替换后的 HTML 界面

（5）打开“Default.aspx”网页，单击【设计】按钮 设计 拆分 源 切换到设计视图，从左侧的工具箱中拖动导航控件 TreeView 到中心工作区。工具箱中的 TreeView 控件和设计界面中的显示效果如图 6-7 和图 6-8 所示。

图 6-7　TreeView 控件

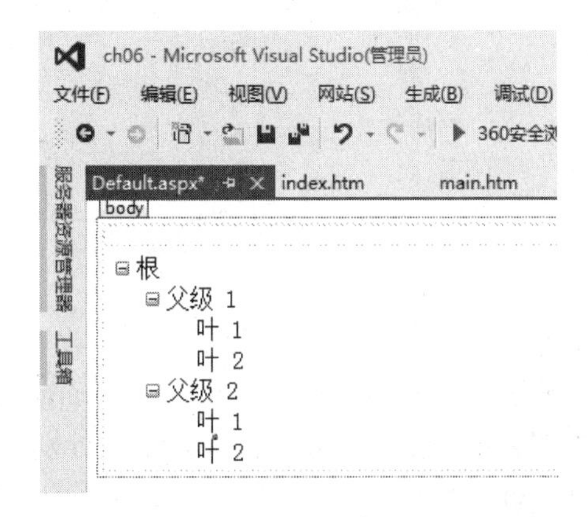

图 6-8　TreeView 控件的设计显示效果

（6）单击 TreeView 控件右上角的按钮，弹出【TreeView 任务】快捷菜单，选择【编辑节点】选项，如图 6-9 所示。

（7）在弹出的【TreeView 节点编辑器】对话框中单击左上角的【添加根节点】按钮，可添加一个新的根节点，在右侧【属性】窗口的 Text 属性中输入“沙洲职业工学院专业”，得到的效果如图 6-10 所示。

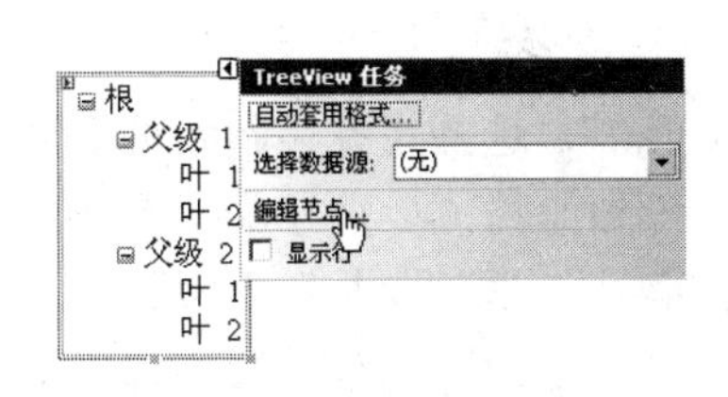

图 6-9　编辑 TreeView 节点

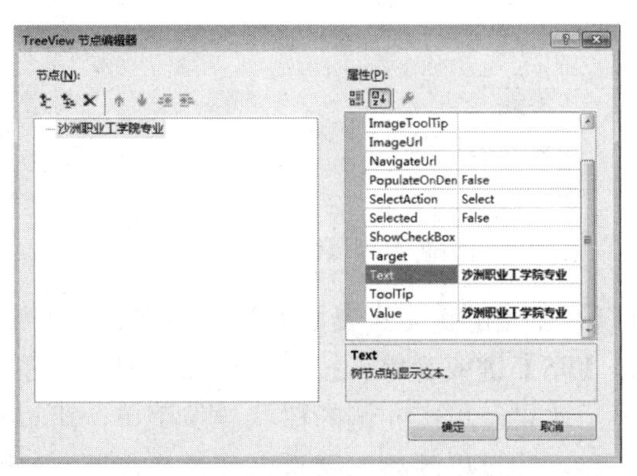

图 6-10　编辑根节点

（8）单击左上角【添加根节点】按钮后面的【添加子节点】按钮，可以为刚刚添加的根节点“沙洲职业工学院专业”添加一个子节点，在右侧的【属性】窗口的Text属性中输入“电信系”，选中“电信系”子节点，用同样的方法添加“移动互联”和“计算机网络”共2个子节点，同样给根节点“沙洲职业工学院专业”添加另外6个系部的子节点，得到的效果如图6-11所示。

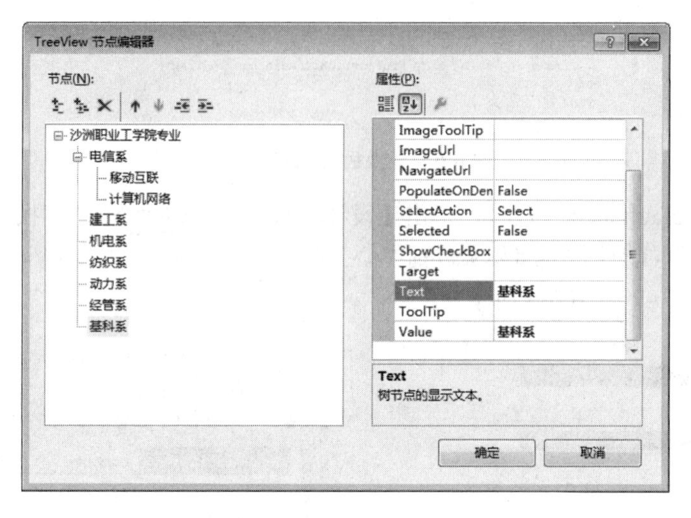

图6-11 添加子节点

（9）选中根节点“沙洲职业工学院专业”，在NavigateUrl属性中单击按钮选择刚开始添加的专业列表显示网页“main.htm”，在Target属性中输入“main”。同样为子节点“移动互联”和“计算机网络”的NavigateUrl属性分别选择相应的网页“jsj001.htm”、和“jsj002.htm”，也都在Target属性中输入“main”。效果如图6-12所示。

（10）单击【确定】按钮，可以得到如图6-13所示的TreeView控件效果。

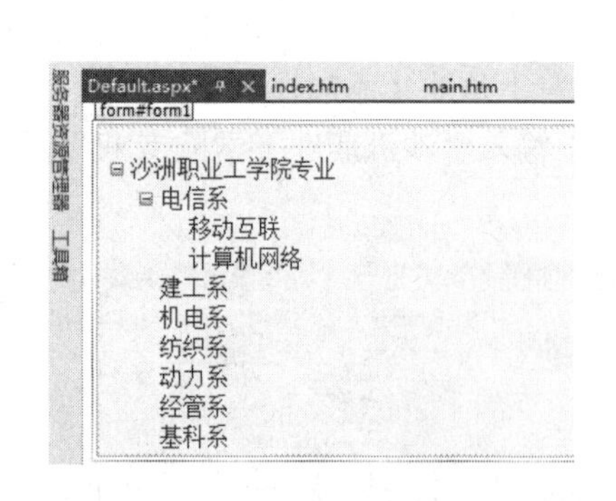

图6-12 设置节点属性

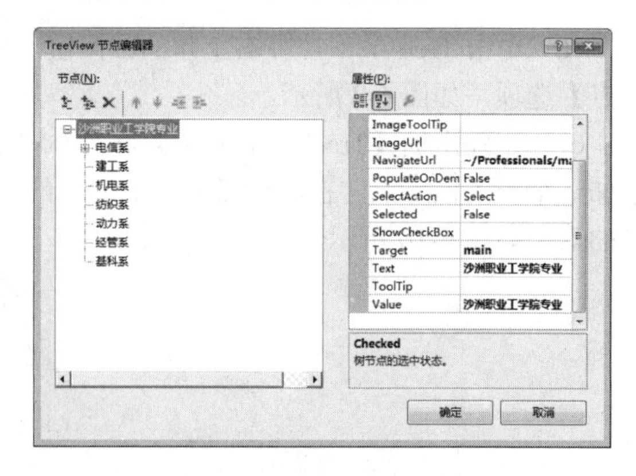

图6-13 编辑好的TreeView控件

（11）在【解决方案资源管理器】窗口中右击“index.htm”，选择【设为起始页】命令，然后按【F5】键或者单击按钮运行网站应用程序，就可以得到如图6-2所示的“专业设置”网站显示效果。单击左侧的树状导航菜单，可以在“沙洲职业工学院专业”主网页和“移动互联”和“计算机网络”网页之间跳转浏览。当然网站的其他专业还没有链接，有兴趣的读者可以自己依次实现。

☞ACTIVITY

1．完成机电系的 3 个专业介绍，专业分别为：机电一体化、模具设计、机电设备维修与管理，专业介绍内容略。（网站名称：TreeViewProfessionalAct）

2．在页面上显示本书第 1 章的目录，内容介绍省略。（项目名称：TreeViewCatalogAct）

注意：除了直接编辑 TreeView 控件进行导航，还可以使用站点地图，步骤是首先在网站上创建一个站点地图文件 Web.sitemap，接着在页面上添加一个 TreeView 控件和一个 SiteMapDataSource 控件，将 TreeView 控件的 DataSourceId 属性设置为“SiteMapDataSource1”。因为在使用 TreeView 控件显示.sitemap 文件的内容时，TreeView 控件不像 SiteMapPath 控件那样能自动绑定到站点地图文件上，而必须使用一个数据源控件。详细的情况可以参考本章中 Menu 控件创建导航的步骤。

另外，直接选择其他数据源，如各种数据库等，或编程也可以实现导航。

6.3　Menu 控件和 SiteMapPath 控件

6.3.1　站点地图文件

若要使用 ASP.NET 站点导航，必须描述站点结构以便站点导航 API 和站点导航控件可以正确显示站点结构。默认情况下，站点导航系统使用一个包含站点层次结构的 XML 站点地图文件。

创建站点地图最简单的方法是创建一个名为 Web.sitemap 的 XML 文件，该文件按站点的分层形式组织页面。ASP.NET 的默认站点地图提供程序自动选取此站点地图。

Web.sitemap 文件必须位于应用程序的根目录中。这个 XML 文件，根节点是<siteMap>元素。该文件中只能有一个<siteMap>元素。在这个<siteMap>元素中，有一个<siteMapNode>元素，每一个<siteMapNode>元素描述的是一张网页的导航信息。第一个<siteMapNode>元素一般是网站应用程序的起始页面。<siteMapNode>元素的属性说明见表 6.3。

表 6.3　<siteMapNode>元素的属性说明

属　性	说　明
title	title 属性提供链接的文本描述
description	description 属性不仅说明该链接的作用，还用于链接上的 ToolTip 属性。ToolTip 属性是客户端用户把光标停留在链接上几秒后显示的信息
url	url 属性描述了文件在网站应用程序中的位置。如果文件在根目录下，就使用文件名，例如“Default.aspx”。如果文件位于子文件夹下，就在这个属性值中包含该文件夹，例如，“test/test.aspx”

站点地图文件 Web.sitemap 的创建跟 XML 文件的创建一样，比较简单，但要注意一点，就是 Web.sitemap 文件中的各个“url”网页地址一定要真实存在，不然会提示出错。

☞DEMO

创建某学校招生就业网站的站点地图文件，网站的导航信息见表 6.4。（网站名称：SitemapXMLDemo）

表 6.4　某学校招生就业网站导航信息说明

导 航 信 息	说明（所有文件均在网站根目录下存放）
第一级	招生就业首页，default.aspx
第二级	学校招生，xxzs.aspx 学生就业，xsjy.aspx
第三级	学校招生栏目下：招生简章，zsjz.aspx；招生计划，zsjh.aspx；专业介绍，zyjs.aspx。 学生就业栏目下：就业政策，jyzc.aspx；就业指导，jyzd.aspx；就业信息，jyxx.aspx。

主要步骤如下。

（1）启动 Visual Studio 2013，创建一个 ASP.NET 空网站，选择菜单【网站】|【添加新项】命令，在打开的【添加新项】对话框中选择【站点地图】选项，如图 6-14 所示。

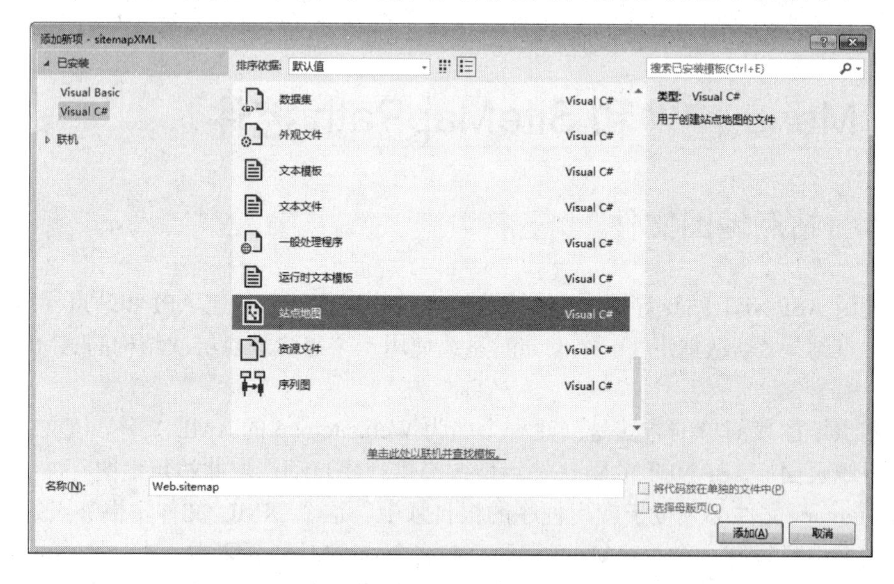

图 6-14　添加站点地图文件

（2）保持默认名称“Web.sitemap”不变，单击【添加】按钮，会自动打开添加的站点地图文件“Web.sitemap”，代码如图 6-15 所示。

```
Web.sitemap
<?xml version="1.0" encoding="utf-8" ?>
<siteMap xmlns="http://schemas.microsoft.com/AspNet/SiteMap-File-1.0" >
    <siteMapNode url="" title=""  description="">
        <siteMapNode url="" title=""  description="" />
        <siteMapNode url="" title=""  description="" />
    </siteMapNode>
</siteMap>
```

图 6-15　添加的站点地图文件

（3）在站点地图文件“Web.sitemap”中用下面的代码替换标签“<siteMap>”和标签“</siteMap>”之间的代码。

```
<?xml version="1.0" encoding="utf-8" ?>
<siteMap xmlns="http://schemas.microsoft.com/AspNet/SiteMap-File-1.0" >
```

```
    <siteMapNode url="default.aspx"title="招生就业首页" description="招生就业首页">
        <siteMapNode url="xxzs.aspx" title="学校招生"  description="学校招生" >
          <siteMapNode url="zsjz.aspx" title="招生简章"  description="招生简章"/>
          <siteMapNode url="zsjh.aspx" title="招生计划"  description="招生计划"/>
          <siteMapNode url="zyjs.aspx" title="专业介绍"  description="专业介绍"/>
        </siteMapNode>
        <siteMapNode url="xsjy.aspx" title="学生就业"  description="学生就业" >
          <siteMapNode url="jyzc.aspx" title="就业政策"  description="就业政策"/>
          <siteMapNode url="jyzd.aspx" title="就业指导"  description="就业指导"/>
          <siteMapNode url="jyxx.aspx" title="就业信息"  description="就业信息"/>
         </siteMapNode>
    </siteMapNode>
  </siteMap>
```

得到如图 6-16 所示的效果。

```
Web.sitemap
<?xml version="1.0" encoding="utf-8" ?>
<siteMap xmlns="http://schemas.microsoft.com/AspNet/SiteMap-File-1.0" >
    <siteMapNode url="default.aspx" title="招生就业首页"  description="招生就业首页">
        <siteMapNode url="xxzs.aspx" title="学校招生"  description="学校招生" >
          <siteMapNode url="zsjz.aspx" title="招生简章"  description="招生简章"/>
          <siteMapNode url="zsjh.aspx" title="招生计划"  description="招生计划"/>
          <siteMapNode url="zyjs.aspx" title="专业介绍"  description="专业介绍"/>
        </siteMapNode>
        <siteMapNode url="xsjy.aspx" title="学生就业"  description="学生就业" >
          <siteMapNode url="jyzc.aspx" title="就业政策"  description="就业政策"/>
          <siteMapNode url="jyzd.aspx" title="就业指导"  description="就业指导"/>
          <siteMapNode url="jyxx.aspx" title="就业信息"  description="就业信息"/>
        </siteMapNode>
    </siteMapNode>
</siteMap>
```

图 6-16 输入代码后的站点地图文件

注意："<siteMapNode url="default.aspx" title="招生就业首页"description="招生就业首页">" 表示一张网页，网页地址为 "default.aspx"，显示内容为 "招生就业首页"。

添加了第一个<siteMapNode>后，就可以添加任意多个<siteMapNode>元素。在"某学校招生就业网"案例网站的站点地图文件 Web.sitemap 中就嵌套包含了 8 个<siteMapNode>元素，从而嵌套描述了两个层次的 8 张网页的导航信息。

6.3.2 Menu 控件和 SiteMapPath 控件的使用

1. 利用 SiteMapPath 控件标识路径

SiteMapPath 控件是一种站点导航控件，反映站点地图对象提供的数据。它提供了一种用于轻松定位站点的节省空间方式，用作当前显示页在站点中位置的引用点。SiteMapPath 控件显示了超链接页名称的分层路径，从而提供了从当前位置沿页层次结构向上的跳转，如"招生就业首页>学校招生>招生计划"。SiteMapPath 控件对于分层页结构较深的站点很有用，在此类站点中 TreeView 或 Menu 可能需要较多的页空间。

SiteMapPath 控件直接使用网站的站点地图数据。如果将其用在未在站点地图中描述的页面上，则其不会显示。SiteMapPath 由节点组成。路径中的每个元素均称为节点，确定路径并表示分层树的根的节点称为根节点。表示当前显示页的节点称为当前节点。当前节点与根节点之间的任何其他节点都为父节点。SiteMapPath 控件的常用属性见表 6.5。

表 6.5　SiteMapPath 控件的常用属性

属　性	说　明
PathSeparator	获取或设置一个字符串，该字符串在呈现的导航路径中分隔 SiteMapPath 节点。默认值是“>”，本案例中用的是默认值
PathDirection	获取或设置导航路径节点的呈现顺序。有两个值“RootToCurrent”和“CurrentToRoot”
ParentLevelsDisplayed	获取或设置控件显示的相对于当前显示节点的父节点级别数。默认值是“-1”，表示没有限制

SiteMapPath 控件的使用相对于 Menu 控件来说更简单，在已经添加站点地图文件 Web.sitemap 的基础上，只要拖入一个 SiteMapPath 控件就可以使用导航了，但要确保引用该控件网页的网页地址包含在 Web.sitemap 的某个“url”属性中，不然导航不起作用。

2．利用 Menu 控件进行导航

Menu 控件用于显示 Web 网页中的菜单，并常与用于导航网站的 SiteMapDataSource 控件结合使用。用户单击菜单项时，Menu 控件可以导航到所链接的网页或直接回发到服务器端。如果设置了菜单项的 NavigateUrl 属性，则 Menu 控件导航到所链接的页；否则，该控件将页回发到服务器端进行处理。默认情况下，链接页与 Menu 控件显示在同一窗口或框架中。若要在另一个窗口或框架中显示链接内容，应使用 Menu 控件的 Target 属性。Target 属性影响控件中的所有菜单项。若要为单个菜单项指定一个窗口或框架，需要直接设置 MenuItem 对象的 Target 属性。

Menu 控件显示两种类型的菜单：静态菜单和动态菜单。静态菜单始终显示在 Menu 控件中。默认情况下，根级（级别 0）菜单项显示在静态菜单中。通过设置 StaticDisplayLevels 属性，可以在静态菜单中显示更多菜单级别（静态子菜单）。级别高于 StaticDisplayLevels 属性所指定的值的菜单项（如果有）显示在动态菜单中。仅当用户将鼠标指针置于包含动态子菜单的父菜单项上时，才会显示动态菜单。一定的持续时间之后，动态菜单自动消失。

Menu 控件由菜单项组成。顶级（级别 0）菜单项称为根菜单项。具有父菜单项的菜单项称为子菜单项。所有根菜单项都存储在 Items 集合中。子菜单项存储在父菜单项的 ChildItems 集合中。

每个菜单项都具有 Text 属性和 Value 属性。Text 属性的值显示在 Menu 控件中，而 Value 属性则用于存储菜单项的任何其他数据（如传递给与菜单项关联的回发事件的数据）。在单击时，菜单项可导航到 NavigateUrl 属性指示的另一个网页。

可以使用多种方法自定义 Menu 控件的外观。首先，可以通过设置 Orientation 属性，指定是水平还是垂直呈现 Menu 控件。还可以为每个菜单项类型指定不同的样式（如字体大小和颜色等）。除了设置各样式属性之外，还可以根据菜单项的级别，指定应用于菜单项的样式。改变控件外观的另一种方法是自定义显示在 Menu 控件中的图像。

Menu 控件提供多个可以对其进行编程的事件。表 6.6 列出了受支持的常用事件。

表 6.6　Menu 控件的常用事件

事　件	说　明
MenuItemClick	单击菜单项时发生。此事件通常用于将页上的一个 Menu 控件与另一个控件进行同步
MenuItemDataBound	当菜单项绑定到数据时发生。此事件通常用来在菜单项呈现在 Menu 控件中之前对菜单项进行修改

Menu 控件的使用很简单，若已经定义了站点地图文件 Web.sitemap，就只要拖入一个“SiteMapDataSource”控件，并把 Menu 控件的 DataSourceID 属性设置为刚添加的“SiteMapDataSource”控件 ID“SiteMapDataSource1”即可，控件默认以 Web.sitemap 作为站点地图导航文件数据源。另外，TreeView 控件的使用方法也和 Menu 控件相同。

☞DEMO

使用 Menu 控件和 SiteMapPath 控件，完成某学校招生就业网站的导航，程序运行效果如图 6-17 所示。（网站名称：SiteMapPathDemo）

图 6-17　案例效果图

主要步骤如下。

（1）启动 Visual Studio 2013，创建一个 ASP.NET 空网站，选择菜单【网站】|【添加新项】命令，创建首页 default.aspx 和其他招生就业相关网页。

（2）参考站点地图 Web.sitemap 的创建方法，创建地图文件。

（3）打开已有的网页“Default.aspx”，单击【设计】按钮切换到设计视图，选择菜单【表】|【插入表】命令，插入一个 2×2 的表格，合并第一列的两个单元格，并适当增加整个表格的宽度，如图 6-18 所示。

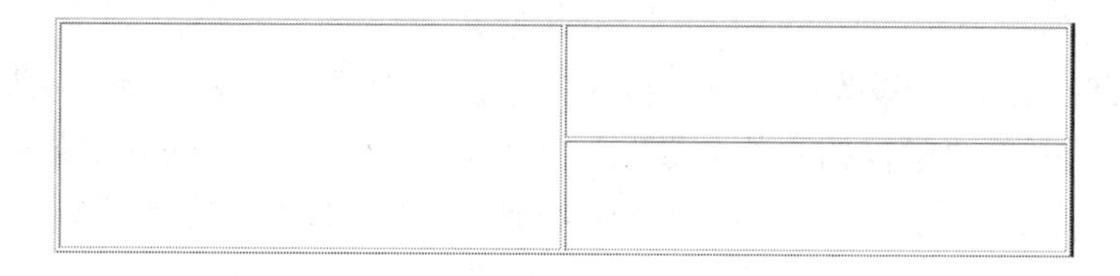

图 6-18　编辑后的表格

（4）从左侧的工具箱中拖动导航控件 Menu 到表格第一列，拖动导航控件 SiteMapPath 到表格第二列第一行，同时拖动数据控件 SiteMapDataSource 到网页中，如图 6-19 所示。

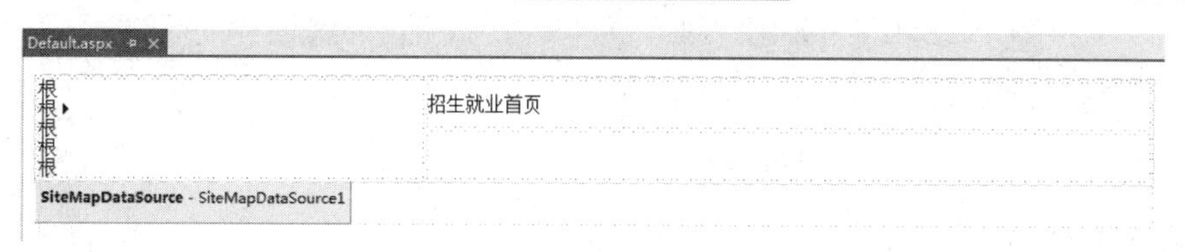

图 6-19　添加 Menu 控件、SiteMapPath 控件和 SiteMapDataSource 控件

（5）单击 Menu 控件右上角的按钮，弹出【Menu 任务】快捷菜单，单击【选择数据源】下拉列表框，选择“SiteMapDataSource1”选项，如图 6-20 所示。

（6）设置 Menu 控件的 StaticDisplayLevels 属性为“2”，并在第二行第二列的单元格中输入“新闻首页”，并适当调整网页的外观，字体的大小，得到的效果如图 6-22 所示。

图 6-20　Menu 控件选择数据源

图 6-21　添加招生就业首页内容

（7）复制“Default.aspx”网页中的所有表格和控件到“zsjz.aspx”中，在第二行第二列的单元格中输入“招生简章”，效果如图 6-22 所示。

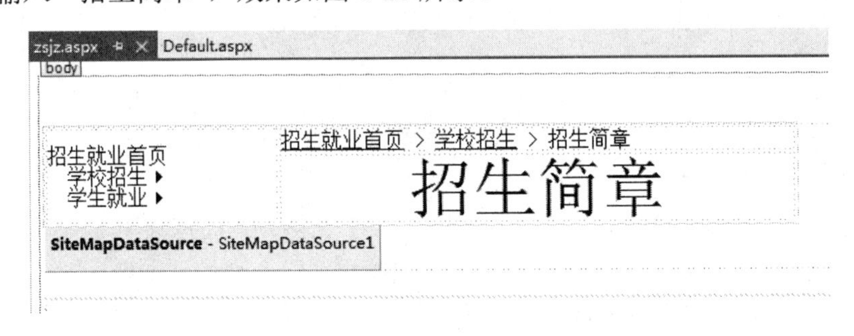

图 6-22　添加的招生简章网页“zsjz.aspx”

（8）用同样的方法添加到其他网页中，同样分别复制“Default.aspx”网页中的所有表格和控件到这些网页，在这些网页的第二行第二列的单元格中分别输入“招生计划”、“专业介绍”、“就业信息”等。

（9）把“Default.aspx”设为起始页，按【F5】键或者单击按钮运行网站应用程序，就可以得到如图 6-17 所示的“学校招生就业导航”显示效果，单击左侧的导航菜单，可以转到包括“招生就业首页”在内的任何网页，也可以单击右上角的路径式菜单进行导航。

☞ACTIVITY

使用 Menu 控件和 SiteMapPath 控件，完成经济新闻网站的导航，程序运行效果如图 6-23 所示。（网站名称：MenuSiteMapPathnewsAct）

其中，经济新闻下有国内新闻和国外新闻；经济评论包括我的观点和专家评论。

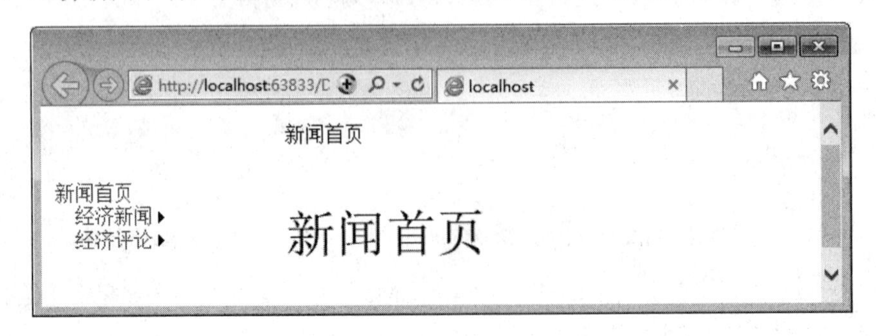

图 6-23　新闻案例效果图

6.4　课外 Activity

1．使用 TreeView 控件进行页面导航，设计金庸小说的电子书导航网页。运行效果参考图 6-2 所示。

2．增加图 6-23 所示的新闻网站的内容。增加娱乐新闻（封面人物、娱乐快报）和军事新闻（军史秘闻、国际军情、中国军情）。

3．TreeView 控件中显示复选框，通过向 TreeView 控件的 ShowCheckBoxs 属性赋值，可以控制 TreeView 控件的每个 TreeNode 节点是否显示复选框。要求完成选择自己喜欢的编程和运动项目的网页，网页布局如图 6-24 所示。

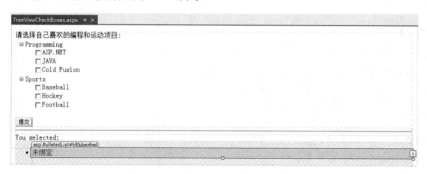

图 6-24　显示复选框的 TreeView 控件网页布局

其中提交按钮的 Click 事件中可参考以下代码，效果如图 6-25 所示。

```
foreach (TreeNode node in TreeView1.CheckedNodes)
    bltSubscribed.Items.Add(node.Text);
```

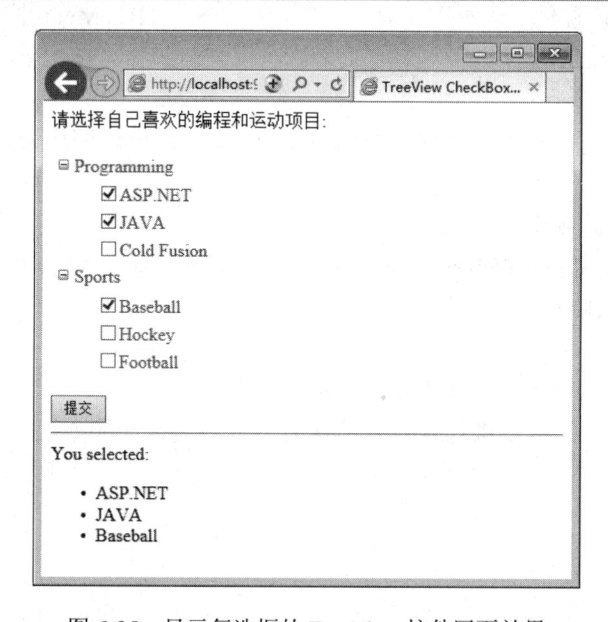

图 6-25　显示复选框的 TreeView 控件网页效果

6.5 本章小结

本章详细地介绍了 TreeView 控件、站点地图、SiteMapPath 控件和 Menu 控件的作用和使用方法。在 TreeView 控件的案例中，为了更加方便实施，读者也可以采用框架进行网站的排版。同时，由于篇幅的关系，本章的案例距实际应用都还有一定距离，有兴趣的读者可以进一步进行完善。

6.6 技能知识点测试

1. 填空题

（1）如果一个节点不包含子节点，就称为________。

（2）站点地图文件中的________属性用于提供链接的文本描述。

（3）Menu 控件显示两种类型的菜单：________和动态菜单。其中________始终显示在 Menu 控件中。

（4）SiteMapPath 控件的________属性用于获取或设置一个字符串，该字符串在呈现的导航路径中分隔 SiteMapPath 节点。

2. 选择题

（1）如果需要让 Menu 控件固定显示 3 级菜单，应该设置下列（　　）属性。

A．NavigateUrl　　B．StaticDisplayLevels　　C．Target　　D．Text

（2）以下（　　）导航控件使用站点地图文件 Web.sitemap 进行导航而不需要用到 SiteMapDataSource 控件。

A．TreeView 控件　　B．Menu 控件

C．SiteMapPath 控件　　D．TextBox 控件

3. 判断题

（1）SiteMapPath 控件显示一个树状结构或菜单，让用户可以遍历访问站点中的不同页面。（　　）

（2）TreeView 结构视图中的根节点只能有一个。（　　）

（3）站点地图文件 Web.sitemap 中的<siteMapNode>元素可以有多个，但顶级<siteMapNode>元素只能有一个。（　　）

4. 简答题

（1）利用 TreeView 控件进行导航有哪些方法？

（2）如何对现实中的网站进行导航？选择自己觉得最合适的方法。

第 7 章

数据控件

教学目标

通过本章的学习，使学生掌握利用数据源控件访问 Access 数据库及 SQL Server 数据库的基本操作方法，能够通过 GridView 控件、DetailsView 控件及 FormView 控件实现数据排序、插入、删除、更新等常见操作。

知识点

1．数据源控件
2．数据绑定控件
3．数据模板

技能点

1．连接数据库
2．显示数据
3．数据排序
4．数据分页
5．录入数据
6．编辑数据
7．删除数据
8．编辑模板

重点难点

1．连接数据库
2．编辑模板

专业英文词汇

1．SqlDataSource：________________
2．GridView：________________
3．DetailsView：________________
4．FormView：________________
5．InsertItemTemplate：________________

7.1 数据源控件与数据绑定控件概述

ASP.NET 程序中访问数据库需要两种控件：数据源控件和数据绑定控件。数据源控件提供页面和数据源之间的数据通道；数据绑定控件用于在页面上显示数据。

数据源控件主要包括：

（1）SqlDataSource 控件：借助 SqlDataSource 控件，可以使用数据控件访问位于关系数据库（包括 Microsoft SQL Server 和 Oracle 数据库以及 OLE DB 和 ODBC 数据源）中的数据。

（2）XmlDataSource 控件：XmlDataSource 控件使 XML 数据可用于数据绑定控件。

（3）SiteMapDataSource 控件：SiteMapDataSource 控件从站点地图文件 Web.sitemap 中读取导航数据，然后将数据传递给可显示该数据的控件，如 TreeView 和 Menu 控件。

数据绑定控件主要包括：

（1）GridView 控件：GridView 控件以表格的形式显示数据源中的值，该表格中的每一列代表一个字段，每一行代表一条记录。使用 GridView 控件可以选择和编辑这些项，也可以对它们进行排序。

（2）DetailsView 控件：使用 DetailsView 控件，可以逐一显示、编辑、插入或删除其关联数据源中的记录。即使 DetailsView 控件的数据源公开了多条记录，该控件每次也只会显示一条数据记录。

（3）FormView 控件：FormView 控件使您可以处理数据源中的单条记录，该控件与 DetailsView 控件相似。FormView 控件与 DetailsView 控件之间的差别在于 DetailsView 控件使用表格布局，而 FormView 控件则不指定用于显示记录的预定义布局，需要给其设定一个模板。

（4）Repeater 控件：Repeater 控件是一个数据绑定容器控件，用于生成各个项的列表。可使用模板定义网页上各个项的布局。当网页运行时，该控件为数据源中的每一项重复相应的布局。

（5）DataList 控件：DataList 控件可用于显示任何重复结构（如表格）中的数据。DataList 控件可按不同的布局显示行，例如按列或行对数据进行排序。

7.2 数据源控件

下面我们通过 SqlDataSource 数据源控件及 GridView 数据控件，在页面上分别显示 Access 数据库及 SQL Server 中的数据。

☞DEMO

1．在页面上显示 Contacts.mdb 数据库中 Contact 表中的数据。（项目名称：SqlDataSourceMdbContactDemo）

主要步骤如下。

（1）在 Access 数据库中创建通讯录数据库 Contacts.mdb 并录入数据。Contacts.mdb 数据库包含 3 个表，分别是用户表 User、存放分组信息的联系人分组表 ContactGroup 和用于存放联系人信息的联系人表 Contact。各数据表结构说明如下：

1）用户表 User。用户表 User 用于保存系统用户信息，包含用户名、密码。其结构如表 7.1 所示。

表 7.1 用户表 User

序号	列名	数据类型	长度	标识	主键	允许空	说明
1	UserName	varchar	50		是	否	用户名
2	Password	varchar	50			否	密码

2）联系人分组表 ContactGroup。联系人分组表 ContactGroup 用于保存分组信息，包括分组编号、分组名称和备注。其结构如表 7.2 所示。

表 7.2 联系人分组表 ContactGroup

序号	列名	数据类型	长度	标识	主键	允许空	说明
1	Id	int	4	是	是	否	自动编号
2	GroupName	nvarchar	50			否	分组名称
3	Memo	nvarchar	200			是	备注

3）联系人表 Contact。联系人表 Contact 用于保存联系人信息，包括编号、联系人姓名、手机、电子邮件、QQ、工作单位、办公电话、家庭地址、家庭电话、所属分组编号等。其结构如表 7.3 所示。

表 7.3 联系人表 Contact

序号	列名	数据类型	长度	标识	主键	允许空	说明
1	Id	int	4	是	是	否	自动编号
2	Name	nvarchar	50			否	联系人姓名
3	Phone	varchar	11			是	手机
4	Email	nvarchar	50			是	电子邮件
5	QQ	varchar	20			是	QQ
6	WorkUnit	nvarchar	200			是	工作单位
7	OfficePhone	varchar	20			是	办公电话
8	HomeAddress	nvarchar	200			是	家庭住址
9	HomePhone	varchar	20			是	家庭电话
10	Memo	nvarchar	200			是	备注
11	GroupId	int	4			否	分组编号，外键，参照 ContactGroup 表的 Id 字段

（2）新建一个名为“SqlDataSourceMdbContactDemo”的 ASP.NET Web 应用程序，然后在 Visual Studio 的“解决方案资源管理器”中右击项目名“SqlDataSourceMdbContactDemo”，在弹出的菜单中选择“添加”，再选择子菜单“添加 ASP.NET 文件夹”，然后选择“App_Data”，

这样就会在 ASP.NET Web 应用程序目录下建立 App_Data 文件夹，该文件夹专用于存放数据库。右击 App_Data 文件夹，在弹出的菜单中选择“添加”，然后选择“现有项”，在弹出的对话框中通过浏览计算机文件，选择上一步建立的 Contacts.mdb 数据库，单击“添加”按钮，将 Contacts.mdb 添加到 App_Data 目录下。

（3）在项目中添加 Web 窗体 Contact.aspx，切换到设计视图，将工具箱数据选项卡中的 GridView 控件拖入窗体中，单击快捷菜单按钮▶，展开快捷菜单，选择【新建数据源】选项，如图 7-1 所示。

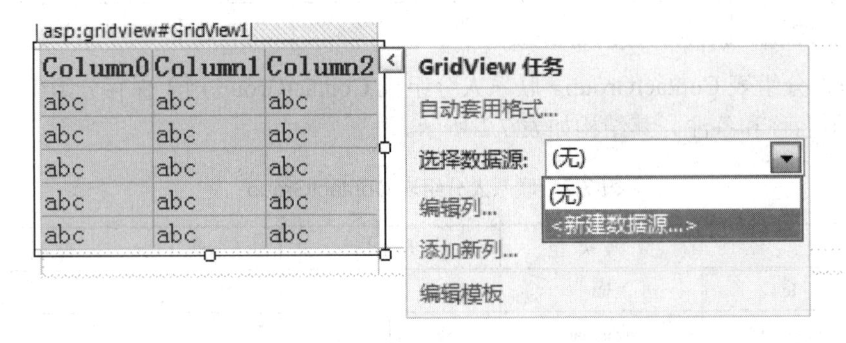

图 7-1　为 GridView 控件选择数据源

（4）出现如图 7-2 所示的“选择数据源类型”对话框，选择“数据库”，单击“确定”按钮。

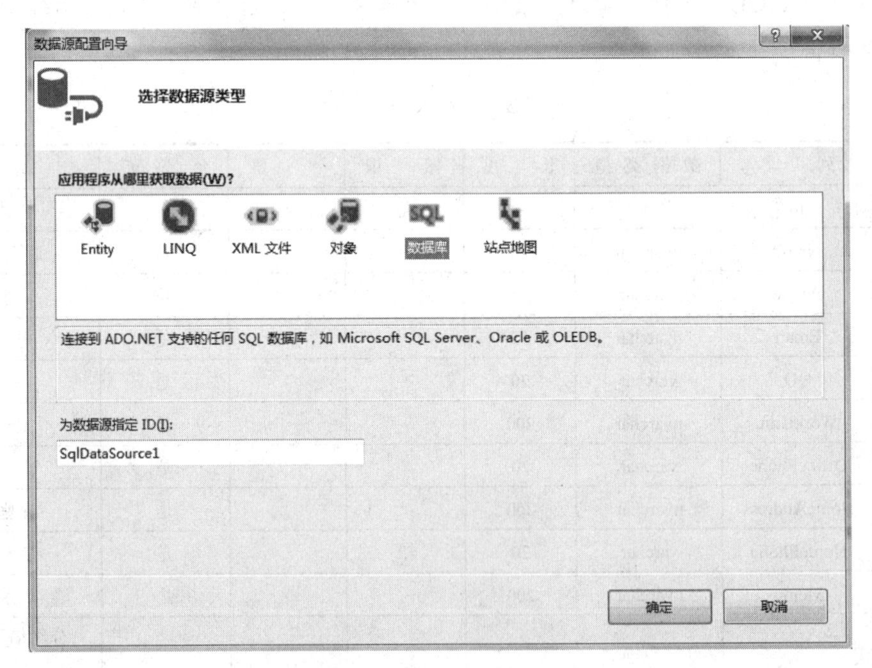

图 7-2　选择数据源类型

（5）出现如图 7-3 所示的“选择您的数据连接”对话框，在下拉框中选择“Contacts.mdb”，单击“下一步”按钮。

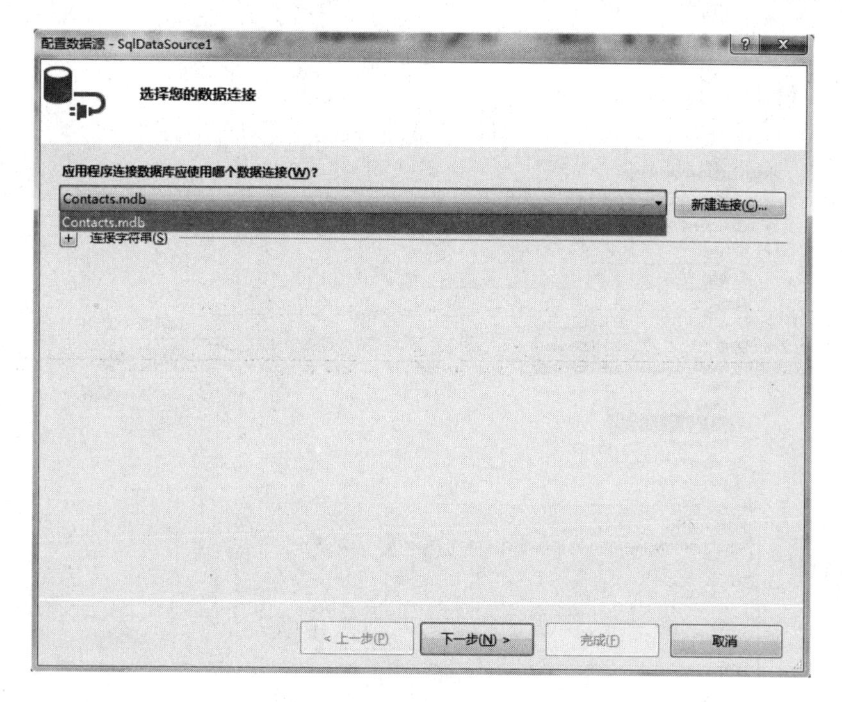

图 7-3　选择您的数据连接

（6）出现如图 7-4 所示的“将连接字符串保存到应用程序配置文件中”对话框，单击“下一步”按钮。

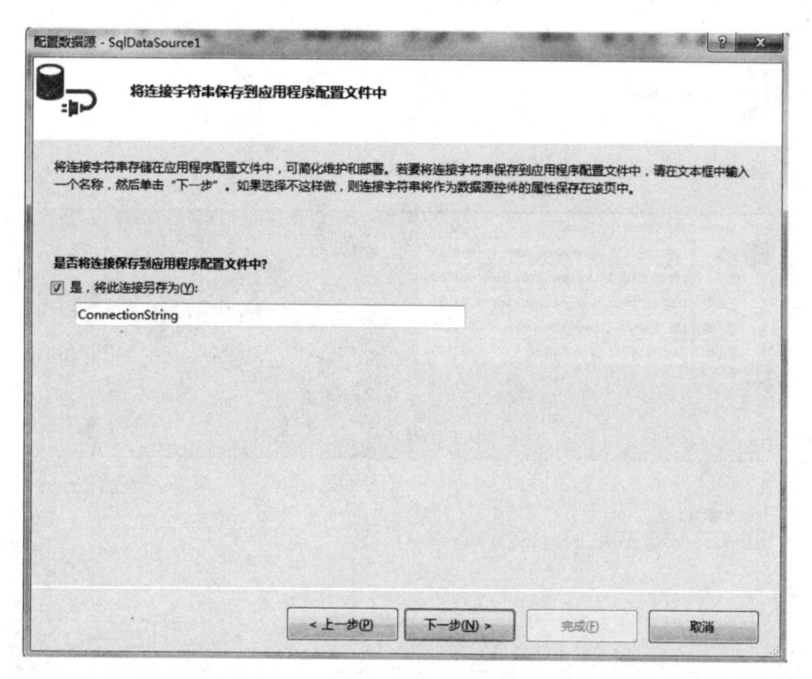

图 7-4　选择您的数据连接

（7）出现如图 7-5 所示的“配置 Select 语句对话框”，勾选 ID、Name、Phone、Email、QQ 列，单击“下一步”按钮。

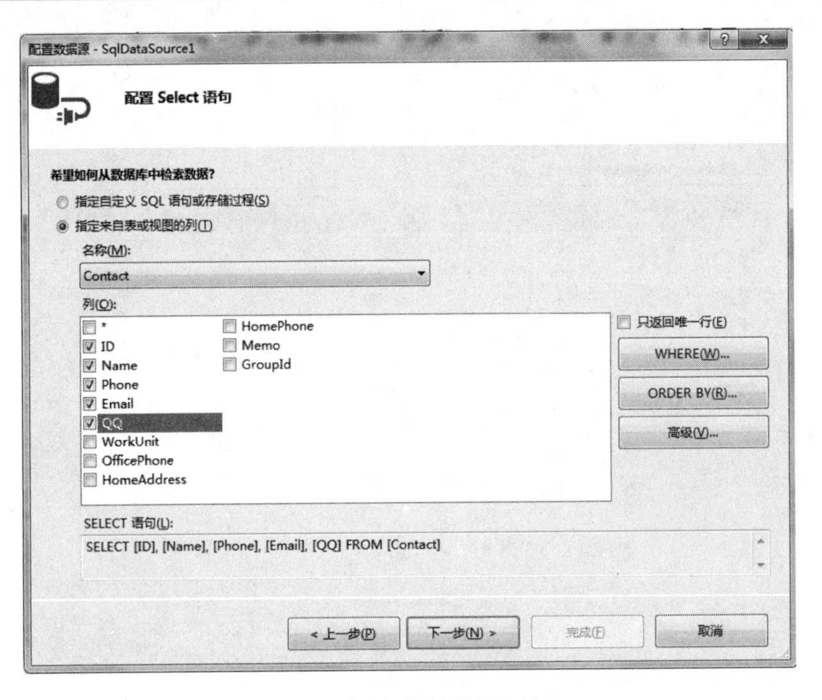

图 7-5　选择您的数据连接

（8）在出现的“测试查询”对话框中单击“测试查询”按钮，出现预览数据，如图 7-6 所示。然后单击“完成”按钮，完成配置数据源。

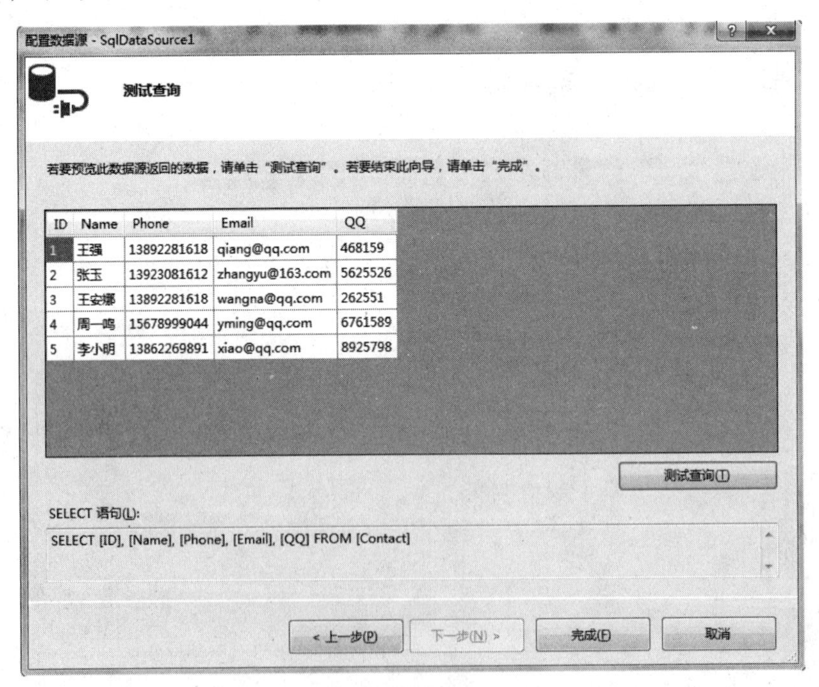

图 7-6　测试查询

（9）这时 Web 页面的效果如图 7-7 所示。

（10）运行程序，即在页面上显示联系人信息，如图 7-8 所示。

ID	Name	Phone	Email	QQ
0	abc	abc	abc	abc
1	abc	abc	abc	abc
2	abc	abc	abc	abc
3	abc	abc	abc	abc
4	abc	abc	abc	abc

SqlDataSource - SqlDataSource1

图 7-7　完成后的页面效果

ID	Name	Phone	Email	QQ
1	王强	13892281618	qiang@qq.com	468159
2	张玉	13923081612	zhangyu@163.com	5625526
3	王安娜	13892281618	wangna@qq.com	262551
4	周一鸣	15678999044	yming@qq.com	6761589
5	李小明	13862269891	xiao@qq.com	8925798

图 7-8　页面运行效果

下面我们来分析一下 Visual Studio 帮我们自动生成的页面代码。切换到页面源视图，可以看到主要的页面代码：

```
<asp:GridView ID="GridView1" runat="server" AutoGenerateColumns="False"
DataKeyNames="ID" DataSourceID="SqlDataSource1">
    <Columns>
        <asp:BoundField DataField="ID" HeaderText="ID" InsertVisible=
        "False" ReadOnly="True" SortExpression="ID" />
        <asp:BoundField DataField="Name" HeaderText="Name" SortExpression=
        "Name" />
        <asp:BoundField DataField="Phone" HeaderText="Phone" SortExpression
        ="Phone" />
        <asp:BoundField DataField="Email" HeaderText="Email" SortExpression
        ="Email" />
        <asp:BoundField DataField="QQ" HeaderText="QQ" SortExpression="QQ" />
    </Columns>
</asp:GridView>
<asp:SqlDataSource ID="SqlDataSource1" runat="server" ConnectionString=
"<%$ ConnectionStrings:ConnectionString %>" ProviderName="<%$ ConnectionStrings:
ConnectionString.ProviderName %>" SelectCommand="SELECT [ID], [Name], [Phone],
[Email], [QQ] FROM [Contact]"></asp:SqlDataSource>
```

GridView 控件的 **DataSourceID** 属性指定使用的数据源控件是 SqlDataSource1。SqlDataSource 控件的 **SelectCommand** 属性指明获取数据所用的 SQL 查询语句。**ConnectionString** 属性指明连接字符串，连接字符串保存在 Web.config 文件中。打开 Web.config 文件，可以看到该连接字符串的内容如下：

```
<connectionStrings>
  <add name="ConnectionString" connectionString="Provider=Microsoft.Jet.
  OLEDB.4.0;Data Source=|DataDirectory|\Contacts.mdb;Persist Security
  Info=True"
    providerName="System.Data.OleDb" />
</connectionStrings>
```

连接字符串中的|**DataDirectory**|表示数据库存放目录，对于 Web 应用程序，“App_Data”目录即为数据库存放目录，所以我们把 Contacts.mdb 数据库文件放在该目录下。

2．在页面上显示 SQL ServerContacts 数据库 Contact 表中的数据。（项目名称：SqlDataSourceSqlContactDemo）

主要步骤如下。

（1）在 SQL Server 数据库中创建通讯录数据库 Contacts 并录入数据。各数据表结构见表 7.1～表 7.3。

（2）新建一个名为“SqlDataSourceSqlContactDemo”的 ASP.NET Web 应用程序。

（3）在项目中添加 Web 窗体 Contact.aspx，切换到设计视图，将工具箱数据选项卡中的 GridView 控件拖入窗体中，单击快捷菜单按钮，展开快捷菜单，选择【新建数据源】选项，出现“选择数据源类型”对话框，选择数据库，单击“确定”按钮。

（4）出现如图 7-9 所示的“选择您的数据连接”对话框，单击“新建连接”按钮。

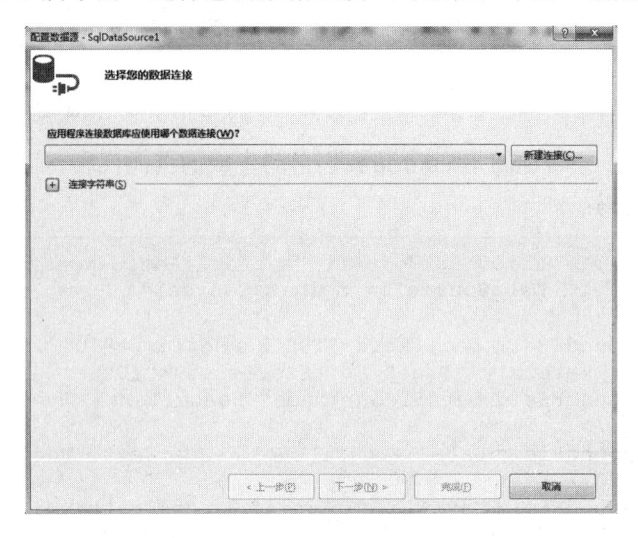

图 7-9　选择您的数据连接

（5）出现如图 7-10 所示的“添加连接”对话框，由于我们使用的是 SQL Server 2012 的 Express 版本，所以在服务器名中输入.\sqlexpress，然后选择数据库名称为 Contacts，单击“确定”按钮。

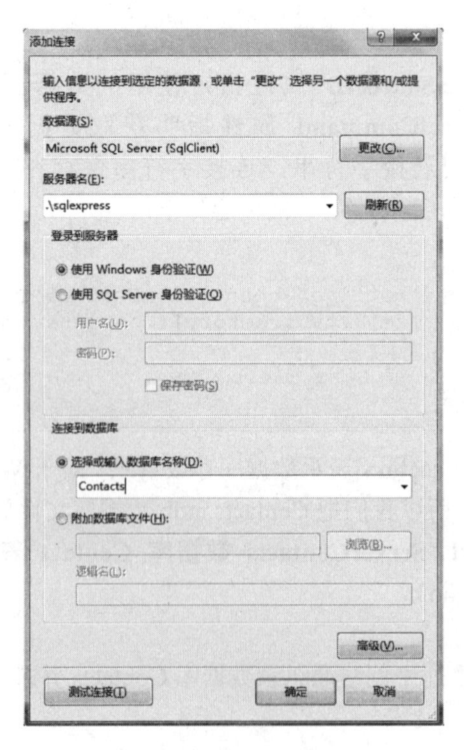

图 7-10　添加连接

（6）这时会在“选择您的数据连接”对话框中看到我们创建完成的数据库连接，如图 7-11 所示。请继续单击“下一步”按钮。

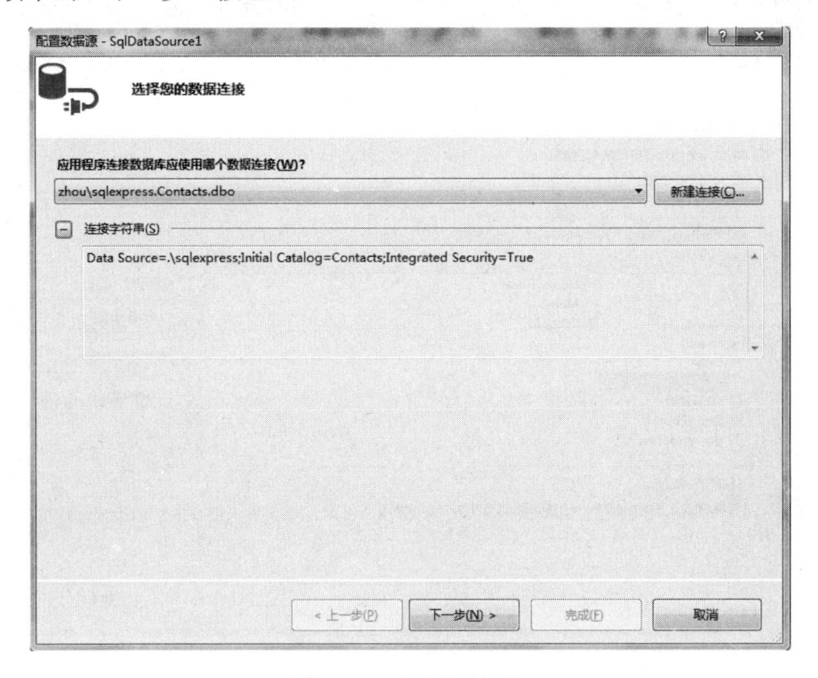

图 7-11　完成数据连接

（7）出现“将连接字符串保存到应用程序配置文件中”对话框，如图 7-12 所示。请继续单击“下一步”按钮。

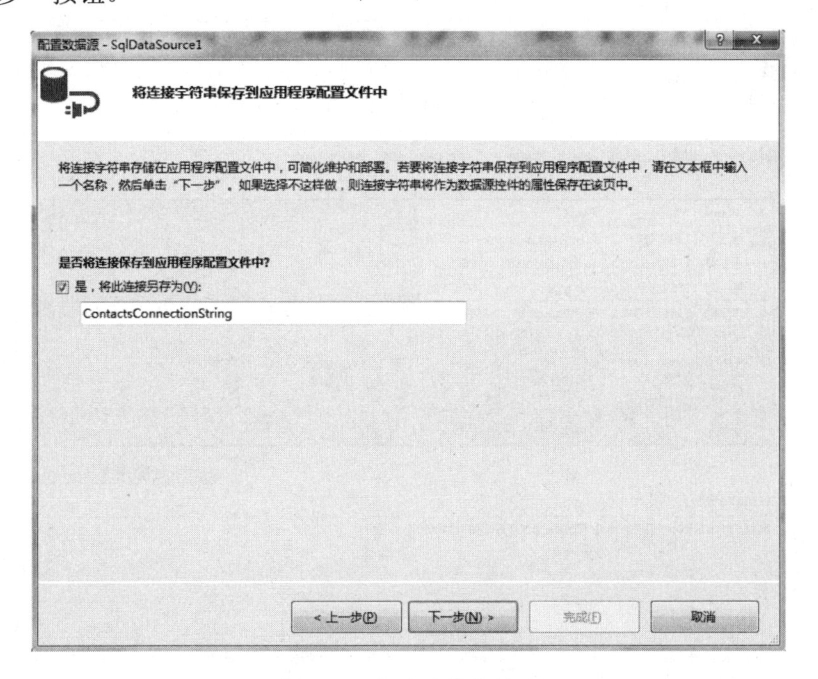

图 7-12　保存连接字符串

（8）出现如图 7-13 所示的“配置 Select 语句对话框”，勾选 ID、Name、Phone、Email、

QQ 列，单击“下一步”按钮。

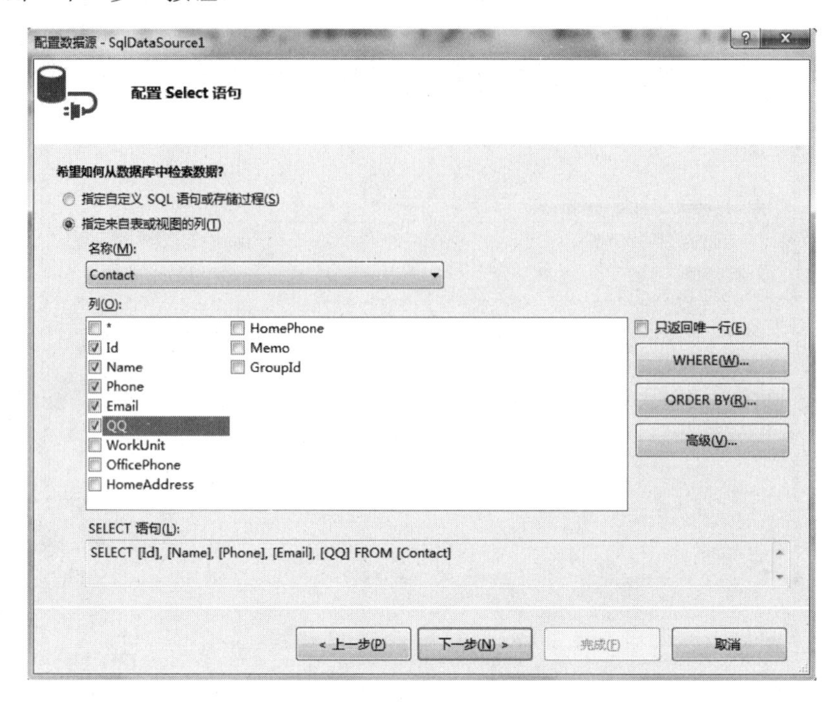

图 7-13　配置 Select 语句

（9）在出现的“测试查询”对话框中单击“测试查询”按钮，出现预览数据，如图 7-14 所示。然后单击“完成”按钮，完成数据源配置。

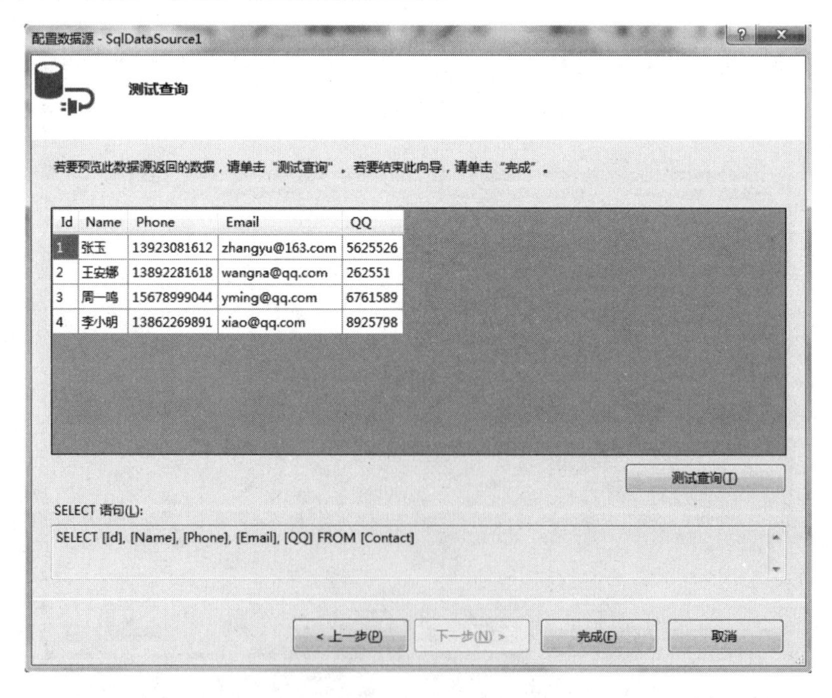

图 7-14　测试查询

（10）运行程序，即在页面上显示联系人信息，如图 7-15 所示。

Id	Name	Phone	Email	QQ
1	张玉	13923081612	zhangyu@163.com	5625526
2	王安娜	13892281618	wangna@qq.com	262551
3	周一鸣	15678999044	yming@qq.com	6761589
4	李小明	13862269891	xiao@qq.com	8925798

图 7-15　页面运行效果

☞ACTIVITY

1．在页面上显示 Contacts.mdb 数据库中 ContactGroup 表中的数据。（项目名称：SqlDataSourceMdbContactGroupAct）

2．在页面上显示 SQL ServerContacts 数据库 ContactGroup 表中的数据。（项目名称：SqlDataSourceSqlContactGroupAct）

7.3 数据绑定控件基础

7.3.1 GridView 控件

GridView 控件除了可以在页面上显示数据，还能完成数据的分页、排序、编辑和删除。下面我们通过例子进一步学习 GridView 控件的使用。

☞DEMO

在页面上完成 SQL ServerContacts 数据库 Contact 表中数据的分页、排序、编辑和删除。（项目名称：GridViewContactDemo）

主要步骤如下。

（1）新建一个名为“GridViewContactDemo”的 ASP.NET Web 应用程序。

（2）在项目中添加 Web 窗体 Contact.aspx，切换到设计视图，将工具箱数据选项卡中的 GridView 控件拖入窗体中，单击快捷菜单按钮▶，展开快捷菜单，选择【新建数据源】选项，出现“选择数据源类型”对话框，选择数据库，单击“确定”按钮。接下来请根据向导一步步完成数据源配置，整个配置过程基本与 SqlDataSourceSqlContactDemo 项目相同。不同之处在于，需要在“配置 Select 语句”对话框中勾选 ID、Name、Phone、Email 及 QQ 字段后，**单击“高级”按钮**，如图 7-16 所示。

（3）在弹出的“高级 SQL 生成选项”对话框中勾选“生成 INSERT、UPDATE 和 DELETE 语句”，如图 7-17 所示，然后单击“确定”按钮。接下来请根据向导，完成整个数据源配置过程。

（4）选中 GridView 控件，单击快捷菜单按钮▶，展开快捷菜单，选中“启用分页”、“启用排序”、“启用编辑”以及“启用删除”，如图 7-18 所示。然后选中页面上的 GridView 控件，设置 PageSize 属性为 5，如图 7-19 所示。PageSize 属性表示分页显示时每页显示的数据记录条数。

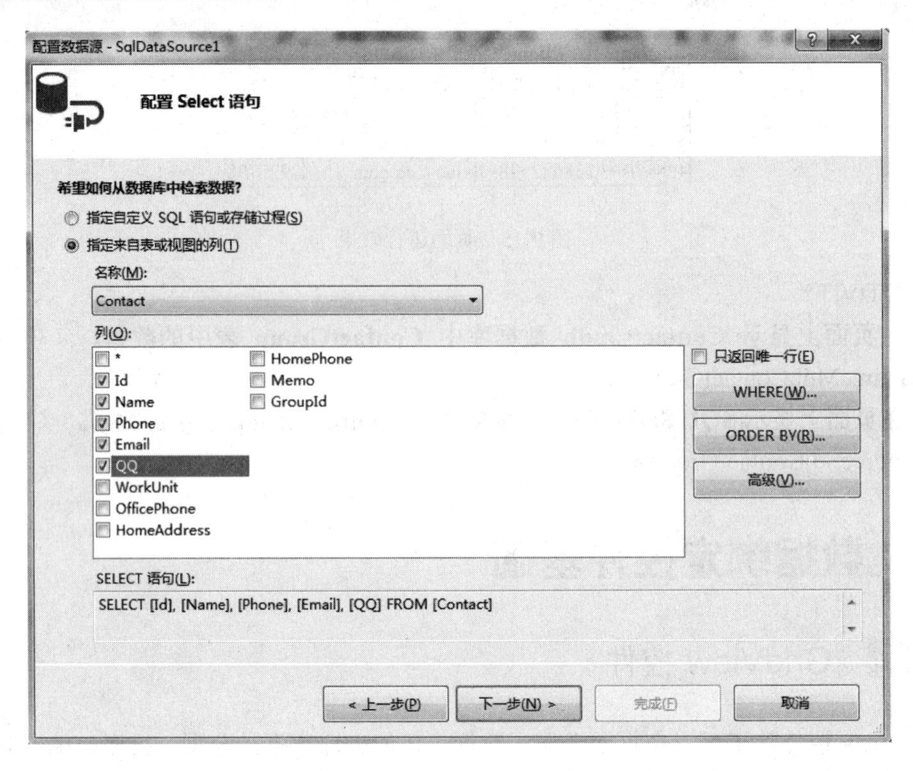

图 7-16　配置 Select 语句

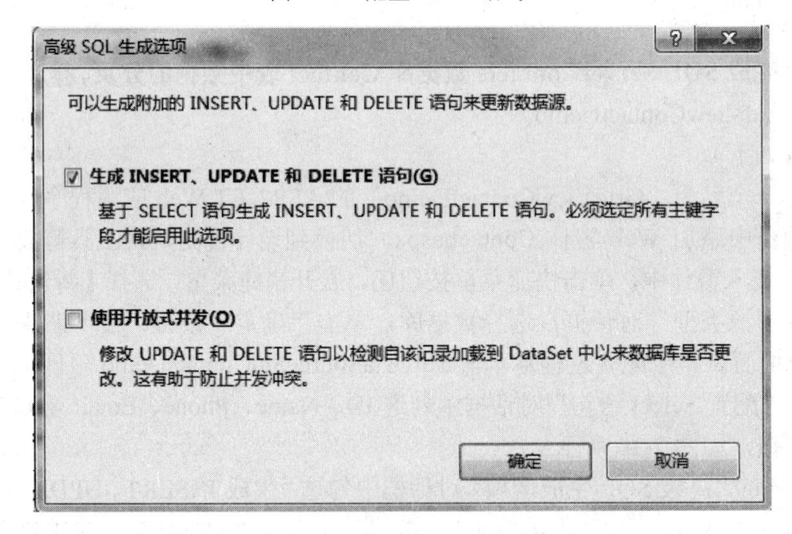

图 7-17　高级 SQL 生成选项

（5）这时的页面设计效果如图 7-20 所示。

（6）运行程序，效果如图 7-21 所示。单击表格列标题，可以完成数据的排序；单击页号，可以浏览不同的页面数据；单击“删除”按钮，可以删除数据记录；单击“编辑”按钮，可以进入编辑模式，如图 7-22 所示。编辑完成后，单击“更新”按钮，可以完成数据的更新。

图 7-18　GridView 任务配置

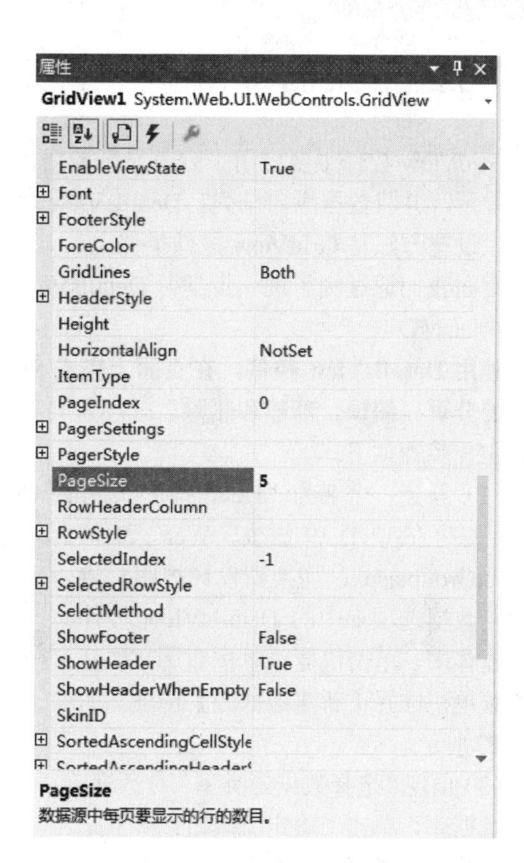

图 7-19　设置 GridView 控件的 PageSize 属性

	Id	Name	Phone	Email	QQ
编辑　删除	0	abc	abc	abc	abc
编辑　删除	1	abc	abc	abc	abc
编辑　删除	2	abc	abc	abc	abc
编辑　删除	3	abc	abc	abc	abc
编辑　删除	4	abc	abc	abc	abc
1 2					

SqlDataSource - SqlDataSource1

图 7-20　页面设计效果

	Id	Name	Phone	Email	QQ
编辑 删除	1	张玉	13923081612	zhangyu@163.com	5625526
编辑 删除	2	王安娜	13892281618	wangna@qq.com	262551
编辑 删除	3	周一鸣	15678999044	yming@qq.com	6761589
编辑 删除	4	李小明	13862269891	xiao@qq.com	8925798
编辑 删除	7	李明	13962269891	xiaoming@qq.com	8925799
1 2					

图 7-21　页面运行效果

	Id	Name	Phone	Email	QQ
编辑 删除	1	张玉	13923081612	zhangyu@163.com	5625526
编辑 删除	2	王安娜	13892281618	wangna@qq.com	262551
编辑 删除	3	周一鸣	15678999044	yming@qq.com	6761589
编辑 删除	4	李小明	13862269891	xiao@qq.com	8925798
更新 取消	7	李明	13962269891 ×	xiaoming@qq.com	8925799
1 2					

图 7-22　编辑数据

☞ACTIVITY

在页面上完成 SQL ServerContacts 数据库 ContactGroup 表中数据的分页、插入、编辑和删除。（项目名称：GridViewContactGrouptAct）

7.3.2 DetailsView 控件

GridView 控件主要应用于列表显示数据，而 DetailsView 控件则主要用于单条记录的详细内容显示，并将数据纵向排列。DetailsView 控件可以实现对记录的分页、插入、编辑和删除功能，设置方法与 GridView 控件类似。

下面我们通过例子进一步学习 DetailsView 控件的使用。

☞DEMO

使用 DetailsView 控件，在页面上完成 SQL ServerContacts 数据库 ContactGroup 表中数据的分页、编辑、新建和删除。（项目名称：DetailsViewContactGroupDemo）

主要步骤如下。

（1）新建一个名为“DetailsViewContactGroupDemo”的 ASP.NET Web 应用程序。

（2）在项目中添加 Web 窗体 ContactGroup.aspx，切换到设计视图，将工具箱数据选项卡中的 DetailsView 控件拖入窗体中，单击快捷菜单按钮▶，展开快捷菜单，选择【新建数据源】选项，如图 7-23 所示。

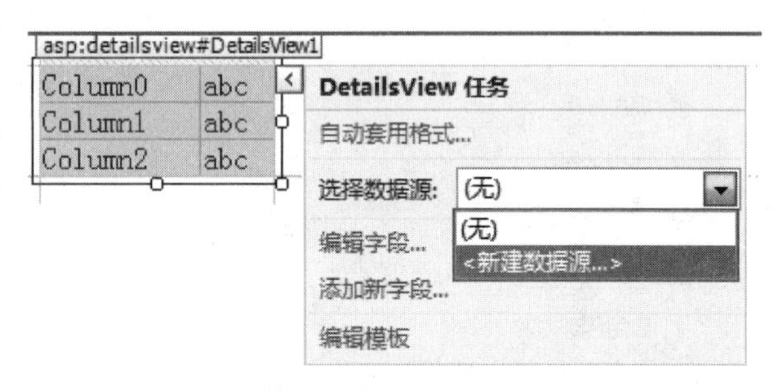

图 7-23　选择数据源

（3）出现“选择数据源类型”对话框，选择数据库，单击“确定”按钮。接下来请根据向导进行数据源配置。在“配置 Select 语句”对话框中选择 ContactGroup 表，勾选“*”列，表示选取所有字段，如图 7-24 所示。然后**单击“高级”按钮**，在弹出的“高级 SQL 生成选项”对话框中勾选“生成 INSERT、UPDATE 和 DELETE 语句”，如图 7-25 所示，然后单击“确定”按钮。接下来请根据向导，继续进行数据源配置。

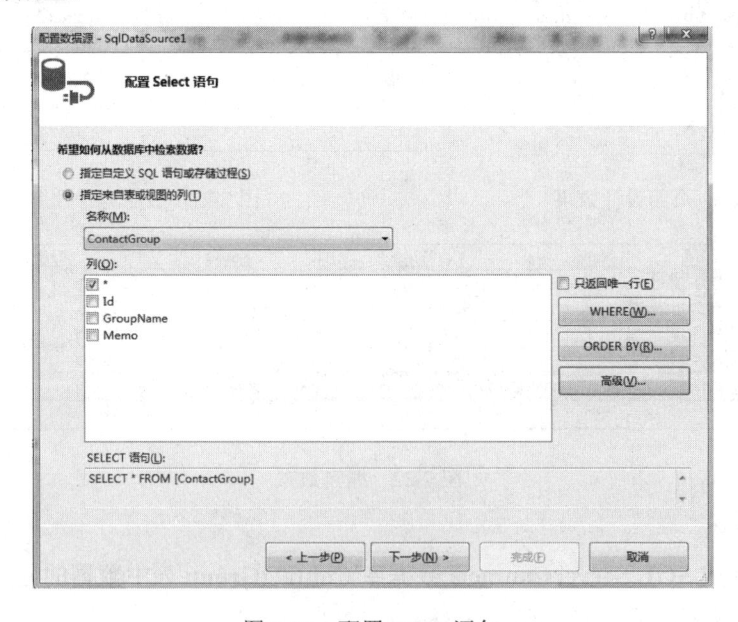

图 7-24　配置 Select 语句

图 7-25 高级 SQL 生成选项

（4）在出现的“测试查询”对话框中单击“测试查询”按钮，出现预览数据，如图 7-26 所示。然后单击“完成”按钮，完成配置数据源。

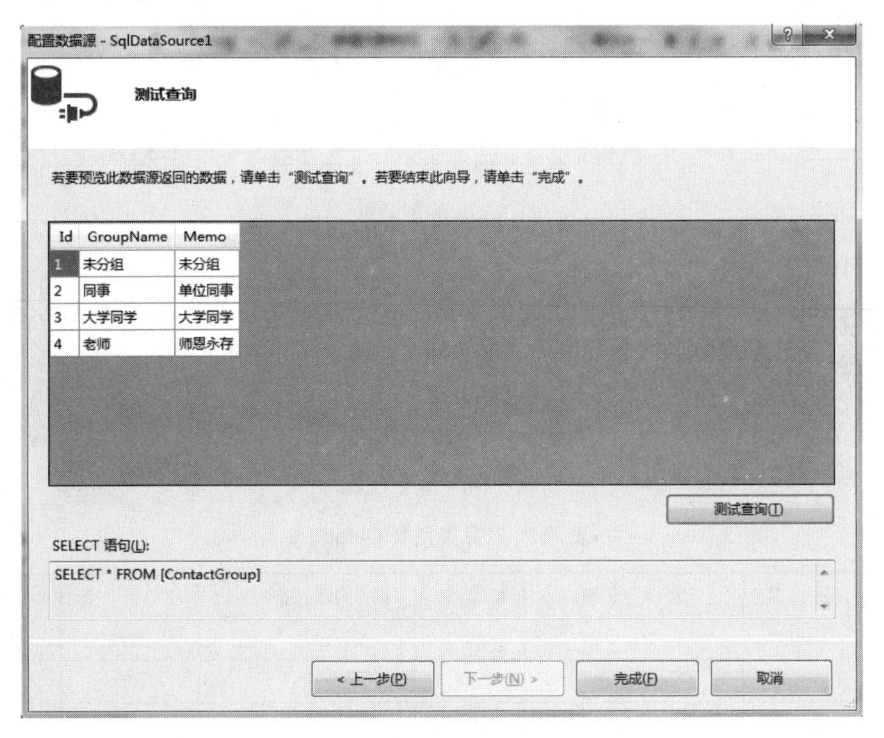

图 7-26 测试查询

（5）选中 DetailsView 控件，单击快捷菜单按钮▶，展开快捷菜单，选中“启用分页”、“启用插入”、“启用编辑”以及“启用删除”，如图 7-27 所示。这时的页面设计效果如图 7-28 所示。

（6）运行程序，效果如图 7-29 所示。单击“页号”，可以浏览不同的页面数据；单击“编辑”按钮，可以进入编辑模式，如图 7-30 所示。编辑完成后，单击“更新”按钮，可以完成数据的更新；单击“删除”按钮，可以删除数据记录；单击“新建”按钮，可以录入新数据，如图 7-31 所示。录入完成好后，单击“插入”按钮，可以把新录入的数据保存到数据库中。

DetailsView 任务
自动套用格式...
选择数据源: SqlDataSource1
配置数据源...
刷新架构
编辑字段...
添加新字段...
启用分页
启用插入
启用编辑
启用删除
编辑模板

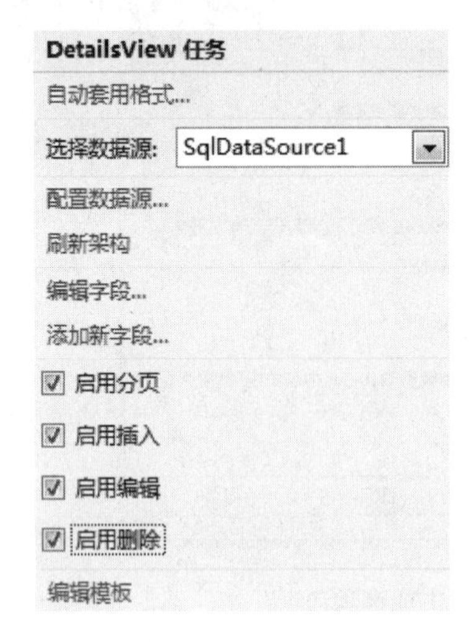

图 7-27　DetailsView 任务

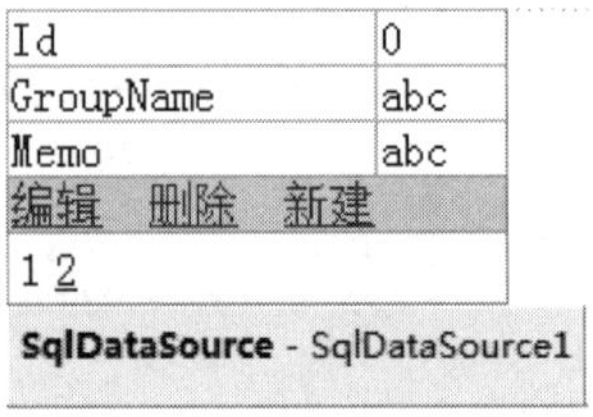

Id 0
GroupName abc
Memo abc
编辑 删除 新建
1 2
SqlDataSource - SqlDataSource1

图 7-28　页面设计效果

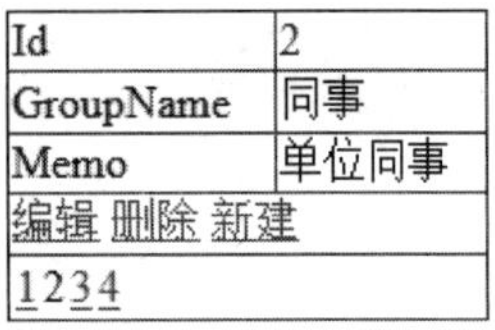

Id 2
GroupName 同事
Memo 单位同事
编辑 删除 新建
1234

图 7-29　页面运行效果

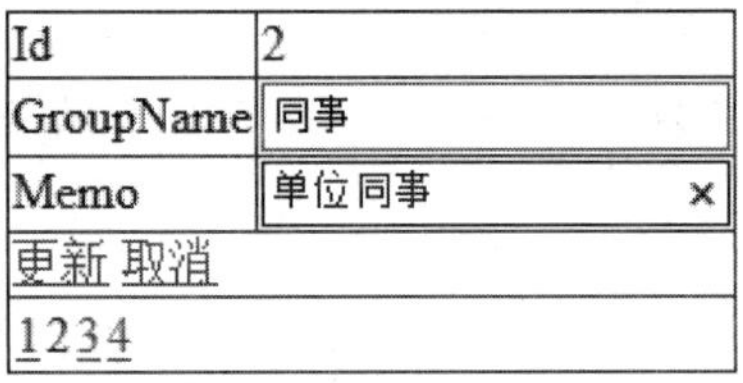

Id 2
GroupName 同事
Memo 单位同事
更新 取消
1234

图 7-30　编辑数据

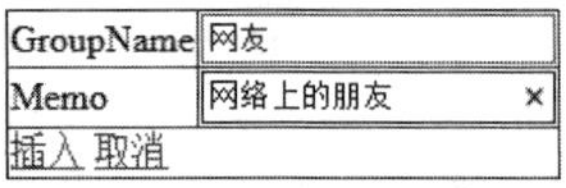

GroupName 网友
Memo 网络上的朋友
插入 取消

图 7-31　录入数据

☞ACTIVITY

使用 DetailsView 控件，在页面上完成 SQL ServerProducts 数据库 Category 表中数据的分页、编辑、新建和删除。（项目名称：DetailsViewCategoryAct）

Products 数据库中各数据表结构说明如下：

（1）产品类别表 Category。Category 表用于保存产品类别信息，包括自动编号、类别名称和备注。其结构如表 7.4 所示。

表 7.4　产品类别表 Category

序　号	列　名	数据类型	长　度	标　识	主　键	允许空	说　明
1	CatID	int	4	是	是	否	自动编号
2	CatName	nvarchar	50			否	类别名称
3	Memo	nvarchar	50			是	备注

（2）产品表 Product。产品表 Product 用于保存产品信息，包括自动编号、产品编号、产品名称、数量、单价、备注、所属类别编号等。其结构如表 7.5 所示。

表 7.5　产品表 Product

序　号	列　名	数据类型	长　度	标　识	主　键	允许空	说　明
1	id	int	4	是	是	否	自动编号
2	ProductID	nvarchar	50			否	产品编号
3	ProductName	nvarchar	50			否	产品名称

续表

序 号	列 名	数据类型	长 度	标 识	主 键	允许空	说 明
4	Quantity	int	4			是	数量
5	Price	money	8			是	单价
6	Memo	ntext	16			是	备注
7	CatID	int	4			否	产品类别编号，外键，参照 Category 表的 CatID 字段

7.3.3 FormView 控件

FormView 控件与 DetailsView 控件类似，都可以实现对记录的分页、插入、编辑和删除功能，两者的差别在于 DetailsView 控件使用表格布局，而 FormView 控件则需要设定模板来进行布局。

下面我们通过例子进一步学习 FormView 控件的使用。

☞DEMO

使用 FormView 控件，在页面上完成 SQL ServerContacts 数据库 ContactGroup 表中数据的分页、编辑、新建和删除。（项目名称：FormViewContactGroupDemo）

主要步骤如下。

（1）新建一个名为“FormViewContactGroupDemo”的 ASP.NET Web 应用程序。

（2）在项目中添加 Web 窗体 ContactGroup.aspx，切换到设计视图，将工具箱数据选项卡中的 FormView 控件拖入窗体中，单击快捷菜单按钮，展开快捷菜单，选择【新建数据源】选项，如图 7-32 所示。

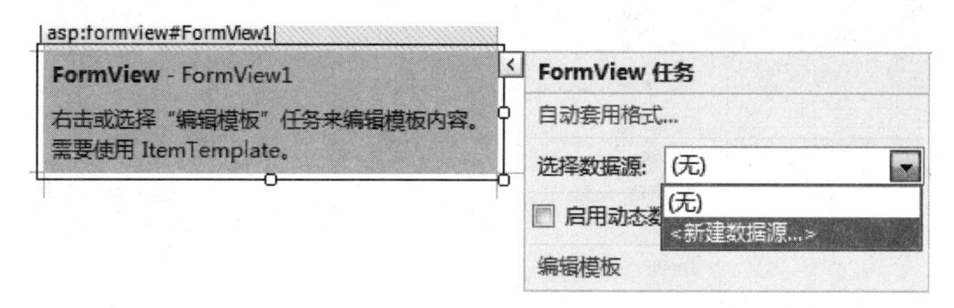

图 7-32 选择数据源

（3）出现“选择数据源类型”对话框，选择数据库，单击“确定”按钮。接下来请根据向导进行数据源配置。在“配置 Select 语句”对话框中选择 ContactGroup 表，勾选“*”列，表示选取所有字段。然后**单击“高级”按钮**，在弹出的“高级 SQL 生成选项”对话框中勾选“生成 INSERT、UPDATE 和 DELETE 语句”，如图 7-33 所示，然后单击“确定”按钮。接下来请根据向导，继续进行数据源配置。

（4）选中 FormView 控件，单击快捷菜单按钮，展开快捷菜单，选中“启用分页”，如图 7-34 所示。

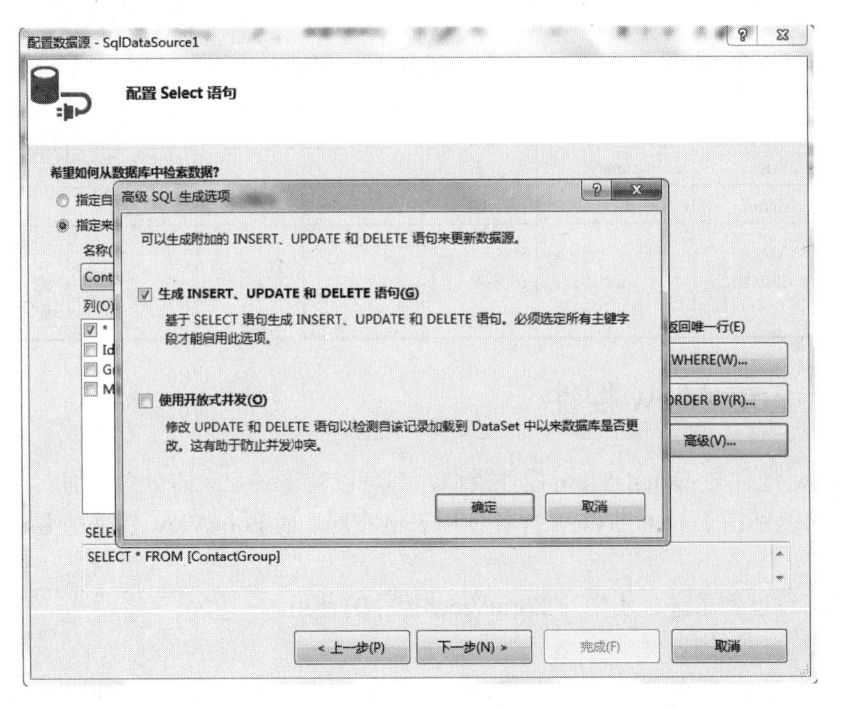

图 7-33　高级 SQL 生成选项

（5）运行程序，效果如图 7-35 所示。单击“页号”，可以浏览不同的页面数据；单击“编辑”按钮，可以进入编辑模式，如图 7-36 所示。编辑完成后，单击“更新”按钮，可以完成数据的更新；单击“删除”按钮，可以删除数据记录；单击“新建”按钮，可以录入新数据，如图 7-37 所示。录入完成好后，单击“插入”按钮，可以把新录入的数据保存到数据库中。

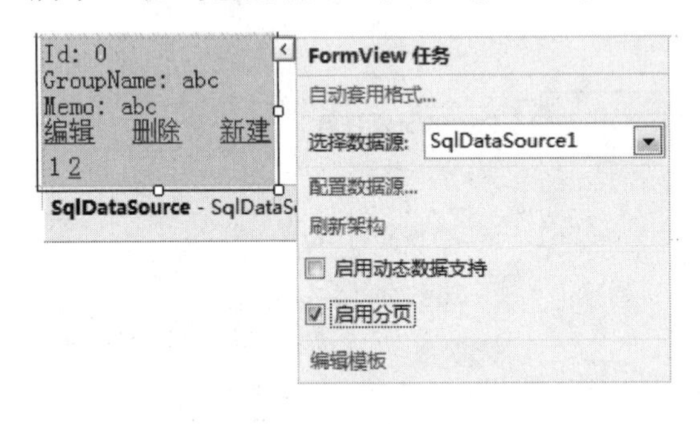

图 7-34　FormView 任务

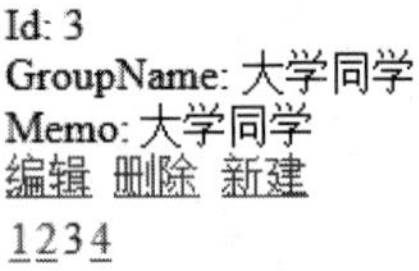

Id: 3
GroupName: 大学同学
Memo: 大学同学
编辑 删除 新建
1 2 3 4

图 7-35　页面运行效果

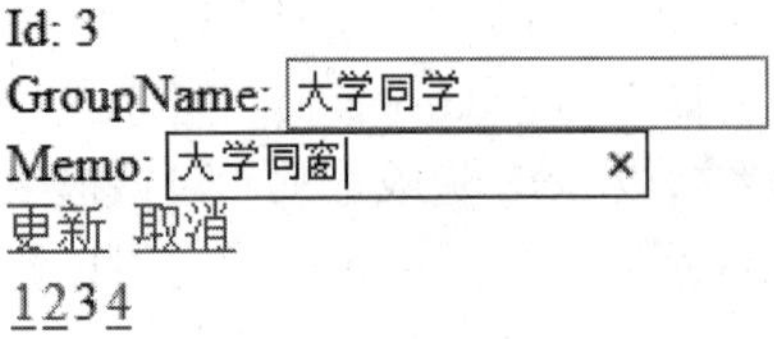

Id: 3
GroupName: 大学同学
Memo: 大学同窗
更新 取消
1 2 3 4

图 7-36　编辑数据

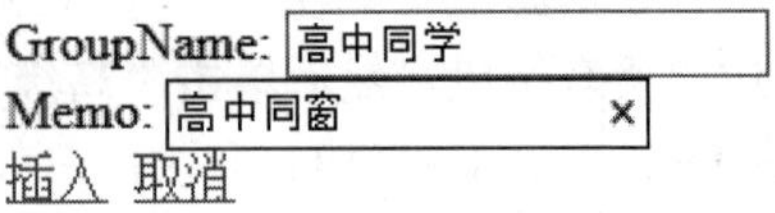

GroupName: 高中同学
Memo: 高中同窗
插入 取消

图 7-37　录入数据

单击“页面源视图”，我们可以看到如下的代码：

```
<asp:FormView ID="FormView1" runat="server" AllowPaging="True" DataKeyNames
="Id" DataSourceID="SqlDataSource1">
    <EditItemTemplate>
        Id:
        <asp:Label ID="IdLabel1" runat="server" Text='<%# Eval("Id") %>' />
        <br />
        GroupName:
        <asp:TextBox ID="GroupNameTextBox" runat="server" Text='<%# Bind
        ("GroupName") %>' />
        <br />
        Memo:
        <asp:TextBox ID="MemoTextBox" runat="server" Text='<%# Bind("Memo")
        %>' />
        <br />
        <asp:LinkButton ID="UpdateButton" runat="server" CausesValidation
        ="True" CommandName="Update" Text="更新" />
         <asp:LinkButton ID="UpdateCancelButton" runat="server"
        CausesValidation="False" CommandName="Cancel" Text="取消" />
    </EditItemTemplate>
    <InsertItemTemplate>
        GroupName:
        <asp:TextBox ID="GroupNameTextBox" runat="server" Text='<%#
        Bind("GroupName") %>' />
        <br />
        Memo:
        <asp:TextBox ID="MemoTextBox" runat="server" Text='<%# Bind("Memo")
        %>' />
        <br />
        <asp:LinkButton ID="InsertButton" runat="server" CausesValidation
        ="True" CommandName="Insert" Text="插入" />
         <asp:LinkButton ID="InsertCancelButton" runat="server"
        CausesValidation="False" CommandName="Cancel" Text="取消" />
    </InsertItemTemplate>
    <ItemTemplate>
        Id:
        <asp:Label ID="IdLabel" runat="server" Text='<%# Eval("Id") %>' />
        <br />
        GroupName:
        <asp:Label ID="GroupNameLabel" runat="server" Text='<%# Bind
        ("GroupName") %>' />
        <br />
        Memo:
        <asp:Label ID="MemoLabel" runat="server" Text='<%# Bind("Memo")
        %>' />
        <br />
        <asp:LinkButton ID="EditButton" runat="server" CausesValidation
        ="False" CommandName="Edit" Text="编辑" />
         <asp:LinkButton ID="DeleteButton" runat="server"
        CausesValidation="False" CommandName="Delete" Text="删除" />
         <asp:LinkButton ID="NewButton" runat="server" CausesValidation
        ="False" CommandName="New" Text="新建" />
    </ItemTemplate>
</asp:FormView>
```

实际上，就是由 Visual Studio 帮我们自动生成了**项编辑模板 EditItemTemplate、项新增模板 InsertItemTemplate 以及项模板 ItemTemplate**，这也就是 FormView 和 DetailsView 的主要区别，DetailsView 控件使用表格布局，而 FormView 控件则需要设定模板来进行布局。

☞ACTIVITY

使用 FormView 控件，在页面上完成 SQL ServerProducts 数据库 Category 表中数据的分页、编辑、新建和删除。（项目名称：FormViewCategoryAct）

7.4 数据控件应用实例

通过前面的学习，我们掌握了数据源控件及数据绑定控件的基本使用方法。下面我们通过具体的案例进一步学习数据源控件及数据绑定控件的使用。

☞DEMO

1．使用 GridView 控件在页面上显示 SQL ServerContacts 数据库 ContactGroup 表中数据，当用户单击“选择”按钮时，在页面下方通过 DetailsView 控件显示该分组下的联系人信息，程序运行效果如图 7-38 所示。（项目名称：GridViewDetailsViewContactsDemo）

主要步骤如下。

（1）新建一个名为“GridViewDetailsViewContactsDemo”的 ASP.NET Web 应用程序。

（2）在项目中添加 Web 窗体 Contacts.aspx，切换到设计视图，将工具箱数据选项卡中的 GridView 控件拖入窗体中，单击快捷菜单按钮▶，展开快捷菜单，选择【新建数据源】选项，根据向导进行数据源配置。在“配置 Select 语句”对话框中选择 ContactGroup 表，勾选“*”列，表示选取所有字段。根据向导，完成数据源配置。

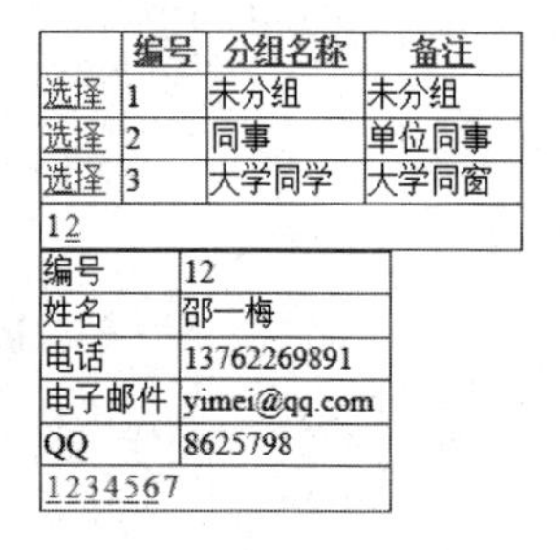

图 7-38　运行效果

（3）选中 GridView 控件，单击快捷菜单按钮▶，展开快捷菜单，选中“启用分页”、“启用排序”以及“启用选定内容”，如图 7-39 所示。

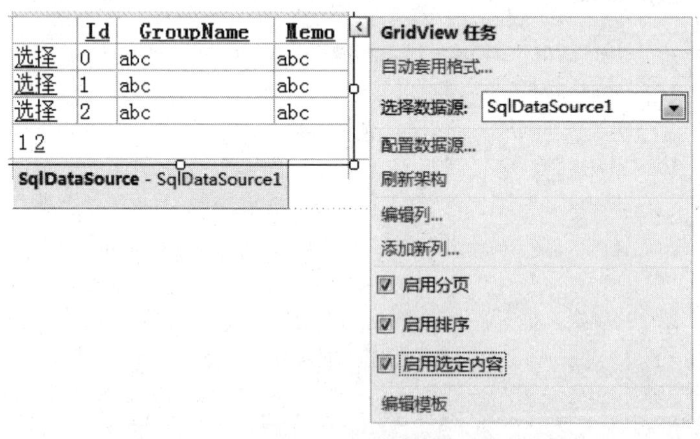

图 7-39　GridView 任务

（4）将工具箱数据选项卡中的 DetailsView 控件拖入窗体中，单击快捷菜单按钮▶，展开快捷菜单，选择【新建数据源】选项，根据向导进行数据源配置。在“配置 Select 语句”对话框中选择 Contact 表，勾选 ID、Name、Phone、Email 及 QQ 字段，如图 7-40 所示，然后**单击“WHERE”按钮**，弹出“添加 WHERE 子句”对话框，根据图 7-41 进行 WHERE 子句的添加，然后依次单击“添加”以及“确定”按钮，关闭“添加 Where 子句”对话框。接下来请根据向导，完成数据源配置。

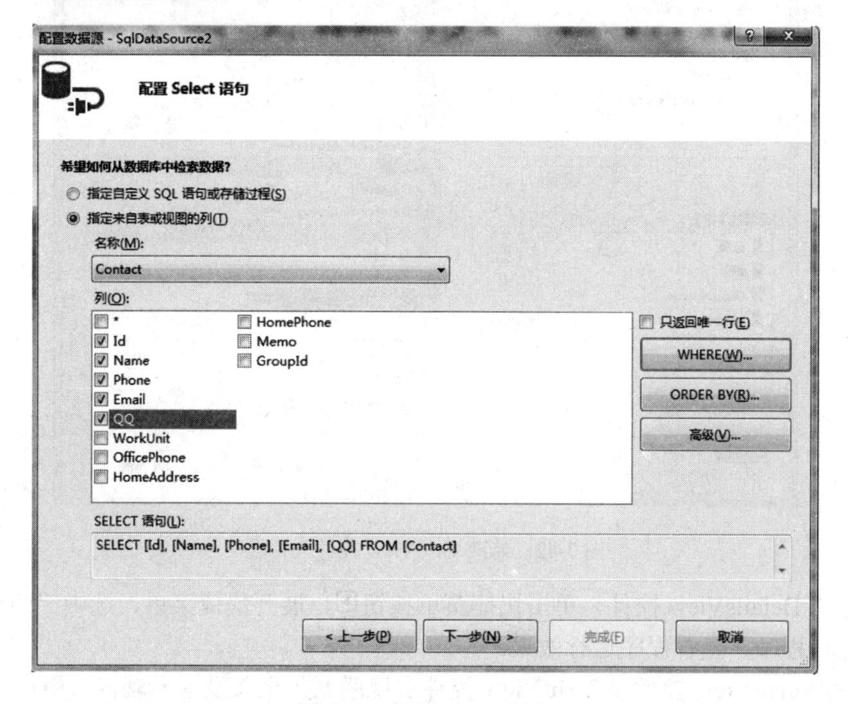

图 7-40　配置 Select 语句

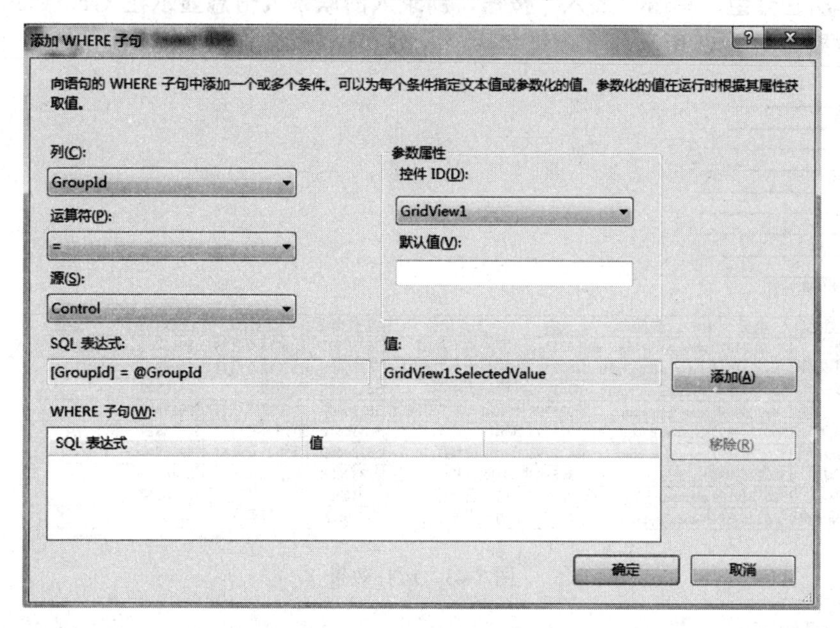

图 7-41　添加 WHERE 子句

（5）选中 GridView 控件，单击快捷菜单按钮▶，展开快捷菜单，单击“编辑列”，修改各个字段的 HeaderText 属性，改成中文标题，如图 7-42 所示。与此类似，选中 DetailsView 控件，单击快捷菜单按钮▶，展开快捷菜单，单击“编辑字段”，修改各个字段的 HeaderText 属性，改成中文标题。

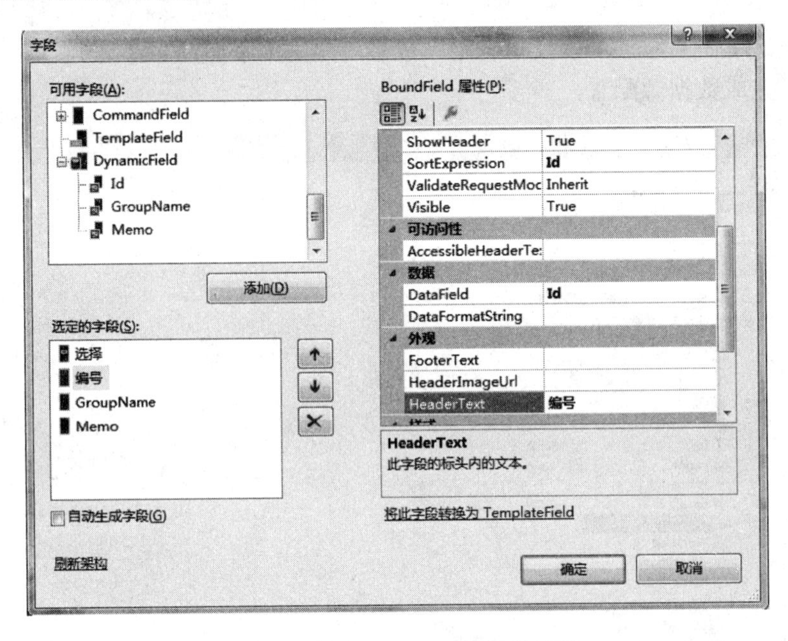

图 7-42 修改 GridView 控件列标题

（6）选中 DetailsView 控件，单击快捷菜单按钮，展开快捷菜单，选中“启用分页”；

（7）运行程序，查看程序运行效果。

2．使用 FormView 控件及 GridView 控件实现联系人录入及显示功能。用户录入联系人信息并选择所在分组，单击“插入”按钮，新录入的联系人信息显示在 GridView 控件中，程序运行效果如图 7-43 所示。（项目名称：FormViewGridViewContactDemo）

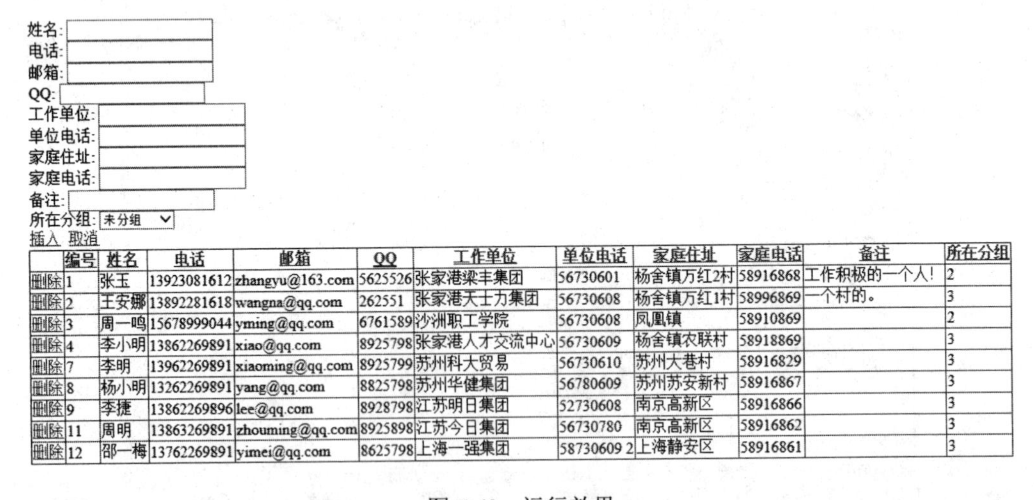

	编号	姓名	电话	邮箱	QQ	工作单位	单位电话	家庭住址	家庭电话	备注	所在分组
删除	1	张玉	13923081612	zhangyu@163.com	5625526	张家港梁丰集团	56730601	杨舍镇万红2村	58916868	工作积极的一个人！	2
删除	2	王安娜	13892281618	wangna@qq.com	262551	张家港天士力集团	56730608	杨舍镇万红1村	58996869	一个村的。	3
删除	3	周一鸣	15678999044	yming@qq.com	6761589	沙洲职工学院	56730608	凤凰镇	58910869		2
删除	4	李小明	13862269891	xiao@qq.com	8925798	张家港人才交流中心	56730609	杨舍镇农联村	58918869		3
删除	7	李明	13962269891	xiaoming@qq.com	8925799	苏州科大贸易	56730610	苏州大巷村	58916829		3
删除	8	杨小明	13262269891	yang@qq.com	8825798	苏州华健集团	56780609	苏州苏安新村	58916867		3
删除	9	李捷	13862269896	lee@qq.com	8928798	江苏明日集团	52730608	南京高新区	58916866		3
删除	11	周明	13863269891	zhouming@qq.com	8925898	江苏今日集团	56730780	南京高新区	58916862		3
删除	12	邵一梅	13762269891	yimei@qq.com	8625798	上海一强集团	58730609 2	上海静安区	58916861		3

图 7-43 运行效果

主要步骤如下。

（1）新建一个名为“FormViewGridViewContactDemo”的 ASP.NET Web 应用程序。

（2）在项目中添加 Web 窗体 Contacts.aspx，切换到设计视图，将工具箱数据选项卡中的 FormView 控件拖入窗体中，单击快捷菜单按钮，展开快捷菜单，选择【新建数据源】选项，根据向导进行数据源配置。在“配置 Select 语句”对话框中选择 Contact 表，勾选“*”列，表示选取所有字段，然后**单击“高级”按钮**，在弹出的“高级 SQL 生成选项”对话框中勾选“生成 INSERT、UPDATE 和 DELETE 语句”，如图 7-44 所示。接下来请根据向导，完成数据源配置。

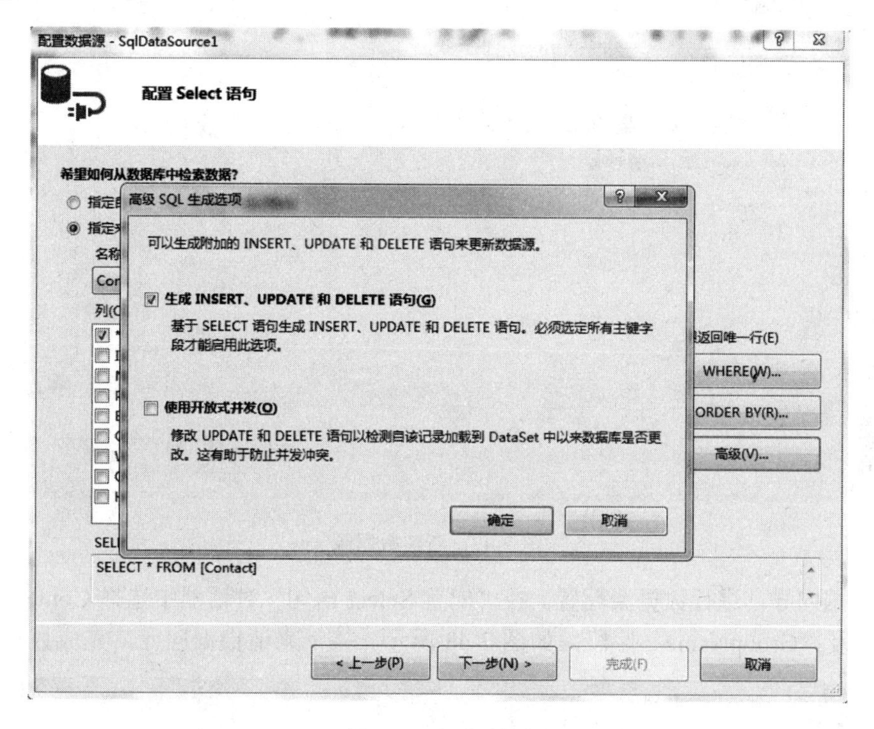

图 7-44 运行效果

（3）选中 FormView 控件，单击快捷菜单按钮，展开快捷菜单，选中“编辑模版”，在弹出的“模板编辑模式”对话框中选择 InsertItemTemplate，即项插入模板，如图 7-45 所示。

（4）进入 InsertItemTemplate 编辑模式，将英文文本改成中文，删除“所在分组：”旁边的文本框，同时将 DropDownList 控件拖入页面中，效果如图 7-46 所示。

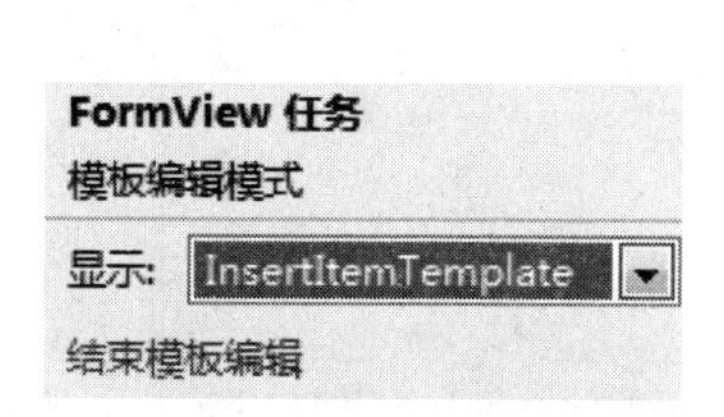

图 7-45 模板编辑模式

InsertItemTemplate
姓名：
电话：
邮箱：
QQ：
工作单位：
单位电话：
家庭住址：
家庭电话：
备注：
所在分组： 数据绑定

图 7-46 编辑 InsertItemTemplate

（5）选中 DropDownList 控件，单击快捷菜单按钮，展开快捷菜单，选中“选择数据源”，弹出“数据源”配置向导，选择“新建数据源”，如图 7-47 所示。

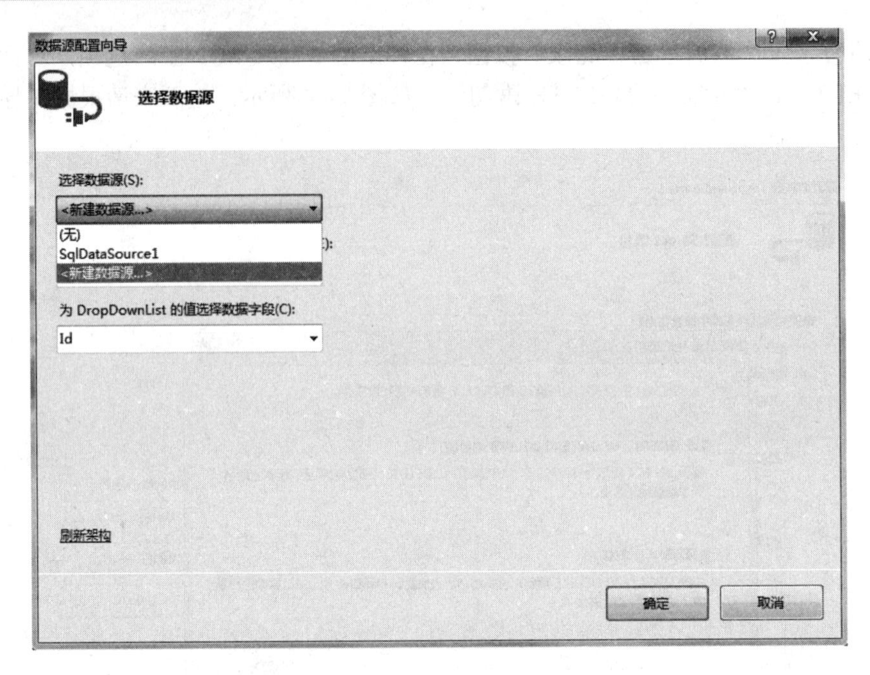

图 7-47　新建数据源

（6）根据向导，进行数据源配置。在“配置 Select 语句”对话框中选择 ContactGroup 表，勾选“Id”及“GroupName”字段，如图 7-48 所示。接下来请根据向导，完成数据源配置。

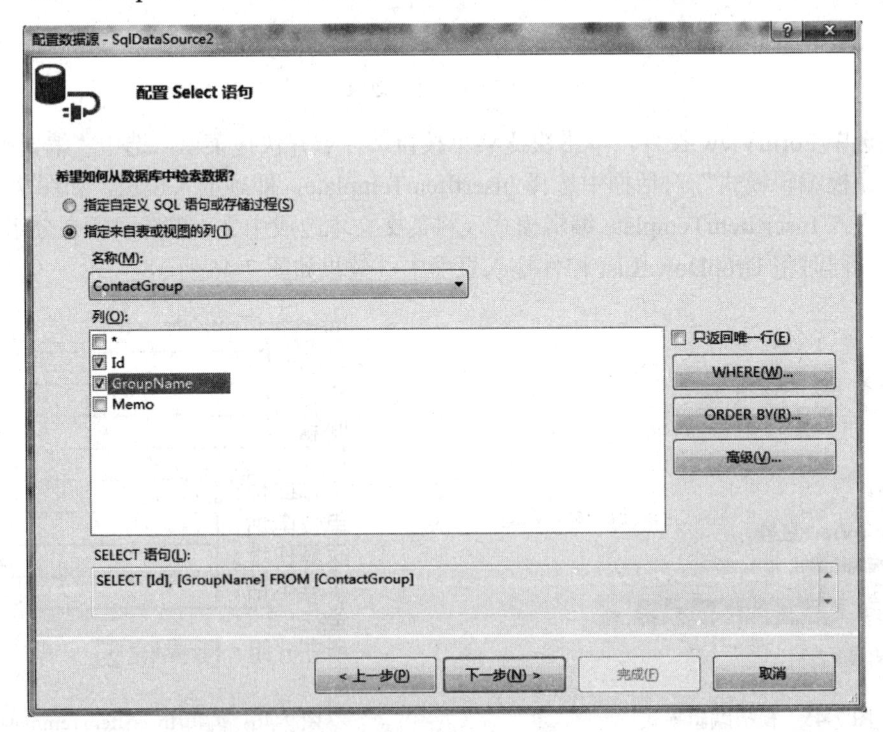

图 7-48　配置 Select 语句

（7）选择要在 DropDownList 中显示的数据字段为 GroupName，值选择字段为 Id，如图 7-49 所示。

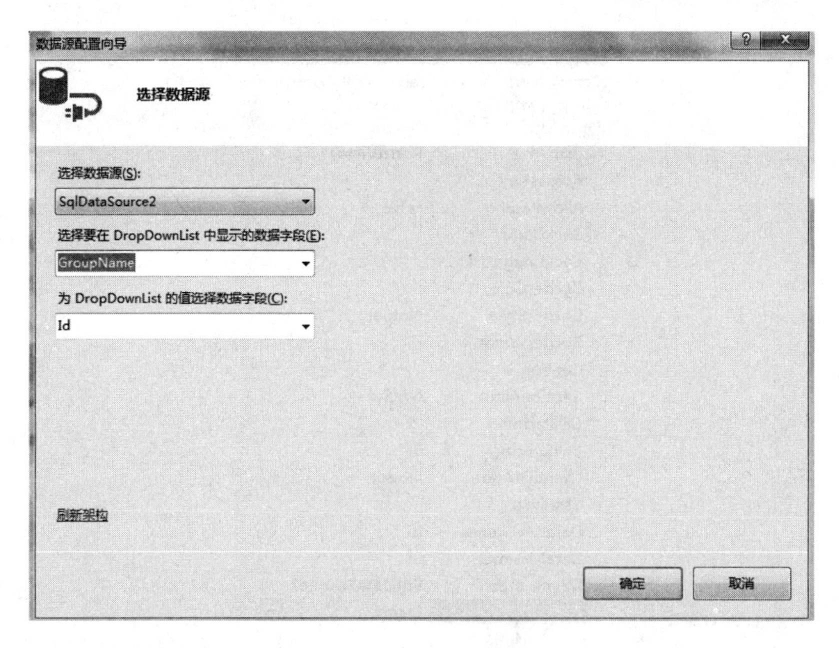

图 7-49　设置 DropDownList 控件的显示字段及值选择字段

（8）选中 DropDownList 控件，单击快捷菜单按钮，展开快捷菜单，选中“编辑 DataBinding”，弹出数据绑定对话框，选择可绑定属性为 SelectedValue，绑定到 GroupId，勾选“双向数据绑定”，如图 7-50 所示。

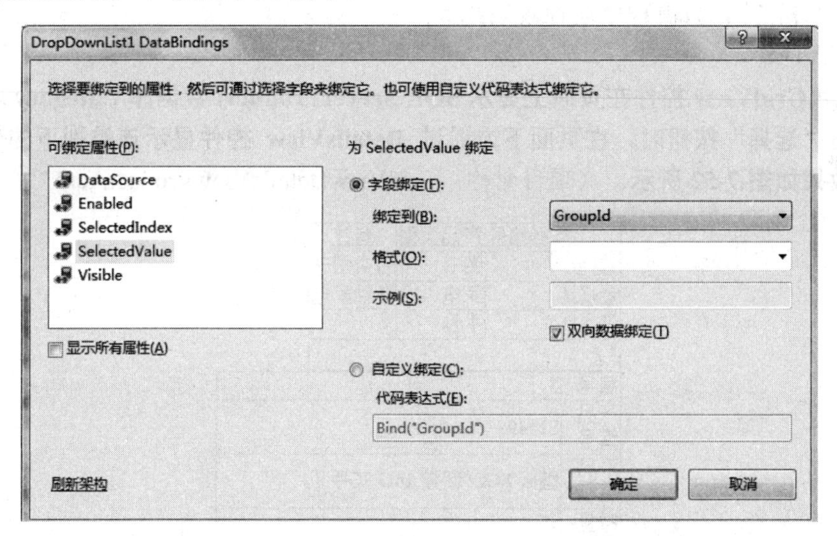

图 7-50　DropDownList 控件数据绑定

（9）结束 FormView 控件的模板编辑，设置其 DefaultMode 属性为 Insert，如图 7-51 所示。

（10）将 GridView 控件拖入页面中，设置其数据源控件为 SqlDataSource1，即与 FormView 控件使用同一个数据源控件。选中 GridView 控件，单击快捷菜单按钮，展开快捷菜单，选中“启用删除”。

（11）选中 GridView 控件，单击快捷菜单按钮，展开快捷菜单，单击“编辑字段”，修改各个字段的 HeaderText 属性，改成中文标题。

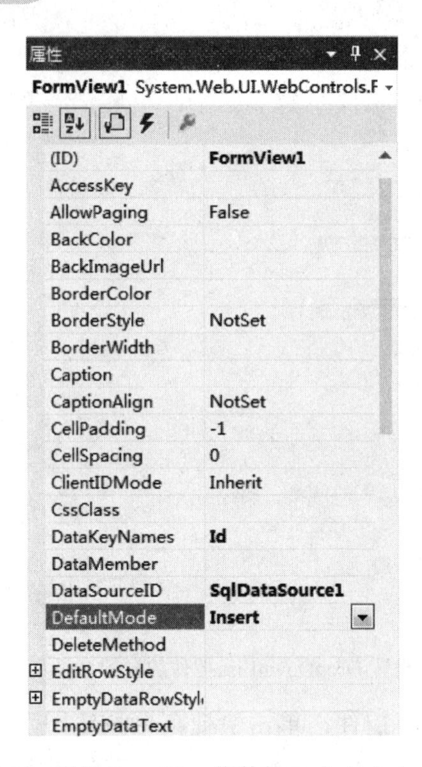

图 7-51　设置 FormView 控件的 DefaultMode 属性

（12）允许程序，查看程序运行效果。

☞ACTIVITY

1．使用 GridView 控件在页面上显示 SQL ServerProducts 数据库 Category 表中数据，当用户单击“选择”按钮时，在页面下方通过 DetailsView 控件显示该类别下的产品信息，程序运行效果如图 7-52 所示。（项目名称：GridViewDetailsViewProductAct）

	类别编号	产品类别	备注
选择	1	图书	各类图书
选择	2	家电	多种家电
选择	3	手机	
12			

编号	3
产品编号	814499
产品名称	魅族 MX2 四核 16G 3G手机
数量	36
单价	2499.0000
备注	魅族 MX2 四核 16G 3G手机（前黑后白）WCDMA/GSM
12	

图 7-52　运行效果

2．使用 FormView 控件及 GridView 控件实现产品录入及显示功能。用户录入产品信息并选择所在类别，单击“插入”按钮，新录入的产品信息显示在 GridView 控件中，程序运行效果如图 7-53 所示。（项目名称：FormViewGridViewProductAct）

产品编号:
产品名称:
数量:
单价:
备注:
产品类别: 图书
插入 取消

	编号	产品编号	产品名称	数量	单价	备注	产品类别
删除	1	804396	（PHILIPS）42PFL5525/T3 42英寸LED液晶电视	10	4399.0000	飞利浦（PHILIPS） 42PFL5525/T3 42英寸 全高清智能网络LED液晶电视（黑色）	2
删除	2	9787115253293	ASP.NET 4高级程序设计（第4版）	30	140.0000	《ASP.NET 4高级程序设计（第4版）》是ASP.NET领域的鸿篇巨制，全面讲解了ASP.NET4的各种特性及其背后的工作原理，并给出了许多针对如何构建复杂、可扩展的网站从实践中得出的建议。	1
删除	3	814499	魅族 MX2 四核 16G 3G手机	36	2499.0000	魅族 MX2 四核 16G 3G手机（前黑后白）WCDMA/GSM	3

图 7-53　运行效果

7.5　课外 Activity

1．将教材提供的 student 数据库附加到 SQL Server 中，然后新建 ASP.NET Web 应用程序 GridViewStudentHomeAct，根据在下拉框中选择的班级名称显示对应的该班的学生信息，页面运行效果如图 7-54 所示。

2．将教材提供的 student 数据库附加到 SQL Server 中，然后新建 ASP.NET Web 应用程序 GridViewDetailsViewClassHomeAct，使用 GridView 控件在页面上显示 Professional 表中数据，当用户单击“选择”按钮时，在页面下方通过 DetailsView 控件显示该专业下的班级信息，页面运行效果如图 7-55 所示。

选择班级：计应0711

学号	姓名	性别	入学成绩	出生日期
0701011101	孙晓龙	男	479	1988-09-04
0701011102	杜学艳	女	475	1987-09-10
0701011103	王迎	男	474	1989-08-11
0701011104	安专林	男	473	1988-08-16
0701011105	赵飞	男	452	1987-11-23
0701011106	许盼盼	女	462	1989-02-10
0701011107	王赢	男	472	1989-02-22
0701011108	贾思凡	女	475	1988-10-24
0701011109	严金	男	484	1989-10-24
0701011110	季莉	女	454	1988-12-29

图 7-54　运行效果

专业代码	专业名称	系名	
0101	计算机应用技术	计算机工程系	选择
0102	计算机网络技术	计算机工程系	选择
0201	物流管理	商贸管理系	选择
0202	会计	商贸管理系	选择
0301	德语	外语系	选择
0302	商务英语	外语系	选择
0401	模具设计与制造	机电工程系	选择
0402	机电一体化技术	机电工程系	选择
0501	有机化工生产技术	化学工程系	选择
0502	精细化学品生产技术	化学工程系	选择
1 2			

班级编号	06010111
班级名称	计应0611
专业代码	0101
1 2	

图 7-55　运行效果

3．将教材提供的 student 数据库附加到 SQL Server 中，然后新建 ASP.NET Web 应用程序 FormViewGridViewClassHomeAct。使用 FormView 控件及 GridView 控件实现班级录入及

显示功能。用户录入班级信息并选择所在专业，单击“插入”按钮，新录入的班级信息显示在 GridView 控件中，程序运行效果如图 7-56 所示。

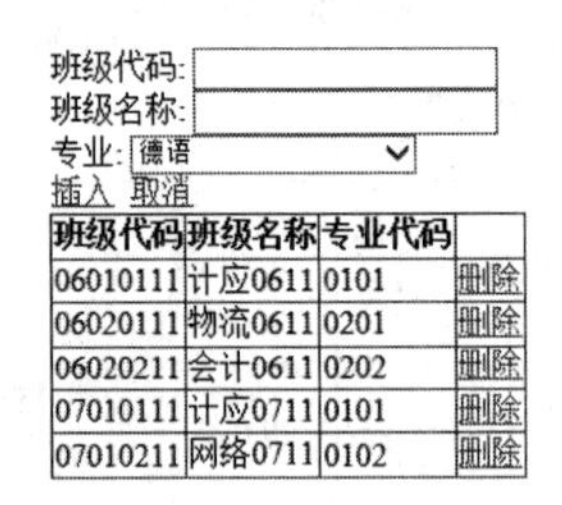

班级代码	班级名称	专业代码	
06010111	计应0611	0101	删除
06020111	物流0611	0201	删除
06020211	会计0611	0202	删除
07010111	计应0711	0101	删除
07010211	网络0711	0102	删除

图 7-56 运行效果

7.6 本章小结

本章我们主要学习了如下内容：

1. 可以通过 SqlDataSource 控件连接 Access 以及 SQL Server 数据库；

2. GridView 控件以表格的形式显示数据源中的值，该表格中的每一列代表一个字段，每一行代表一条记录。使用 GridView 控件可以选择和编辑这些项，也可以对它们进行排序、分页显示；

3. DetailsView 控件每次只显示一条数据记录，可以编辑、插入或删除其关联数据源中的记录；

4. FormView 控件与 DetailsView 控件类似，用于显示单条记录，也可以实现对记录的分页、插入、编辑和删除功能，但 DetailsView 控件使用表格布局，而 FormView 控件则需要设定模板来进行布局。

7.7 技能知识点测试

1. 以下（　　）控件不支持插入记录。
   A. GridView　B. FormView　C. DetailsView　D. 都不可以
2. 以下（　　）控件可以一次显示多条记录。
   A. GridView　B. FormView　C. DetailsView　D. 都不可以
3. 以下（　　）控件需要设定模板来进行布局。
   A. GridView　B. FormView　C. DetailsView　D. 以上都不是
4. （　　）列代表 GridView 控件中可绑定的列。
   A. BoundField　B. HyperLinkField　C. ImageField　D. 以上都不是
5. （　　）列代表 GridView 控件中的模板列。
   A. CommandField　B. ButtonField　C. TemplateField　D. 以上都不是
6. 用于双向数据绑定的方法是（　　）。
   A. Eval()　B. Bind()　C. Page_Load　D. 以上都不是

第8章 数据高级处理

教学目标

通过本章的学习，使学生掌握在ASP.NET Web应用程序中使用ADO.NET技术进行数据库编程的相关知识和技能，掌握GridView及Repeater控件的常用属性与事件处理，并掌握基于简单三层架构的软件项目开发技术。

知识点

1．SqlConnection 对象
2．SqlDataAdapter对象
3．DataSet对象
4．SqlCommand对象
5．SqlDataReader对象
6．SqlParameter对象

技能点

1．使用ADO.NET技术进行数据库编程
2．编写并使用数据库操作类
3．GridView控件使用
4．Repeater控件使用
5．三层架构项目开发技术

重点难点

1．ADO.NET编程技术
2．三层架构项目开发技术

专业英文词汇

1．SqlConnection：________________
2．SqlDataAdapter：________________
3．DataSet：________________
4．SqlCommand：________________
5．SqlDataReader：________________
6．SqlParameter：________________
7．Repeater：________________

8.1 ADO.NET 编程基础

ADO.NET 是由微软公司提供的在.NET 开发中操作数据库的类。访问 SQL Server 数据库所需的 ADO.NET 类在 System.Data.SqlClient 命名空间中，访问 Access 数据库所需的 ADO.NET 类在 System.Data.OleDb 命名空间中。System.Data.SqlClient 命名空间中的对象与 System.Data.OleDb 命名空间中对象的对应关系如表 8.1 所示。

表 8.1 两种命名空间中对象的名字及其对应关系

对 象 名 称	System.Data.SqlClient 命名空间	System.Data.OleDb 命名空间
连接对象	SqlConnection	OleDbConnection
数据适配器对象	SqlDataAdapter	OleDbDataAdapter
数据读取对象	SqlDataReader	OleDbDataReader
命令对象	SqlCommand	OleDbCommand
SQL 参数	SqlParameter	OleDbParameter

ADO .NET 数据处理的流程一般有两种方式。第一种方式对数据的操作过程中和数据库的连接一直都保持着，又叫连接模型。使用连接模型的流程如下：

（1）创建一个数据库连接。

（2）查询一个数据集合，即执行 SQL 语句或者存储过程。

（3）对数据集合进行需要的操作。

（4）关闭数据库连接。

第二种方式对数据的操作过程中和数据库的连接可以断开，又叫断开模型。使用断开模型的流程如下：

（1）创建一个数据库连接。

（2）新建一个记录集。

（3）将记录集保存到 DataSet。

（4）根据需要重复第（2）步，因为一个 DataSet 可以容纳多个数据集合。

（5）关闭数据库连接。

（6）对 DataSet 进行各种操作。

（7）将 DataSet 的信息更新到数据库。

由于在.NET 开发中，SQL Server 数据库应用更加广泛，所以我们接下来依次介绍访问 SQL Server 数据库所需的各个 ADO.NET 对象。

8.1.1 SqlConnection 对象

使用 SqlConnection 类可以连接到 SQL Server 数据库。其重要属性和方法如表 8.2 所示：

表 8.2　SqlConnection 对象的主要属性和方法

属　性	说　明
ConnectionString	连接字符串
方法	说明
Open	打开数据库连接
Close	关闭数据库连接

连接数据库主要分为三步：

（1）定义连接字符串。我们可以使用集成的 Windows 身份验证和 SQL Server 身份验证这两种不同的方式来连接 SQL Server 数据库。

使用 Windows 身份验证的数据库连接字符串如下：

```
Data Source=.\sqlexpress;Initial Catalog=Contacts;Integrated Security=True
```

说明：其中 Data Source 表示运行 SQL Server 的服务器，可以用“.”代表本机。由于我们这里用了 Microsoft SQL Server Express Edition，所以用“.\sqlexpress”表示服务器；Initial Catalog 表示所使用的数据库名，这里为本书所用的通讯录数据库 Contacts；设置 Integrated Security 为 True，表示采用集成的 Windows 身份验证。

使用 SQL Server 身份验证的数据库连接字符串如下：

```
Data Source=.\sqlexpress;Initial Catalog= Contacts;uid=sa;pwd=sa
```

说明：其中 uid 为指定的数据库用户名，pwd 为指定用户对应的密码。

（2）创建 SqlConnection 对象。可以使用定义好的连接字符串创建 SqlConnection 对象，代码如下：

```
SqlConnection connection = new SqlConnection(connString);
```

（3）打开数据库连接。调用 SqlConnection 对象的 Open()方法打开数据库连接：

```
connection.Open();
```

注意：数据库连接使用完毕后，要调用 SqlConnection 对象的 Close()方法显示关闭数据库连接。代码如下：

```
connection.Close();
```

访问数据库的过程中，可能出现数据库服务器没有开启、连接中断等异常情况。为了使应用程序能够处理这些突发情况，需要进行异常处理。.NET 提供了 try—catch—finally 语句块来进行异常处理。由于数据库连接必须显示关闭，所以我们可以把关闭数据库连接的语句写在 finally 块中。

加入异常处理后的连接数据库的示例代码如下：

```
string connString =@"Data Source=.\sqlexpress;Initial Catalog= Contacts;uid=sa;
pwd=sa";
SqlConnection connection = new SqlConnection(connString);
try
{
    connection.Open();
    Response.Write ("数据库连接成功");
}
catch (Exception ex)
{
    Response.Write(ex.ToString());
}
finally
{
    connection.Close();
    Response.Write ("关闭数据库连接成功");
}
```

为了简化异常处理的代码，C#提供了 using 语句。SqlConnection 对象会在 using 代码块的结尾处自动关闭。代码如下：

```
string connString =@"Data Source=.\sqlexpress;Initial Catalog= Contacts;
uid=sa;pwd=sa";
using (SqlConnection connection = new SqlConnection(connString))
{
    connection.Open();
    Response.Write ("数据库连接成功");
}
```

可以看到，使用 using 语句后，代码更加简洁、方便。

在上面的代码中，我们把数据库连接字符串写在代码中，但这样不利于应用程序的部署，因为连接字符串中用到了数据库服务器、用户名和密码，而最终用户的数据库服务器、用户名、密码可能和开发时不一致，就需要修改代码、重新编译程序。通过把连接字符串写到配置文件中，部署时，只需修改配置文件即可，无需修改代码、重新编译程序。

在 Visual Studio 中打开项目配置文件 Web.config，在 configuration 节点下增加连接字符串：

```
<connectionStrings>
  <add name="ConnectionString" connectionString="Data Source=.\sqlexpress;
Initial Catalog= Contacts;uid=sa;pwd=sa" providerName="System.Data.SqlClient"/>
</connectionStrings>
```

添加对 System.Configuration 命名空间的引用：

```
using System.Configuration;
```

然后可以通过下面的代码读取连接字符串：

```
String connString=
    ConfigurationManager.ConnectionStrings["ConnectionString"].
ConnectionString;
```

下面我们通过一个完整的例子来连接 SQL Server 数据库。

☞DEMO

新建 ASP.NET Web 应用程序，连接 SQL Server Products 数据库。（项目名称：SqlConnectionDemo）

主要步骤

（1）新建一个名为“SqlConnectionDemo”的 ASP.NET Web 应用程序。

（2）在 Visual Studio 中打开项目配置文件 Web.config，在 configuration 节点下增加连接字符串：

```
<connectionStrings>
  <add name="ConnectionString" connectionString="Data Source=.\sqlexpress;
  Initial Catalog= Products;uid=sa;pwd=sa" providerName="System.Data.
  SqlClient"/>
</connectionStrings>
```

（3）在项目中添加 Web 窗体 Default.aspx，切换到设计视图，将工具箱标准选项卡中的 Button 控件拖入窗体中，双击 Button 控件，进入代码视图，添加对 System.Data.SqlClient 及 System.Configuration 命名空间的引用：

```
using System.Data.SqlClient;
using System.Configuration;
```

（4）在 Button 控件的单击事件处理代码中补充如下的代码：

```
string connString =
   ConfigurationManager.ConnectionStrings["ConnectionString"].
   ConnectionString;
using (SqlConnection connection = new SqlConnection(connString))
{
   connection.Open();
   Response.Write("数据库连接成功");
}
```

（5）运行程序，单击按钮，页面上显示“数据库连接成功”。

☞ACTIVITY

新建 ASP.NET Web 应用程序，连接 SQL Serve Student 数据库。（项目名称：SqlConnectionAct）。

8.1.2 DataSet 对象

DataSet 可以看作是一个内存中的数据库，包括表、数据行、数据列以及表与表之间的关系。创建一个 DataSet 后，它就可以单独存在，不需要一直保持和数据库的连接。我们的应用程序需要数据时，可以直接从内存中的 DataSet 读取数据。

DataSet 中可以包含多个表，这些表构成了数据表集合 DataTableCollection，其中的每个表都是一个 DataTable 对象。每个表又包含数据行 DataRow 和列 DataColumn，所有的行构成数据行集合 DataRowCollection，所有的列构成数据列集合 DataColumnCollection。DataSet 还可以包含表与表之间的关系 DataRelation。DataRelation 表示数据集中 DataTable 之间的关系。可以用来保证执行完整性约束、数据级联。

创建 DataSet 对象首先要引用 System.Data 命名空间，然后可以用下面的代码：

```
DataSet ds = new DataSet();
```

创建 DataSet 对象后可以临时存储数据，那么如何将数据放到数据集中呢？这就需要用到数据适配器 DataAdapter 对象。

8.1.3 SqlDataAdapter 对象

不同类型的数据库需要使用不同的数据适配器，对于 SQL Server 数据库，我们使用 SqlDataAdapter 对象。使用 SqlDataAdapter 填充 DataSet 的步骤如下：

（1）创建数据库连接对象：

```
SqlConnection conn = new SqlConnection(connString);
```

（2）建立从数据库查询数据用的 SQL 语句：

```
string sql = "select Id,GroupName,Memo from ContactGroup";
```

（3）通过上面创建的 SQL 语句和数据库连接对象创建 SqlDataAdapte 对象：

```
SqlDataAdapter da = new SqlDataAdapter(sql, conn);
```

（4）调用 SqlDataAdapter 对象的 Fill 方法向数据集中填充数据：

```
DataSet ds= new DataSet();
da.Fill(ds);
```

如果 DataSet 中已包含数据，我们可以通过下面的代码来访问第一个表中第 i 行第 j 列的数据（索引均从 0 开始）：

```
ds.Tables[0].Rows[i].ItemArray[j];
```

还可以通过下面的代码获取数据表中记录的行数：

```
ds.Tables[0].Rows.Count;
```

下面我们通过具体的例子来学习 SqlDataAdapter 和 DataSet 的使用。

☞DEMO

新建 ASP.NET Web 应用程序，编写程序，使用 DataSet 作为 GridView 控件的数据源，在页面上显示 SQL Server Contacts 数据库中 ContactGroup 表中的数据。（项目名称：SqlDataAdapterDemo）

主要步骤

（1）新建一个名为“SqlDataAdapterDemo”的 ASP.NET Web 应用程序。

（2）在 Visual Studio 中打开项目配置文件 Web.config，在 configuration 节点下增加连接字符串：

```
<connectionStrings>
  <add name="ConnectionString" connectionString="Data Source=.\sqlexpress;
  Initial Catalog= Contacts;uid=sa;pwd=sa" providerName="System.Data.
  SqlClient"/>
</connectionStrings>
```

（3）在项目中添加 Web 窗体 Default.aspx，切换到设计视图，将工具箱数据选项卡中的 GridView 控件拖入窗体中，双击页面空白区域，进入代码视图，添加对 System.Data、System.Data.SqlClient 及 System.Configuration 命名空间的引用：

```
using System.Data;
using System.Data.SqlClient;
using System.Configuration;
```

（4）在 Page_Load 事件代码中补充如下的代码：

```
if (!IsPostBack)
{
    string connString =
        ConfigurationManager.ConnectionStrings["ConnectionString"].
        ConnectionString;
    using (SqlConnection conn = new SqlConnection(connString))
    {
        string sql = "select * from ContactGroup";
        SqlDataAdapter da = new SqlDataAdapter(sql, conn);
        DataSet ds = new DataSet();
        da.Fill(ds);
        GridView1.DataSource = ds.Tables[0];     //指定 GridView 控件的数据源
        GridView1.DataBind();                    //绑定数据
    }
}
```

（5）运行程序，页面上显示 ContactGroup 表中的数据，如图 8-1 所示。

在第 7 章中我们通过拖拉控件的方式完成了数据操作，但这种方式具有较大的局限性，不能灵活满足软件开发过程中的复杂需求，所以实际项目开发中往往需要我们自己编写程序来操作数据库。因此，在本章中，我们学习如何通过编写程序来完成数据的显示、增加、删除、修改。

☞ACTIVITY

新建 ASP.NET Web 应用程序，编写程序，使用 DataSet 作为 GridView 控件的数据源，在页面上显示 SQL Server Products 数据库中 Category 表中的数据，程序运行效果如图 8-2 所示。（项目名称：SqlDataAdapterAct）

Id	GroupName	Memo
1	未分组	未分组
2	同事	单位同事
3	大学同学	大学同窗
4	老师	师恩永存

图 8-1　Contact Group 表中的数据

CatID	CatName	Memo
1	图书	各类图书
2	家电	多种家电
3	手机	主营智能机
4	电脑	品牌电脑
5	服装	流行服饰
6	运动	运动装备

图 8-2　Category 表中的数据

8.1.4 SqlCommand 对象

SqlCommand 对象用于执行具体的 SQL 语句，如增加、删除、修改、查找。SqlCommand 对象的使用步骤如下：

（1）创建 SqlConnection 对象。按照 8.1.1 节介绍的方法建立 SqlConnection 对象。

（2）定义 SQL 语句。把所要执行的 SQL 语句赋给字符串。

（3）创建 SqlCommand 对象。我们可以调用 SqlCommand 类的构造方法创建 SqlCommand 对象，传入 2 个参数：SQL 语句和 SqlConnection 对象。代码如下：

```
SqlCommand cmd = new SqlCommand(sqlStr, conn);
```

（4）SqlCommand。调用 SqlCommand 对象的某个方法，执行 SQL 语句。

注意：在调用 SqlCommand 对象的某个方法之前，一定要打开数据库连接，否则程序会出错。

下面我们来看一下 SqlCommand 对象的几个重要方法，如表 8.3 所示。

表 8.3　SqlCommand 对象重要方法

方　法	说　明
ExecuteScalar	执行查询，并返回查询结果中第一行第一列的值，类型是 object
ExecuteNonQuery	执行 SQL 语句并返回受影响的行数
ExecuteReader	执行查询命令，返回 SqlDataReader 对象

SqlCommand 对象的 ExecuteScalar 返回的是查询结果的第一行第一列的值，且类型是 object。所以在实际项目开发中往往需要进行强制类型转换：

```
int n = Convert.ToInt32(cmd.ExecuteScalar());
```

SqlCommand 对象的 ExecuteNonQuery 方法用于执行更新数据库的操作，如增加、删除、修改记录，我们将在项目开发中用到这个方法时再进一步介绍。

SqlCommand 对象的 ExecuteReader 方法，返回的是 SqlDataReader 对象。下面我们来介绍 SqlDataReader 对象。

8.1.5 SqlDataReader 对象

使用 SqlDataReader 对象，可以从数据库中检索只读的数据，它每次从查询结果中读取一行到内存中。对于 SQL Server 数据库，如果只需要按顺序读取数据，可以优先使用 SqlDataReader，其对数据库的读取速度非常快。

SqlDataReader 对象的重要属性和方法如表 8.4 所示。

表 8.4　SqlDataReader 对象的主要属性和方法

属　性	说　明
HasRows	指示是否包含查询结果。如果有查询结果则返回 true，否则返回 false
FieldCount	当前行中的列数
方法	说明
Read	前进到下一行记录，如果读到记录返回 true，否则返回 false
Close	关闭 SqlDataReader 对象

使用 SqlDataReader 的步骤如下：

（1）创建 SqlCommand 对象：

```
SqlCommand cmd = new SqlCommand(sqlStr, conn);
```

（2）调用 SqlCommand 对象的 ExecuteReader 方法创建 SqlDataReader 对象：

```
conn.Open();
SqlDataReader dr = cmd.ExecuteReader();
```

（3）调用 SqlDataReader 对象的 Read 方法逐行读取数据，如果读到记录就返回 true，否则返回 false：

```
dr.Read();
```

（4）读取当前行中某列的值。我们可以像数组一样，用方括号来读取某列的值，如 dr[0].ToString()，方括号中的索引号从 0 开始；也可以通过列名来读取，如 dr["GroupName"].ToString()。但取出的值是 object 类型，要进行类型转换。

（5）调用 Close 方法，关闭 SqlDataReader。使用 SqlDataReader 读取数据的时候会占用数据库连接，必须调用它的 Close 方法关闭 SqlDataReader，才能够用数据库连接进行其他操作：

```
dr.Close();
```

下面我们通过例子进一步学习 SqlDataReader 控件的使用。

☞DEMO

新建 ASP.NET Web 应用程序，编写程序，使用 SqlDataReader 作为 GridView 控件的数据源，在页面上显示 SQL Server Contacts 数据库中 ContactGroup 表中的数据。（项目名称：SqlDataReaderDemo）

主要步骤

（1）新建一个名为“SqlDataReaderDemo”的 ASP.NET Web 应用程序。

（2）在 Visual Studio 中打开项目配置文件 Web.config，在 configuration 节点下增加连接字符串：

```
<connectionStrings>
  <add name="ConnectionString" connectionString="Data Source=.\sqlexpress;
  Initial Catalog= Contacts;uid=sa;pwd=sa" providerName="System.Data.
  SqlClient"/>
</connectionStrings>
```

（3）在项目中添加 Web 窗体 Default.aspx，切换到设计视图，将工具箱数据选项卡中的 GridView 控件拖入窗体中，双击页面空白区域，进入代码视图，添加对 System.Data、System.Data.SqlClient 及 System.Configuration 命名空间的引用：

```
using System.Data;
using System.Data.SqlClient;
using System.Configuration;
```

（4）在 Page_Load 事件代码中补充如下的代码：

```
if (!IsPostBack)
{
    string connString = ConfigurationManager.ConnectionStrings
    ["ConnectionString"]. ConnectionString;
    using (SqlConnection conn = new SqlConnection(connString))
    {
        string sql = "select * from ContactGroup";
        SqlCommand cmd = new SqlCommand(sql, conn);
        conn.Open();
        SqlDataReader reader= cmd.ExecuteReader();
        GridView1.DataSource = reader;      //指定 GridView 控件的数据源
        GridView1.DataBind();               //绑定数据
        reader.Close();
    }
}
```

（5）运行程序，页面上显示 ContactGroup 表中的数据，运行效果与图 8-1 相同。

DataSet 与 SqlDataReader 都可以作为数据绑定控件的数据源，但两者有很大的区别。

（1）DataSet 对数据的操作采用的是断开模型，把表读取到 SQL 的缓冲池，对数据可以进行前后读取；而 SqlDataReader 对数据的操作采用的是连接模型，对数据只能向前读取；

（2）在 DataSet 中支持分页、动态排序等操作，而在 SqlDataReader 中没有分页、动态排序的功能；

（3）DataSet 读取、处理速度较慢，而 SqlDataReader 读取、处理速度较快。

所以，DataSet 与 SqlDataReader 有各自适用的场合。如果数据源控件只是用来填入数据，或者数据绑定控件不需要提供排序、分页功能，则可以选用 SqlDataReader；反之，则必须使用 DataSet。

☞ACTIVITY

新建 ASP.NET Web 应用程序，编写程序，使用 SqlDataReader 作为 GridView 控件的数据源，在页面上显示 SQL Server Products 数据库中 Category 表中的数据，程序运行效果与图 8-2 相同。（项目名称：SqlDataReaderAct）

8.1.6 SqlParameter 对象

在系统编码中，如果采用 SQL 语句拼接，将导致 SQL 注入攻击，存在极大的安全隐患。要避免 SQL 注入攻击，可以采用参数化 SQL 语句。首先在 SQL 语句中用@符号声明参数，然后给参数赋值。在 ADO.NET 对象模型中执行一个参数化查询，需要向 SqlCommand 对象的 Parameters 集合添加 SqlParameter 对象。

SqlParameter 表示 SqlCommand 的参数。下面我们来学习它的常用构造方法和属性。

SqlParamete 类有多个重载的构造方法，常用的构造方法如下：

（1）SqlParameter ()：初始化 SqlParameter 类的新实例。如：

```
SqlParameter parameter = new SqlParameter();
```

（2）SqlParameter(String, SqlDbType)：用参数名称和数据类型初始化 SqlParameter 类的新实例。如：

```
SqlParameter parameter = new SqlParameter("@Password ", SqlDbType.VarChar);
```

（3）SqlParameter(String, SqlDbType, Int32)：用参数名称、SqlDbType 和大小初始化 SqlParameter 类的新实例。如：

```
SqlParameter parameter = new SqlParameter("@Password ", SqlDbType.VarChar,
100);
```

SqlParameter 类的常用属性如表 8.5 所示。

表 8.5　SqlParameter 类的常用属性

属　性	说　明
ParameterName	参数的名称。要与参数化 SQL 语句中出现的参数名称对应
SqlDbType	参数的数据类型
Size	参数数据的最大大小
Value	参数的值
Direction	参数类型，如输入参数 ParameterDirection.Input、输出参数 ParameterDirection.Output。默认为输入参数

因此，我们可以自己定义参数对象，然后加入到 SqlCommand 对象中，代码如下：

```
SqlParameter parm = new SqlParameter();
parm.ParameterName = "@Password";
parm.SqlDbType = SqlDbType.NVarChar;
parm.Size = 50;
parm.Value = txtUserPassword.Text.Trim();
cmd.Parameters.Add(parm);
```

SqlParameter 对象的使用方法非常灵活，我们也可以用下面的代码：

```
cmd.Parameters.Add("@Password", SqlDbType.NVarChar, 50);
cmd.Parameters["@Password"].Value=txtUserPassword.Text.Trim();
```

或

```
SqlParameter parm = cmd.Parameters.Add("@Password", SqlDbType.NVarChar, 50);
parm.Value = txtUserPassword.Text.Trim();
```

生成 SqlParameter 对象最简单的方式是调用 SqlCommand 对象的 Parameters 集合的 AddWithValue 方法，该方法的声明如下：

```
public SqlParameter AddWithValue(string parameterName, Object value)
```

示例代码如下：

```
string sqlStr = "select * from [User] where UserName=@UserName and
                Password=@Password";
SqlCommand cmd = new SqlCommand(sqlStr, conn);
cmd.Parameters.AddWithValue("@UserName",txtUserName.Text.Trim());
cmd.Parameters.AddWithValue("@Password",txtUserPassword.Text.Trim());
```

不管用哪种方法，在.NET中使用参数化SQL语句的步骤都是相同的：

（1）定义包含参数的SQL语句，用@符号声明参数。

（2）为SQL语句中出现的每一个参数定义参数对象，并将参数对象加入到SqlCommand对象中。

（3）给参数赋值，并执行SQL语句。

下面我们通过具体的案例进一步学习SqlParameter对象的使用。

☞DEMO

新建ASP.NET Web应用程序，编写程序，使用参数化SQL语句，实现SQL Server Contacts数据库ContactGroup表中数据的录入，页面运行效果如图8-3所示。（项目名称：SqlParameterDemo）

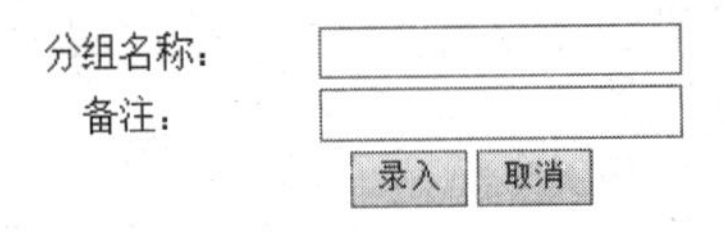

图8-3　运行效果

主要步骤如下。

（1）新建一个名为“SqlParameterDemo”的ASP.NET Web应用程序。

（2）在Visual Studio中打开项目配置文件Web.config，在configuration节点下增加连接字符串：

```
<connectionStrings>
  <add name="ConnectionString" connectionString="Data Source=.\sqlexpress;
  Initial Catalog= Contacts;uid=sa;pwd=sa" providerName="System.Data.
  SqlClient"/>
</connectionStrings>
```

（3）在项目中添加Web窗体Default.aspx，完成界面设计，双击按钮，进入代码视图，添加对System.Data、System.Data.SqlClient 及System.Configuration命名空间的引用：

```
using System.Data;
using System.Data.SqlClient;
using System.Configuration;
```

（4）在按钮的单击事件代码中补充如下的代码：

```
string groupName = txtGroupName.Text.Trim();
string memo = txtGroupMemo.Text.Trim();
string connString = ConfigurationManager.ConnectionStrings
["ConnectionString"]. ConnectionString;
using (SqlConnection conn = new SqlConnection(connString))
{
    //定义参数化 SQL 语句
    string sql = "insert into ContactGroup values(@GroupName,@Memo)";
    SqlCommand cmd = new SqlCommand(sql, conn);
    cmd.Parameters.AddWithValue("@GroupName", groupName);
    cmd.Parameters.AddWithValue("@Memo", memo);
    conn.Open();
    //执行 SQL 语句
    int n = cmd.ExecuteNonQuery();
    if (n != 1)
    {
        Response.Write("添加分组失败！");
    }
    else
    {
        Response.Write("添加分组成功！");
    }
}
```

（5）运行程序，测试程序功能。

在上面的代码中，我们通过调用 SqlCommand 对象的 Parameters 集合的 AddWithValue 方法生成 SqlParameter 对象，然后调用 SqlCommand 对象的 ExecuteNonQuery 执行参数化 SQL 语句。

☞ACTIVITY

新建 ASP.NET Web 应用程序，编写程序，使用参数化 SQL 语句，实现 SQL Server Products 数据库 Category 表中数据的录入，页面运行效果如图 8-4 所示。（项目名称：SqlParameterAct）

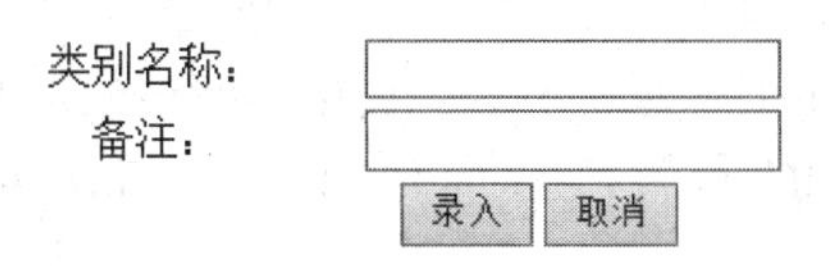

图 8-4　运行效果

8.1.7 使用存储过程

存储过程（Stored Procedure）是在大型数据库系统中，一组为了完成特定功能的 SQL 语句集，经编译后存储在数据库中，用户通过指定存储过程的名字并给出参数（如果该存储过程带有参数）来执行它。

在性能方面，存储过程有如下的优点：

（1）预编译，存储过程预先编译好放在数据库内，减少编译语句所花的时间。

（2）缓存，编译好的存储过程会进入缓存，所以对于经常执行的存储过程，除了第一次执行外，其他次执行的速度会有明显提高。

（3）减少网络传输，特别对于处理一些数据的存储过程，不必像直接用 SQL 语句实现那样多次传送数据到客户端。

在.NET 中调用存储过程的示例代码如下：

```
//存储过程名称
string sql = "InsertContactGroup";
SqlCommand cmd = new SqlCommand(sql, conn);
//指定 SqlCommand 对象的 CommandType 类型为 StoredProcedure
cmd.CommandType = CommandType.StoredProcedure;
//给存储过程中的参数赋值
cmd.Parameters.AddWithValue("@GroupName", groupName);
cmd.Parameters.AddWithValue("@Memo", memo);
conn.Open();
int n = cmd.ExecuteNonQuery();
```

在上面的代码中，我们用到了 SqlCommand 对象的一个新的属性 CommandType，其值为枚举类型，该枚举类型的常用成员如表 8.5 所示。

表 8.5　CommandType 的常用成员

成员名称	说　明
StoredProcedure	存储过程的名称
Text	SQL 文本命令

SqlCommand 对象 CommandType 属性的默认值为 Text。在前面的章节中，我们没有明确指明 SqlCommand 对象 CommandType 属性的类型，实际上就是执行的 SQL 文本命令；当 CommandType 属性设置为 StoredProcedure 时，表示调用存储过程。如果存储过程有参数，我们还需要给参数赋值。

下面我们通过具体的案例进一步学习如何在 ASP.NET 中使用存储过程。

☞DEMO

新建 ASP.NET Web 应用程序，编写程序，调用存储过程，实现 SQL Server Contacts 数据库 ContactGroup 表中数据的录入，页面运行效果与图 8-3 相同。（项目名称：StoredProcedureDemo）

主要步骤如下。

（1）在 SQL Server Contacts 数据库中新建录入联系人分组的存储过程 InsertContactGroup，SQL 语句如下：

```
USE [Contacts]
GO
CREATE Procedure [dbo].[InsertContactGroup]  /*新增分组*/
@GroupName nvarchar(50),
@Memo nvarchar(200)
As
begin
   insert into ContactGroup(GroupName,Memo) values(@GroupName,@Memo)
end
GO
```

（2）新建一个名为“StoredProcedureDemo”的 ASP.NET Web 应用程序。

（3）在 Visual Studio 中打开项目配置文件 Web.config，在 configuration 节点下增加连接字符串：

```
<connectionStrings>
  <add name="ConnectionString" connectionString="Data Source=.\sqlexpress;
Initial Catalog= Contacts;uid=sa;pwd=sa" providerName="System.Data.SqlClient"/>
</connectionStrings>
```

（4）在项目中添加 Web 窗体 Default.aspx，完成界面设计，双击按钮，进入代码视图，添加对 System.Data、System.Data.SqlClient 及 System.Configuration 命名空间的引用：

```
using System.Data;
using System.Data.SqlClient;
using System.Configuration;
```

（5）在按钮的单击事件代码中补充如下的代码：

```
string groupName = txtGroupName.Text.Trim();
string memo = txtGroupMemo.Text.Trim();
string connString = ConfigurationManager.ConnectionStrings["ConnectionString"].
ConnectionString;
using (SqlConnection conn = new SqlConnection(connString))
{
   string sql = "InsertContactGroup";     //存储过程名称
   SqlCommand cmd = new SqlCommand(sql, conn);
   cmd.CommandType = CommandType.StoredProcedure;
   cmd.Parameters.AddWithValue("@GroupName", groupName);
   cmd.Parameters.AddWithValue("@Memo", memo);
   conn.Open();
   int n = cmd.ExecuteNonQuery();
   if (n != 1)
   {
      Response.Write("添加分组失败！");
   }
   else
   {
      Response.Write("添加分组成功！");
   }
}
```

（5）运行程序，测试程序功能。

☞ACTIVITY

新建 ASP.NET Web 应用程序，编写程序，调用存储过程，实现 SQL Server Products 数据库 Category 表中数据的录入，页面运行效果与图 8-4 相同。（项目名称：StoredProcedureAct）

8.1.8 编写数据库操作类

如果我们细细体会对数据库的操作，可以发现，这么多操作其实可以分为下面四种：

（1）对数据库进行非连接式查询操作，返回多条记录。这种操作可以通过 SqlDataAdapter 对象的 Fill 方法来完成，即把查询得到的结果填充到 DataTable（或 DataSet）对象中。

（2）对数据库进行连接式查询操作，返回多条查询记录。这种操作可以通过 SqlCommand 对象的 ExecuteReader 方法来完成，返回 SqlDataReader 对象。

（3）从数据库中检索单个值。这种操作可以通过 SqlCommand 对象的 ExecuteScalar 方法来完成。ExecuteScalar 方法返回的是 Object 类型，需要根据实际情况进行类型转换。

（4）对数据库执行增删改操作。这种操作可以通过 SqlCommand 对象的 ExecuteNonQuery 方法来完成，返回增删改操作后数据库中受影响的行数。

根据上面的分析，我们可以自己编写一个数据库操作类 SqlDbHelper，把对数据库操作的方法封装成上面四种，便于程序调用，提高编程效率。

下面我们完成 SqlDbHelper 类的编写。

（1）添加命名空间：

```
using System;
using System.Data;
using System.Configuration;
using System.Collections.Generic;
using System.Data.SqlClient;
using System.Text;
```

（2）读写数据库连接字符串：

```
private static string connString =
        ConfigurationManager.ConnectionStrings["ConnectionString"].
        ConnectionString;
/// <summary>
/// 设置数据库连接字符串
/// </summary>
public static string ConnectionString
{
    get { return connString; }
    set { connString = value; }
}
```

上述代码的作用是读取配置文件中的连接字符串。为了进一步符合面向对象编程中“封装”的思想，我们通过 ConnectionString 属性来读取并设置连接字符串。

（3）编写 ExecuteDataTable 方法：

下面我们来编写对数据库进行非连接式查询操作的方法，用于获取多条查询记录。

```
public static DataTable ExecuteDataTable(string commandText, CommandType
commandType, SqlParameter[] parameters)
{
    DataTable data = new DataTable();//实例化 DataTable，用于装载查询结果集
    using (SqlConnection connection = new SqlConnection(connString))
    {
        using (SqlCommand command = new SqlCommand(commandText, connection))
        {
//设置 command 的 CommandType 为指定的 CommandType
command.CommandType = commandType;
            //如果同时传入了参数，则添加这些参数
            if (parameters != null)
            {
                foreach (SqlParameter parameter in parameters)
                {
```

```
                    command.Parameters.Add(parameter);
                }
            }
            //通过包含查询 SQL 的 SqlCommand 实例来实例化 SqlDataAdapter
            SqlDataAdapter adapter = new SqlDataAdapter(command);
            adapter.Fill(data);//填充 DataTable
        }
    }
    return data;
}
```

上述方法的返回值为 DataTable，用于表示查询结果。同时 ExecuteDataTable 方法包含了三个参数：commandText 表示要执行的 SQL 语句，commandType 表示要执行的查询语句的类型，如存储过程或者 SQL 文本命令，parameters 表示 SQL 语句或存储过程的参数数组。

为便于方法调用，提高开发速度，我们再编写两个重载的 ExecuteDataTable 方法：

```
public static DataTable ExecuteDataTable(string commandText)
{
    return ExecuteDataTable(commandText, CommandType.Text, null);
}
public static DataTable ExecuteDataTable(string commandText, CommandType
commandType)
{
    return ExecuteDataTable(commandText, commandType, null);
}
```

如果存储过程或者 SQL 文本命令中没有参数，那我们只需调用这两个方法即可。

（4）编写 ExecuteReader 方法。下面我们来编写对数据库进行连接式查询操作的方法，用于获取多条查询记录。

```
public static SqlDataReader ExecuteReader(string commandText, CommandType
commandType, SqlParameter[] parameters)
{
    SqlConnection connection = new SqlConnection(connString);
    SqlCommand command = new SqlCommand(commandText, connection);
    //设置 command 的 CommandType 为指定的 CommandType
command.CommandType = commandType;
    //如果同时传入了参数，则添加这些参数
    if (parameters != null)
    {
        foreach (SqlParameter parameter in parameters)
        {
            command.Parameters.Add(parameter);
        }
    }
    connection.Open();
//CommandBehavior.CloseConnection 参数指示关闭 Reader 对象时
//关闭与其关联的 Connection 对象
    return command.ExecuteReader(CommandBehavior.CloseConnection);
}
```

上述方法的返回值为 SqlDataReader，用于表示查询结果。同时 ExecuteReader 方法包含了三个参数：commandText 表示要执行的 SQL 语句，commandType 表示要执行的查询语句的类型，如存储过程或者 SQL 文本命令，parameters 表示 SQL 语句或存储过程的参数数组。

为便于方法调用，提高开发速度，我们再编写两个重载的 ExecuteReader 方法：

```
public static SqlDataReader ExecuteReader(string commandText)
{
    return ExecuteReader(commandText, CommandType.Text, null);
}
public static SqlDataReader ExecuteReader(string commandText, CommandType
commandType)
{
    return ExecuteReader(commandText, commandType, null);
}
```

如果存储过程或者 SQL 文本命令中没有参数，那我们只需调用这两个方法即可。

（5）编写 ExecuteScalar 方法。下面我们来编写从数据库中检索单个值的 ExecuteScalar 方法。

```
public static Object ExecuteScalar(string commandText, CommandType commandType,
SqlParameter[] parameters)
{
    object result = null;
    using (SqlConnection connection = new SqlConnection(connString))
    {
        using (SqlCommand command = new SqlCommand(commandText, connection))
        {
            //设置 command 的 CommandType 为指定的 CommandType
command.CommandType = commandType;
            //如果同时传入了参数，则添加这些参数
            if (parameters != null)
            {
                foreach (SqlParameter parameter in parameters)
                {
                    command.Parameters.Add(parameter);
                }
            }
            connection.Open();//打开数据库连接
            result = command.ExecuteScalar();
        }
    }
    return result;//返回查询结果的第一行第一列，忽略其它行和列
}
```

上述方法的返回值为 Object 类型，表示从数据库中检索到的单个值（例如一个聚合值）。同时 ExecuteScalar 方法包含了三个参数：commandText 表示要执行的 SQL 语句，commandType 表示要执行的查询语句的类型，如存储过程或者 SQL 文本命令，parameters 表示 SQL 语句或存储过程的参数数组。

为便于方法调用，提高开发速度，我们再编写两个重载的 ExecuteScalar 方法：

```
public static Object ExecuteScalar(string commandText)
{
    return ExecuteScalar(commandText, CommandType.Text, null);
}
public static Object ExecuteScalar(string commandText, CommandType
commandType)
{
    return ExecuteScalar(commandText, commandType, null);
}
```

如果存储过程或者 SQL 文本命令中没有参数，那我们只需调用这两个方法即可。

（6）编写 ExecuteNonQuery 方法。下面我们来编写对数据库执行增删改操作的 ExecuteNonQuery 方法。

```
public static int ExecuteNonQuery(string commandText, CommandType commandType,
SqlParameter[] parameters)
{
    int count = 0;
    using (SqlConnection connection = new SqlConnection(connString))
    {
        using (SqlCommand command = new SqlCommand(commandText, connection))
        {
            //设置 command 的 CommandType 为指定的 CommandType
command.CommandType = commandType;
            //如果同时传入了参数，则添加这些参数
            if (parameters != null)
            {
                foreach (SqlParameter parameter in parameters)
                {
                    command.Parameters.Add(parameter);
                }
            }
            connection.Open();  //打开数据库连接
            count = command.ExecuteNonQuery();
        }
    }
    return count;                //返回执行增删改操作之后，数据库中受影响的行数
}
```

上述方法的返回值为 int 类型，表示执行增删改操作后数据库中受影响的行数。同时 ExecuteNonQuery 方法包含了三个参数：commandText 表示要执行的 SQL 语句，commandType 表示要执行的查询语句的类型，如存储过程或者 SQL 文本命令，parameters 表示 SQL 语句或存储过程的参数数组。

为便于方法调用，提高开发速度，我们再编写两个重载的 ExecuteNonQuery 方法：

```
public static int ExecuteNonQuery(string commandText)
{
    return ExecuteNonQuery(commandText, CommandType.Text, null);
}
public static int ExecuteNonQuery(string commandText, CommandType commandType)
{
    return ExecuteNonQuery(commandText, commandType, null);
}
```

如果存储过程或者 SQL 文本命令中没有参数，那我们只需调用这两个方法即可。

通过上述步骤，我们便完成了自定义数据库操作类 SqlDbHelper 的编写。为了便于方法调用，我们给这些方法都加了 static 关键字，定义成了静态方法。这样，调用这些方法时，就不用产生 SqlDbHelper 类的对象，可以通过类名直接调用。接下来我们可以通过 SqlDbHelper 类来操作数据库。

8.2 GridView 控件应用实例

GridView 控件在实际项目开发中应用很广，在第 7 章中我们已学习了 GridView 控件的初步使用方法，在这一节中我们进一步学习 GridView 控件的使用。

1．GridView 以表格的形式显示数据。

（1）表格中的行与单元格。

GridViewRow 类代表表格中的行，其 RowType 属性指定了行的类型，其值为 DataControlRowType 值之一。RowType 属性具体值见表 8.6。

表 8.6 RowType 属性值

行类型	说明
DataRow	GridView 控件中的一个数据行
Footer	GridView 控件中的脚注行
Header	GridView 控件中的表头行
EmptyDataRow	GridView 控件中的空行。当 GridView 控件中没有要显示的任何记录时，将显示空行
Pager	GridView 控件中的一个页导航行
Separator	GridView 控件中的一个分隔符行

行中的每个单元格是一个 TableCell 对象，GridViewRow 有一个 Cells 集合属性，可以通过下标访问特定的单元格。而每个单元格都是一个容器控件，可以包含其他控件。如果某个单元格包含其他控件，则可以使用单元格的 Controls 集合属性来访问这些控件。如果某控件指定了 ID 属性，还可以使用单元格对象的 FindControl()方法来查找该控件。

GridView 控件有一个 Rows 集合属性用于保存 GridViewRow 对象，可以通过下标来访问特定的行。另外，GridView 控件的 EditIndex 属性代表正在编辑的行的索引，SelectedIndex 属性代表当前选中行的索引，这两个属性为-1 时，表示没有选中任何项，或者用于清除对某项的选择。

（2）表格中的列。GridView 控件可以显示多种类型的表格列，具体如表 8.7 所示。

表 8.7 GridView 控件的列字段类型

列字段类型	说明
BoundField	以文本形式显示数据源中某个字段的值
ButtonField	显示数据绑定控件中的命令按钮。根据控件的不同，这允许您显示带有自定义按钮控件的行或列，如“添加”或“移除”按钮
CheckBoxField	显示数据绑定控件中的复选框。此数据控件字段类型通常用于显示带有布尔值的字段
CommandField	显示数据绑定控件中要执行编辑、插入或删除操作的内置命令按钮
HyperLinkField	将数据源中某个字段的值显示为超链接
ImageField	显示数据绑定控件中的图像
TemplateField	根据指定的模板，显示数据绑定控件中的用户定义内容

2．GridView 控件可以触发相当多的事件，在编程中用得比较多的事件如表 8.8 所示。

表 8.8　GridView 控件的重要事件

列字段类型	说　明
PageIndexChanging	在单击某一页导航按钮时，但在 GridView 控件处理分页操作之前发生
SelectedIndexChanging	发生在单击某一行的“选择”按钮以后，GridView 控件对相应的选择操作进行处理之前
Sorting	在单击用于列排序的超链接时，但在 GridView 控件对相应的排序操作进行处理之前发生
RowCommand	当单击 GridView 控件中的按钮时发生
RowDataBound	在 GridView 控件中将数据行绑定到数据时发生
RowDeleting	在单击某一行的“删除”按钮时，但在 GridView 控件删除该行之前发生
RowUpdating	发生在单击某一行的“更新”按钮以后，GridView 控件对该行进行更新之前

下面我们通过一个综合案例学习 GridView 控件的应用。

☞DEMO

新建 ASP.NET Web 应用程序，编写程序，实现 SQL Server Contacts 数据库 Contact 表中数据的分页显示、修改、录入、删除，页面运行效果如图 8-5 所示，单击表格中的“编辑”按钮，可以进入编辑页面，如图 8-6 所示；单击页面上的“录入”按钮，可以进入录入页面，如图 8-7 所示；在“选择”列勾选数据，单击“删除选中的记录”，可以批量删除数据。（项目名称：GridViewContactMngDemo）

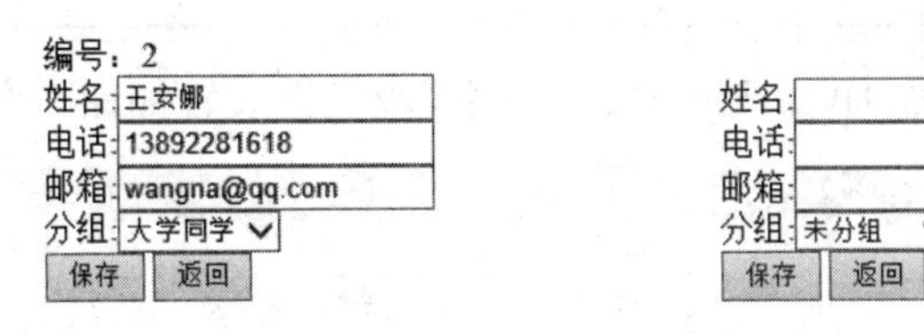

编号	姓名	电话	邮箱	所在分组	编辑	删除	自定义删除	选择
1	张玉	13923081612	zhangyu@163.com	同事	编辑	删除	删除'张玉'的信息	□
2	王安娜	13892281618	wangna@qq.com	大学同学	编辑	删除	删除'王安娜'的信息	□
3	周一鸣	15678999044	yming@qq.com	同事	编辑	删除	删除'周一鸣'的信息	□
4	李小明	13862269891	xiao@qq.com	大学同学	编辑	删除	删除'李小明'的信息	□
7	李明	13962269891	xiaoming@qq.com	网友	编辑	删除	删除'李明'的信息	□
1 2								

图 8-5　运行效果

编号：2
姓名：王安娜
电话：13892281618
邮箱：wangna@qq.com
分组：大学同学
保存　返回

图 8-6　编辑界面

姓名：
电话：
邮箱：
分组：未分组
保存　返回

图 8-7　录入界面

主要步骤

（1）新建一个名为“GridViewContactMngDemo”的 ASP.NET Web 应用程序。

（2）在 Visual Studio 中打开项目配置文件 Web.config，在 configuration 节点下增加连接字符串：

```
<connectionStrings>
  <add name="ConnectionString" connectionString="Data Source=.\sqlexpress;
Initial Catalog= Contacts;uid=sa;pwd=sa" providerName="System.Data.SqlClient"/>
</connectionStrings>
```

（3）在项目中添加 Web 窗体 Default.aspx，将 GridView 控件添加到页面上，取消自动生成字段，通过智能标记，编辑列，添加 BoundField，设置各 BoundField 的属性：DataFiled、

HeadText，如图 8-8 所示。各字段设置如表 8.9 所示。

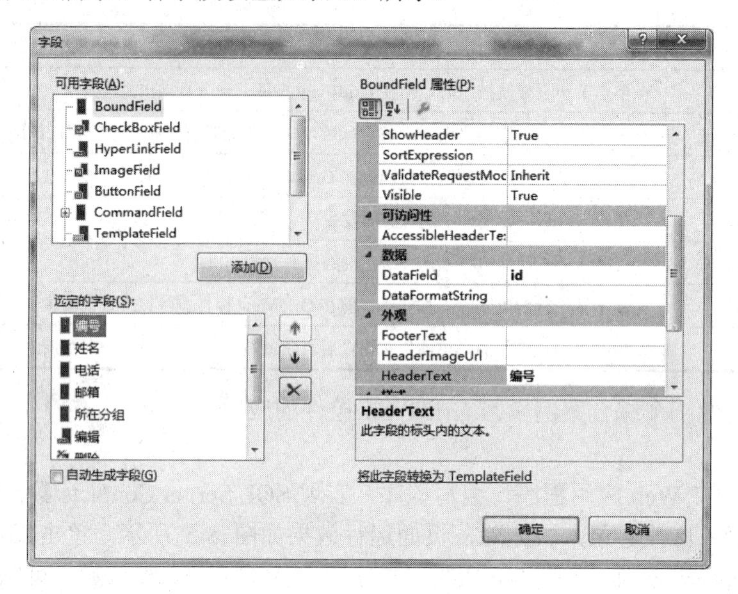

图 8-8　编辑 BoundField

表 8.9　BoundField 各列属性设置

DataField	HeaderText
id	编号
name	姓名
phone	电话
email	邮箱
groupname	所在分组

（4）为 GridView 控件添加 HyperLinkField，该字段属性设置如图 8-9 所示。

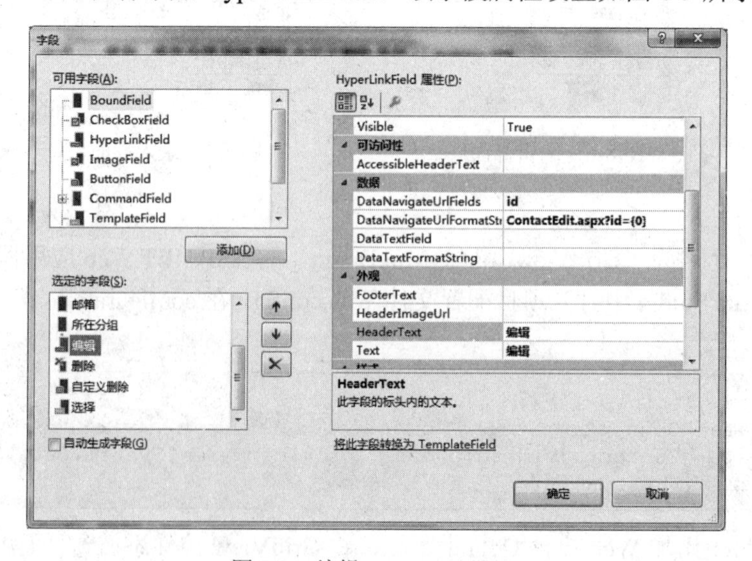

图 8-9　编辑 HyperLinkField

（5）为 GridView 控件添加 CommandField“删除”字段，如图 8-10 所示。

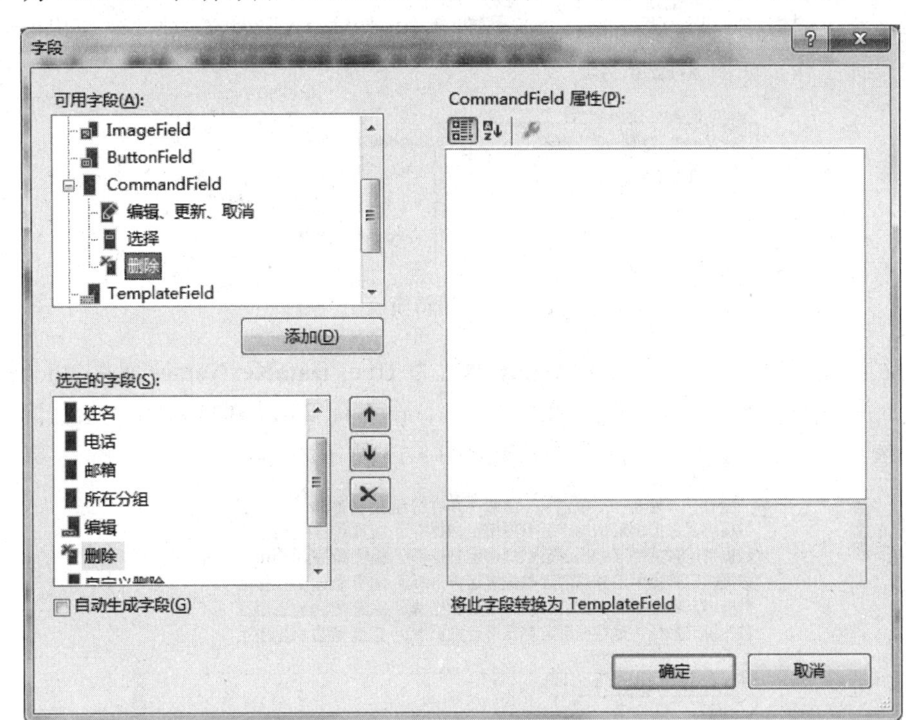

图 8-10　添加 CommandField“删除”字段

（6）为 GridView 控件添加 ButtonField，设置 HeadText 属性为“自定义删除”，DataTextField 属性为 **name**，DataTextFormatString 属性为**删除'{0}'**的信息，CommandName 属性为 **del**，如图 8-11 所示。

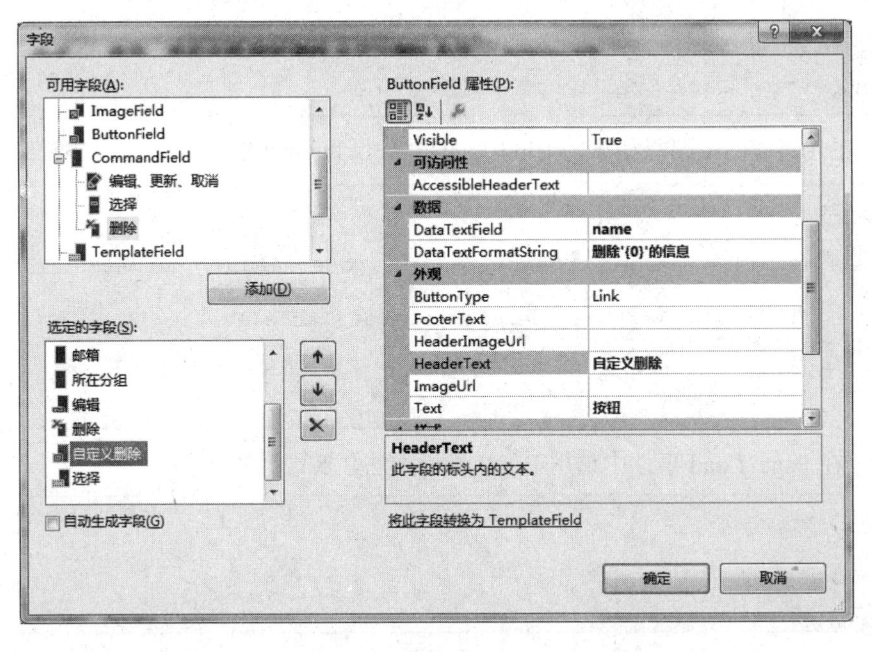

图 8-11　添加 ButtonField

（7）为 GridView 控件添加 TemplateField。添加完模板列之后，在 GridView 控件的智能标记菜单选择“编辑模板”，将 CheckBox 控件添加到模板中，然后单击“结束模板编辑”完成模板的设计工作，如图 8-12 所示。

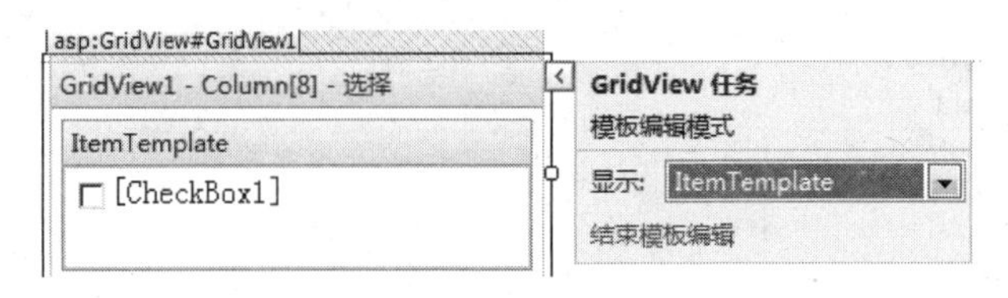

图 8-12　编辑模板

（8）设置 GridView 控件的 **AllowPaging** 属性为 True，**DataKeyNames** 属性为 id，**PageSize** 属性为 5。并且将 2 个 Button 控件添加到页面上，设置其 Text 属性分别为“录入”、“删除选中的记录”。整个页面设计完成后的效果如图 8-13 所示。

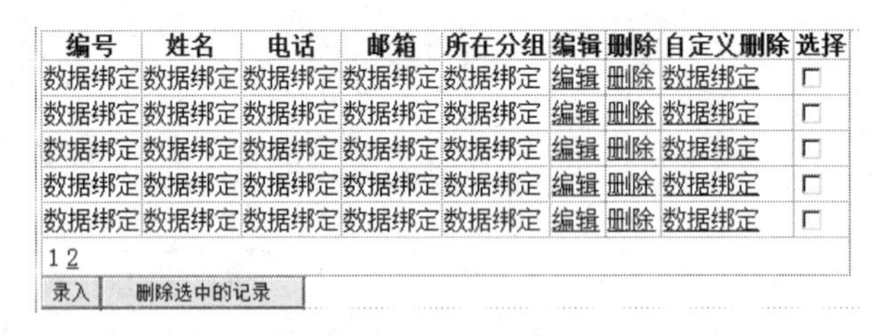

图 8-13　页面设计效果

（9）在项目中新建数据库操作类 SqlDbHelper，该类的代码与 8.1.8 节完全相同，此处不在赘叙。我们将使用该类完成对数据库的增删改查操作。

（10）完成界面设计，双击按钮，进入代码视图，添加对 System.Data 及 System.Data.SqlClient 命名空间的引用：

```
using System.Data;
using System.Data.SqlClient;
```

（11）在代码视图中编写如下的 BindData()方法，为 GridView 控件完成数据绑定。

```
private void BindData()
{
    string sql = "select contact.id,name,phone,email,groupname from contact
inner join contactgroup on contact.groupid=contactgroup.id";
    DataTable dt = SqlDbHelper.ExecuteDataTable(sql);
    GridView1.DataSource = dt;
    GridView1.DataBind();
}
```

然后，在 Page_Load 事件中调用 BindData()方法，实现数据的显示。

```
if (!IsPostBack)
{
    BindData();
}
```

（12）处理 GridView 控件的 PageIndexChanging 事件，完成分页功能，补充代码如下：

```
GridView1.PageIndex = e.NewPageIndex;
BindData();
```

（13）当用户单击“删除”按钮时，会触发 RowDeleting 事件，我们通过编写 RowDeleting 事件处理代码，实现记录删除功能。代码如下：

```
int rowIndex = e.RowIndex;
//获取主键
int id = Convert.ToInt32(GridView1.DataKeys[rowIndex].Value);
string sql = "delete from Contact where id=@id";
SqlParameter[] sp = {
            new SqlParameter("@id", id)};
SqlDbHelper.ExecuteNonQuery(sql, CommandType.Text, sp);
BindData();
```

（14）当用户单击 ButtonField 时，会触发 GridView 控件的 **RowCommand** 事件，其参数 e 有以下重要属性：

e.CommandName 属性表明哪个按钮被单击。

e.CommandArgument 属性表明是哪一行。

可以通过编写 RowCommand 事件处理代码，实现**自定义删除**记录功能。代码如下：

```
if (e.CommandName == "del")
{
    int rowIndex = Convert.ToInt32(e.CommandArgument);
   //获取主键
    int id = Convert.ToInt32(GridView1.DataKeys[rowIndex].Value);
    string sql = "delete from Contact where id=@id";
    SqlParameter[] sp = {
            new SqlParameter("@id", id)};
    SqlDbHelper.ExecuteNonQuery(sql, CommandType.Text, sp);
}
BindData();
```

（15）处理“录入”按钮的单击事件，补充代码如下：

```
Response.Redirect("ContactAdd.aspx");     //转到记录编辑页面
```

（16）处理“删除选中的记录”按钮的单击事件，完成批量删除功能。要补充的代码如下：

```
string sb = String.Empty;
foreach (GridViewRow gvr in GridView1.Rows)
{
    //判断是否为数据行
    if (gvr.RowType == DataControlRowType.DataRow)
    {
        //根据模板列中的控件 ID 查找指定的控件
        CheckBox chk = gvr.FindControl("CheckBox1") as CheckBox;
        if ((chk != null) && chk.Checked)
            //取出选中行的主键，加入到字符串中
            sb += GridView1.DataKeys[gvr.RowIndex].Value + ",";
    }
}
if (sb.Length > 0)
{
```

```
        sb = sb.Substring(0, sb.Length - 1);   //去除字符串最后的","号
        string sql = "delete from contact" + " where id in(" + sb + ")";
        SqlDbHelper.ExecuteNonQuery(sql);
        BindData();
    }
```

（17）新建数据录入页面 ContactAdd.aspx，按照图 8-7 完成界面设计。进入代码视图，添加对 System.Data 及 System.Data.SqlClient 命名空间的引用：

```
using System.Data;
using System.Data.SqlClient;
```

首先编写 BindGroup()方法，完成分组下拉框的数据绑定，代码如下：

```
private void BindGroup()
{
    string sql = "select id,groupname from contactgroup";
    DataTable dt = SqlDbHelper.ExecuteDataTable(sql);
    DropDownList1.DataTextField = "groupname";
    DropDownList1.DataValueField = "id";
    DropDownList1.DataSource = dt;
    DropDownList1.DataBind();
}
```

然后，在 Page_Load 事件中调用 BindGroup ()方法，实现分组的显示。

```
if (!IsPostBack)
{
    BindGroup();//绑定分组下拉框
}
```

处理“保存”按钮的单击事件，补充代码如下：

```
if (txtName.Text == "")
{
    lblMsg.Text = "姓名不能为空";
    return;
}
string sql = "insert into contact(name,phone,email,groupid)
values(@name,@phone,@email,@groupid)";
SqlParameter[] sp = {new SqlParameter("@name", txtName.Text),
             new SqlParameter("@phone", txtPhone.Text),
             new SqlParameter("@email", txtEmail.Text),
             new SqlParameter("@groupid",
Convert.ToInt32(DropDownList1.SelectedValue))};
SqlDbHelper.ExecuteNonQuery(sql, CommandType.Text, sp);
Response.Redirect("Default.aspx");
```

处理“返回”按钮的单击事件，补充代码如下：

```
Response.Redirect("Default.aspx");
```

（18）新建数据录入页面 ContactEdit.aspx，按照图 8-6 完成界面设计。进入代码视图，添加对 System.Data 及 System.Data.SqlClient 命名空间的引用：

```
using System.Data;
using System.Data.SqlClient;
```

首先编写 BindGroup()方法，完成分组下拉框的数据绑定，代码如下：

```
private void BindGroup()
{
    string sql = "select id,groupname from contactgroup";
    DataTable dt = SqlDbHelper.ExecuteDataTable(sql);
    DropDownList1.DataTextField = "groupname";
    DropDownList1.DataValueField = "id";
    DropDownList1.DataSource = dt;
    DropDownList1.DataBind();
}
```

然后，在 Page_Load 事件中补充如下的代码，实现数据的显示。

```
if (string.IsNullOrEmpty(Request.QueryString["id"]))
{
    Response.Redirect("Default.aspx");
}
if (!IsPostBack)
{
    string id = Request.QueryString["id"];        //获取主键
    lblID.Text = id;
    BindGroup();                                  //绑定分组下拉框
    string sql = "select id,name,phone,email,groupid from contact where
            id=@id";
    SqlParameter[] sp = { new SqlParameter("@id", Convert.ToInt32(id)) };
    using (SqlDataReader dr = SqlDbHelper.ExecuteReader(sql, CommandType.
                            Text, sp))
    {
        if (dr.Read())
        {
            txtName.Text = dr["name"].ToString();
            txtPhone.Text = dr["phone"].ToString();
            txtEmail.Text = dr["email"].ToString();
            //选中相应的分组
            DropDownList1.SelectedValue = dr["groupid"].ToString();
        }
    }
}
```

处理“保存”按钮的单击事件，补充代码如下：

```
if(txtName.Text=="")
{
    lblMsg.Text = "姓名不能为空";
    return;
}
string sql = "update contact set
name=@name,phone=@phone,email=@email,groupid=@groupid where id=@id";
SqlParameter[] sp = {new SqlParameter("@name", txtName.Text),
            new SqlParameter("@phone", txtPhone.Text),
            new SqlParameter("@email", txtEmail.Text),
            new SqlParameter("@groupid",
Convert.ToInt32(DropDownList1.SelectedValue)),
```

```
            new SqlParameter("@id", Convert.ToInt32(lblID.Text))};
SqlDbHelper.ExecuteNonQuery(sql, CommandType.Text, sp);
Response.Redirect("Default.aspx");
```

处理“返回”按钮的单击事件，补充代码如下：

```
Response.Redirect("Default.aspx");
```

（19）运行程序，测试各项功能。

上述案例是一个比较综合的例子，直观展示了在实际项目开发中运用比较广泛的GridView控件的各项重要功能，大家一定要细细揣摩、认真理解。

☞ACTIVITY

新建ASP.NET Web应用程序，编写程序，实现SQL Server Products数据库Product表中数据的分页显示、修改、录入、删除，页面运行效果如图8-14所示，单击表格中的“编辑”按钮，可以进入编辑页面，如图8-15所示；单击页面上的“录入”按钮，可以进入录入页面，如图8-16所示。（项目名称：GridViewProductMngAct）

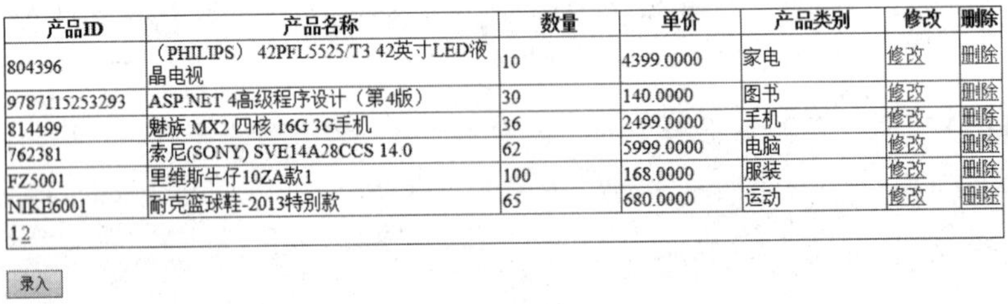

产品ID	产品名称	数量	单价	产品类别	修改	删除
804396	（PHILIPS） 42PFL5525/T3 42英寸LED液晶电视	10	4399.0000	家电	修改	删除
9787115253293	ASP.NET 4高级程序设计（第4版）	30	140.0000	图书	修改	删除
814499	魅族 MX2 四核 16G 3G手机	36	2499.0000	手机	修改	删除
762381	索尼(SONY) SVE14A28CCS 14.0	62	5999.0000	电脑	修改	删除
FZ5001	里维斯牛仔10ZA款1	100	168.0000	服装	修改	删除
NIKE6001	耐克篮球鞋-2013特别款	65	680.0000	运动	修改	删除
12						

录入

图 8-14　运行效果

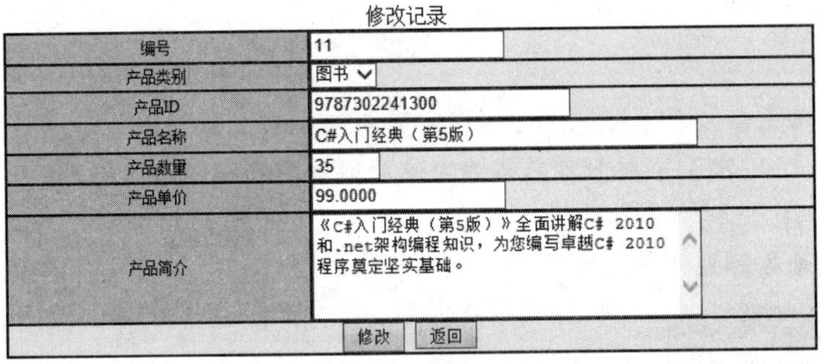

修改记录

编号	11
产品类别	图书
产品ID	9787302241300
产品名称	C#入门经典（第5版）
产品数量	35
产品单价	99.0000
产品简介	《C#入门经典（第5版）》全面讲解C# 2010和.net架构编程知识，为您编写卓越C# 2010程序奠定坚实基础。
修改	返回

图 8-15　编辑界面

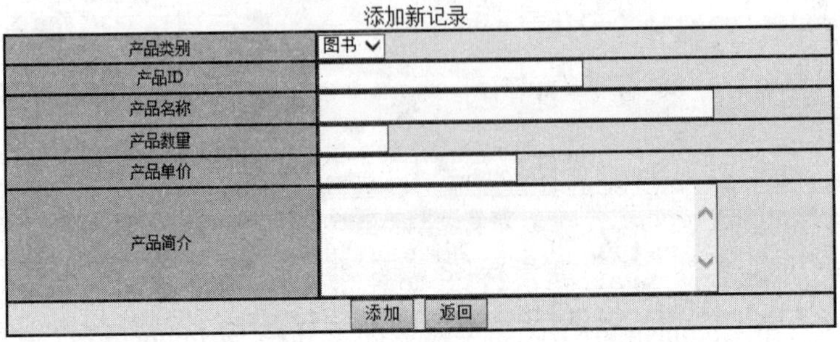

添加新记录

产品类别	图书
产品ID	
产品名称	
产品数量	
产品单价	
产品简介	
添加	返回

图 8-16　录入界面

8.3 Repeater 控件应用实例

Repeater 控件是一个基本模板数据绑定列表。它没有内置的布局或样式，因此必须在该控件的模板内显式声明所有的布局、格式设置和样式标记。Reapter 控件的各种模板及其说明见表 8.10。

表 8.10 Reapter 控件的各种模板

模 板	说 明
ItemTemplate	定义列表中项目的内容和布局。此模板为必选
AlternatingItemTemplate	如果定义，则可以确定交替（从零开始的奇数索引）项的内容和布局。如果未定义，则使用 ItemTemplate
SeparatorTemplate	如果定义，则呈现在项（以及交替项）之间。如果未定义，则不呈现分隔符
HeaderTemplate	如果定义，则可以确定列表标头的内容和布局。如果没有定义，则不呈现标头
FooterTemplate	如果定义，则可以确定列表注脚的内容和布局。如果没有定义，则不呈现注脚

若要利用模板创建表，请在 HeaderTemplate 中包含表开始标记<table>，在 ItemTemplate 中包含单个表行标记<tr>，并在 FooterTemplate 中包含表结束标记</table>。

Repeater 控件没有内置的选择功能和编辑支持。可以使用 ItemCommand 事件来处理从模板引发到该控件的控件事件。

下面我们通过具体的案例进一步学习 Repeater 控件的使用。

☞DEMO

新建 ASP.NET Web 应用程序，编写程序，使用 Repeater 控件实现 SQL Server Contacts 数据库 Contact 表中数据的分页显示及删除功能，页面运行效果如图 8-17 所示。（项目名称：RepeaterContactDemo）

联系人	电话	邮箱	分组	操作
张玉	13923081612	zhangyu@163.com	同事	删除
王安娜	13892281618	wangna@qq.com	大学同学	删除
周一鸣	15678999044	yming@qq.com	同事	删除
李小明	13862269891	xiao@qq.com	大学同学	删除
李明	13962269891	xiaoming@qq.com	网友	删除

<< < 1 2 > >>

图 8-17 运行效果

主要步骤如下。

（1）新建一个名为“RepeaterContactDemo”的 ASP.NET Web 应用程序。

（2）在 Visual Studio 中打开项目配置文件 Web.config，在 configuration 节点下增加连接字符串：

```
<connectionStrings>
  <add name="ConnectionString" connectionString="Data Source=.\sqlexpress;
  Initial Catalog= Contacts;uid=sa;pwd=sa" providerName="System.Data.
  SqlClient"/>
</connectionStrings>
```

（3）新建 Default.aspx 页面，把 Repeater 控件添加到页面上，切换到源视图，编写 Repeater 控件的布局、格式设置，代码如下：

```
<asp:Repeater ID="Repeater1" runat="server" OnItemCommand="Repeater1_
ItemCommand">
      <HeaderTemplate>
          <table>
              <tr>
                  <td>联系人
                  </td>
                  <td>电话
                  </td>
                  <td>邮箱
                  </td>
                  <td>分组
                  </td>
                  <td>操作</td>
              </tr>
      </HeaderTemplate>
      <ItemTemplate>
          <tr>
              <td>
                  <%#Eval("Name")%>
              </td>
              <td>
                  <%#Eval("Phone")%>
              </td>
              <td>
                  <%#Eval("Email")%>
              </td>
              <td>
                  <%#Eval("groupname")%>
              </td>
              <td>
                  <asp:LinkButton ID="btnDel" runat="server" OnClientClick=
                  'return confirm("确定删除?")'
                      CommandName="del" CommandArgument='<%# Eval("ID") %>'>
                      删 除</asp:LinkButton>
              </td>
          </tr>
      </ItemTemplate>
      <FooterTemplate>
          </table>
      </FooterTemplate>
</asp:Repeater>
```

同时，在页面头部编写表格样式：

```
<style type="text/css">
    table {
        border-collapse: collapse;
    }
    td {
        border: 1px solid black;
        height: 22px;
    }
</style>
```

（4）在项目中新建数据库操作类SqlDbHelper，该类的代码与8.1.8节完全相同，不在赘叙。

（5）由于Repeater控件本身不提供分页功能，所以我们在本项目中采用AspNetPager控件实现数据的分页显示。AspNetPager是一款优秀的开源分页控件（详见http://www.webdiyer.com/），使用该控件进行数据源分页，关键是设置该控件的RecordCount、StartRecordIndex和EndRecordIndex属性和处理PageChanged事件。在Visual Studio的工具箱中添加一个AspNetPager选项卡，然后在该选项卡下右击，在弹出的菜单中选择“选择项”，在出现的对话框中单击“浏览”按钮，找到本书提供的AspNetPager.dll，即把AspNetPager控件添加到工具箱。设置AspNetPager的PageSize属性为“5”，即每页显示5条记录。

（6）在Contacts数据库中编写所用的分页存储过程，代码如下：

```
create procedure GetPageData
(@startIndex int,
@endIndex int
)
as
begin
 with temptbl as (
SELECT ROW_NUMBER() OVER (ORDER BY contact.id )AS Row, contact.id,name,phone,
email,groupname from contact inner join contactgroup on contact.groupid=
contactgroup.id )
 SELECT * FROM temptbl where Row between @startIndex and @endIndex
End
```

（7）编写获取记录总数的GetRecordCount()方法：

```
int GetRecordCount()
{
    string sql = "select count(*) from contact";
    return Convert.ToInt32(SqlDbHelper.ExecuteScalar(sql));
}
```

（8）编写实现数据绑定的方法BindData()：

```
private void BindData()
{
    AspNetPager1.RecordCount = GetRecordCount();//总记录数
    string sql = "GetPageData";//分页存储过程名称
    SqlParameter[] sp ={new SqlParameter("@startIndex", AspN.StartRecordIndex),
                 new SqlParameter("@endIndex", AspN.EndRecordIndex)};
    DataTable dt = SqlDbHelper.ExecuteDataTable(sql, Come.StoredProcedure,
                 sp);
    Repeater1.DataSource = dt;
    Repeater1.DataBind();
}
```

（9）在Page_Load方法中调用BindData()方法：

```
if (!IsPostBack)
{
    BindData();
}
```

（10）处理AspNetPager控件的PageChanged事件：

```
protected void AspNetPager1_PageChanged(object sender, EventArgs e)
{
    BindData();
}
```

（11）处理 Repeater 控件的 ItemCommand 事件，当用户单击“删除”按钮时会触发该事件。

```
protected void Repeater1_ItemCommand(object source, RepemandEventArgs e)
{
    if(e.CommandName=="del")
    {
        int id = Convert.ToInt32(e.CommandArgument);
        string sql = "delete from Contact where id=@id";
        SqlParameter[] sp = {new SqlParameter("@id", id)};
        SqlDbHelper.ExecuteNonQuery(sql, CommandType.Text, sp);
        BindData();
    }
}
```

（12）运行程序，测试程序功能。

上面的项目中，我们通过 AspNetPager 控件结合分页存储过程实现了数据的分页显示，其思路是显示哪页数据，就从数据库中提取这一页的数据并提供给 Repeater 控件显示，从而提升了程序性能。

☞ACTIVITY

新建 ASP.NET Web 应用程序，编写程序，使用 Repeater 控件实现 SQL Server Products 数据库 Product 表中数据的分页显示及删除功能，页面运行效果如图 8-18 所示。（项目名称：RepeaterProductAct）

商品编号	商品名称	数量	单价	商品类别	操作
804396	（PHILIPS） 42PFL5525/T3 42英寸LED液晶电视	10	4399.0000	家电	删除
9787115253293	ASP.NET 4高级程序设计（第4版）	30	140.0000	图书	删除
814499	魅族 MX2 四核 16G 3G手机	36	2499.0000	手机	删除
762381	索尼(SONY) SVE14A28CCS 14.0	62	5999.0000	电脑	删除
FZ5001	里维斯牛仔10ZA款1	100	168.0000	服装	删除
NIKE6001	耐克篮球鞋-2013特别款	65	680.0000	运动	删除
764910	苹果（APPLE）iPhone 5 16G版 3G手机（白色）	108	4800.0000	手机	删除
SP89375637	英国朗视LIONSEE 双筒望远镜朗视8X25	20	399.0000	运动	删除
9787302241300	C#入门经典（第5版）	35	99.0000	图书	删除
SP94934837	Spalding斯伯丁74-221篮球	39	160.0000	服装	删除

<< < 1 2 > >>

图 8-18　运行效果

8.4　基于三层架构的项目开发技术

8.4.1　三层架构简介

传统的二层结构应用程序将用户界面、业务逻辑和数据访问代码混杂在一起，整个项目耦合度高，不易扩展。如果要把一个使用二层结构开发的 C/S 结构的软件扩展为 B/S 结构，因为操作数据库的代码和界面代码混杂在一起，改动工作是相当巨大的。而且不利于团队协作开发，开发人员必须对界面设计、业务逻辑、数据库编程各方面都非常熟悉。而三层架构可以将各层功能分开，分别进行设计。其中某一层发生了变化，只需要修改该层代码即可，不影响其他各层，易于维护和修改。且可以让界面设计人员、数据库编程人员等各司其职，有利于团队协作开发。二层及三层架构软件体系结构分别如图 8-19 和图 8-20 所示。

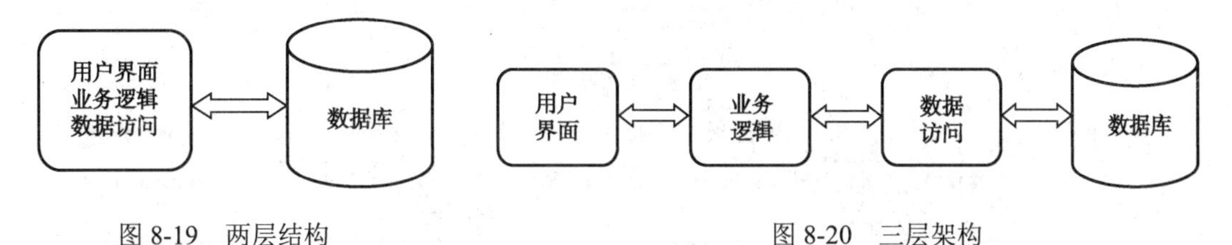

图 8-19　两层结构　　　　图 8-20　三层架构

“三层架构”一词中的“三层”是指：“表示层”、“业务逻辑层”和“数据访问层”。

（1）表示层：用于显示数据和接收用户输入的数据，为用户提供一种交互式操作的界面。表示层的常见形式为 Windows 窗体和 Web 页面。

（2）业务逻辑层：负责处理用户输入的信息，或者是将这些信息发送给数据访问层进行保存，或者是调用数据访问层中的方法再次读出这些数据。业务逻辑层也可以包括一些对“商业逻辑”描述代码在里面。

（3）数据访问层：负责访问数据库系统或文件，实现对数据的保存和读取操作。

表示层只提供软件系统与用户交互的接口；业务逻辑层是表示层和数据访问层之间的桥梁，负责数据处理和传递；数据访问层只负责数据的存取工作。使用三层架构开发项目，各层之间职责明确，降低了项目的耦合度，使项目维护起来相对容易。

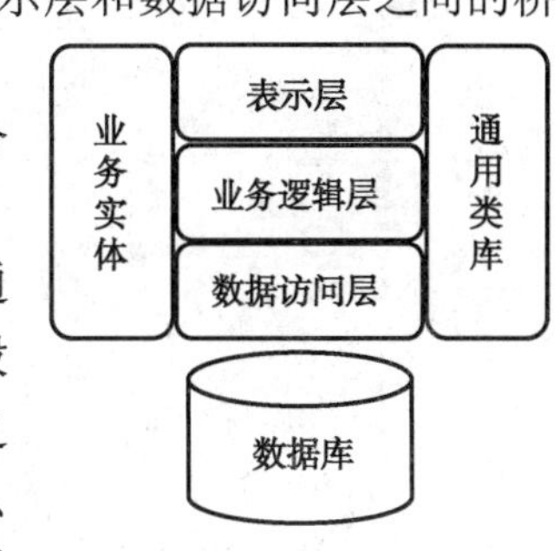

图 8-21　多层架构

在实际的项目开发中，还往往会用到业务实体层 Model 和通用类库层 Common。其中实体层用于封装实体类数据结构，一般用于映射数据库的数据表或视图，描述业务中的对象，在各层之间传递；通用类库层一般包含通用的辅助工具类，用于数据校验、数据加密、数据解密等。此时，三层架构会演变为如图 8-21 所示的多层架构。

8.4.2 基于三层架构的 ASP.NET 网站案例

下面我们通过具体的案例学习如何开发基于三层架构的 ASP.NET Web 应用程序。

☞DEMO

开发基于三层架构的 ASP.NET Web 应用程序，实现 SQL Server Contacts 数据库 Contact 表中数据的分页显示及删除功能，页面运行效果如图 8-22 所示，单击表格中的“编辑”按钮，可以进入编辑页面，如图 8-23 所示；单击页面上的“新增”按钮，可以进入录入页面，如图 8-24 所示。（项目名称：ThreeLayerContactDemo）

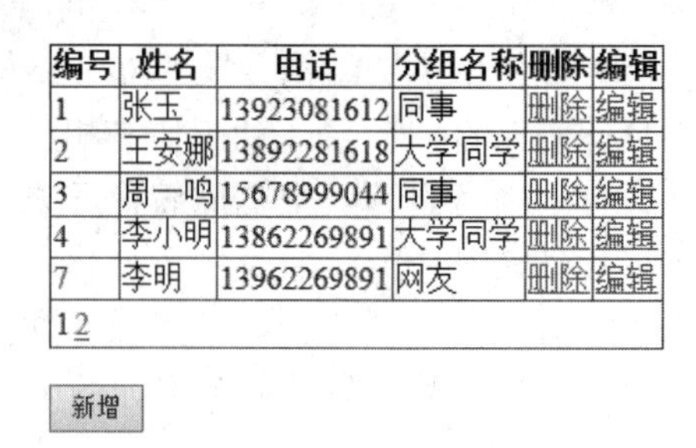

编号	姓名	电话	分组名称	删除	编辑
1	张玉	13923081612	同事	删除	编辑
2	王安娜	13892281618	大学同学	删除	编辑
3	周一鸣	15678999044	同事	删除	编辑
4	李小明	13862269891	大学同学	删除	编辑
7	李明	13962269891	网友	删除	编辑
1 2					

图 8-22　运行效果

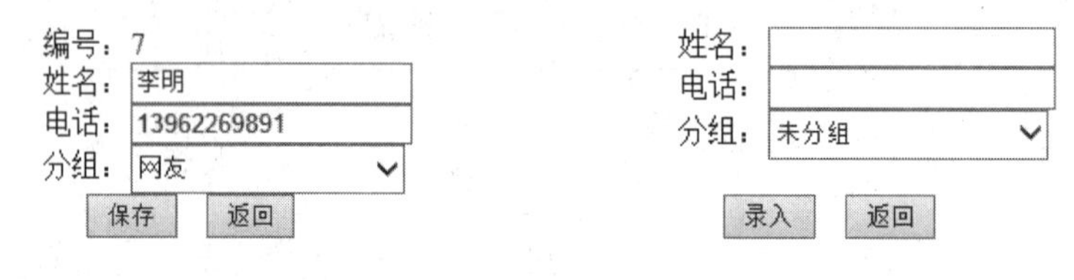

图 8-23　编辑页面

图 8-24　录入效果

主要步骤如下。

（1）新建一个名为“ThreeLayerContactDemo”的空白解决方案。如图 8-25 所示。

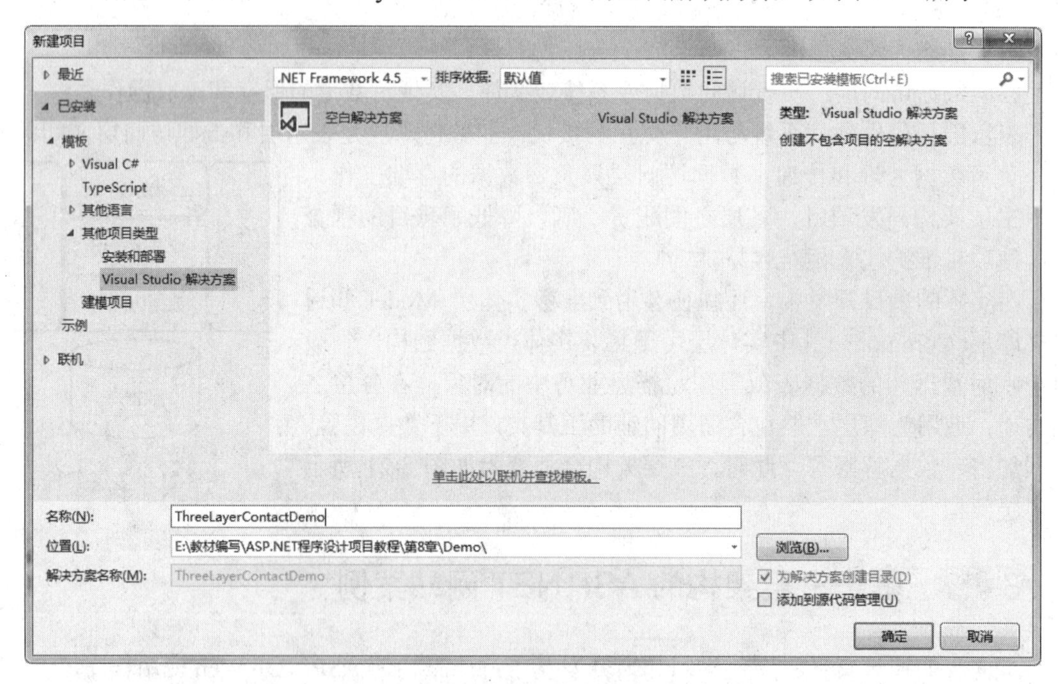

图 8-25　空白解决方案

（2）Visual Studio 中新建类库项目 DAL，如图 8-26 所示。继续添加类库项目 BLL、Model 以及 ASP.NET Web 应用程序 WebApp。整个解决方案中包含的项目及其说明如表 8.11 所示。

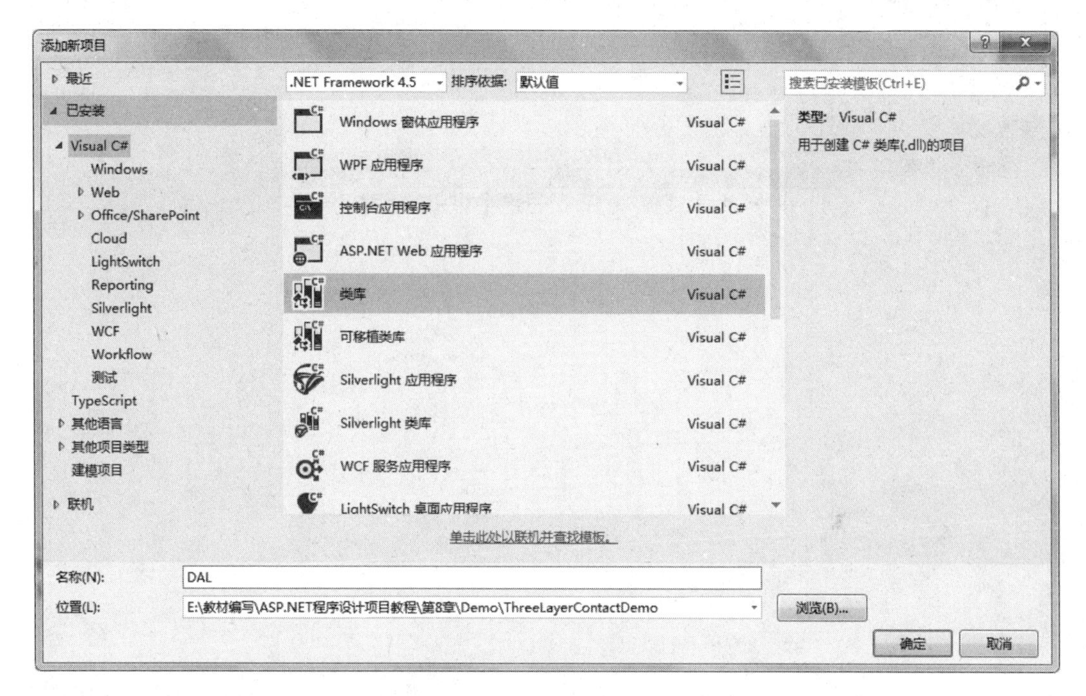

图 8-26　新建类库项目

表 8.11　解决方案包含的项目

项 目 名 称	说　明
WebApp	ASP.NET Web 应用程序，表示层
BLL	类库项目，业务逻辑层
DAL	类库项目，数据访问层
Model	类库项目，业务实体层

（3）采用三层架构开发软件，各层之间存在着依赖关系。因此，需要添加某一层对其他层的项目引用。

① 由于 Model 业务实体层用于在各层之间传递数据，所以需要添加数据访问层 DAL 类库项目对 Model 层的引用，如图 8-27 所示。

② 添加业务逻辑层 BLL 类库项目对 Model 层的引用。同时，由于业务逻辑层依赖于数据访问层，所以要添加 BLL 类库项目对 DAL 类库项目的引用。

③ 添加表示层 WebApp 对 Model 层的引用。同时由于表示层依赖于业务逻辑层，所以要添加表示层 WebApp 项目对业务逻辑层 BLL 类库项目的引用。

（4）编写 Model 层代码，新建类 Contact，代码如下：

```
public class Contact
{
    public int Id { get; set; }                  //编号
    public string Name { get; set; }   //姓名
    public string Phone { get; set; }  //电话
    public int GroupId { get; set; }   //分组编号
}
```

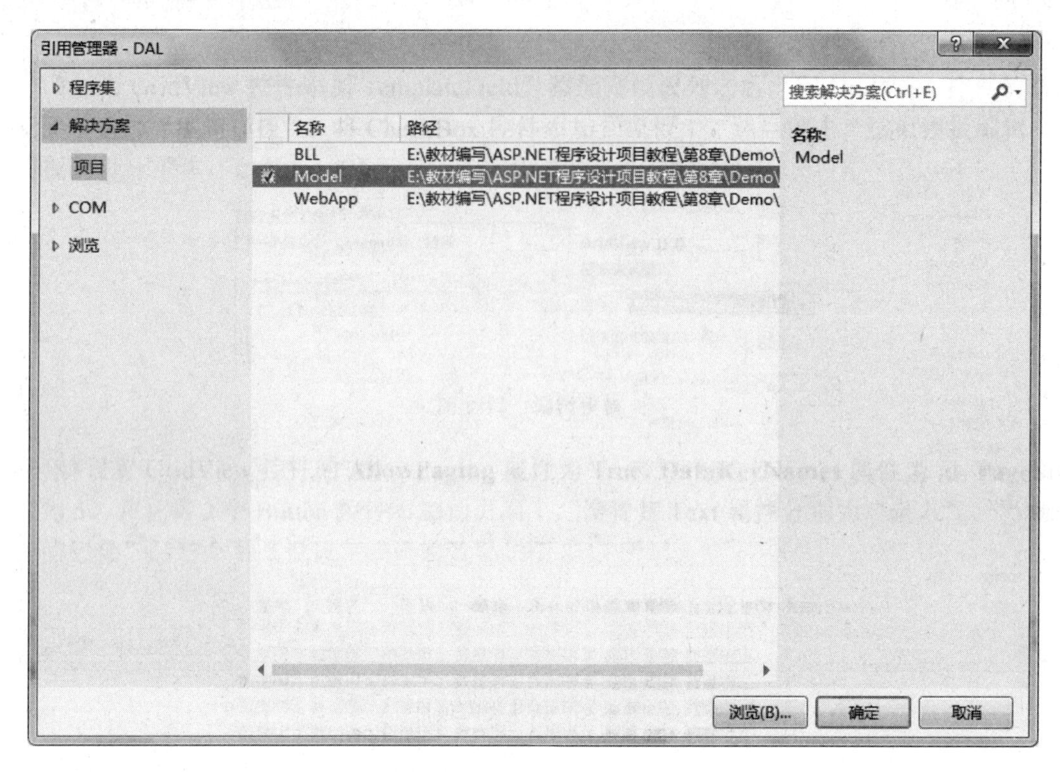

图 8-27　添加项目引用

（5）编写 DAL 层代码。

① 添加 DAL 层对程序集 System.Configuration 的引用，如图 8-28 所示。

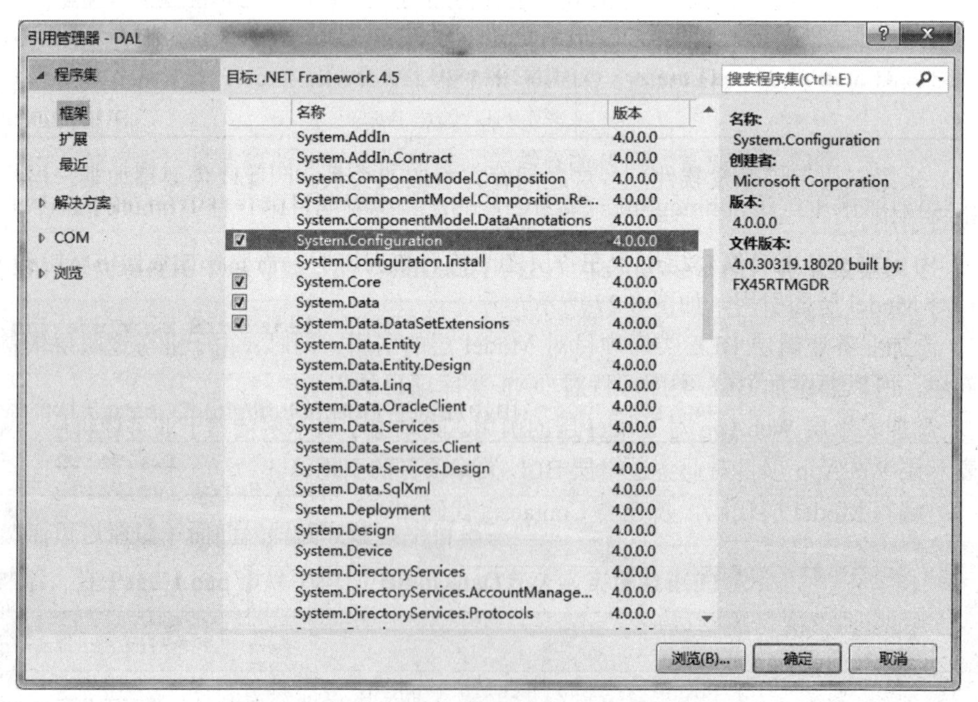

图 8-28　添加对程序集 System.Configuration 的引用

② 新建数据库操作类 SqlDbHelper，代码同 8.1.8，不在赘叙。

③ 新建类 ContactGroup，包含方法 GetAll()，用于获取所有的分组信息，代码如下

```
public class ContactGroup
{
    //返回 DataTable，查询分组编号、名称及备注
    public DataTable GetAll()
    {
        string sql = "select id,groupname,memo from ContactGroup";
        return SqlDbHelper.ExecuteDataTable(sql);
    }
}
```

④ 编写类 Contact，用于操作联系人信息，代码如下：

```
public class Contact
{
    //返回 DataTable，查询联系人编号、姓名、电话及所在分组名称
    public DataTable GetAll()
    {
        string sql = "select Contact.id,name,phone,groupname from Contact
        Inner join ContactGroup on Contact.GroupId=ContactGroup.id";
        return SqlDbHelper.ExecuteDataTable(sql);
    }
    //根据传入的联系人编号，删除该联系人信息
    public int Delete(int id)
    {
        string sql = "delete from contact where id=@id";
        SqlParameter[] sp = { new SqlParameter("@id", id) };
        return SqlDbHelper.ExecuteNonQuery(sql, CommandType.Text, sp);
    }
    //根据传入的联系人信息，保存到数据库中
    public int Add(Model.Contact model)
    {
        string sql = "insert into contact(name,phone,groupid) values(@name,
        @phone,@groupid)";
        SqlParameter[] sp ={new SqlParameter("@name",model.Name)
                         ,new SqlParameter("@phone",model.Phone)
                         ,new SqlParameter("@groupid",model.GroupId)};
        return SqlDbHelper.ExecuteNonQuery(sql, CommandType.Text, sp);
    }
    //根据传入的 Id，返回该联系人信息
    public Model.Contact GetContact(int id)
    {
        string sql = "select * from contact where id=@id";
        SqlParameter[] sp = { new SqlParameter("@id", id) };
        DataTable dt = SqlDbHelper.ExecuteDataTable(sql, CommandType.Text,
        sp);
        Model.Contact model = new Model.Contact();
        if (dt.Rows.Count > 0)
        {
            model.Id = Convert.ToInt32(dt.Rows[0]["id"]);
            model.Name = dt.Rows[0]["Name"].ToString();
            model.Phone = dt.Rows[0]["Phone"].ToString();
            model.GroupId = Convert.ToInt32(dt.Rows[0]["GroupId"]);
        }
        return model;
    }
```

```
    //根据传入的联系人信息，更新数据库
    public int Update(Model.Contact model)
    {
        string sql = "update contact set name=@name,phone=@phone,groupid=
        @groupid where id=@id";
        SqlParameter[] sp ={new SqlParameter("@name",model.Name)
                        ,new SqlParameter("@phone",model.Phone)
                        ,new SqlParameter("@groupid",model.GroupId)
                         ,new SqlParameter("@id",model.Id)};
        return SqlDbHelper.ExecuteNonQuery(sql, CommandType.Text, sp);
    }
}
```

（6）编写 BLL 层代码。

① 编写 ContactGroup 类，调用数据访问层的 GetAll 方法，返回所有的分组信息。

```
public class ContactGroup
{
    public DataTable GetAll()
    {
        DAL.ContactGroup dal = new DAL.ContactGroup();
        return dal.GetAll();
    }
}
```

② 编写 Contact 类，调用数据访问层的方法完成数据库操作。

```
public class Contact
{
    DAL.Contact dal = new DAL.Contact();
    public DataTable GetAll()
    {
        return dal.GetAll();
    }
    public int Delete(int id)
    {
        return dal.Delete(id);
    }
    public int Add(Model.Contact model)
    {
        return dal.Add(model);
    }
    public Model.Contact GetContact(int id)
    {
        return dal.GetContact(id);
    }
    public int Update(Model.Contact model)
    {
        return dal.Update(model);
    }
}
```

（7）完成 WebApp 项目的编写。

① 在 Visual Studio 中打开项目配置文件 Web.config，在 configuration 节点下增加连接字符串：

```
<connectionStrings>
  <add name="ConnectionString" connectionString="Data Source=.\sqlexpress;
  Initial Catalog= Contacts;uid=sa;pwd=sa" providerName="System.Data.
  SqlClient"/>
</connectionStrings>
```

② 新建 Default.aspx 页面，完成页面设计，其中 GridView 控件的前台代码如下：

```
<asp:GridView ID="GridView1" runat="server" AutoGenerateColumns="False"
    DataKeyNames="id" onrowdeleting="GridView1_RowDeleting" AllowPaging=
    "True" OnPageIndexChanging="GridView1_PageIndexChanging" PageSize="5">
    <Columns>
        <asp:BoundField DataField="Id" HeaderText="编号" />
        <asp:BoundField DataField="Name" HeaderText="姓名" />
        <asp:BoundField DataField="Phone" HeaderText="电话" />
        <asp:BoundField DataField="GroupName" HeaderText="分组名称" />
        <asp:CommandField HeaderText="删除" ShowDeleteButton="True" />
        <asp:HyperLinkField DataNavigateUrlFields="id"
           DataNavigateUrlFormatString="ContactEdit.aspx?id={0}"
           HeaderText="编辑"
            Text="编辑" />
    </Columns>
</asp:GridView>
```

③ 完成 Default.aspx 页面后台代码的编写。

首先添加对 System.Data 命名空间的引用：

```
using System.Data;
```

编写 Fill 方法，用于绑定 GridView 控件：

```
private void Fill()
{
    BLL.Contact bll = new BLL.Contact();
    DataTable dt = bll.GetAll();          //调用 BLL 层方法
    GridView1.DataSource = dt;
    GridView1.DataBind();
}
```

在 Page_Load 事件中调用 Fill 方法，完成数据的显示：

```
protected void Page_Load(object sender, EventArgs e)
{
    if (!IsPostBack)
    {
        Fill();
    }
}
```

处理 GridView 控件的 PageIndexChanging，完成数据的分页显示：

```
    protected void GridView1_PageIndexChanging(object sender,
GridViewPageEventArgs e)
    {
        GridView1.PageIndex = e.NewPageIndex;
        Fill();
    }
```

处理 GridView 控件的 RowDeleting，完成数据的删除功能：

```
protected void GridView1_RowDeleting(object sender, GridViewDeleteEventArgs e)
{
    int id = Convert.ToInt32(GridView1.DataKeys[e.RowIndex].Value);
    BLL.Contact bll = new BLL.Contact();
    bll.Delete(id);
    Fill();
}
```

处理“新增”按钮的单击事件：

```
protected void btnAdd_Click(object sender, EventArgs e)
{
    Response.Redirect("ContactAdd.aspx");
}
```

④ 新建 ContactAdd.aspx 页面，完成数据的录入。

首先添加对 System.Data 命名空间的引用：

```
using System.Data;
```

在 Page_Load 事件中调用 BLL 层 ContactGroup 类的 GetAll 方法，用于绑定分组下拉框：

```
protected void Page_Load(object sender, EventArgs e)
{
    if (!IsPostBack)
    {
        BLL.ContactGroup bll = new BLL.ContactGroup();
        DataTable dt = bll.GetAll();
        ddlGroup.DataTextField = "groupname";
        ddlGroup.DataValueField = "id";
        ddlGroup.DataSource = dt;
        ddlGroup.DataBind();
    }
}
```

处理“录入”按钮的单击事件，调用 BLL 层 Contact 类的 Add 方法显示数据录入功能：

```
protected void btnAdd_Click(object sender, EventArgs e)
{
    Model.Contact model = new Model.Contact();
    model.Name = txtName.Text;
    model.Phone = txtPhone.Text;
    model.GroupId = Convert.ToInt32(ddlGroup.SelectedValue);
    BLL.Contact bll = new BLL.Contact();
    bll.Add(model);
    Response.Redirect("Default.aspx");
}
```

处理“返回”按钮的单击事件：

```
protected void btnCancel_Click(object sender, EventArgs e)
{
    Response.Redirect("Default.aspx");
}
```

⑤ 新建 ContactEdit.aspx 页面，完成数据修改功能。

首先添加对 System.Data 命名空间的引用：

```
using System.Data;
```

在 Page_Load 事件中调用 BLL 层 ContactGroup 类的 GetAll 方法绑定分组下拉框，并通过 BLL 层的 Contact 类的 GetContact 方法，显示联系人信息：

```
protected void Page_Load(object sender, EventArgs e)
{
    string id = Request.QueryString["id"];
    if (string.IsNullOrEmpty(id))
    {
        Response.Redirect("Default.aspx");
    }
    lblId.Text = id;
    if (!IsPostBack)
    {
        BLL.ContactGroup bll = new BLL.ContactGroup();
        DataTable dt = bll.GetAll();
        ddlGroup.DataTextField = "groupname";
        ddlGroup.DataValueField = "id";
        ddlGroup.DataSource = dt;
        ddlGroup.DataBind();
        //根据 id，显示该联系人详细信息
        BLL.Contact contact = new BLL.Contact();
        Model.Contact model = contact.GetContact(Convert.ToInt32(id));
        txtName.Text = model.Name;
        txtPhone.Text = model.Phone;
        ddlGroup.SelectedValue = model.GroupId.ToString();
    }
}
```

处理“保存”按钮的单击事件，调用 BLL 层 Contact 类的 Update 方法实现数据更新功能：

```
protected void btnSave_Click(object sender, EventArgs e)
{
    Model.Contact model = new Model.Contact();
    model.Id = Convert.ToInt32(lblId.Text);
    model.Name = txtName.Text;
    model.Phone = txtPhone.Text;
    model.GroupId = Convert.ToInt32(ddlGroup.SelectedValue);
    BLL.Contact contact = new BLL.Contact();
    contact.Update(model);
    Response.Redirect("Default.aspx");
}
```

处理“返回”按钮的单击事件：

```
protected void btnCancel_Click(object sender, EventArgs e)
{
    Response.Redirect("Default.aspx");
}
```

（8）运行程序，测试程序功能。

使用三层架构开发项目，表示层仅仅负责接收及显示数据，数据访问层仅仅负责对数据的访问操作，而由业务逻辑层根据业务需求来调用数据访问层的方法。各层之间职责明确，实现了层内部的高内聚，降低了层与层之间的耦合度，使项目易于维护和扩展。

☞ACTIVITY

开发基于三层架构的 ASP.NET Web 应用程序，实现 SQL Server Products 数据库 Product 表中数据的分页显示及删除功能，页面运行效果如图 8-29 所示，单击表格中的“编辑”按钮，可以进入编辑页面，如图 8-30 所示；单击页面上的“录入”按钮，可以进入录入页面，如图 8-31 所示。（项目名称：ThreeLayerProductAct）

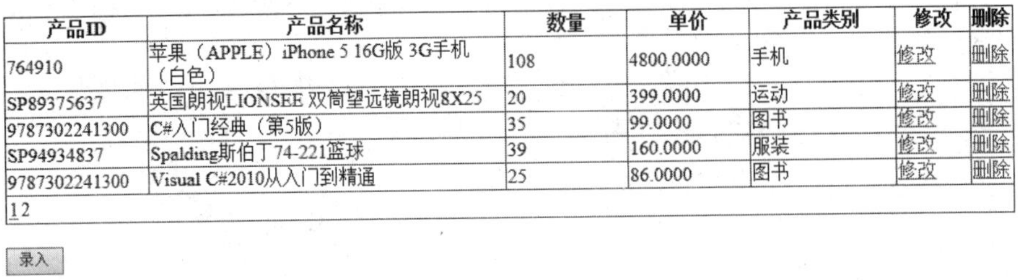

产品ID	产品名称	数量	单价	产品类别	修改	删除
764910	苹果（APPLE）iPhone 5 16G版 3G手机（白色）	108	4800.0000	手机	修改	删除
SP89375637	英国朗视LIONSEE 双筒望远镜朗视8X25	20	399.0000	运动	修改	删除
9787302241300	C#入门经典（第5版）	35	99.0000	图书	修改	删除
SP94934837	Spalding斯伯丁 74-221篮球	39	160.0000	服装	修改	删除
9787302241300	Visual C#2010从入门到精通	25	86.0000	图书	修改	删除
1 2						

录入

图 8-29　运行效果

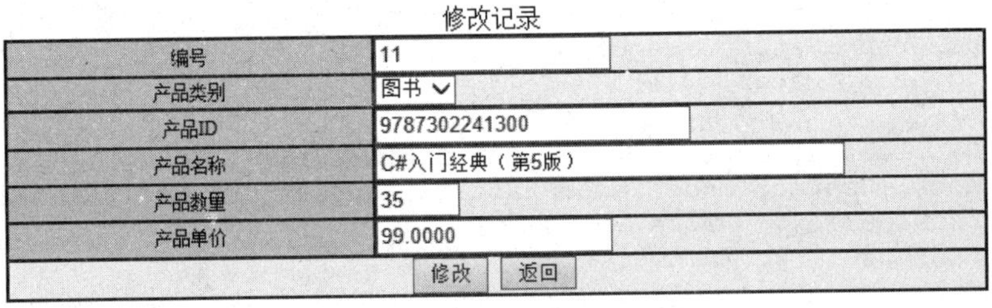

修改记录

编号	11
产品类别	图书
产品ID	9787302241300
产品名称	C#入门经典（第5版）
产品数量	35
产品单价	99.0000
修改　返回	

图 8-30　编辑页面

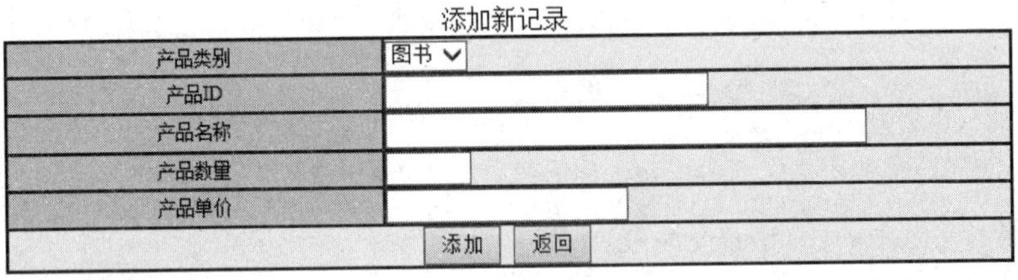

添加新记录

产品类别	图书
产品ID	
产品名称	
产品数量	
产品单价	
添加　返回	

图 8-31　录入效果

8.5　课外 Activity

1. 编写 ASP.NET Web 应用程序 BBSHomeAct，开发一个留言板，实现用户留言及留言查看功能，如图 8-32 所示。

2. 把本书提供的 aspnetdb 数据附加到 SQL Server 中，编写 ASP.NET Web 应用程序 StudentScoreHomeAct，实现学生成绩的分页显示、修改、录入、删除，页面运行效果如图 8-33 所示。单击页面上的“增加”按钮，可以进入录入页面，如图 8-34 所示。单击表格中的“修改 xxx 的成绩”按钮，可以进入修改页面，如图 8-35 所示。

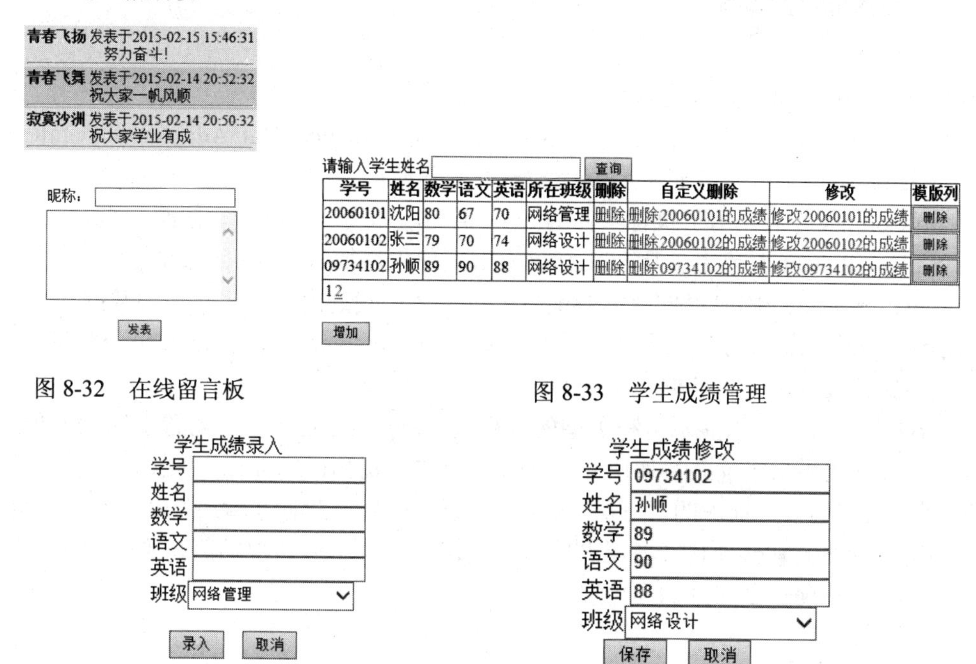

图 8-32　在线留言板

图 8-33　学生成绩管理

图 8-34　学生成绩录入

图 8-35　学生成绩修改

3．把本书提供的 MySchool 数据附加到 SQL Server 中，编写基于三层架构的 ASP.NET Web 应用程序 ThreeLayerSubjectMngHomeAct，实现科目信息的显示、修改、录入、删除，页面运行效果如图 8-36 所示。单击页面上的“新增”按钮，可以进入录入页面，如图 8-37 所示。单击表格中的“编辑”按钮，可以进入编辑页面，如图 8-38 所示。

科目编号	科目名称	学时	所属年级	编辑	删除
8	进入软件编程世界	14	S1	编辑	删除
9	使用SQL Server管理和查询数据	20	S1	编辑	删除
12	使用HTML语言开发商业站点	20	S1	编辑	删除

新增

图 8-36　科目管理

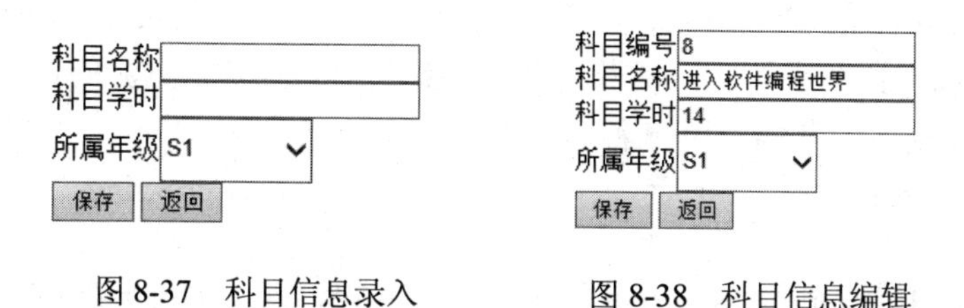

图 8-37　科目信息录入

图 8-38　科目信息编辑

8.6 本章小结

本章我们主要学习了如下内容：

1．ADO.NET 包括 4 个核心对象：Connection、Command、DataAdapter 和 DataReader；

2．SqlConnection 对象用于连接 SQL Server 数据库；

3．SqlCommand 对象用于执行具体的 SQL 语句，如增加、删除、修改、查找；

4．SqlDataReader 对象用来从 SQL Server 数据库中获取只读、只进的数据；

5．DataSet 是一个临时存储数据的地方，位于客户端的内存中。它不和数据库直接打交道，而是通过 DataAdapter 对象来填充数据。SQLDataAdapter 对象是 DataSet 和 SQL Server 数据库之间的桥梁，用来将数据填充到 DataSet 中；

6．GridView 控件可以显示多种类型的表格列；Repeater 控件没有内置的布局或样式，因此必须在该控件的模板内显式声明所有的布局、格式设置和样式标记。

7．“三层架构”一词中的“三层”是指：“表示层”、“业务逻辑层”和“数据访问层”。使用三层架构开发的软件项目，各层之间职责明确，实现了层内部的高内聚，降低了层与层之间的耦合度，使项目易于维护和扩展。

8.7 技能知识点测试

1．（　　）对象提供与数据源的连接。

A．SqlConnection　　B．SqlCommand

C．SqlDataReader　　D．SqlDataAdapter

2．（　　）对象用于返回数据、修改数据、运行存储过程及发送或检索参数信息的数据库命令。

A．SqlConnection　　B．SqlCommand

C．SqlDataReader　　D．SqlDataAdapter

3．使用（　　）对象可以将 SQL Server 中的数据填充到 DataSet 中。

A．SqlConnection　　B．SqlCommand

C．SqlDataReader　　D．SqlDataAdapter

4．Connection 对象的（　　）属性：设置或获取用于打开数据源的连接字符串，给出了数据源的位置、数据库的名称、用户名、密码以及打开方式等。

A．DataSource　　B．ConnectionString

C．State　　D．Database

5．（　　）方法用于执行统计查询，执行后只返回查询所得到的结果集中第一行的第一列，忽略其他的行或列。

A．ExecuteReader()　　B．ExecuteScalar()

C．ExecuteSql()　　D．ExecuteNonQuery()

6．（　　）方法用于执行不需要返回结果的 SQL 语句，如 Insert、Update、Delete 等，执行后返回受影响的记录的行数。

A．ExecuteReader()　　　　B．ExecuteScalar ()

C．ExecuteSql()　　　　D．ExecuteNonQuery()

第 9 章

主题、用户控件和母版页

教学目标

通过本章的学习，掌握主题、用户控件及母版页的相关技术，合理运用以创建风格一致的多个网页，实现站点的一致外观。

知识点

1．主题
2．用户控件
3．母版页

技能点

1．主题的目录结构
2．同一控件多种定义的方法
3．使用用户控件
4．将 Web 窗体页转换为用户控件
5．母版页和内容页的作用和使用
6．将 Web 页应用到母版页的转换技巧

重点难点

1．主题的结构安排和基本使用方法
2．用户控件的使用方法
3．母版页的工作机制和使用方法

专业英文词汇

1．App_Themes：______________________________
2．User Control：______________________________
3．.ascx：______________________________
4．Master Page：______________________________
5．.master：______________________________
6．ContentPlaceHolder：______________________________

9.1　主题、用户控件和母版页概述

在 Internet 上很少看到没有统一风格的网站。统一的风格通常体现在以下方面。

- 一个公共标题和整个站点的菜单系统。
- 页面左边的导航条，提供一些页面导航选项。
- 提供版权信息的页脚和一个用于联系网管的二级菜单。
- 相似的色彩、字体。

这些元素将显示在所有页面上，它们不仅提供了最基本的功能，而且这些元素的统一风格也使得用户意识到他们仍处于同一个站点内。

随着网站功能的增强，网站逐渐变得庞大起来。现在一个网站包括几十、上百个网页已是常事。这种情况下，如何简化对众多网页的设计和维护，特别是如何解决好对一批具有同一风格网页界面的设计和维护，就成为比较普遍的难题。ASP.NET 提供的主题、用户控件和母版页技术，从统一控件的外貌，局部到全局风格的一致，提供了最佳的解决方案。

同一个网站，即使由再多的网页组成，每个网页也都应该具有一致的风格。例如，浏览某软件公司网站，如图 9-1 和图 9-2 所示。

图 9-1　某软件公司网站首页

图 9-2　某软件公司网站二级页面

它的首页和内容页，虽然信息内容不同，但从颜色、结构、导航等各方面来看大体是一致的，这就是风格一致。

9.2 主题和皮肤

主题（Theme），是自 ASP.NET 2.0 起提供的一种技术，利用主题可以为一批服务器控件定义外貌。例如，可以定义一批 TextBox 或者 Button 服务器控件的底色、前景色，或者定义 GridView 控件的头模板、尾模板样式等。系统为创建主题制定了一些规则，但没有提供什么特殊的工具。这些规则是：对控件显示属性的定义必须放在以.skin 为扩展名的皮肤文件中，而皮肤文件必须放在“主题”目录下，而“主题”目录又必须放在专用目录“App_Themes”下。

每个专用目录下可以放多个主题目录；每个主题目录下可以放多个皮肤文件。只有遵守这些规定，在皮肤文件中定义的显示属性才能够起作用。

1．主题使用中的几个注意事项

（1）不是所有的控件都支持使用主题和皮肤定义外貌，有的控件（如 LoginView，UserControl 等）不能用.skin 文件定义。

（2）能够定义的控件也只能定义它们的外貌属性，其他行为属性（如 AutoPostBack 属性等）不能在这里定义。

（3）在同一个主题目录下，不管定义了多少个皮肤文件，系统都会自动将它们合并成为一个文件。

（4）项目中凡需要使用主题的网页，有两种设置方式。一种是通过在程序中对 Page.Theme 赋值进行动态更改主题，需要注意的是，只能在 Page_PreInit 事件中对 Page.Theme 进行赋值。另一种是在设计中，单击网页空白处，选择 DOCUMENT 对应的【属性】窗口，为 Theme 属性选择对应的主题。对应的源代码是在网页首行定义语句中增加“Theme="主题目录"”的属性。例如：<%@ Page Theme="Themes1"%>。

（5）在设计阶段，看不出皮肤文件中定义的作用，只有当程序运行时，在浏览器中才能够看到控件外貌的变化。

2．同一控件多种定义的方法

有时需要对同一种控件定义多种显示风格，此时可以在皮肤文件中，在控件显示的定义中用 SkinID 属性来区别。例如，若在主题 Theme1 里的皮肤文件 TextBox.skin 中，对 TextBox 的显示定义了 3 种显示风格。

```
<asp:TextBox  BackColor="Green" Runat="Server"/>
<asp:TextBox  SkinID="BlueTextBox" BackColor="Blue" Runat="Server"/>
<asp:TextBox  SkinID="RedTextBox" BackColor="Red" Runat="Server"/>
```

其中第一个定义为默认的定义，中间不包括 SkinID。该定义将作用于所有不注明 SkinID 的 TextBox 控件。第二和第三个定义中都包括 SkinID 属性，这些定义只能作用于 SkinID 相同的 TextBox 控件。在网页中为了使用主题，应该做出相应的定义。例如：

```
<%@ Page Language="C#" AutoEventWireup="true" CodeFile="Default2.aspx.cs"
Inherits="Default2" Theme=" Theme1" %>
<!DOCTYPE html PUBLIC "-//W3C//DTD XHTML 1.0 Transitional//EN"
"http://www.w3.org/TR/xhtml1/DTD/xhtml1-transitional.dtd">
<html xmlns="http://www.w3.org/1999/xhtml" >
<head runat="server">
  <title>无标题页</title>
</head>
<body>
  <form id="form1" runat="server">
    <asp:TextBox ID="TextBox1" runat="server"></asp:TextBox><br />
    <asp:TextBox ID="TextBox2" runat="server" SkinID="BlueTextBox">
    </asp:TextBox>
    <br />
    <asp:TextBox ID="TextBox3" runat="server" SkinID="RedTextBox">
    </asp:TextBox>
  </form>
</body>
</html>
```

程序运行中 3 个 TextBox 控件分别显示不同的风格。效果如图 9-3 所示。

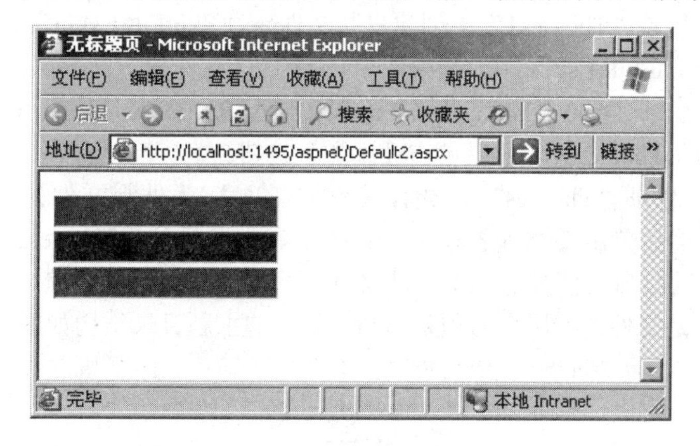

图 9-3　不同定义下的 3 个 TextBox 控件

大部分控件都有一个 SkinID 的属性，可以在设计视图的【属性】窗口中选择相应皮肤。

3．将主题文件应用于整个网站

为了将主题文件应用于整个网站，可以在根目录下的 Web.config 中进行定义。例如，要将 Theme1 主题目录应用于网站所有页面，在 Web.config 文件中定义如下。

```
<configuration>
  <system.web>
    <pages Theme=" Theme1" />
  </system.web>
</configuration>
```

这样就不必在每个网页中分别定义了。

☞DEMO

通过主题技术，使得同一个网页能够轮换显示两种不同的外观效果。网页初始效果如图 9-4 所示。单击【Button】按钮后显示效果如图 9-5 所示。（网站名称：ThemeDemo）

图 9-4　网页初始效果

图 9-5　单击【Button】按钮后网页效果

主要步骤如下

（1）新建 ASP.NET 空网站。在【解决方案资源管理器】窗口内右击网站目录，选择【添加 ASP.NET 文件夹】|【主题】命令。系统将会在应用程序的根目录下自动生成一个专用目录“App_Themes”，并且在这个专用目录下新建了一个默认名为“主题 1”的子目录，即主题目录，这里给该主题目录改名为“Themes1”。

（2）右击主题目录“Themes1”，选择【添加新项】命令，在弹出的【添加新项】窗口中选择【外观文件】(也称为皮肤文件)命令，名称改为“SkinFile1.skin”，然后单击【添加】按钮。系统将在主题目录“Themes1”下创建皮肤文件“SkinFile1.skin”。同时，主工作区内将自动打开文件“SkinFile1.skin”以供编辑。

（3）右击专用目录“App_Themes”，选择【添加 ASP.NET 文件夹】|【主题】命令，将默认主题目录名改为“Themes2”，然后单击【添加】按钮。

（4）右击主题目录“Themes2”，选择【添加新项】|【外观文件】命令，将名称改为“SkinFile2.skin”，然后单击【添加】按钮。系统将在主题目录“Themes2”下创建皮肤文件“SkinFile2.skin”。同时自动打开，编辑皮肤文件。每个主题目录下各有一个皮肤文件。皮肤文件可以改名，但是文件的扩展名必须是.skin。最终的主题目录结构如图 9-6 所示。

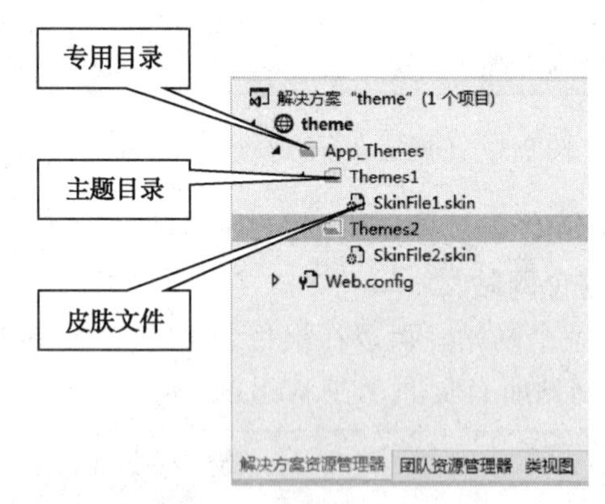

图 9-6　主题目录结构

（5）为皮肤文件 SkinFile1.skin 输入如下代码：

```
<asp:Button  BackColor="Orange"  ForeColor="DarkGreen" Font-Bold="true"
Runat="server"/>
<asp:TextBox BackColor="Orange" ForeColor="DarkGreen" Runat="server" />
<asp:Label BackColor="Orange" ForeColor="DarkGreen" Runat="server" />
```

说明：以上代码设置了 TextBox、Label 和 Button 控件的背景色为 Orange，前景色定义成 DarkGreen。对 Button 控件的字体定义成粗体。

（6）为皮肤文件 SkinFile2.skin 输入如下代码：

```
    <asp:Button    BackColor="Blue"    ForeColor="White"  Font-Italic="true"
Runat="server"/>
    <asp:TextBox BackColor="Blue" ForeColor="White" Runat="server" />
    <asp:Label BackColor="Blue" ForeColor="White" Runat="server" />
```

说明：以上代码设置了 TextBox、Label 和 Button 控件的背景色为 Blue，前景色定义成 White。对 Button 控件的字体定义成斜体。

（7）打开 Default.aspx 网页的设计视图，从工具箱中拖入一个文本框控件、一个标签控件和一个按钮控件。修改标签控件的 text 属性为“单击按钮看不同网页效果”。

（8）在 Default.aspx 网页的设计视图中单击右键，选中【查看代码】按钮，进入代码视图，在类“public partial class _Default : System.Web.UI.Page”的一对{}之间输入如下代码。

```
protected void Page_PreInit(object sender, EventArgs e)
{
    if (Session["status"] == null)
        {
            Page.Theme = "Themes1";
            Session["status"] = "set";
        }
    else
        {
            Page.Theme = "Themes2";
            Session["status"] = null;
        }
}
```

添加代码后如图 9-7 所示。

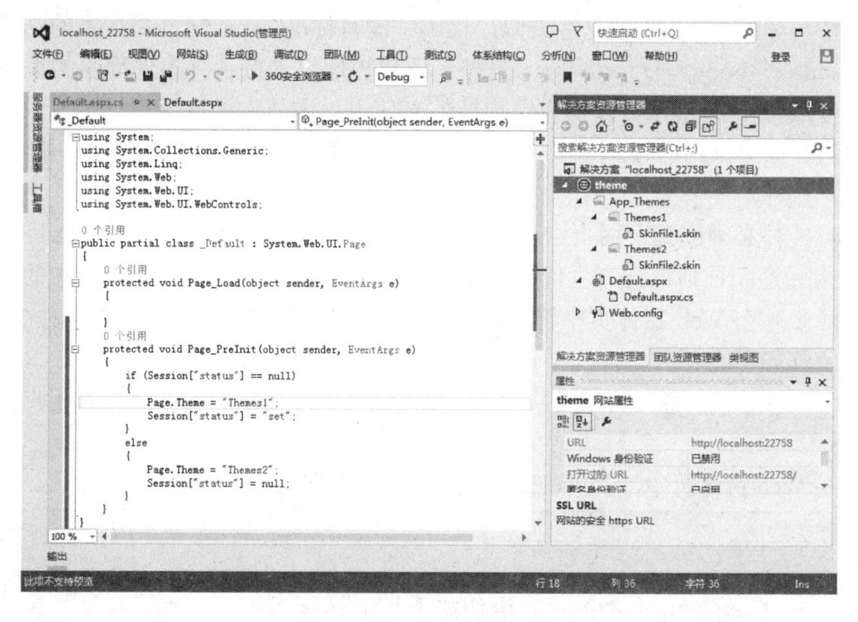

图 9-7　在代码视图添加程序

（9）运行网站，即得到图 9-4 和图 9-5 所示效果。

9.3 用户控件

用户控件（User Control）是一种自定义的组合控件，通常由系统提供的可视化控件组合而成。在用户控件中不仅可以定义显示界面，还可以编写事件处理代码。当多个网页中包括相同部分的用户界面时，可以将这些相同的部分提取出来，做成用户控件。这一点与 Dreamweaver 中“库”的概念类似。

一个网页中可以放置多个用户控件。通过使用用户控件不仅可以减少编写代码的重复劳动，还可以使得多个网页的显示风格一致。更为重要的是，一旦需要改变这些网页的显示界面，只需要修改用户控件本身，经过编译后，所有网页中的用户控件都会自动跟着变化。用户控件本身就相当于一个小型的网页，同样可以为它选择单文件模式或者代码分离模式。然而用户控件与网页之间还是存在着一些区别，这些区别如下。

（1）用户控件文件的扩展名为.ascx 而不是.aspx。

（2）在用户控件中不能包含 <HTML> 、 <BODY> 和 <FORM> 等定义整体页面属性的 HTML 标签。

（3）用户控件可以单独编译，但不能单独运行。只有将用户控件嵌入到.aspx 文件中时，才能随 ASP.NET 网页一起运行。

除此以外，用户控件与网页非常相似。在用户控件使用时要注意，用户控件只能在同一应用程序的网页中共享。就是说，应用项目的多个网页中可以使用相同的用户控件，而每一个网页可以使用多种不同的用户控件。如果一个网页中需要使用多个用户控件时，最好先进行布局，然后再将用户控件分别拖到相应的位置。在设计阶段，有的用户控件并不会充分展开，而是被压缩成小长方形，此时它只起占位的作用。程序运行时才会自动展开。

用户控件与标准 aspx 网页非常类似，代码中没有标准 aspx 网页那么多的结构标签，如<html>、<head>、<body>、<form>等。另外，用户控件也支持各种事件程序的编写。

另外，可以将 Web 窗体页转换为用户控件来使用。这是为了将该窗体转换成为可重用的控件。由于两者原本采用的技术就非常相似，因此只需要做一些较小的改动即能将 Web 窗体改变成为用户控件。

由于用户控件必须嵌套于网页中运行，因此在用户控件中就不能包括<html>、<body>和<form>等结构标签，否则将会产生代码重复的错误。转换中必须移除窗体页中的这些标记。除此以外，还必须在 Web 窗体页中将 ASP.NET 指令类型从“@Page”更改为“@Control。”具体转换的步骤如下。

在代码(隐藏)文件中将类的基类从 Page 更改为 UserControl 类。这表明用户控件类是从 UserControl 类继承的。

例如，在 Web 窗体页中，类 welcome 是从 Page 类继承的，语句如下。

```
public partial class welcome: System.Web.UI.Page
```

现在改为从 UserControl 类继承，语句如下。

```
public partial class welcome: System.Web.UI.UserControl
```

在.aspx 文件中删除所有<html>、<head>、<body>和<form>等标记。

将 ASP.NET 的指令类型从“@Page”更改为“@Control”。

更改 Codebehind 属性来引用控件的代码(隐藏)文件(ascx.cs)。

将.aspx 文件扩展名更改为.ascx。

☞DEMO

使用用户控件为网站首页下方添加页脚内容“技术支持：软件工程中心，建议使用 IE8.0 以上版本访问本站，CopyRight by szit.edu.cn”，首页最终显示效果如图 9-8 所示。（网站名称：UserControlFootDemo）

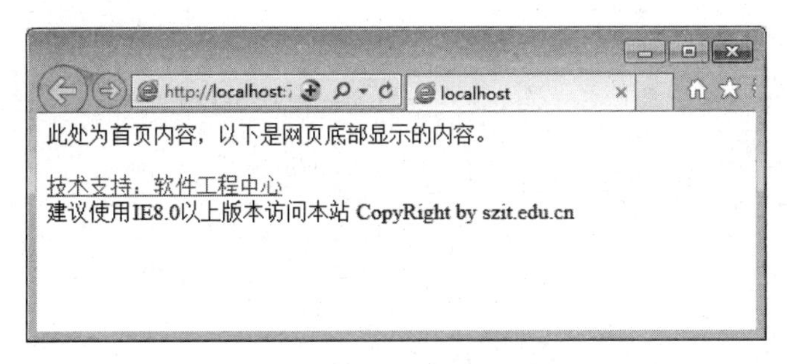

图 9-8　在代码视图添加程序

主要步骤如下。

（1）新建一个 ASP.NET 空网站。添加 Web 窗体文件 Default.aspx。

（2）右击网站中的目录，选择【添加新项】命令，在打开的对话框中选择【Web 用户控件】选项，将默认名称“WebUserControl.ascx”修改为“WebFoot.ascx”，再单击【添加】按钮。

（3）系统自动创建用户控件 WebFoot.ascx，并在主工作区打开。

（4）切换到用户控件 WebFoot.ascx 的设计视图，从工具箱拖入一个 HyperLink 控件，设置 Width 属性为 300px；再从工具箱拖入一个 Label 控件。通过【属性】窗口设置 Label 控件的 Text 属性为“建议使用 IE8.0 以上版本访问本站 CopyRight by szit.edu.cn”，并设置 Width 属性为 500px。设计效果如图 9-9 所示。

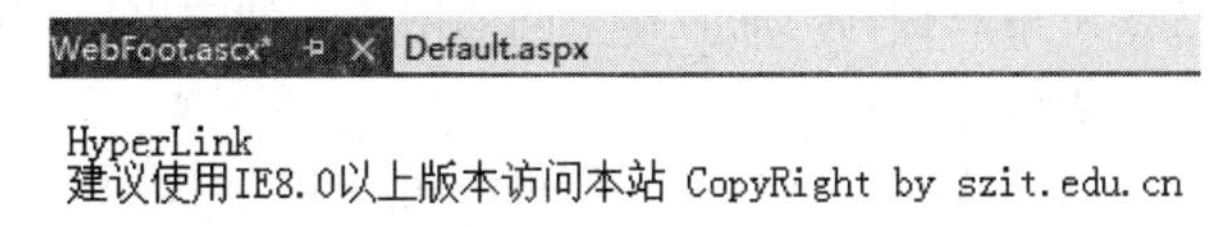

图 9-9　用户控件 WebFoot.ascx 设计效果

查看用户控件的代码如下：

```
<%@ Control Language="C#" AutoEventWireup="true" CodeFile="WebFoot.ascx.
cs" Inherits="WebFoot" %>
<asp:HyperLink ID="HyperLink1" runat="server" Width="300px">HyperLink</asp:
HyperLink>
<asp:Label ID="Label1" runat="server" Text="建议使用 IE8.0 以上版本访问本站
CopyRight by szit.edu.cn" Width="500px"></asp:Label>
```

用户控件的内容直接就放在<%@ Control Language="C#" AutoEventWireup="true" CodeFile=" WebFoot.ascx.cs" Inherits=" WebFoot " %>的下面就可以了。

（5）双击该页面空白处，在代码视图的页载入事件“protected void Page_Load(object sender, EventArgs e)”一对{}之间输入下面的程序代码。

```
HyperLink1.Text = "技术支持：软件工程中心";
HyperLink1.NavigateUrl = "http://jseec.szit.edu.cn/";
```

（6）打开 Default.aspx 页，切换到设计视图，输入文字“此处为首页内容，以下是网页底部显示的内容”，再从【解决方案资源管理器】窗口中将用户控件文件 WebFoot.ascx 拖到下一行的位置。查看 Default.aspx 的源代码：

```
<%@ Page Language="C#" AutoEventWireup="true" CodeFile="Default.aspx.cs"
Inherits="_Default" %>
<%@ Register src="WebFoot.ascx" tagname="WebFoot" tagprefix="uc1" %>
<!DOCTYPE html>
<html xmlns="http://www.w3.org/1999/xhtml">
<head runat="server">
<meta http-equiv="Content-Type" content="text/html; charset=utf-8"/>
    <title></title>
</head>
<body>
    <form id="form1" runat="server">
    <div>
            此处为首页内容，以下是网页底部显示的内容。<br />
    </div>
        <uc1:WebFoot ID="WebFoot1" runat="server" />
    </form>
</body>
</html>
```

其中语句：

```
<%@ Register src="WebFoot.ascx" tagname="WebFoot" tagprefix="uc1" %>
```

代表用户控件已经在.aspx 中注册。语句中各个标记的含义如下。

TagPrefix：代表用户控件的命名空间（这里是 uc1），它是用户控件名称的前缀。如果在一个.aspx 网页中使用了多个用户控件，而且在不同的用户控件中出现了控件重名的现象时，命名空间是用来区别它们的标志。

TagName：是用户控件的名称，它与命名空间一起来唯一标识用户控件，如代码中的“uc1:copyright”。

Src：用来指明用户控件的虚拟路径。

语句<uc1:WebFoot ID="WebFoot1" runat="server" />即是用户控件本身的标签。

（7）浏览 Default.aspx 页，即得到如图 9-8 所示效果。

☞ACTIVITY

完成有用户名和密码的登录验证的内容页。显示效果自己设定。（网站名称：UserControlLoginInAct）

9.4　母版页

母版页（MasterPage）的作用类似 Dreamweaver 中的“模板”。都是为网站中的各网页创建一个通用的外观。它是一个以.master 为扩展名的文件。在母版页中可以放入多个标准控件并编写相应的代码，同时还给各窗体页留出一处或多处的“自由空间”。

一个网站可以设置多种类型的母版页，以满足不同显示风格的需要。母版页与用户控件之间的最大区别在于，用户控件是基于局部的界面设计，而母版页是基于全局的界面设计。用户控件只能在某些局部上使各网页的显示取得一致，而母版页却可以在整体的外观上取得一致。用户控件通常被嵌入到母版页中一起使用。

（1）母版页的工作机制。

母版页定义了所有基于该页面的网页使用的风格。它是页面风格的最高控制，指定了每个页面上的标题应该多大、导航功能应该放置在什么位置、以及在每个页面的页脚中应该显示什么内容（类似地将各页面按功能进行形状切割）。母版页包含了一些可用于站点中所有网页的内容，如所有可以在这里定义标准的版权页脚，站点顶部的主要图标等。一旦定义好母版页的标准特性之后，接下来将添加一些内容占位符（ContentPlaceHolder），这些内容占位符将包含不同的页面。

每个内容页都以母版页为基础，开发人员将在内容页为每个网页添加具体的内容。内容页可以包含文本、标签和服务器控件。当某个内容页被浏览器请求时，该内容页将和它的母版页组合成一个虚拟的完整的网页（在母版页中特定的占位符中包含内容页内容），然后将完整的网页发送到浏览器，工作机制如图 9-10 所示。

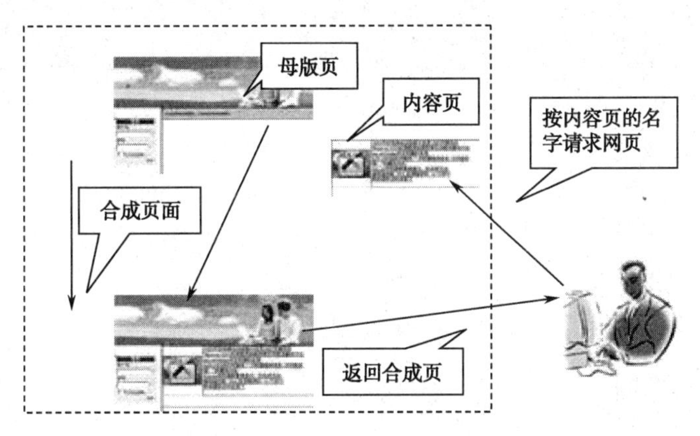

图 9-10　母版页工作机制

母版页不能被浏览器单独调用查看，只能在浏览内容页时被合并使用。如果要编辑母版页，除可以在【解决方案资源管理器】窗口中双击打开外，还可以在内容页右击选择【编辑主表】命令的方式打开对应的母版页进行编辑。

（2）在母版页中放入新网页的方法。

可以直接在母版页中生成新网页，也可以在建立新网页过程中选择母版页。案例中使用的是第 1 种方式。

方式一：直接从母版页中生成新网页。

直接从母版页中生成新网页的步骤如下。

① 打开母版页。

② 右击 ContentPlaceholder 控件，在弹出的菜单中选择【添加内容页】命令。

③ 为内容页重新命名为合适的名称。

④ 为新生成的内容页添加信息内容。

方式二：在创建新网页中选择母版页。

在创建新网页中选择母版页的步骤如下。

① 在网站中创建一新网页。此时，在网页名的右方提供了两项选择，可以从中选择一项或两项，或者两项都不选择。两种选择项的含义如下。

a．“将代码放在单独的文件中”选项代表采用代码分离方式。

b．“选择母版页”选项代表将新网页嵌入到母版页中。如果两项都不选择时，系统将创建一个单文件模式的独立网页，此网页将独立于母版页。

② 选择第 2 项“选择母版页”选项，将弹出一个文件列表，提供一个或多个“母版页”文件以供选择。当选择其中之一后，新网页就会嵌入到指定的母版页中而成为内容页。母版页与内容页将构成一个整体成为一个新的网页，新网页仍使用内容页的网页名。

（3）将已建成的网页放入母版页中。

为了将已经建成的普通 ASP.NET 网页嵌入母版页中，需要在已经建成的网页中用手工方法增加或更改某些代码。

① 打开已建成的网页，进入它的源视图，在页面指示语句中增加与母版页的联系。为此，需增加以下属性。其中“MasterPageFile="~/MasterPage.master"”代表母版页名。

```
<%@ Page Language="C#" MasterPageFile="~/MasterPage.master"
AutoEventWireup="true"%>
```

② 由于在母版页中已经包含有 html、head、Body 和 form 等标记，因此在网页中要删除所有这些标记，以避免重复。

③ 在剩下内容的前后两端加上 Content 标记，并增加 Contentr 的 ID 属性，Runat 属性以及 ContentPlaceholder 属性。ContentPlaceholder 属性的值(这里是 ContentPlaceholde1)应该与母版页中的网页容器相同。修改后的语句结构如下。

```
<asp:Content ID="Content1" ContentPlaceHolderID="ContentPlaceHolder1"
Runat= "Server">
......
</asp:Content>
```

就是说修改后的代码中除页面指示语句以外，所有语句都应放置在<asp:Content……>与</asp:Content>之间。

☞DEMO

使用母版页和内容页，新建一个网页，网页运行效果如图 9-11 所示。（网站名称：MasterPageInfoDeliveryDemo）

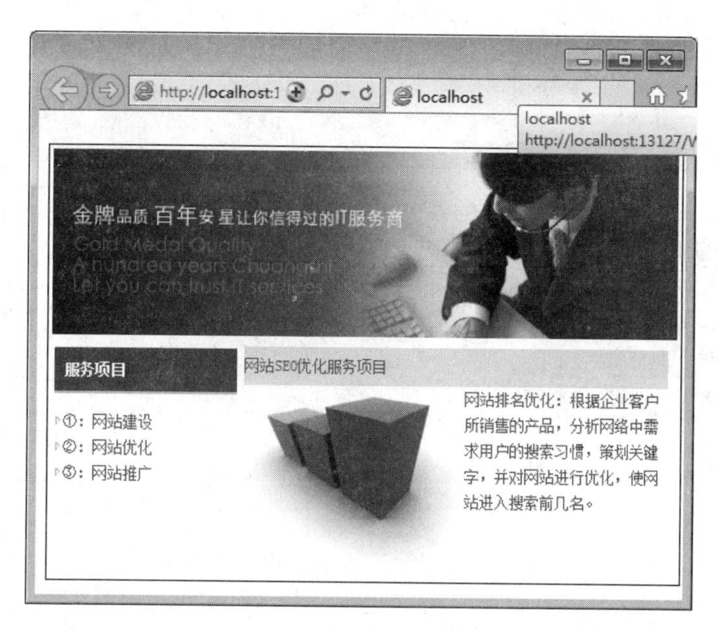

图 9-11　运行效果

主要步骤

（1）创建一个 ASP.NET 空网站。

（2）右击【解决方案资源管理器】窗口中网站目录，在弹出的菜单中选择【添加新项】命令，在弹出的对话框中选择“母版页”选项，并使用默认名称“MasterPage.master”（可改名，但扩展名不能改），然后单击【添加】按钮，系统创建该页 MasterPage.master，并在工作区自动打开。

（3）切换到设计视图，可以看到在界面中出现一个“ContentPlace Holder1”方形窗口，这个方形窗口是配置网页的地方。应先对网页进行布局，然后再将这个窗口移动到合适的地方。

选择菜单【表】|【插入表】命令，插入2行2列表，并把第一行2个单元格进行合并。

（4）将 ContentPlaceHolder 拖入到表格第二行右方单元格中。

（5）在第一行和第二行左侧，用 HTML 代码输入相应图片和控件等，并调整好位置。如果有时间，可以试着用 CSS 代码进行优化处理。如：第二行左侧用“vertical-align:top;”来使得垂直对齐文本的顶部。

（6）由此形成的母版页如图 9-12 所示。

（7）右击母版页 ContentPlaceHolder 窗口，选择【添加内容页】命令，系统自动生成一个新的内容页（本例中名为 Default2.aspx），并自动打开。

（2）在【解决方案资源管理器】窗口修改内容页名称为“WebWork.aspx”。

（3）切换到内容页的设计视图，在 ContentPlaceHolder 窗口的内容区中输入信息，如图 9-13 所示。

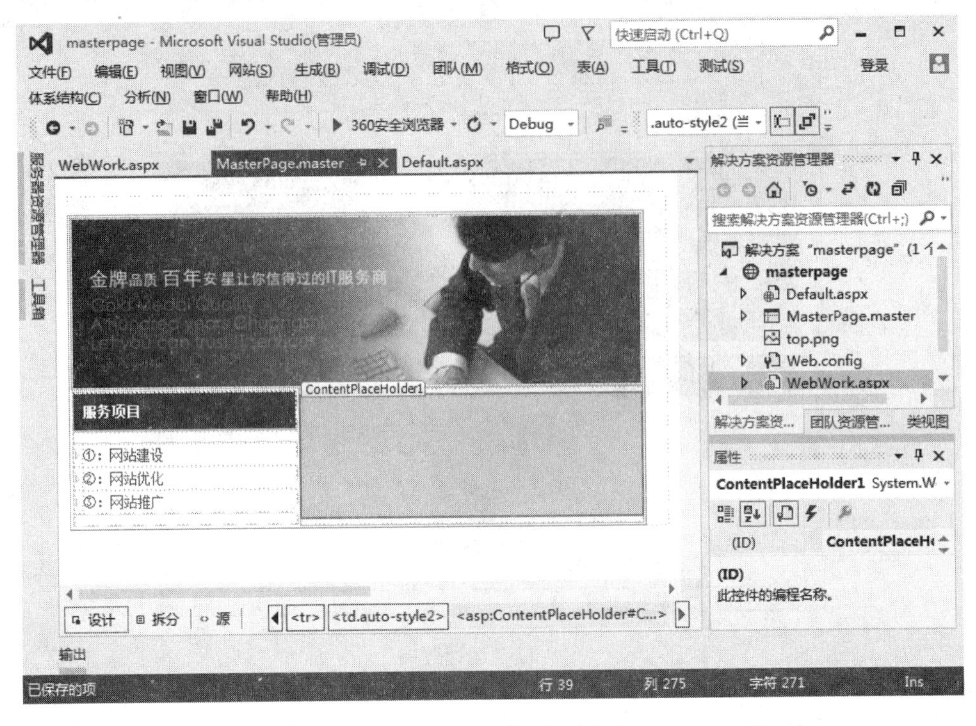

图 9-12　母版页示例

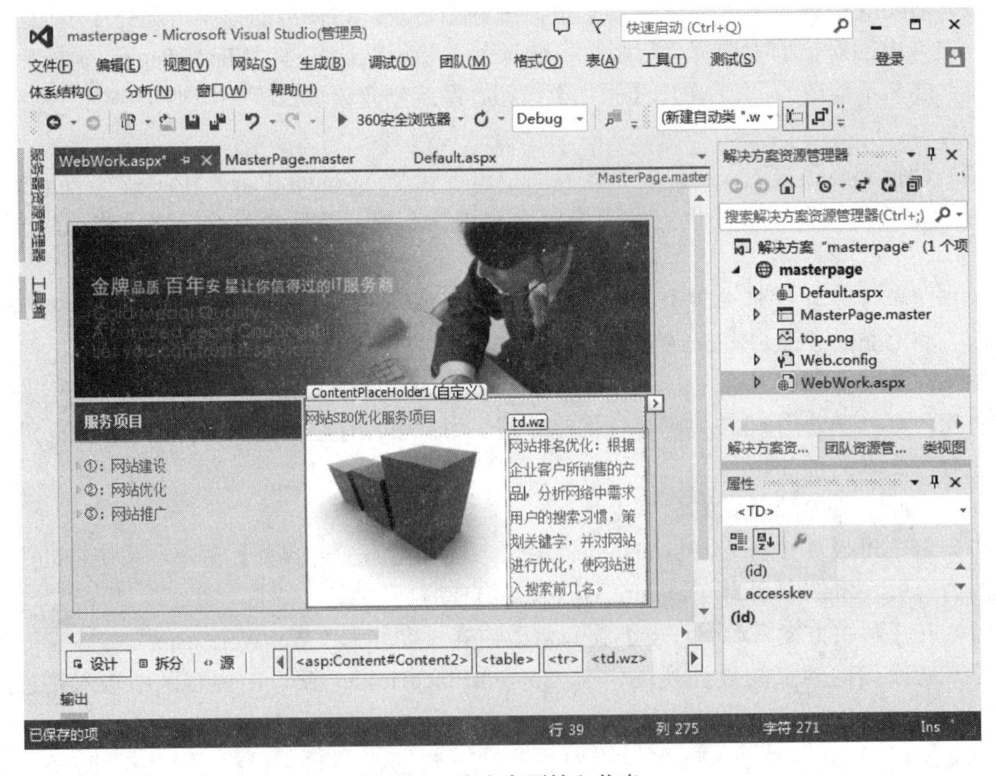

图 9-13　为内容页输入信息

（4）在【解决方案资源管理器】窗口中右击内容页 WebWork.aspx，选择【设为起始页】命令，然后，单击【启动】按钮▶，即显示图 9-11 所示的效果。

☞ACTIVITY

制作一个母版页 MasterPage.master，在该母版页中有一个日历控件 CalendarMaster，ContentCalendar.aspx 是引用该母版页的内容页。请完成以上要求，注意引用时需要将 CalendarMaster 的值指定为今天。（网站名称：MasterPageCalendarAct）

9.5　课外 Activity

请为一个“新闻发布系统”网站设计出视觉效果较好的母版页（包括前台和后台）。母版页中应该考虑使用以前学到的导航控件技术。

网站结构如图 9-14 所示。

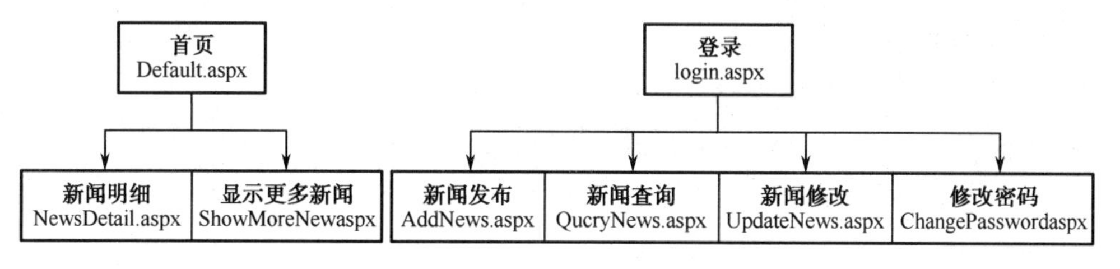

图 9-14　新闻网站结构图

9.6　本章小结

为了使得网站中一批网页的显示风格保持一致，ASP.NET 提供了主题、用户控件和母版页技术。主题、用户控件和母版页虽然都是对控件显示的定义，但是它们定义的层次和影响的范围不同。主题是利用皮肤文件对一批单个控件显示的定义，皮肤文件必须放在主题目录之下，而主题目录又必须放在专用目录“App_Themes”下。用户控件与母版页都是由设计者自行创建的组合控件，用户控件只能作用于网页的局部，而母版页是对整体布局的定义。

恰当地将三者结合，就可以使网站的多个网页之间，从单个控件到局部、再到整体布局方面在显示风格上取得一致。

9.7　技能知识点测试

1．填空题

（1）皮肤文件是以.skin 为扩展名的文件，用来定义______________的样式。

（2）下面是一段皮肤文件中的定义：

```
<asp:TextBox BackColor="Orange" ForeColor="DarkGreen" Runat="server"/>
```

代码将____________服务器控件的底色定义为______________色，将控件中的字符定义为__________色。

（3）下面是.aspx 网页中的一段代码：

```
<%@ Register TagPrefix="uc1" TagName="WebUserControl1"
 Src="WebUserControl1.ascx"%>
```

其中 uc1 字符串代表______________。

2．选择题

（1）当一种控件有多种定义时，用（　　）属性来区别它们的定义。

A．ID　　B．Color　　C．BackColor　　D．SkinID

（2）用户控件是扩展名为（　　）的文件。

A．.master　　B．.asax　　C．.aspx　　D．.ascx

（3）母版页是扩展名为（　　）的文件。

A．.master　　B．.asax　　C．.aspx　　D．.ascx

（4）下面是 ASPX 网页中的一段代码：

```
<%@Page Language="C#" MasterPageFile="~/MasterPage.master"
AutoEventWireup="...">
```

其中 MasterPage.master 代表（　　）。

A．母版页的路径　　B．用户控件的路径

C．用户控件的名字　　D．母版页的名字

3．判断题

（1）利用主题可以为一批服务器控件定义样式。（　　）

（2）主题目录必须放在专用目录“App_Themes”下。而皮肤文件必须放在主题目录下。（　　）

（3）用户控件是一种自定义的组合控件。（　　）

（4）用户控件不能在同一应用程序的不同网页间重用。（　　）

（5）使用母版页是为了多个网页在全局的样式上保持一致。（　　）

4．简答题

（1）为了保持多个网页显示风格一致，ASP.NET 中使用了哪些技术，每种技术是如何发挥作用的？

（2）简述将.aspx 网页转换成用户控件的方法。

（3）简述将已经创建的.aspx 网页放进母版页的方法。

5．操作题

将主题、用户控件及母版页技术相结合创建风格一致的多个网页。

第 10 章 常用内置对象

教学目标

通过本章的学习，使学生了解 ASP.NET 常用的 5 个内置对象的本质和用途，掌握每个对象的常用属性、集合和方法。

知识点

1. Response 对象
2. Request 对象
3. Server 对象
4. Application 对象
5. Session 对象

技能点

1. Application 对象的 Contents 集合、Lock 方法和 UnLock 方法
2. Session 对象的 Contents 集合、SessionID 属性、TimeOut 属性
3. Server 对象的编码、解码的方法和 MapPath 方法
4. Response 对象的 Write 方法、Redirect 方法和 Buffer 属性
5. Request 对象的常用属性及 Form 集合、QueryString 集合

重点难点

1. Application 对象的 Contents 集合、Lock 方法和 UnLock 方法
2. Session 对象的 Contents 集合、SessionID 属性
3. Server 对象的 MapPath 方法
4. Response 对象的 Write 方法、Redirect 方法和 Buffer 属性
5. Request 对象的属性及 Form 集合、QueryString 集合

专业英文词汇

1. Application：______________________________
2. Session：______________________________
3. Server：______________________________
4. Response：______________________________
5. Request：______________________________

10.1 常用内置对象概述

.NET Framework 中包含大量的对象类库，这些对象类库为.NET 提供了可以使用的功能。编程人员只需要编写好代码，就可以简单快速地完成一些工作。在 ASP.NET Web 应用程序中经常会用这些对象来维护当前 Web 应用程序相关信息。例如，利用 ASP.NET 内置对象可以在两个网页之间传递变量、输出数据，以及记录变量值等。

ASP.NET 中的五大对象犹如 Web 服务器中的五员大将，各有重要作用。

✓ Response 对象是一个优秀的指挥家，指挥浏览器镇定自若。

✓ Request 对象则是一位谍报员，他能将浏览器提交的各种信息予以收集。

✓ Application 对象是位无私奉献者，善于资源共享。

✓ Session 对象记忆力高超，可以将当前来访者记住。

✓ Server 对象任劳任怨，只愿为大家提供优良服务。

对象是一个封装的实体，其中包括数据和程序代码。一般不需要了解对象内部是如何运作的，只须知道对象的主要功能即可。每个对象都有其方法、属性和集合，用来完成特定的功能，方法决定对象做什么，属性用于返回或设置对象的状态，集合则可以存储多个状态信息。

ASP.NET 提供了许多内置对象，可以完成许多功能。例如，可以在页面之间传递变量、跳转，向页面输出数据，获取页面数据以及记录信息等。下面是 ASP.NET 常用的 5 个内置对象能实现的主要功能，见表 10.1。

表 10.1　ASP.NET 五大内置对象及主要功能

对 象 名 称	功　　能
Application 对象	存储所有用户的共享信息
Session 对象	存储用户的会话信息
Server 对象	可以使用服务器上的一些高级功能
Response 对象	向客户端输出信息
Request 对象	获取客户端信息

拥有五大对象的 Web 服务器对各项工作应对自如，下面将分别介绍这些常用内置对象。

10.2 Response 对象

Response 对象提供对当前页的输出流访问，可以向客户端浏览器发送信息，或者将访问者转移到另一个网址，并可以输出和控制 Cookie 信息等。当 ASP.NET 运行页面中的代码时，Response 对象可以构建发送回浏览器的 HTML。下面介绍 Response 对象的基本属性和方法。Response 对象的属性和常用方法分别如表 10.2 和表 10.3 所示。

表 10.2　Response 对象的属性

属　　性	属 性 说 明
Buffer	获取或设置 HTTP 输出是否要做缓冲处理。 如果缓冲了到客户端的输出，则为 true；否则为 false。默认为 true
Cache	以 HttpCachePolicy 对象的形式获取 Web 页的缓存策略（过期时间、保密性、变化子句）
Charset	以字符串的形式获取或设置输出流的 HTTP 字符集，如 Response.Charset = "UTF-8"
ContetEncoding	以 System.Text.Encoding 枚举值的方式来获取或设置输出流的 HTTP 字符集，如 Response. ContentEncoding = System.Text.Encoding.UTF8
IsClientConnected	获取一个布尔类型的值，通过该值指示客户端是否仍连接在服务器上，如果客户端当前仍在连接，则为 true；否则为 false
Output	获取输出 HTTP 响应的文本输出
OutputStream	获取 HTTP 内容主体的二进制数据输出流

表 10.3　Response 对象的常用方法

方　　法	方 法 说 明
Write	将指定的字符串或表达式的结果写到当前的 HTTP 输出内容流
WriteFile	将指定的文件直接写入当前的 HTTP 内容输出流。其参数为一个表示文件目录的字符串
End	将当前所有的缓冲的输出发送到客户端，并停止当前页的执行
Close	关闭客户端的联机
Clear	用来在不将缓存中的内容输出的前提下，清空当前页的缓存，仅当使用了缓存输出时（即 Buffer=true 时），才可以利用 Clear 方法
Flush	将缓存中的内容立即显示出来。该方法有一点和 Clear 方法一样，它在脚本前面没有将 Buffer 属性设置为 True 时会出错。和 End 方法不同的是，该方法调用后，该页面可继续执行
Redirect	使浏览器立即重定向到指定的 URL

简单示例如下：

```
Response.Write("新年快乐");                //将“新年快乐”输出到网页上
Response.WriteFile("f:\\sun.txt");     //将 sun.txt 文件中的内容输出到网页上
Response.Redirect("login.htm");        //将页面跳转到本站点中的 login.htm 页面上
Response.Close();                      //断开页面和服务器端的连接
```

其中 Response.Write 方法是用来将指定的字符串或表达式的结果写到当前的 HTTP 输出。下面我们通过 Response.Write 方法将用户的一个输入和特定的字符串输出到网页上。

☞DEMO

1. 在页面上显示当前访问的时间，运行效果如图 10-1 所示。（网站名称：ResponseTimeDemo）

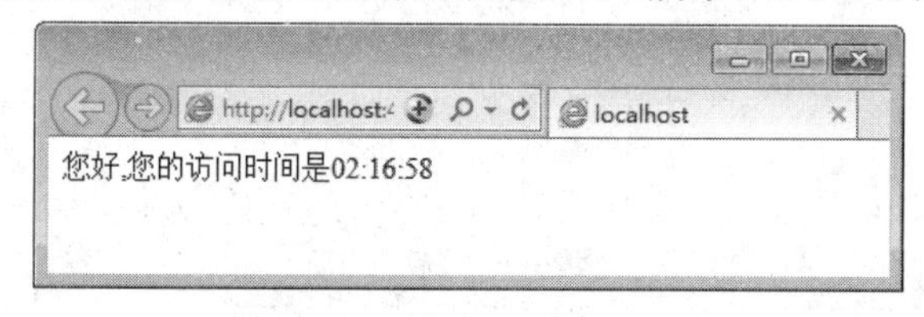

图 10-1　Response 对象的 Write 方法显示当前时间效果图

主要步骤如下。

在代码编辑模式中的 Page_Load 事件过程中输入代码，如下所示。

```
protected void Page_Load(object sender, EventArgs e)
{
  string format = "hh:mm:ss";
  string strDate = DateTime.Now.ToString(format);
  Response.Write("您好,您的访问时间是");
  Response.Write(strDate);
}
```

其中，使用 DateTime.Now 取得当前系统的时间，使用 ToString 方法将当前系统时间转换为“hh:mm:ss”格式，并赋给字符串型变量 strDate。使用 Response 对象的 Write 方法分别向客户端浏览器输出了“您好，您的访问时间是”和 strDate 字符串变量。

2．计算并在网页上输出 2 的 1～10 次方，运行效果如图 10-2 所示。（网站名称：ResponseCalculateDemo）

图 10-2　Response 对象的计算 2 的次方运行效果图

主要步骤如下。

（1）新建 ASP.NET Web 应用程序。添加 Default.aspx 网页。

（2）将 Default 页面切换到 HTML 源设计视图，并添加如下代码。

```
<%@ Page Language="C#" AutoEventWireup="true"  CodeFile="Default.aspx.cs"
Inherits="_Default" %>
<!DOCTYPE html PUBLIC "-//W3C//DTD XHTML 1.0 Transitional//EN" "http://www.
w3.org/TR/xhtml1/DTD/xhtml1-transitional.dtd">
<html xmlns="http://www.w3.org/1999/xhtml" >
<body>
<%
   int basenum=2;
   int result=1;
   Response.Write("<h3>利用 Response.Write 方法输出数据</h3>");
   Response.Write("<hr>");
   for (int i = 1; i <= 10; i++)
   {
       result *= basenum;
       Response.Write(basenum.ToString() + "的" + i.ToString() + "次方=" +
       result.ToString()        +    "<br>");
```

```
    }
%>
</body>
</html>
```

（3）按【F5】键或者单击按钮运行网站应用程序，就可以得到如图 10-2 所示的网站显示效果。

注意：在 asp.net 中经常出现包含这种形式<%%>的 html 代码,我这里特别收集了，这种格式实际上就是和 ASP 的用法一样的，只是 ASP 中里面是 VBScript 或者 JavaScript 代码，而在 asp.net 中是.net 平台下支持的语言。但是一般把<%%>中的代码写到 Default.aspx.cs 文件中。

特别注意：服务器控件中不能有<%%>语法。

☞ACTIVITY

向客户端输出 1 到 10000，Buffer 属性分别设置为 True 或 False，比较一下 1 到 10000 输出到页面所用时间的差别。（网站名称：ResponseBufferAct）

进入代码编辑视图，在 Page_Load 事件过程中输入代码，如下所示。

```
protected void Page_Load(object sender, EventArgs e)
{
  Response.Buffer = true|false;
  for (int i = 1; i <= 10000; i++)
  {
      Response.Write(i);
      if(i % 20 == 0)   //每行输出 20 个数据时换行
      {
          Response.Write("<br>");
      }
  }
}
```

10.3　Request 对象

当用户打开 Web 浏览器，并从网站请求 Web 页面时，Web 服务器就会接收到一个 HTTP 请求，此请求包括用户的计算机、页面以及浏览器的相关信息，这些信息将被完整地封装，并通过来获取它们。例如通过 Request 对象可以读取客户端浏览器已经发送的内容，了解客户端的机器配置、浏览器的版本等信息。Request 对象的属性和方法相当多，表 10.4 和表 10.5 列出了一些常用的属性和方法以及它们的用途。

表 10.4　Request 对象的常用属性

属　性	属 性 说 明
Form	返回有关表单变量的集合
QueryString	返回附在 URL 后面的参数内容
Url	返回有关目前请求的 URL 信息
ApplicationPath	返回被请求的页面位于 Web 应用程序的哪一个文件夹中

续表

属　性	属 性 说 明
FilePath	与 ApplicationPath 相同，即返回页面完整的 Web 地址路径，只是 FilePath 还包括了页面的文件名，而 ApplicaiontPath 包括文件名。例如 FilePath 返回的值是“/Ch10/Default.aspx”，则 ApplicationPath 返回的值就是 “/Ch10”
PhysicalPath	返回目前请求网页在服务器端的真实路径。例如 PhysicalPaht 返回的值就会是 “E:\Asp.net 书\Ch10\”
Browser	以 Browser 对象的形式返回有关访问者的浏览器的相关信息，如浏览器的名称（IE 还是 FoxPro）
Cookies	返回一个 HttpCookieCollection 对象集合，利用此属性可以查看访问者在以前访问站点时使用的 Cookies
UserLanguages	返回客户端浏览器配置了何种语言
UserHostAddress	返回远程客户端机器的主机 IP 地址
UserHostName	返回远程客户端机器的主机名称

表 10.5　Request 对象的常用方法

方　法	方 法 说 明
MapPath	为当前请求将请求的 URL 中的虚拟路径映射到服务器上的物理路径
SaveAs	将 HTTP 请求的信息存储到磁盘中

例如，使用 Request 对象的 Form 属性获取表单传递的信息，一般格式为：Request.Form.Get("表单元素名")，通过 POST 方式发送的数据不会显示在 URL 中，因此 POST 发送数据会比 GET 发送安全。

通过 Request 对象的 Browser 属性可以获得客户端浏览器的信息。

☞DEMO

1．使用 Request 对象的 Browser 属性来获取访问者的浏览器的相关信息，运行效果图如图 10-3 所示。（网站名称：RequestBrowserDemo）

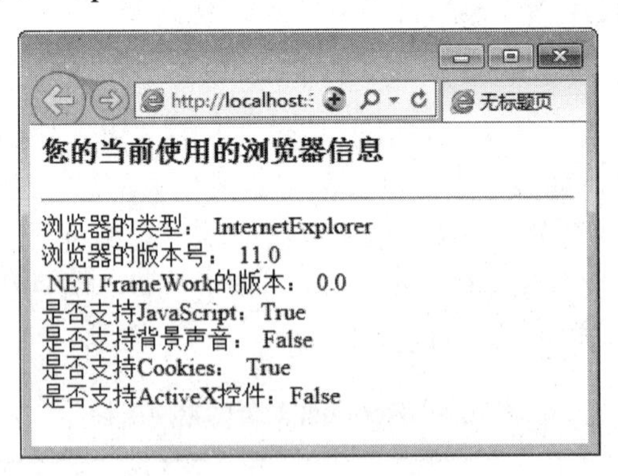

图 10-3　Request 对象访问者浏览器效果图

Browse 属性属性实际为一个 HttpBrowserCapabilities 对象。HttpBrowserCapabilites 对象的常用属性如下：

ActiveControls：该值指示客户端浏览器是否支持 ActiveX 控件。

AOL：客户端浏览器是否是 AOL（美国在线）的浏览器。

BackgroundSounds：客户端浏览器是否支持背景音乐。

Beta：客户端浏览器是否支持测试版。

Browser：客户端浏览器的类型。

ClvVersion：客户端浏览器所安装的.NET Framework 的版本号。

Cookies：客户端浏览器是否支持 Cookie。

Frames：客户端浏览器是否支持 HTML 框架。

JavaScript：客户端浏览器是否支持 JavaScript 脚本。

MajorVersion：客户端浏览器的主版本号（版本号的整数部分）。

MinorVersion：客户端浏览器的次版本号（版本号的小数部分）。

Version：客户端浏览器的完整版本号（包括整数和小数部分）。

主要步骤

（1）新建 ASP.NET 空网站。添加 Web 窗体文件 Default.aspx。

（2）在 Default.aspx 的 Page_Load 方法中输入如下代码：

```
Response.Write("<h3>您的当前使用的浏览器信息</h3><hr>");
Response.Write("浏览器的类型： " + Request.Browser.Browser + "<br>");
Response.Write("浏览器的版本号： " + Request.Browser.Version + "<br>");
Response.Write(".NET FrameWork 的版本： " + Request.Browser.ClrVersion +
"<br>");
Response.Write("是否支持 JavaScript：" + Request.Browser.JavaScript.ToString()
+ "<br>");
Response.Write("是否支持背景声音： " + Request.Browser.BackgroundSounds +
"<br>");
Response.Write("是否支持 Cookies： " + Request.Browser.Cookies + "<br>");
Response.Write("是否支持 ActiveX 控件：" + Request.Browser.ActiveXControls +
"<br>");
```

（3）按快捷键【Ctrl+F5】执行程序，效果如图 10-3 所示。

2. **使用 Request 对象的 Form 集合获取页面 Textbox 控件中的文本信息，在页面中显示“您的姓名是：某某”，运行效果图如图 10-4 所示。**（网站名称：RequestFormDemo）

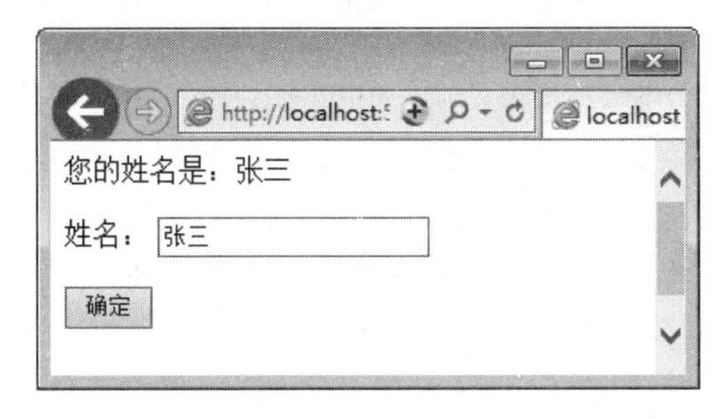

图 10-4　Request 对象表单效果图

主要步骤

（1）新建 ASP.NET 空网站。添加 Web 窗体文件 Default.aspx。

（2）打开 Default.aspx 文件的设计页面，添加标签、文本框和命令按钮控件，设置相关属性，如设置文本框的 ID 为“txtUsername”。

（3）双击命令按钮控件，在命令按钮代码 Click 事件中输入代码：

```
Response.Write("您的姓名是：" + Request.Form["txtUsername"]);
```

（4）按快捷键【Ctrl+F5】执行程序，输入姓名，单击“确定”按钮，效果如图 10-4 所示。

3. **简单的用户登录，运行效果图见图 10-5、10-6 所示。**（网站名称：RequestCheckInDemo）

主要用 Request 对象的 QueryString 属性来获取页面的值，使用 Request 对象的 Redirect 方法来实现页面的重定向，使用 Request 对象的 Write 方法将用户名和密码输出到页面上。

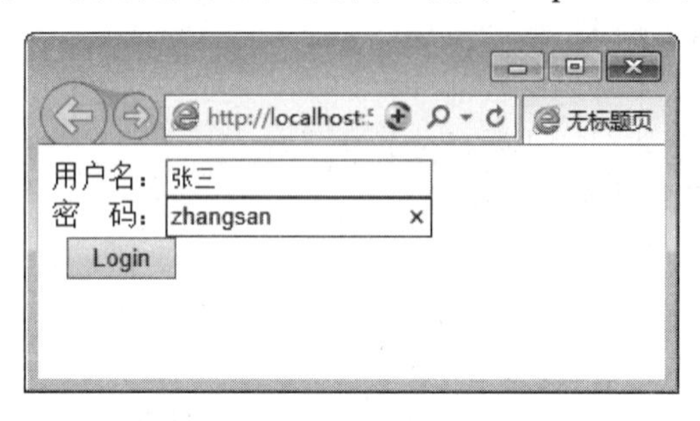

图 10-5　Default.aspx 的运行效果

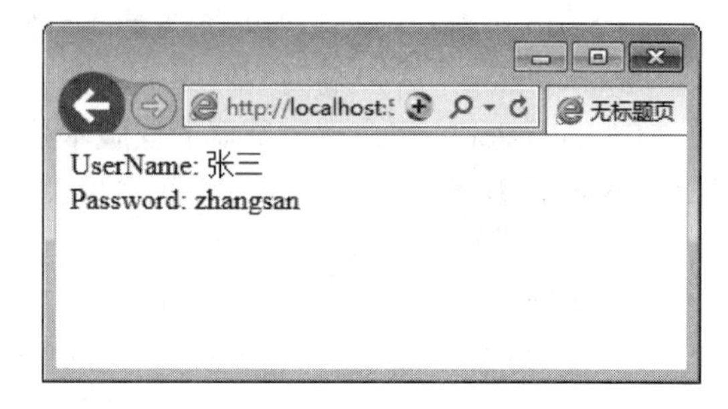

图 10-6　login.aspx 的运行效果

主要步骤如下。

（1）新建 ASP.NET 空网站。添加 Web 窗体文件 Default.aspx。

（2）在 Default.aspx 的设计页面中添加一个文本输入框、一个密码输入框以及一个登录按钮，并在登录按钮 Button1 的单击响应事件 Button1_Click 中添加如下代码：

```
protected void Button1_Click(object sender, EventArgs e)
{
    Response.Redirect("login.aspx?username=" + TextBox1.Text + "&password="
    + TextBox2.Text);
}
```

（3）新建一个 Web 窗体文件 login.aspx，在它的 Page_Load 方法中输入如下代码：

```
protected void Page_Load(object sender, EventArgs e)
{
    Response.Write("UserName: " + Request.QueryString["username"] + "<br>");
    Response.Write("Password: " + Request.QueryString["password"] + "<br>");
}
```

（4）按快捷键【Ctrl+F5】执行程序，效果如图 10-5 所示。

（5）填写用户和密码后，单击 Login 按钮就可以看到页面会调整到 login.aspx，如图 10-6 所示，可以看到页面中获取到了刚才的输入信息。

注意：

当使用 URL 传递参数时，如果 URL 中含有特定格式的字符就会出现错误，例如 login.aspx?username=Tom&Jerry，因为“&”在 URL 是有特定含义的，浏览器就会对其进行编码，会将其转换为“%26”，这样传递的数据就不对了。

10.4　Server 对象

Server 对象提供对服务器信息的访问，例如可以利用 Server 对象访问服务器的名称。

下面首先介绍 Server 对象的属性和方法，然后通过一些具体的实例来介绍 Server 对象的用途和方法。

Server 对象的属性和方法分别如表 10.6 和表 10.7 所示。Server 对象实际上操作的是 System.Web 命名空间中的 HttpServerUtility 类。Server 对象提供许多访问的方法和属性帮助程序有序地执行。

表 10.6　Server 对象的属性

属　性	属 性 说 明
MachineName	获取服务器的计算机名称。该属性是一个自读属性
ScriptTimeout	获取和设置请求超时的时间（以秒计）。例如 Server.ScriptTimeout=60

表 10.7　Server 对象的方法

方　法	方 法 说 明
CreateObject	创建 COM 对象的一个服务器实例
Transfer	终止当前页的执行，并为当前请求开始执行新页
HtmlEncode	该属性用于对要在浏览器中显示的字符串进行编码
HtmlDecode	该属性与 HtmlEncode 相反，它用于提取 HTML 编码的字符，并将其转换为普通的字符
UrlEncode	该属性与 Request 对象的 QueryString 属性相似，当向 Url 传递字符串时可以使用该属性
UrlDecode	该属性与 UrlEncode 属性相反，它可以传递参数，并将它们转换为普通的字符串
MapPath	该属性返回文件所在物理磁盘的准确位置

☞DEMO

1．使用 Server 对象进行 HTML 编码和解码，在页面上显示 HTML 标记，运行效果图如图 10-7 所示。（网站名称：ServerHTMLDemo）

Server 对象的 HtmlEncode 方法用于对要在浏览器中显示的字符串进行编码，其定义如下：

```
public string HtmlEncode (string s);
```

Server 对象的 HtmlDecode 方法是 HtmlEncode 方法的反操作，它用于提取用 HTML 编码的字符，并对其进行解码。其方法的原型如下：

```
public string HtmlDecode (string s);
```

其中参数 s 是要编码或解码的字符串。

主要步骤如下：

（1）新建 ASP.NET 空网站。添加 Web 窗体文件 Default.aspx。

（2）在 Default.aspx 的代码编辑模式中对应的代码如下：

```
protected void Page_Load(object sender, EventArgs e)
{
    String str = "在 HTML 中使用<br>标记分行";
    Response.Write(str);
    Response.Write("<p>");
    str = Server.HtmlEncode(str);
    Response.Write(str);
    Response.Write("<p>");
    str = Server.HtmlDecode(str);
    Response.Write(str);
}
```

（3）按快捷键【Ctrl+F5】执行程序，效果如图 10-7 所示。网页文件的源代码如图 10-8 所示。

图 10-7　HtmlEncode 方法和 HtmlDecode 方法效果

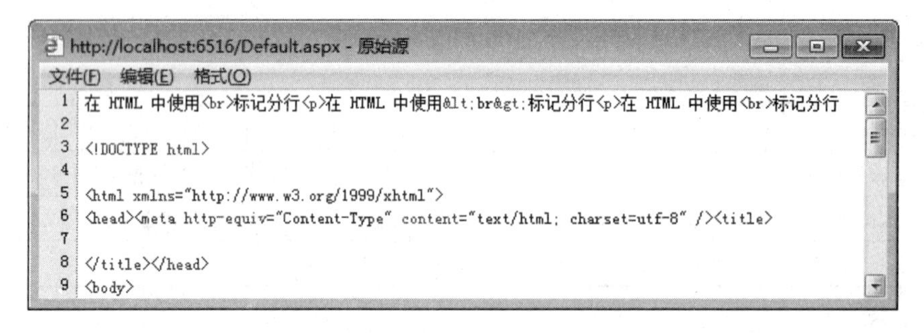

图 10-8　网页文件源代码

2．**使用 Server 对象进行 URL 编码和解码，使用 UrlEncode 方法将“邮箱：ZhangSan@163.com”编码，使用 UrlDecode 方法将编码还原，页面中第一行为原始文本信息，第二行为编码后的信息，第三行为解码后的信息，运行效果图如图 10-9 所示。**（网站名称：ServerURLDemo）

图 10-9　UrlEncode 方法和 UrlDecode 方法效果

Server 对象的 UrlEncode 方法用于编码字符串，以便通过 URL 从 Web 服务器到客户端进行可靠的 HTTP 传输。UrlEncode 方法的原型如下：

```
public string UrlEncode(string s);
```

Server 对象的 UrlDecode 方法用于对字符串进行解码，该字符串为了进行 HTTP 传输而进行了编码并在 URL 中发送到服务器。UrlDecode 是 UrlEncode 的逆操作，可以还原被编码的字符串。UrlDecode 的方法原型如下：

```
public string UrlDecode(string s);
```

其中参数 s 是要进行编码或解码的字符串。

主要步骤如下。

（1）新建 ASP.NET 空网站。添加 Web 窗体文件 Default.aspx。

（2）在 Default.aspx 的代码编辑模式中对应的代码如下：

```
protected void Page_Load(object sender, EventArgs e)
{
    String str = "邮箱：ZhangSan@163.com";
    Response.Write(str);
    Response.Write("<br>");
    str = Server.UrlEncode(str);
    Response.Write(str);
    Response.Write("<br>");
    str = Server.UrlDecode(str);
    Response.Write(str);
}
```

（3）按快捷键【Ctrl+F5】执行程序，效果如图 10-9 所示。

3．使用 Server 对象的 MapPath 方法显示对应的物理文件路径，运行效果图如图 10-10 所示。（网站名称：ServerMapPathDemo）

Server 对象的 MapPath 方法用来返回与 Web 服务器上的指定虚拟路径相对应的物理文件路径。其原型如下：

```
public string MapPath(string path);
```

其中参数 path 是 Web 服务器上的虚拟路径，返回值是与 path 相对应的物理文件路径，如果 path 为空，则 MapPath 将返回包含当前应用程序的目录的完整物理路径。

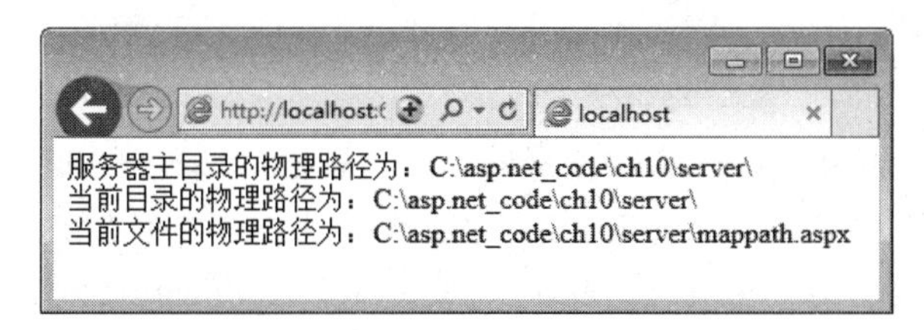

图 10-10　MapPath 方法效果

主要步骤如下。

（1）新建 ASP.NET 空网站。添加 Web 窗体文件 Default.aspx。

（2）在 Default.aspx 的代码编辑模式中对应的代码如下：

```
protected void Page_Load(object sender, EventArgs e)
{
    Response.Write("服务器主目录的物理路径为：");
    Response.Write(Server.MapPath("/"));
    Response.Write("<br>");
    Response.Write("当前目录的物理路径为：");
    Response.Write(Server.MapPath("./"));
    Response.Write("<br>");
    Response.Write("当前文件的物理路径为：");
    Response.Write(Server.MapPath("mappath.aspx"));
}
```

（3）按快捷键【Ctrl+F5】执行程序，效果如图 10-10 所示。

10.5 Application 对象

Application 对象是一种 Web 应用程序的所有用户之间共享信息的方法，并且在服务器运行期间持久地保存数据。Application 对象是公共对象，主要用于在所有用户间共享信息，所有用户都可以访问该对象中的信息并对信息进行修改。该对象多用于创建网站计数器和聊天室等。

可以把 Application 对象看成是一种特殊的变量，同所有的变量一样，该对象也有自己的生命周期，通常在网站开始运行时生命期开始，网站停止运行时生命期结束。

Application 对象有如下特点：

- 数据可以在 Application 对象内部共享，因此一个 Application 对象可以覆盖多个用户。
- Application 对象包含事件，可以触发某些 Application 对象脚本。
- 个别 Application 对象可以用 Internet Service Manager 来设置而获得不同属性。
- 单独的 Application 对象可以隔离出来在它们自己的内存中运行，这就是说，如果一个人的 Application 遭到破坏，就不会影响其他人。
- 可以停止一个 Application 对象（将其所有组件从内存中驱除）而不会影响到其他应用程序。

存取 Application 对象变量值需要使用 Application 对象的 Add 方法，Add 方法的实质是在 Application 对象集合中添加一个 Application 对象变量，其语法形式如下：

```
public void Add(string name,string value);
```

其中 name 是所添加的 Application 变量的名称，value 是新添的变量的内容。

因为多个用户可以共享一个 Application 对象，所以必须要有 Lock 和 Unlock 方法，以确保多个用户无法同时改变某一个 Application 对象变量。Application 对象成员的生命周期止于关闭 IIS 或使用 Clear 方法清除。表 10.8 和表 10.9 分别列出了 Application 对象的常用属性和方法。

表 10.8　Application 对象的属性

属　　性	属 性 说 明
All	返回全部的 Application 对象变量并存储到一个 Object 类型的数组中
AllKeys	返回全部的 Application 对象变量名称并存储到一个字符串数组中
Count	获取 Application 对象变量的数量
Item	使用索引或 Application 变量名称传回 Application 变量的内容

表 10.9　Application 对象的方法

方　　法	方 法 说 明
Add	新增一个新的 Application 对象变量到 HttpAplicationstate 集合中。
Clear	清除全部的 Application 对象变量。
Get	使用索引关键字或变数名称得到变量值。
GetKey	使用索引关键字来获取变量名称。
Lock	锁定全部的 Application 变量。
Remove	使用变量名称删除一个 Application 对象。
RemoveAll	删除全部的 Application 对象变量。
Set	使用变量名更新一个 Application 对象变量的内容。
UnLock	解除锁定的 Application 变量。

☞DEMO

1．**使用 Application 对象制作一个简易聊天室，在聊天室页面中有一个 TextBox 控件，用于输入信息，ID 属性值为“txtWord”，一个 Button 按钮控件，用于提交信息，ID 属性值为“btnSubmit”，用户提交的信息在页面的上方显示，运行效果如图 10-11 所示。**（网站名称：ApplicationChatroomDemo）

图 10-11　简化版聊天室运行效果

主要步骤如下

（1）新建 ASP.NET 空网站。添加 Web 窗体文件 Default.aspx。

（2）在 Default.aspx 的设计编辑模式中添加 ID 属性为 txtWord 的文本框控件，添加 ID 属性为 btnSubmit 的命令按钮控件。

（3）在 Default.aspx 的代码编辑模式中对应的代码如下：

```
protected void Page_Load(object sender, EventArgs e)
{
```

```
    if (Application["chatRoom"] == null)
    {
        Application["chatRoom"] = "欢迎！" + "<br>";
    }
    else
        Response.Write(Application["chatRoom"]);
}
```

（4）在 btnSubmit_Click 事件过程中输入代码，如下所示。

```
protected void btnSubmit_Click(object sender, EventArgs e)
{
    Response.Write(txtWord.Text);
    Application.Lock();
    Application["chatRoom"] = Application["chatRoom"].ToString() + txtWord.
    Text
    + "<br>";
    Application.UnLock();
    Response.Write("<br>");
    txtWord.Text = "";//发言提交后文本框清空
}
```

（5）按快捷键【Ctrl+F5】执行程序，效果如图 10-11 所示。

2．使用 Application 对象制作一个简单的网页访问计数器，运行效果如图 10-12 所示。（网站名称：ApplicationWebpageCounterDemo）

图 10-12　简单的网页计数器运行效果

主要步骤如下。

（1）新建 ASP.NET 空网站。添加 Web 窗体文件 Default.aspx。

（2）在 Default.aspx 的代码编辑模式中对应的代码如下：

```
protected void Page_Load(object sender, EventArgs e)
{
    Response.Write("<h3>网页访问计数器</h3><hr>");
    Application.Lock();//锁定，不允许其他用户修改
    Application["Counter"] = Convert.ToInt32(Application["Counter"]) + 1;
    //计数器加 1
    Application.UnLock();//开锁，允许其他用户修改
    Response.Write("网站的访问量为：" + Application["Counter"].ToString());
}
```

（3）按快捷键【Ctrl+F5】执行程序，效果如图 10-12 所示。每次页面被访问，网站的访问量就会增加。

10.6　Session 对象

Session 对象是用来存储特定用户会话所需的信息，Session 对象变量只针对单一的网页使用者，即各个客户端的机器有各自的 Session 变量，不同的客户端无法相互存取。

Session 对象是 HttpSessionState 的一个实例，如果需要在一个用户的 Session 中存储信息，只需要简单地直接调用 Session 对象就可以了，Session 对象的使用语法如下：

```
Session["变量名"] = "内容";
VarialbesName = Session["变量名"];
```

对于每个用户，每次访问 Session 对象是唯一的，这包括两个含义：

- 对于某个用户的某次访问，Session 对象在访问期间是唯一的，可以通过 Session 对象在页面间共享信息。只要 Session 没有超时，或者 Abandon 方法没有被调用，Session 中的信息就不会丢失。Session 对象不能在用户间共享信息，而 Application 对象可以在不同用户间共享信息。
- 对于用户的每次访问，其 Session 都不同，两次访问之间也不能共享数据，而 Application 对象只要没有被重新启动，可以在多次访问间共享数据。

当每个用户首次与服务器建立连接的时候，服务器会为其建立一个 Session（会话），同时服务器会自动为用户分配一个 SessionID，用以标识这个用户的唯一身份。Session 信息存储在 Web 服务器端，是一个对象集合，可以存储对象、文本等信息。Session 对象的属性和方法如表 10.10 和表 10.11 所示。

表 10.10　Session 对象的常用属性

属　性	属 性 说 明
IsNewSession	返回一个 bool 值用以指示用户在访问页模式是否创建了新的会话
Count	获取会话状态集合中 Session 对象的个数
TimeOut	获取或设置在会话状态提供程序终止会话之前各请求之间所允许的超时期限，默认值是 20 分钟
SessionID	获取用于标识会话的唯一会话 ID

表 10.11　Session 对象的常用方法

方　法	方 法 说 明
Add	新增一个 Session 对象
Clear	清除会话状态中的所有值
Remove	删除会话状态集合中的项
RemoveAll	清除所有会话状态值
Abandon	结束当前会话，并清除会话中的所有信息
Clear	清除全部 Session 变量，但不接受会话

☞DEMO

1．**使用 SessionID 属性获取会话的标识，用一个页面保存 Session 信息，然后在另一个页面中读取上一个页面所保存的 Session 信息，运行效果如图 10-13 所示。**（网站名称：SessionSessionIDDemo）

图 10-13　Session 对象唯一性运行效果

主要步骤如下。

（1）新建 ASP.NET 空网站。添加 Web 窗体文件 Default.aspx。

（2）在 Default.aspx 的设计窗口中添加一个 TextBox 控件、三个 Button 控件和一个 Label 控件，设置三个 Button 控件显示分别为“Abandon”、“显示值”和“设置值”；设置 ID 分别为“btnAbandon”、“btnShow”和“btnSet”。

（3）为三个 Button 控件添加事件处理程序，在 Default.aspx.cs 中添加如下代码：

```
protected void btnAbandon_Click(object sender, EventArgs e)
{
    Session.Abandon(); //调用 Abandon 方法终止 Session 对象
}
protected void btnShow_Click(object sender, EventArgs e)
{
    Response.Redirect("Default2.aspx");  //打开 Default2.aspx 页面
}
protected void btnSet_Click(object sender, EventArgs e)
{
    Session["CurrentValue"] = txtInput.Text;//为 Session 变量赋值
    lblShow.Text = Session.SessionID.ToString();//显示当前 SessionID
}
```

（4）添加 Web 窗体文件 Default2.aspx，在 Default2.aspx.cs 文件中的 Page_Load 事件处理方法中输入如下代码。

```
protected void Page_Load(object sender, EventArgs e)
{
    if (Session["CurrentValue"] != null)
    {
        Response.Write("Session 的值为：" + Session["CurrentValue"].ToString()
+ "<br />");
        Response.Write("SessionID 为：" + Session.SessionID.ToString() + "<br
/>");
    }
    else
        Response.Write("Session[\"CurrentValue\"]不存在！");
}
```

（5）按快捷键 Ctrl+F5 执行程序，在文本框中输入值后，单击“设置值”按钮，结果如图 10-13 所示，单击“显示值”按钮，页面调整到 Default2.aspx 页面，显示结果如图 10-14 所示。从图中可以看到两个页面的 SessionID 相同，并且值相同，由此可见 Session 是唯一的。

（6）返回第一个页面 Default.aspx，单击 Abandon 按钮，然后单击“显示值”按钮，结果如图 10-15 所示的代码编辑模式中对应的代码如下：

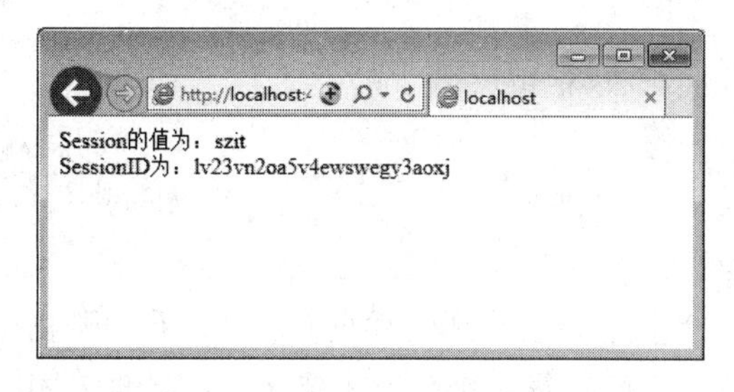

图 10-14　Default2.aspx 运行效果

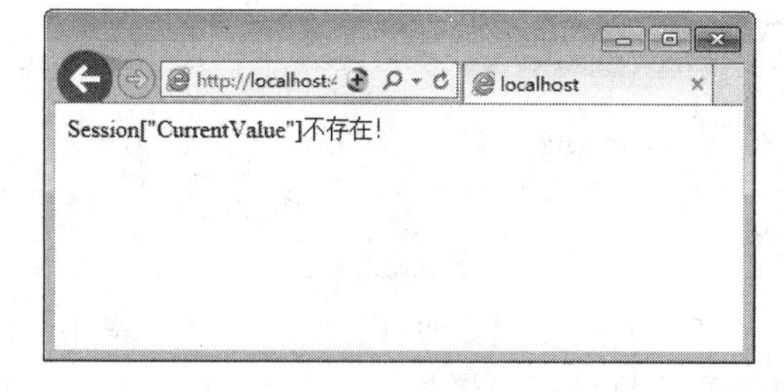

图 10-15　调用 Abandon 后运行效果

2．**创建一个简单的网页，实现购物车的一些简单功能。该网页会显示购物车的商品数。其中有两个按钮，一个向购物车中添加商品，另一个清空购物车。仅计算商品的数量，运行效果如图 10-16 所示。**（网站名称：SessionShoppingCartDemo）

图 10-16　购物车运行效果

主要步骤如下。

（1）新建 ASP.NET 空网站。添加 Web 窗体文件 Default.aspx。

（2）在 Default.aspx 的设计窗口中添加两个 Button 控件。将第一个按钮的 ID 设置为 Clear，Text 属性设置为“清空购物车”；将第二个按钮的 ID 设置为 Add，Text 属性设置为“添加”；再在页面中添加一个 Label 控件，将其 ForeColor 属性设置为 Blue。

（3）在页面中双击“添加”按钮，生成 Add_Click 事件处理程序，并在其中输入如下代码。

```
protected void Add_Click(object sender, EventArgs e)
{
    if (Session["ItemCount"] != null)
    {
        int i = (int)Session["ItemCount"];
        i++;
        Session["ItemCount"] = (object)i;
    }
    else
    {
        Session["ItemCount"] = 1;
```

```
    }
    Label1.Text = "商品数量：" + Session["ItemCount"];
}
```

（4）在页面中双击“清空购物车”按钮，生成 Clear_Click 事件处理程序，并在其中输入如下代码。

```
protected void Clear_Click(object sender, EventArgs e)
{
    Session["ItemCount"] = 0;
    Label1.Text = "商品数量：" + Session["ItemCount"];
}
```

（5）按快捷键 Ctrl+F5 执行程序，单击“添加”按钮，会重新装载页面，可以看到购物车中的商品数量已经增加了，如果刷新页面，购物车中的数量是不会发生变化的，只有关闭浏览器或者使其放置的时间超过了 20 分钟，才会丢失信息。单击“清空购物车”按钮，可以看到商品数量就会变成 0。

☞ACTIVITY

运用 Sesssion 对象为 10.5 中的网页访问计数器进行升级，解决用户重复刷新和同一 IP 地址反复登录，而导致计数器计数增加的问题。（网站名称：SessionWebpageCounterAct）

10.7 课外 Activity

1．编写程序，实现一个简单的用户登录的功能。要求用户输入用户名和密码信息，然后跳转到另外一个页面，并在新页面中显示刚才所输入的信息。可以使用 Response 对象的 Redirect 方法来实现页面的重定向；使用 Request 对象的 QueryString 属性来获取页面的值；使用 Response 对象的 Write 方法将用户名和密码输出到页面上。

2．在含“用户名、密码”的网页中，增加一复选按钮，功能为“记住用户名和密码”。利用 Cookie 来实现。在首次登录后，将登录信息写入到用户计算机的 Cookie 中；当再次登录时，将用户计算机中的 Cookie 信息读出并显示。

10.8 本章小结

本章主要介绍了 ASP.NET 的五大内置对象的常用方法、属性和集合的使用。Response 对象主要体现在向浏览器发送相关信息；Request 对象主要用于接受浏览器提交的信息；Application 对象体现在公共方面；Session 对象则体现在私有方面；Server 对象是 Web 服务器相关的对象。有兴趣的读者可以参考相关资料查阅其他部分的内容。

10.9 技能知识点测试

1. 填空题

（1）ASP.NET 五大内置对象有________、________、________、________、________。

（2）可以为所有用户共享的对象是______________，可以在一次会话过程中共享的对象是___________。

2. 选择题

（1）计数器如果需要防止重复刷新计数和同一 IP 地址反复登录计数，应该使用的对象有（　　）。

A．Response　　B．Request　　C．Session　　D．Application

（2）使用 Response 对象向客户端输出数据时，如果要将处理完的数据一次性地发送给客户端，Buffer 的属性应该设置为（　　）。

A．True　　B．False

（3）Session 对象的默认的生命期为（　　）。

A．10 分钟　　B．20 分钟　　C．30 分钟　　D．40 分钟

3. 简答题

（1）简述 ASP.NET 五大内置对象的主要功能。

（2）为什么要对 Application 对象进行“锁定”和“解锁”，应该在什么时候？

第 11 章 项目训练

在了解了一些基本的模块的开发之后就能够开发一些基本的应用，这些应用可以看作是很多的模块组成应用，在开发过程中可以应用现有的模块进行应用的开发。本章的 4 个训练项目是最基础 Web 应用，也是初学者最常用于学习的 Web 应用。通过这几个网站的制作，使学生了解 ASP.NET 项目开发的完整过程，提高对前几章知识的综合运用能力，进一步加深对所学知识的理解。

项目训练一　留言本

一、项目的功能需求

1. 需求分析

随着互联网的发展，越来越多的用户已经可以使用互联网进行信息交互，也促成了越来越多的基于浏览器的应用程序，企业可以使用服务器/客户端的开发模型进行系统的开发，ASP.NET 留言本就是为了解决信息交互复杂和交互困难的问题的而诞生的。为了解决现有的企业中企业与用户信息反馈困难等情况，让企业能够更加方便的同用户进行信息交互，在征求了多方意见的情况下进行此 ASP.NET 留言本的开发，以便解决现有的企业难题。

为了加强现有的企业和用户之间的信息交互，也解决企业和用户的沟通不便的情况，现开发基于.NET 平台的留言本应用程序，用户能够使用留言本进行信息的反馈和调查，能够及时获取用户的相关意见等信息。

ASP.NET 留言本是企业内部的一个信息交互平台，用户可以在相应的主题的留言本之内进行信息发布和反馈，用户还能够通过留言本进行信息的交互。在留言本的开发过程中需要确定基本的系统功能，这些基本的系统功能包括如下。

（1）留言信息浏览。用户可以在相应的留言页面进行留言信息的浏览，包括对企业产品的意见以及功能反馈等，在留言页面中按照用户的习惯可以进行按回复查看，按时间查看等选项。用户还能够通过导航栏进行不同留言板的跳转。管理员可以在留言信息浏览页面进行信息回复，可以对用户的疑问和意见进行反馈，管理员还能够删除不良的留言和屏蔽相关用户等操作。

（2）注册登录功能。在用户进行留言之前，必须进行注册和登录等操作，如果用户没有登录就不能够进行留言操作，用户登录或注册后可以索引自己的留言并进行留言修改或增加。

（3）用户留言索引。登录的用户可以索引自己的留言，对于自己较早的留言能够进行查看，这样就方便了用户进行信息整合，管理员也能够通过用户的索引相应的用户信息并进行用户管理。

（4）管理员留言管理。管理员对于不良的留言进行删除、屏蔽等操作，当用户进行了不良信息发布后管理员能够在留言页面进行删除操作。

2．功能模块划分

当介绍了系统所需实现的功能模块后并执行了相应的功能模块的划分和功能设计，可以编写相应的模块操作流程和绘制模块图，ASP.NET 留言本总体模块划分如图 11-1 所示。

图 11-1 描述了系统的总体功能模块划分，其中包括前面章节中讲到的留言信息浏览、用户信息注册、用户登录操作、用户留言索引以及管理员留言管理等操作，其中可以将用户注册、登录、信息浏览和索引等操作进行划分，如图 11-2 所示。

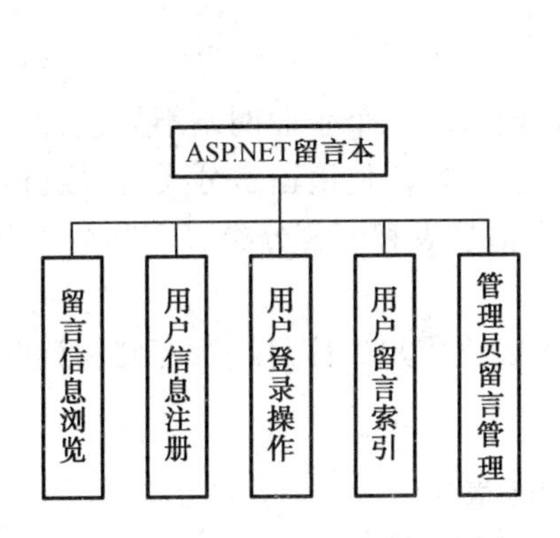

图 11-1 系统总体功能模块划分

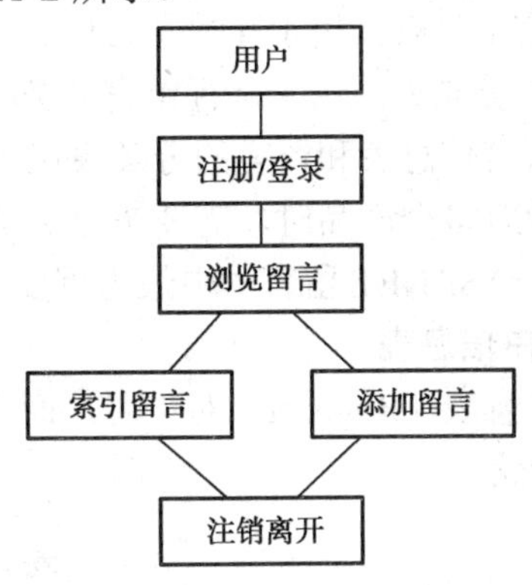

图 11-2 用户操作模块流程图

用户在进行页面访问时，可以呈现相关的留言信息，当用户进行留言时就必须登录，如果用户事先没有任何账号信息可以进行注册，注册完成后会跳转到登录页面进行登录操作，如果用户已经存在账号就能够直接登录进行操作。

在用户注册或登录后就可以进行留言的索引和留言的添加，留言的索引能够方便用户查询长时间之前的自己的留言信息，例如用户进行留言后一个月再次访问企业网站，就会很难搜索到自己的留言，而通过索引能够方便地索引到自己的留言信息。如果用户没有任何留言可以选择添加留言，添加后的留言能够提交给管理员进行审核并回复。

对于管理员而言，管理员需要查看留言并进行留言的管理，在管理员管理之前也需要进行登录操作，以验证管理员身份的正确性和权限。当管理员验证通过后可以进行相应的管理操作，管理员操作流程图如图 11-3 所示。

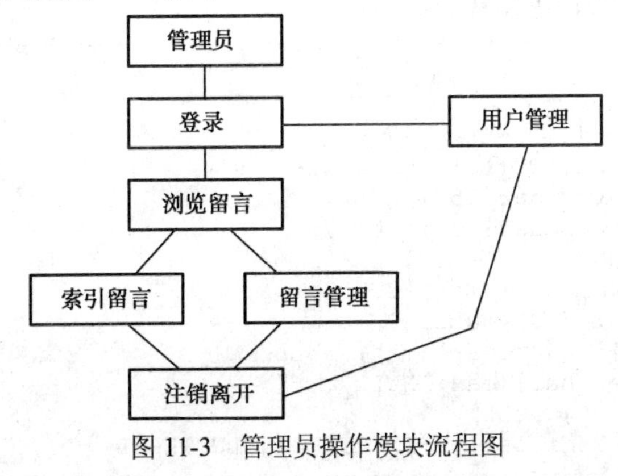

图 11-3 管理员操作模块流程图

在管理员进行管理之前同样需要进行身份验证，否则会造成系统的安全性问题，管理员只有在身份验证之后才能够进行管理回复和留言的删除操作。

二、数据库设计

创建 guestbook 数据库，创建完成后就能够进行其中的表的创建。初步为数据库中的表进行设计，这里包括四个表，作用分别如下。

- 用户信息表：用于存放用户的信息并进行用户信息的管理。
- 管理员信息表：用于存放管理员的信息并在管理员登录时进行数据验证。
- 留言信息表：用于存放留言信息。
- 留言分类表：用于进行留言分类。

其中留言信息表和留言的分类表用于描述留言项目，一个企业网站不只包含一个留言页面，当企业有多个产品时，需要考虑到留言模块的扩展性，使用留言分类可以进行相应功能的扩展。在 ASP.NET 留言本中最为重要的就是留言信息表和留言分类表，归纳如下。

1. 用户信息表

用户信息表（Register）对于用户而言需要一个表将用户的信息进行存储和读取，其字段如表 11.1 所示。

表 11.1 用户信息表

字段名称	数据类型	描述
id	int	用于标识用户 ID，为自动增长的主键
username	nvarchar(50)	用户名，当用户登录时可以通过用户名验证
password	nvarchar(50)	密码，当用户登录时可以通过密码验证
sex	int	用于保存用户的性别
pic	nvarchar(max)	用户的个性头像
IM	nvarchar(50)	用户的 QQ/MSN 等信息
information	nvarchar(max)	用于展现用户的个性签名等资料
others	nvarchar(max)	用户的备注信息
ifisuser	int	保存用户的状态，可以设置为通过审批和未通过等

创建数据表的 SQL 查询语句代码如下所示。

```
USE [guestbook]
GO
CREATE TABLE [dbo].[Register](
   [id] [int] IDENTITY(1,1) NOT NULL,
   [username] [nvarchar](50) NULL,
   [password] [nvarchar](50) NULL,
   [sex] [int] NULL,
   [picture] [nvarchar](max) NULL,
   [IM] [nvarchar](50) NULL,
   [information] [nvarchar](max) NULL,
   [others] [nvarchar](max) NULL,
   [ifisuser] [int] NULL,
 CONSTRAINT [PK_Register] PRIMARY KEY CLUSTERED
```

```
(
    [id] ASC
)WITH (PAD_INDEX = OFF, STATISTICS_NORECOMPUTE = OFF, IGNORE_DUP_KEY = OFF,
ALLOW_ROW_LOCKS = ON, ALLOW_PAGE_LOCKS = ON) ON [PRIMARY]
) ON [PRIMARY]
```

上述查询语句创建了注册表以存储用户的注册信息。在进行留言时，系统将使用用户注册表进行用户的身份验证，验证通过后的用户可以进行留言、索引等操作。

2. 管理员信息表

管理员信息表（admin）用于验证管理员的信息，验证后的管理员可以进行回复、删除等数据操作，其字段如表 11.2 所示。

表 11.2 管理员信息表

字段名称	数据类型	描　述
id	int	用于标识管理员信息，为自动增长的主键
admin	nvarchar(50)	用于标识管理员用户名
password	nvarchar(50)	管理员密码，通常情况下和管理员用户名一起进行身份验证

创建数据表的 SQL 查询语句代码如下所示。

```
CREATE TABLE [dbo].[admin](                         //创建 admin 表
       [id] [int] IDENTITY(1,1) NOT NULL,
       [admin] [nvarchar](50) COLLATE Chinese_PRC_CI_AS NULL,
       [password] [nvarchar](50) COLLATE Chinese_PRC_CI_AS NULL,
 CONSTRAINT [PK_admin] PRIMARY KEY CLUSTERED
(
       [id] ASC
)WITH (PAD_INDEX  = OFF, STATISTICS_NORECOMPUTE  = OFF, IGNORE_DUP_KEY = OFF,
ALLOW_ROW_LOCKS  = ON, ALLOW_PAGE_LOCKS  = ON) ON [PRIMARY]
) ON [PRIMARY]
```

管理员表用于管理员的身份验证，以及确定操作人员的权限。

3. 留言分类表

为了提高留言本程序的可扩展性，需要创建留言分类表（gbook_class）进行留言程序的分类，其中留言分类表中的字段如表 11.3 所示。

表 11.3 留言分类表

字段名称	数据类型	描　述
id	int	用于标识留言本分类的编号，为自动增长的主键
classname	nvarchar(50)	用于描述分类的名称，例如“客户服务”等

创建数据表的 SQL 查询语句代码如下所示。

```
CREATE TABLE [dbo].[gbook_class](
       [id] [int] IDENTITY(1,1) NOT NULL,
       [classname] [nvarchar](50) COLLATE Chinese_PRC_CI_AS NULL,
 CONSTRAINT [PK_gbook_class] PRIMARY KEY CLUSTERED
(
```

```
        [id] ASC
)WITH (PAD_INDEX  = OFF, STATISTICS_NORECOMPUTE  = OFF, IGNORE_DUP_KEY = OFF,
ALLOW_ROW_LOCKS  = ON, ALLOW_PAGE_LOCKS  = ON) ON [PRIMARY]
) ON [PRIMARY]
```

4. 留言信息表

用户留言信息表（gbook）为核心事务表，所有的留言数据都会存放在此表中。其字段如表 11.4 所示。

表 11.4　留言信息表

字 段 名 称	数 据 类 型	描　　述
id	int	用于标识留言本的编号，为自动增长的主键
title	nvarchar(50)	用户留言的标题
name	nvarchar(50)	用户的名称
time	datetime	用户留言的时间
content	nvarchar(max)	用户留言的内容
reptitle	nvarchar(50)	管理员回复留言的标题
admin	nvarchar(50)	管理员的名称
reptime	datetime	管理员回复留言的时间
repcontent	nvarchar(max)	管理员回复的内容
classid	int	用户留言所属的分类
userid	int	留言所属的用户 ID

创建数据表的 SQL 查询语句代码如下所示。

```
CREATE TABLE [dbo].[gbook](                          //创建 gbook 表
       [id] [int] IDENTITY(1,1) NOT NULL,
       [title] [nvarchar](50) COLLATE Chinese_PRC_CI_AS NULL,
       [name] [nvarchar](50) COLLATE Chinese_PRC_CI_AS NULL,
       [time] [datetime] NULL,
       [content] [nvarchar](max) COLLATE Chinese_PRC_CI_AS NULL,
       [reptitle] [nvarchar](50) COLLATE Chinese_PRC_CI_AS NULL,
       [admin] [nvarchar](50) COLLATE Chinese_PRC_CI_AS NULL,
       [reptime] [datetime] NULL,
       [repcontent] [nvarchar](max) COLLATE Chinese_PRC_CI_AS NULL,
       [classid] [int] NULL,
       [userid] [int] NULL,
 CONSTRAINT [PK_gbook] PRIMARY KEY CLUSTERED
(
       [id] ASC
)WITH (PAD_INDEX  = OFF, STATISTICS_NORECOMPUTE  = OFF, IGNORE_DUP_KEY = OFF,
ALLOW_ROW_LOCKS  = ON, ALLOW_PAGE_LOCKS  = ON) ON [PRIMARY]
) ON [PRIMARY]
```

三、项目的实现

1. 公共模块

在系统开发中，为了保证其系统的可扩展性和可维护性，通常将需要经常使用的部分创建成为系统的公用模块，系统的公用模块可以被系统中的任何页面或者类库进行调用，当需要进行更改时，可以修改通用模块进行低成本维护。

（1）创建 CSS。CSS 作为页面布局的全局文件，可以进行 ASP.NET 留言本全局的布局样式控制，通过使用 CSS 能够将页面代码和布局代码相分离，这样就能够方便进行系统样式维护。右击项目，在下拉菜单中选择【添加】选项，然后在【添加】选项的下拉菜单中单击【新建项】选项以创建 CSS 样式表，如图 11-4 所示。

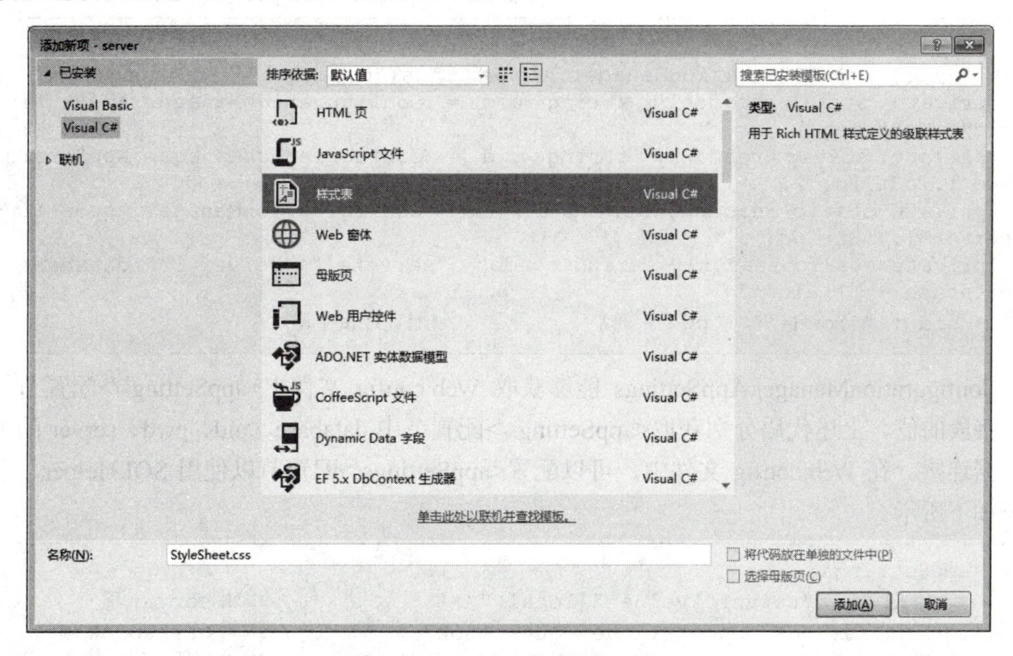

图 11-4　创建样式表

样式表可以统一存放在一个文件夹中，该文件夹能够进行样式表的统一存放和规划，以便系统可以使用不同的样式表。虽然样式表能够存放在系统的任何位置，但是为了文件的整洁，以及文件系统的可维护性，建议存放在统一的文件夹中。在 CSS 文件中可以编写代码进行样式控制，示例代码如下所示。

```
body
{
    font-size:12px;
    font-family:Geneva, Arial, Helvetica, sans-serif;
    margin:0px 0px 0px 0px;
}
```

上述代码只是定义了一个 body 标签的样式，在后续开发过程中，如果需要进行样式控制可以随时更改此文件。

（2）使用 SQLHepler。SQLHepler 是一个数据库操作的封装，使用 SQLHepler 类能够快速进行数据的插入、查询、更新等操作而无需使用大量的 ADO.NET 代码进行连接。使用 SQLHelper 类为开发人员进行数据操作提供了极大的便利。在现有的系统中，在解决方案管理器中可以选择添加现有项添加现有的类库的引用，也可以通过自行创建类进行引用。为了更加方便地使用 SQLHelper，其类库的命名和命名空间的命名可以直接使用 SQLHelper 命名，通常情况下无需修改，如果开发人员需要修改，则需要在类库的属性和代码中修改相应的名称。

（3）配置 Web.config。Web.config 文件为系统的全局配置文件，在 ASP.NET 中 Web.config 文件提供了自定义可扩展的系统配置，在 Web.config 文件中的<appSettings/>配置节可以配置自定义信息。当使用 SQLHelper 类进行数据辅助操作时，其中包含连接字串代码，示例代码如下所示。

```
    private static readonly string database =
            ConfigurationManager.AppSettings["database"].ToString();
    private static readonly string uid = ConfigurationManager.AppSettings
["uid"].ToString();
    private static readonly string pwd = ConfigurationManager.AppSettings
["pwd"].ToString();
    private static readonly string server = ConfigurationManager.AppSettings
["server"].ToString();
    private static readonly string condb = "server='"+ server +"';database='"
+ database + "';uid='"
    + uid + "';pwd='" + pwd + "'";          //配置连接字串
```

ConfigurationManager.AppSettings 能够获取 Web.config 文件中<appSettings/>配置节的相应的字段的值，上述代码分别获取<appSettings/>配置节中 database、uid、pwd、server 的值进行数据连接。在 Web.config 文件中，可以配置<appSettings/>配置节以使用 SQLHelper，示例代码如下所示。

```
    <appSettings>
        <add key="server" value="(local)"/>                //编辑 server 项
        <add key="database" value="guestbook"/>            //编辑 guestbook 项
        <add key="uid" value="sa"/>                        //编辑 uid 项
        <add key="pwd" value="sa"/>                        //编辑 pwd 项
    </appSettings>
```

在配置了 Web.config 中<appSettings/>配置的信息后，SQLHelper 类就能够使用<appSettings/>配置节中的字段和值。当需要在项目中使用 SQLHelper 类时，还需要添加 SQLHelper 的引用。

2. 主要步骤

（1）留言板用户控件。在留言板的数据显示中，可以编写用户控件进行数据显示并在相应的页面中使用该用户控件，用户控件能够极大地方便开发人员进行开发维护。

建议代码使用 DataList 数据控件进行数据呈现，DataList 控件可以不使用数据源控件中的更新、删除、插入等操作进行数据操作，在留言本控件中，DataList 控件只需要执行数据的呈现和分页即可。使用数据分页类能够对 ListView 控件进行分页操作，当数据库中的信息过多时用户可以使用分页进行留言的查看，当管理员进行留言本的回复时，也可以使用分页操作对原来未进行回复的操作进行选择和回复。在创建自定义控件时，其数据源控件可以不必支持数据更新、插入和删除等操作。

（2）管理员登录。可以使用登录模块进行管理员身份的验证开发，这里也可以简单地使用服务器控件进行管理员登录的实现。给管理员分配一个 Session 对象，在其他的页面中需要使用 Session 对象进行身份验证。

（3）用户注册。用户在留言之前需要进行登录，如果用户没有账号就需要在登录之前进行注册操作，注册操作可以使用注册模块进行数据操作，这里只需要简单进行数据插入即可。在用户注册时，用户名和密码为必填项，而其他为选填项目，当用户单击按钮控件进行注册时，会执行相应的注册事件进行数据库操作。

（4）用户登录。参考管理员登录的实现。

（5）留言界面。留言本界面使用了 DIV+CSS 让页面的样式更加丰满、用户体验更加友好，在留言本界面中使用了前面制作的用户控件，并且能够支持分页等操作。主要界面如图 11-5 所示。

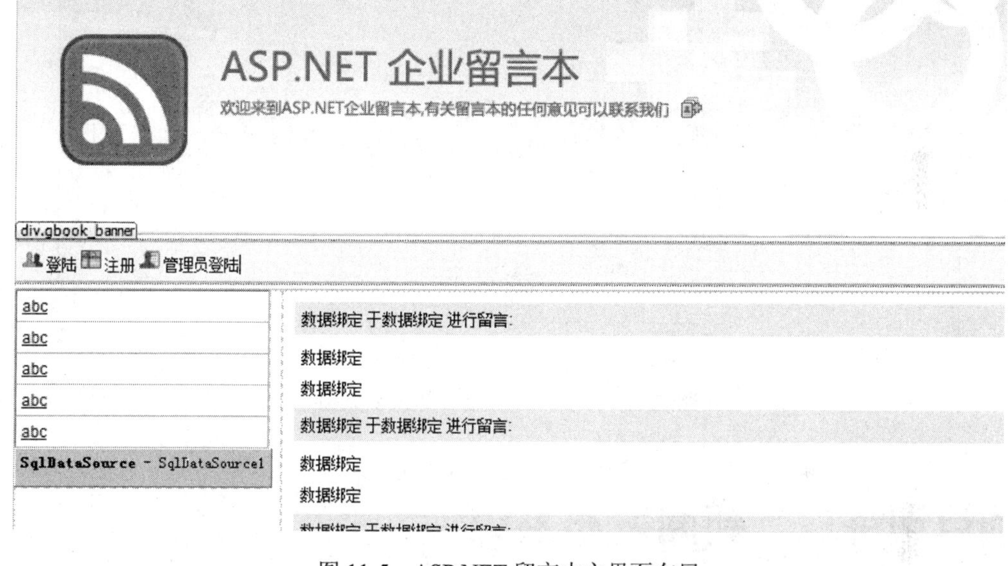

图 11-5　ASP.NET 留言本主界面布局

（6）留言、回复、删除等功能。在进行这些功能的实现前，首先需要判断用户是否注册或登录，如果用户没有注册或登录，那么用户就只能查看相应的留言而无权进行留言；如果进行注册并登录，则用户在留言本页面能够进行留言操作。所以在页面加载时就必须对用户的身份进行验证判断。

当用户单击【留言】按钮后，用户就能够进行留言操作，使用 SQLHelper 类只需要编写 INSERT 等 SQL 语句就能够实现数据的增删改。

```
SQLHelper.SQLHelper.ExecNonQuery(strsql)
```

3. 运行效果图

运行效果如图 11-6 所示。

本项目还使用了 SQLHelper 类进行数据操作，SQLHelper 类简化了开发人员对数据的操作，只需要使用一行或几行代码就能够实现 ADO.NET 中的复杂代码实现，SQLHelper 类还能够在不同的项目中使用，这些项目包括 Web 应用、类库和自定义控件。

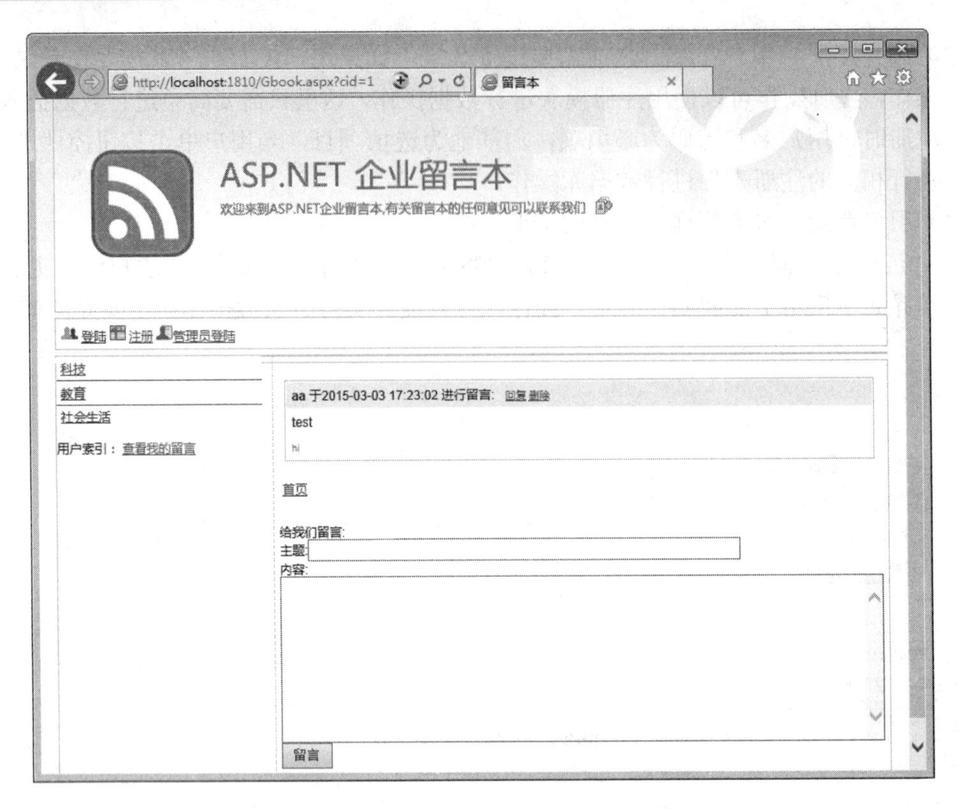

图 11-6　ASP.NET 留言本运行效果图

项目训练二　新闻发布系统

一、项目的功能需求

1. 需求分析

当今社会是一个信息化的社会，新闻作为信息的一部分有着信息量大、类别繁多、形式多样的特点，新闻发布系统的概念就此提出。新闻发布系统的提出使电视不再是唯一的新闻媒体，从此以后网络也充当了一个重要的新闻媒介的功能。它主要实现对新闻的分类、上传、新闻审核、发布等，模拟了一般新闻媒介的新闻发布的过程，后台管理可通过不同权限的账号分别实现相应的不同功能等。当然，本项目的训练简化了网络新闻发布系统的功能。

本项目中利用 ASP.NET 技术开发的具有后台管理功能的“新闻发布系统”网站，该网站应该具备如下功能。

（1）用户管理。主要是对用户进行管理，用户权限分为管理员和普通用户两类。

（2）新闻类别管理。为新闻进行分类，本项目中仅能划分一级类目，不能进行进一步的二级类目或无限级类目的划分。

（3）新闻管理。主要功能有：管理现有新闻、发布新闻、审核最新新闻、管理新闻评论。

2. 功能模块划分

（1）管理员输入用户名和密码，登录成功后可以进入网站后台进行用户和新闻管理。

（2）管理员能发布新闻，发布的新闻包括标题、内容、新闻类别和发布人。
（3）管理员可以对发布的新闻进行审核、并设置是否显示在前台。
（4）管理员可以对新闻的类别进行增删改的操作。
（5）用户访问网站首页，可以浏览网站上的所有新闻。
（6）网站要求有较为统一的风格。

二、数据库设计

创建新闻发布数据库，创建完成后就能够进行其中表的创建。初步为数据库中的表进行设计，这里包括四个表，作用分别如下。

- 用户信息表：用于存放用户和管理员的信息并进行用户信息的管理。
- 新闻分类表：用于存放新闻的分类信息。
- 新闻信息表：用于存放新闻信息。
- 新闻评论表：用于存放对新闻的评论信息。

其中新闻信息表和新闻的分类表用于描述设计的新闻发布系统的核心，四个表的表结构如下所示。

1. 用户信息表

用户信息表（tb_User）对于用户而言需要一个表将用户的信息进行存储和读取，包括管理员用户，其字段如表 11.5 所示。

表 11.5　用户信息表

字段名称	数据类型	描　述
U_id	int	用于标识用户 ID，为自动增长的主键
UserName	varchar(50)	用户名，当用户登录时可以通过用户名验证
Password	varchar(50)	密码，当用户登录时可以通过密码验证
Email	varchar(50)	用户的联系邮箱，可以为空
Lever	varchar(50)	用户分类，可以分为管理员和普通用户两类

2. 新闻分类表

新闻分类表（tb_BigClass）对新闻进行一级分类，其字段如表 11.6 所示。

表 11.6　用新闻分类表

字段名称	数据类型	描　述
B_id	int	用于标识类别 ID，为自动增长的主键
Name	varchar(50)	新闻类别名称
Flag	char(10)	用于标记该新闻是否在网站前台显示
Cindex	int	用于标记新闻类别在前台显示时的显示顺序
NewsCount	int	该类别中的发布新闻数

3. 新闻信息表

新闻信息表（tb_News）存放网站发布的新闻信息，是新闻发布的核心表，其字段如

表 11.7 所示。

表 11.7　新闻信息表

字段名称	数据类型	描　　述
N_id	int	用于标识新闻 ID，为自动增长的主键
Title	varchar(50)	新闻标题
Info	text	用于存放发布的新闻内容
BigClassID	varchar(50)	新闻所属类别
UserName	varchar(50)	新闻发布人
InfoTime	datetime	新闻发布时间
Hit	int	新闻阅读单击数
Flag	varchar(50)	新闻是否审核通过
Cindex	int	新闻显示时的显示顺序

4. 新闻评论表

新闻评论表（tb_Comments）存放对新闻进行的评论，其字段如表 11.8 所示。

表 11.8　新闻评论表

字段名称	数据类型	描　　述
C_id	int	用于标识评论 ID，为自动增长的主键
C_user	varchar(50)	评论用户名称
C_qq	varchar(50)	评论用户 QQ 号
C_email	varchar(50)	评论用户邮箱
C_word	varchar(255)	评论内容
C_time	datetime	评论时间
NewsID	int	所评论新闻的 ID
Cindex	int	评论的显示顺序

三、项目训练分析

1. 设计前的思考

设计“新闻发布系统”前需要思考如下问题。

（1）如何合理地设计网站目录结构，使得信息能够被有效地分类，同时访问控制又比较方便。由于本系统存在“管理员”和“用户”两种角色，因此需要把只有管理员才能访问的页面放到同一文件夹中，统一进行权限设置。

（2）根据提供的新闻表结构，发现此项目中的新闻不包括图片和附件。考虑如果需要增加这些新闻内容，应该怎样改进表结构。

（3）采用怎样的导航方式，使得操作界面清晰，便于用户操作。可以考虑使用 Menu 控件较为方便。

（4）采用怎样的设计方法，使得页面风格统一。要使页面风格统一，ASP.NET 提供了多种方法如用户控件、母版页、主题、皮肤。

（5）采用怎样的开发方法，开发效率高，程序又不失灵活性。逻辑较为简单的显示部分采用数据访问控件 SqlDataSource 结合具有内置分页功能的 GridView 控件，新闻发布和修改等逻辑较为复杂的部分采用代码实现。此处考虑是否用三层架构实现。

（6）在进行权限认证、登录认证后，考虑用 Session 对象来保存信息。

2．参考界面

下面给出系统的参考界面。首先是网站的前台首页，如图 11-7 和图 11-8 所示。

（1）新闻网站前台首页。

图 11-7　网站运行效果图 1

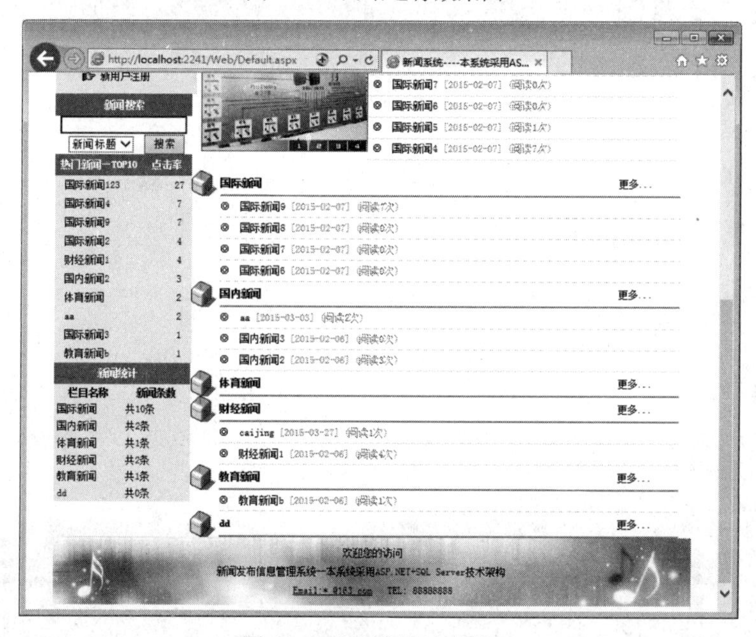

图 11-8　网站运行效果图 2

建议参考上图，新建母版页，母版页中至少包括网页头（导航条）、网页尾（页面底部）、用户登录等内容页。

（2）管理员登录后，管理首页，如图 11-9 所示。主要有新闻管理、类别管理、用户管理三个模块，如图 11-10～图 11-12 所示。

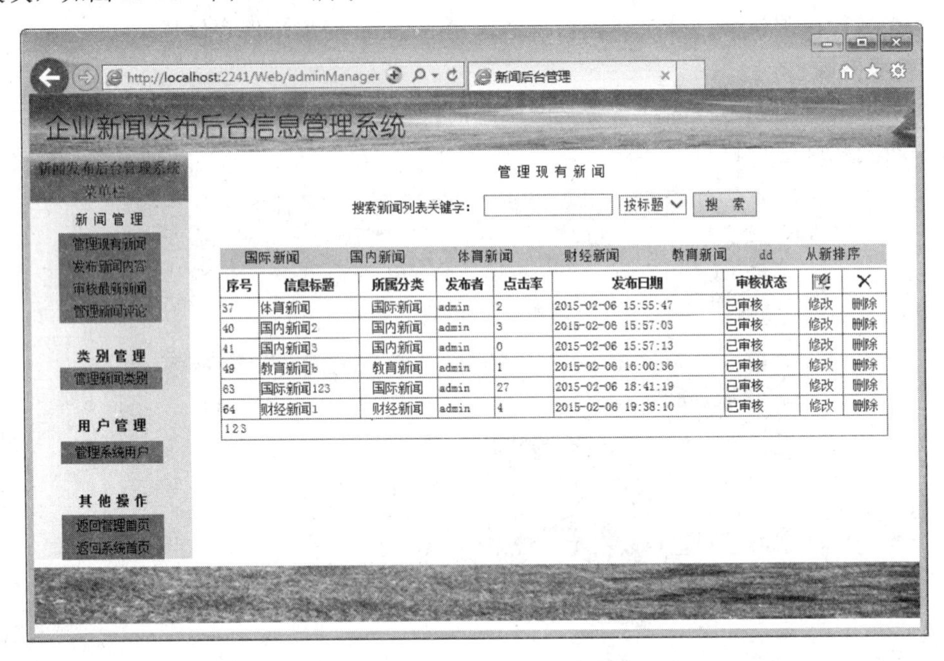

图 11-9　网站后台运行效果图

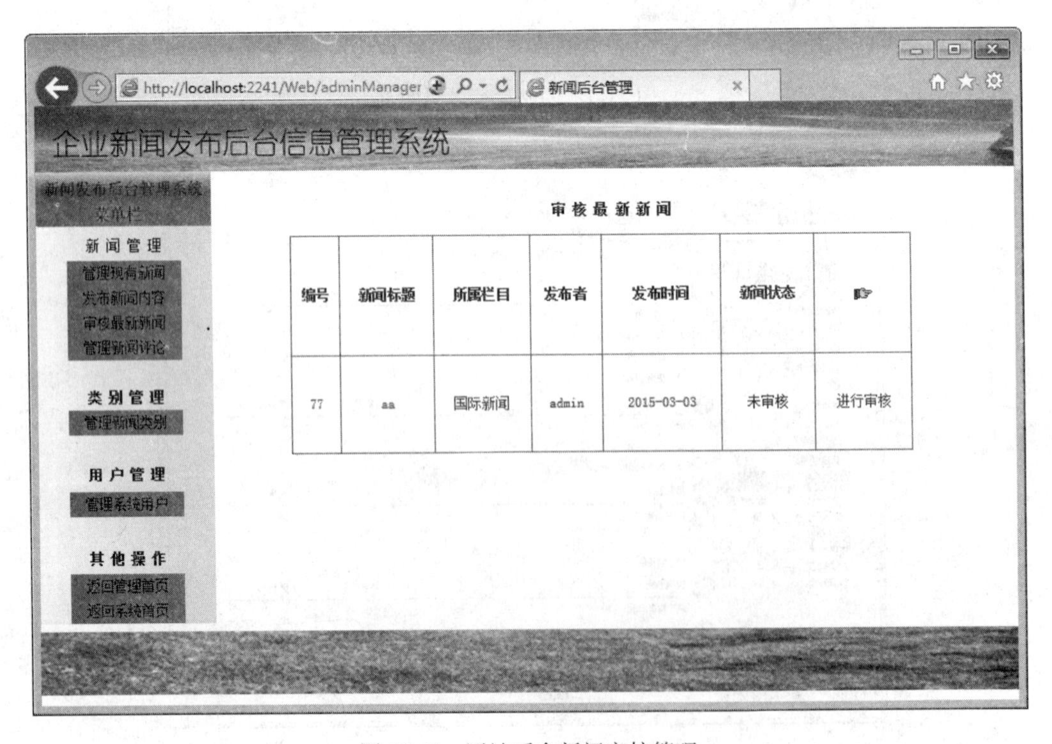

图 11-10　网站后台新闻审核管理

图 11-11 网站后台新闻评论管理

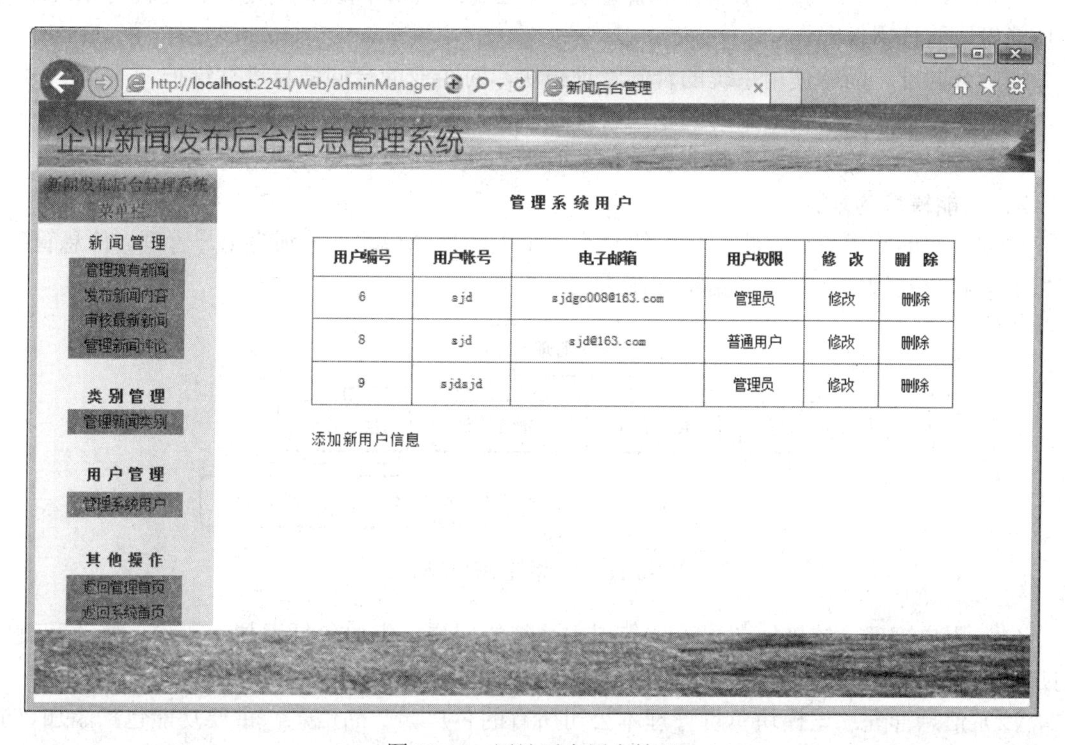

图 11-12 网站后台用户管理

项目训练三　企业业务管理系统

一、项目的功能需求

1．需求分析

在信息技术不断普及的今天，传统的人工企业业务管理模式已经不能适应现代化企业的需求，随着计算机技术、网络技术的成熟和普及，使用计算机对企业业务进行信息化、系统化的管理显得相当重要。本项目采用 ASP.NET 开发了一个基于 Web 的企业业务管理系统。

本系统的主要目的是帮助企业内部人员对企业的业务进行更加有效的管理。根据管理系统的基本要求，本系统需要完成以下任务。

（1）公司不同部门的人员在本系统中具有不同的管理功能，通过用户信息维护功能维护员工的信息。

（2）企业需要面对很多客户，因此必须对这些客户进行管理。

（3）对企业的产品信息进行维护。

（4）能够查询某客户的销售情况。

（5）能够统计企业的销售情况。

（6）能够添加和维护企业的合同。

在本系统中，涉及企业中以下几个部门的用户。

（1）系统管理员：指整个系统的管理员，它是系统中最高级别的用户，它拥有系统中所有功能模块的使用权限。

（2）合同部：能够使用系统的合同管理模块，对企业的合同信息进行维护。

（3）销售部：能够使用系统的销售管理模块，对企业的销售情况进行统计和维护。

（4）客户部：能够使用系统的客户信息管理模块，对企业的客户信息进行维护。

2．功能模块的划分

根据上面的需求分析，我们将系统分为 4 个大的功能模块，分别为用户管理、信息管理、销售管理和合同管理。其功能结构如图 11-13 所示。

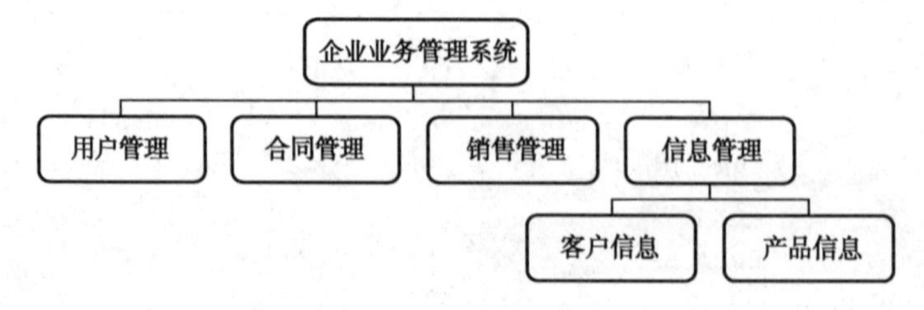

图 11-13　系统功能结构

（1）用户管理：该模块负责管理使用本系统的用户。主要包括添加、删除、修改和浏览用户的信息。

（2）信息管理：该模块负责管理本公司所有的客户、产品信息，主要功能包括添加、删除、修改和浏览信息。不同权限的用户所能做的操作不同。

（3）销售管理：该模块提供对本公司日、月、年销售情况的统计，同时也提供了对其客户每月、每年的销售情况统计。

（4）合同管理：该模块负责合同信息的管理。主要功能包括添加、修改合同。此模块需要记录合同的签署、执行和完成状态，它是进行销售统计的基础。

二、数据库设计

1. 数据库的需求分析

根据企业业务管理的需求，需要在数据库中存储以下几类数据信息。

（1）用户信息表：存放管理员和员工的信息，包括用户编号、用户名、密码和权限等。

（2）客户信息表：存放企业客户的信息，包括客户编号、名称、负责人、描述等。

（3）产品信息表：存放企业的产品信息，包括产品编号、产品名称、特征等。

（4）销售情况信息表：存放企业的销售情况信息，包括编号、客户编号、产品编号、销售数量等。

（5）合同信息表：存放企业合同的状态信息，包括合同编号、客户编号、执行状态、签订时间和负责人等。

（6）合同明细信息表：存放企业合同的明细信息，包括记录标号、产品编号、订货数量等。

2. 数据库的逻辑设计

根据上述对企业业务管理系统的需求分析，下面对数据库进行逻辑设计。数据库的逻辑设计是应用程序开发的一个重要阶段，主要是指在数据库中创建需要的表。如果有需要还可以设计视图和存储过程及触发器。

根据数据库的需求分析，本系统包括 6 张表。下面给出这几张表的详细结构。

（1）用户信息表。用户信息表（users）用来存储系统使用者的信息，表的字段说明如表 11.9 所示。

表 11.9 用户信息表

字段名称	数据类型	描述
UserID	char(10)	用户编号，主键
UserName	varchar(50)	用户名
UserPassword	char(10)	用户密码，当用户登录时可以通过密码验证
UserType	int	用户类型，0-管理员，1-合同部，2-销售部，3-客户部

（2）客户信息表。客户信息表（customer）用于存放客户信息，表的字段说明如表 11.10 所示

表 11.10 客户信息表

字段名称	数据类型	描述
CustomID	char(10)	客户编号，主键
CustomName	char(10)	客户名称

续表

字段名称	数据类型	描　述
CustomCharge	char(10)	负责人
CustomDesc	varchar(100)	备注说明
CustomLevel	int	客户级别

（3）产品信息表。产品信息表（product）用于记录本公司产品的主要信息，表的字段说明如表 11.11 所示。

表 11.11　产品信息表

字段名称	数据类型	描　述
ProductID	char(10)	产品编号，主键
ProductName	varchar(50)	产品名称
ProductDesc	varchar(50)	对产品的描述

（4）合同信息表。合同信息表（contract）用来存储本公司的所有合同信息，表的字段说明如表 11.12 所示。

表 11.12　合同信息表

字段名称	数据类型	描　述
ContractID	char(10)	合同号，主键
CustomID	char(10)	客户
ContractState	int	合同的执行状态
ContractStart	datetime	合同的签订日期
ContractSend	datetime	合同的执行日期
ContractFinish	datetime	合同的完成日期
ContractPerson	char(10)	合同的负责人
ContractPrice	money	总金额

（5）合同明细表。合同明细表（contract_detail）记录合同中有关产品的订购信息。之所以将合同信息设计成两张表，是因为进行销售统计时，只涉及表 contract 的内容，在实际情况中有可能一个合同订购多种产品，为了便于扩展，系统将合同中与产品相关的内容单独拿出来设计成一张表，表的字段说明如表 11.13 所示。

表 11.13　合同明细表

字段名称	数据类型	描　述
ContractID	char(10)	合同号，主键
ProductID	char(10)	产品编号
ProductBook	int	订货数量
ProductSend	int	已发货数量
ProductPrice	money	产品单价

（6）销售情况表。销售情况表（customer_sale）用来记录每一个客户的销售情况，而且一个客户可能会订购本公司的多种产品，表的字段说明如表 11.14 所示。

表 11.14 客户销售情况表

字段名称	数据类型	描述
ID	int	销售情况的唯一 ID，主键，自动编号
CustomID	char(10)	客户
ProductID	char(10)	产品编号
ProductSale	int	销售数量
ProductPrice	money	产品单价
ProductDate	datetime	销售日期

3. 存储过程设计

构建了数据库的表结构后，接下来创建上述表中信息查询、添加、更新及删除的相关存储过程，举例如下。

（1）insert_users/update_users 存储过程：用于插入/更新用户信息，系统在往数据库中插入用户信息时将调用该存储过程。

（2）insert_customer 存储过程：向客户信息表中添加客户信息。

（3）insert_product 存储过程：向产品信息表中添加新产品信息。以下代码表示了这一存储过程。

```
ALTER PROCEDURE    insert_product
(@ProductID [char](10),
 @ProductName [varchar](50),
 @ProductDesc [varchar](100))
AS insert into [BMS].[dbo].[product]
 ( [ProductID],[ProductName],[ProductDesc])
VALUES
 (@ProductID,@ProductName,@ProductDesc)
RETURN
```

（4）insert_contract/update_contract 存储过程：向合同信息表中添加/更新合同信息。

（5）insert_contract_detail/update_contract_detail 存储过程：用于插入/更新合同的具体信息。

三、项目的实现

从系统的功能模块分析中可以知道，企业业务管理系统包括：系统登录模块、用户管理模块、客户管理模块、产品信息管理模块、合同管理模块、销售统计模块和客户销售情况统计模块。下面将针对几个模块的界面设计和代码实现进行分析。

1. 连接数据库

系统的数据库连接字符串是 web.config 配置文件中设置的，数据连接字符串部分的代码如下所示。其他为程序配置文件中自动生成的。

```
<connectionStrings>
<add name="sqlconn" connectionString="Data Source=localhost;Integrated
```

```
Security=SSPI;Initial Catalog=BMS;"providerName="System.Data.SqlClient" />
    <add name="BMSConnectionString1" connectionString="Data Source= localhost;
Initial Catalog=BMS;Integrated Security=True;Pooling=False"
    providerName="System.Data.SqlClient" />
     </connectionStrings>
```

connectionStrings 表示连接字符串，该字符串命名为 sqlconn。字符串中 Data Source 代表数据源，本系统中使用本地数据库，所以为 localhost，这与 sqlServer 的配置有关。SSPI 为数据库提供者，本系统使用 System.Data.SqlClient。

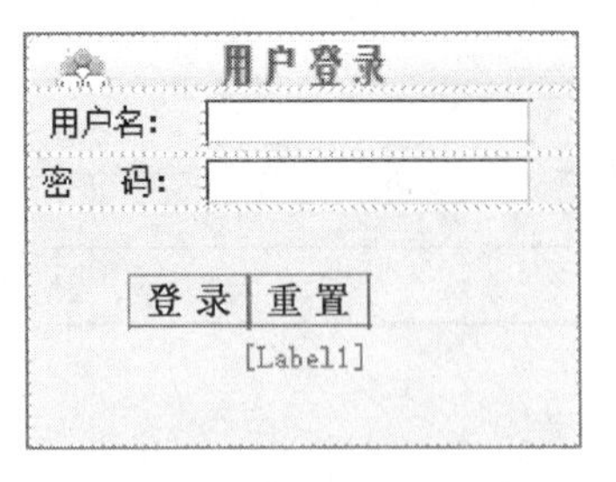

图 11-14　系统登录界面

2. 系统登录模块

登录页面（Login.aspx）使用了 TextBox 控件、Button 控件和 Label 控件，其界面如图 11-14 所示。

系统的登录界面具有自动导航功能，用户登录时，系统根据其身份的不同，将进入不同的系统功能页。在用户身份验证通过后，利用 Session 变量来记录用户的身份，伴随用户对系统进行操作的整个声明周期，实现的代码如下。

```
    protected void Button1_Click(object sender, EventArgs e)
    {
        string connString = Convert.ToString(ConfigurationManager.ConnectionStrings
        ["sqlconn"]);
        SqlConnection conn = new SqlConnection(connString);//创建数据库链接
        conn.Open();
        //验证用户身份
        string strsql = "select * from users where UserID='" + tbx_id.Text + "'and
        UserPassword='" + tbx_pwd.Text + "'";
        SqlCommand cmd = new SqlCommand(strsql, conn);
        SqlDataReader dr = cmd.ExecuteReader();
        if (dr.Read())
        {
        Session["UserID"] = dr["UserID"];
        Session["UserType"] = dr["UserType"];
        switch (Session["UserType"].ToString()) //根据身份自动导航
         {
            case "0":
                Response.Redirect("users.aspx");
                break;
            case "1":
                Response.Redirect("contract.aspx");
                    break;
                case "2":
                    Response.Redirect("contract_stat.aspx");
                    break;
                default:
                    Response.Redirect("customers.aspx");
                    break;
          }
         }
         else
         {
            Label1.Text = "登陆失败，请检测输入!";
         }
     }
```

3. 用户管理模块

用户管理包含两个页面，一个是用户管理的主页面，该页面列出了当前的系统用户及其详细信息，在该页面上还可以对已有的用户进行更新和删除；另一个页面是添加用户的页面。这两个页面只有系统管理员才可以进入。

（1）用户管理主页面。用户管理主页面（users.aspx）是管理员登录后首先进入的页面，主要用于用户信息的浏览和更新。此页面主要使用的控件及属性设置如表 11.15 所示。

表 11.15　用户管理页面的控件

控　件	ID	属　性
Button	Btn_exit	Onclick="Btn_exit_Click"
Label	Label1	ForeColor="red"
GridView	GridView1	见下面的 HTML 代码
HyperLink	HyperLink1	Text="添加用户"　NavigateUrl="adduser.aspx"

```
    <asp:GridView ID="GridView1" runat="server" AutoGenerateColumns="False"
OnRowDeleting="GridView1_RowDeleting" AllowPaging="True" AllowSorting="True"
OnRowCancelingEdit="GridView1_RowCancelingEdit"    OnRowEditing="GridView1_
RowEditing"   OnRowUpdating="GridView1_RowUpdating"   DataKeyNames="UserID"
OnPageIndexChanging= "GridView1_PageIndexChanging" PageSize="6">
        <Columns>
           <asp:BoundField DataField="UserID" HeaderText="用户名">
              <HeaderStyle HorizontalAlign="Center" Width="130px" />
           </asp:BoundField>
           <asp:BoundField DataField="UserPassword" HeaderText="密码" ReadOnly=
           True>
                          <HeaderStyle HorizontalAlign="Center" Width="130px" />
          </asp:BoundField>
          <asp:BoundField DataField="UserName" HeaderText="姓名">
             <HeaderStyle HorizontalAlign="Center" Width="130px" />
          </asp:BoundField>
          <asp:BoundField DataField="UserType" HeaderText="用户类型">
             <HeaderStyle HorizontalAlign="Center" Width="100px" />
          </asp:BoundField>
          <asp:CommandField ShowEditButton="True" >
             <HeaderStyle HorizontalAlign="Center" Width="60px" />
          </asp:CommandField>

          <asp:CommandField ShowDeleteButton="True" >
             <HeaderStyle HorizontalAlign="Center" Width="60px" />
          </asp:CommandField>
       </Columns>
       <HeaderStyle BackColor="WhiteSmoke" />
    </asp:GridView>
```

页面设计的效果如图 11-15 所示。

GridView 控件的初始数据绑定在 Page_Load()事件中，GridView 控件具有编辑和删除功能，可以直接在控件上对数据进行操作，其后台的主要代码如下。

图 11-15　用户管理界面

1）页面初始化函数，判断登录用户是否合法（是否为管理员），如果合法就调用函数进行绑定数据。

```
protected void Page_Load(object sender, EventArgs e)
{
    try
    {
        if (Session["UserType"].ToString().Trim() != "0")
        {
            Response.End();
        }
    }
    catch
    {
        Response.Write("您不是合法用户，请登录后再操作,<a href='Login.aspx'>返回
        </a>");
        Response.End();
    }
    if (!IsPostBack)
    {
        BindGrid();
    }
}
```

2）绑定函数，绑定 GridView 上的数据。

```
private void BindGrid()
{
    string strconn = Convert.ToString(ConfigurationManager.ConnectionStrings
    ["sqlconn"]);
    SqlConnection conn = new SqlConnection(strconn);//创建数据库连接
    conn.Open();
    SqlDataAdapter da = new SqlDataAdapter("select * from users", conn);
    DataSet ds = new DataSet();
    da.Fill(ds);
    GridView1.DataSource = ds;
    GridView1.DataBind();//绑定数据源
    conn.Close();
}
```

3）“退出”按钮的单击事件处理程序，返回到 Login.aspx 页面。

```
protected void btn_exit_Click(object sender, EventArgs e)
{
    Response.Redirect("Login.aspx");
}
```

4）单击 GridView1 的“删除”按钮的事件处理程序，用于删除用户。

```
protected void GridView1_RowDeleting(object sender, GridViewDeleteEventArgs e)
{
    string strconn = Convert.ToString(ConfigurationManager.ConnectionStrings
    ["sqlconn"]);
    SqlConnection conn = new SqlConnection(strconn);
    conn.Open();
    string strsql = "delete from users where UserID=@userid";
    SqlCommand cmd = new SqlCommand(strsql, conn);
    SqlParameter param = new SqlParameter("@userid", GridView1.Rows
    [e.RowIndex].Cells[0].Text);
    cmd.Parameters.Add(param);
    try
    {
        cmd.ExecuteNonQuery();
        Label1.Text = "删除成功";
    }
    catch (SqlException ex)
    {
        Label1.Text = "删除失败"+ex.Message;
    }
    cmd.Connection.Close();
    BindGrid();
}
```

5）GridView1 的“编辑”按钮的单击事件处理程序，使得当前记录可编辑。

```
protected void GridView1_RowEditing(object sender, GridViewEditEventArgs e)
{
    if (Session["UserType"].ToString().Trim()== "0")
    {
        GridView1.EditIndex = e.NewEditIndex;
        BindGrid();
    }
}
```

6）GridView1 的“取消”按钮的单击事件处理程序，用于取消当前记录的编辑。

```
protected void GridView1_RowCancelingEdit(object sender,
GridViewCancelEditEventArgs e)
{
    GridView1.EditIndex = -1;
    BindGrid();
}
```

7）Gridview1 的“更新”按钮的单击事件处理程序，用于将当前记录的更新写入到数据库。

```
protected void GridView1_RowUpdating(object sender, GridViewUpdateEventArgs e)
{
```

```
        string strconn = Convert.ToString(ConfigurationManager.ConnectionStrings
["sqlconn"]);
        SqlConnection conn = new SqlConnection(strconn);
        conn.Open();
        SqlCommand cmd = new SqlCommand("update_users", conn);
        cmd.CommandType = CommandType.StoredProcedure;
        cmd.Parameters.Add(new
        SqlParameter("@userid",((TextBox)GridView1.Rows[e.RowIndex].Cells[0].
        Controls[0]).Text));
        cmd.Parameters.Add(new SqlParameter("@username",((TextBox)GridView1.
        Rows[e.RowIndex].Cells[2].Controls[0]).Text));
        cmd.Parameters.Add(new SqlParameter("@usertype", ((TextBox)GridView1.
        Rows[e.RowIndex].Cells[3].Controls[0]).Text));
        cmd.Parameters.Add(new SqlParameter("@olduserid",GridView1.DataKeys
        [e.RowIndex].Value.ToString()));
        try
        {
            cmd.ExecuteNonQuery();
            Label1.Text = "更新成功";
            GridView1.EditIndex = -1;
        }
        catch (SqlException ex)
        {
            Label1.Text = "更新失败" + ex.Message;
        }
        conn.Close();
        BindGrid();
    }
```

8）GridView1 的 PageIndexChanging 事件处理程序。

```
    protected void GridView1_PageIndexChanging(object sender,
    GridViewPageEventArgs e)
    {
        GridView1.PageIndex = e.NewPageIndex;
        BindGrid();
    }
```

（2）添加用户页面

添加用户页面（adduser.aspx）主要用于管理员添加新的系统用户，需要添加用户名、姓名和用户类型，新添加的用户密码和用户名相同。该页面的控件如表 11.16 所示。

表 11.16　添加用户页面使用的控件

控　件	ID	属　性
TextBox	tbx_id	默认
TextBox	tbx_name	默认
DropDownList	DropDownList1	见下面的 HTML 代码
Button	Button1	Onclick="Button1_Click"
Button	Button2	Onclick="Button2_Click"
Label	Label1	ForeColor="red"
HyperLink	HyperLink1	Text="返回"　NavigateUrl="users.aspx"

DropDownList1 的 HTML 代码。

```
<asp:DropDownList ID="DropDownList1" runat="server">
    <asp:ListItem Value="0">管理员</asp:ListItem>
    <asp:ListItem Value="1">合同部</asp:ListItem>
    <asp:ListItem Value="2">销售部</asp:ListItem>
    <asp:ListItem Value="3">业务部</asp:ListItem>
</asp:DropDownList>
```

页面设计效果如图 11-16 所示。

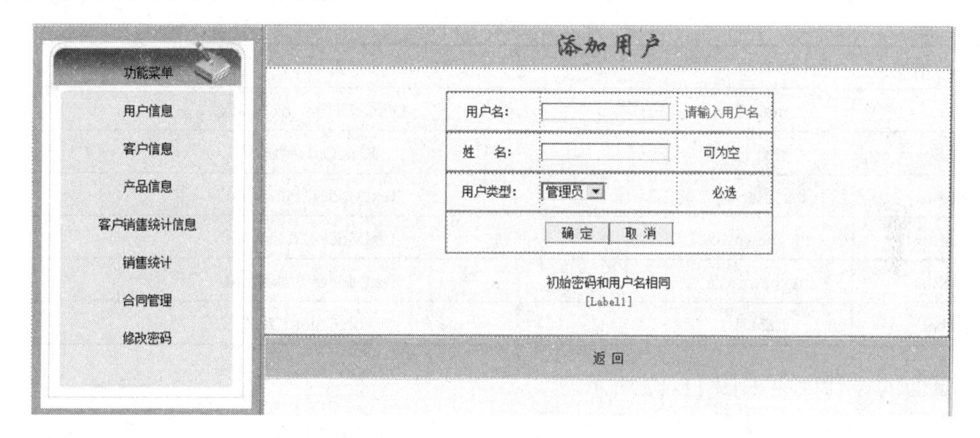

图 11-16　添加用户界面

添加用户界面后台的主要代码如下。

1）“取消”按钮单击事件处理程序。

```
protected void Button2_Click(object sender, EventArgs e)
{
    Response.Redirect("users.aspx");
}
```

2）“确定”按钮单击事件处理程序，用于添加一个用户到数据库。

```
protected void Button1_Click(object sender, EventArgs e)
{
    string strconn = Convert.ToString(ConfigurationManager.ConnectionStrings
    ["sqlconn"]);
    SqlConnection conn = new SqlConnection(strconn);
    conn.Open();
    SqlCommand cmd = new SqlCommand("insert_user", conn);
    cmd.CommandType = CommandType.StoredProcedure;
    cmd.Parameters.Add(new SqlParameter("@userid", tbx_id.Text.Trim()));
    cmd.Parameters.Add(new SqlParameter("@username", tbx_name.Text.Trim()));
    cmd.Parameters.Add(new SqlParameter("@userpassword", tbx_id.Text.Trim()));
    cmd.Parameters.Add(new SqlParameter("@usertype",DropDownList1.Text.
    Trim()));
    try
    {
        cmd.ExecuteNonQuery();
        Response.Redirect("users.aspx");
    }
    catch (SqlException ex)
```

```
        {
            Label1.Text = "添加失败: " + ex.Message;
        }
        conn.Close();
    }
```

4．密码修改模块

密码修改页面提供给当前用户修改自己的密码。该页面用到的控件如表 11.17 所示。

表 11.17　密码修改页面的控件

控　件	ID	属　性
Button	btn_ok	Onclick="btn_ok_Click"
TextBox	tbx_id	ReadOnly="true"
TextBox	tbx_oldpwd	TextMode="Password"
TextBox	tbx_newpwd	TextMode="Password"
TextBox	tbx_newpwda	TextMode="Password"
Label	Label1	ForeColor="red"

该页面的设计效果如图 11-17 所示。

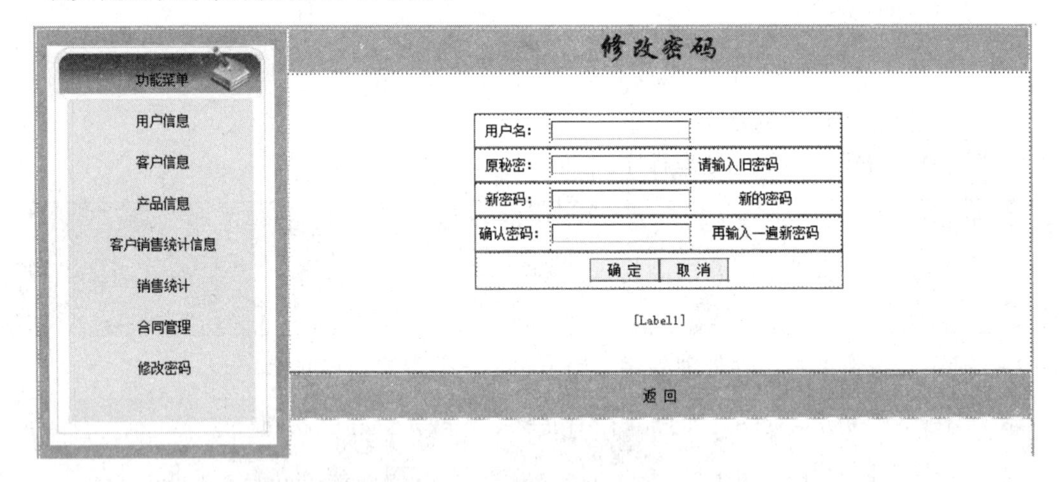

图 11-17　密码修改界面

密码修改时是不能修改用户名的，所有 TextBox 控件 txb_id 是只读的，并且在 Page_Load 中加载其值。修改密码的时候要求用户先输入原来的密码以确保安全性，只有当原来的密码正确之后才能进行下一步的操作。密码的后台代码如下所示。

（1）页面初始化，创建数据库连接字符串，并获取当前登录的用户。

```
SqlConnection cn;
protected void Page_Load(object sender, EventArgs e)
{
    string strconn = ConfigurationManager.ConnectionStrings["sqlconn"].
    ToString();
    cn = new SqlConnection(strconn);
    if (Session["UserID"] != null)
```

```
    {
        tbx_id.Text = Session["UserID"].ToString();
    }
}
```

（2）“确定”按钮单击事件处理程序，更新当前用户的密码。

```
protected void btn_ok_Click(object sender, EventArgs e)
{
    string strsql = "select * from users where UserID='" + Session["UserID"].
    ToString() + "'";
    SqlCommand cmd = new SqlCommand(strsql, cn);
    cn.Open();
    SqlDataReader dr = cmd.ExecuteReader();
    string oldpassword = "";
    if (dr.Read())
    {
        oldpassword = dr["UserPassword"].ToString().Trim();
    }
    dr.Close();
    if (oldpassword == tbx_oldpwd.Text)
    {
        if (txb_newpwd.Text == txt_newpdwa.Text)
        {
            strsql = "update users set UserPassword='" + txb_newpwd.Text + "'
            where UserID='"+Session["UserID"].ToString();
            cmd.CommandText = strsql;
            try
            {
                cmd.ExecuteNonQuery();
                Label1.Text = "修改成功!您的新密码是: " + txb_newpwd.Text + "!
                请您记清楚!";
            }
            catch (SqlException ex)
            {
                Label1.Text = "修改失败!原因: " + ex.Message;
            }
        }
        else
        {
            Label1.Text = "您两次输入的新密码不一致！请检查！";
        }
    }
    else
    {
        Label1.Text = "旧密码输入错误！请检查后重新输入！";
    }
    cn.Close();
}
```

5．销售管理模块

销售管理模块包括三个部分，分别是销售统计、客户销售统计、添加客户销售情况。下面就对销售统计页面的设计和功能给出解决的思路。其他的客户销售统计、添加客户销售情况以及合同管理模块、信息管理模块，请读者参考上述的分析思路，自行给出解决办法。

销售统计页面是销售部人员登录后首先进入的页面，其功能是进行销售统计。

销售统计页面主要使用了 DropDownList 控件、TextBox 控件、Button 控件和 Label 控件，各控件的属性见表 11.18。

表 11.18　销售统计页面的控件

控　件	ID	属　性
DropDownList	dpd_static	0-日销售统计、1-月销售统计、2-年销售统计
DropDownList	dpd_customer	默认
DropDownList	dpd_product	默认
DropDownList	dpd_kind	-1-所有、0-签订状态、1-发货状态、2-完成状态
Button	btn_ok	Onclick="btn_ok_Click"
TextBox	tbx_year	默认
TextBox	tbx_month	默认
TextBox	tbx_day	默认
Label	lbl_money	ForeColor="red"
Label	lbl_count	ForeColor="red"

页面的设计效果如图 11-18 所示。

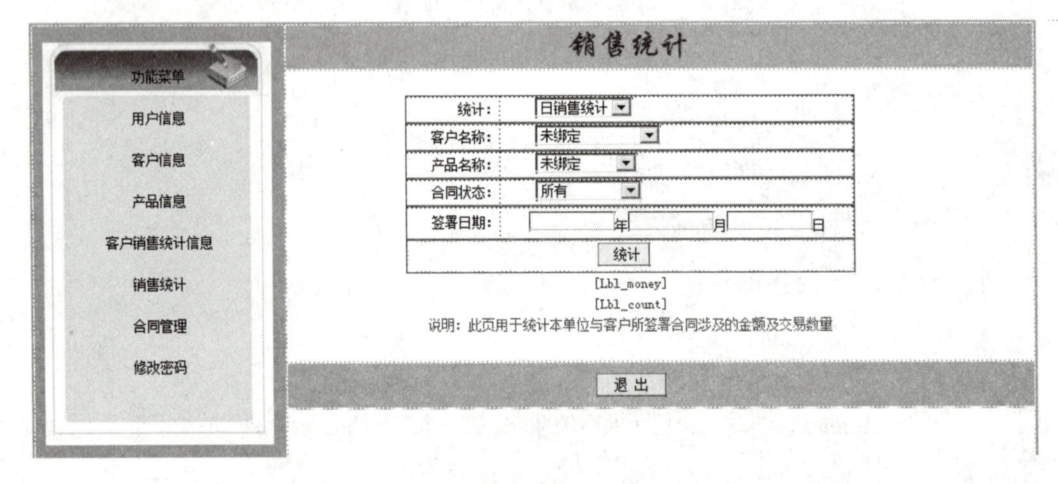

图 11-18　销售统计界面

销售统计页面主要用于统计本公司销售给客户的产品的情况，主要依据是所签订的合同信息。可以按照每天、每月或每年为时间单位进行统计，统计时间是合同签订时间，可以统计总金额和订货数量。

客户名称下拉列表框 dpd_customer、产品名称下拉列表框 dpd_product 中的数据在页面初始化事件中绑定、单击“统计”按钮将会根据输入对销售情况进行组合统计，结果显示在两个 Label 控件中，其中 lbl_money 显示销售总金额，lbl_count 显示产品销售总量。下面是销售统计页面的后台代码。

（1）页面初始化，绑定客户名称和产品名称下拉列表框。

```
SqlConnection cn;
protected void Page_Load(object sender, EventArgs e)
{
    string strconn = ConfigurationManager.ConnectionStrings["sqlconn"].
    ToString();
    cn = new SqlConnection(strconn);
    try
    {
        if (Session["UserType"].ToString() == "0" || Session["UserType"].
        ToString() == "2") ;
        else
        {
            Response.End();
        }
    }
    catch
    {
        Response.Write("您不是合法用户，请登录后再操作，<a href='Login.aspx'>返
        回</a>");
        Response.End();
    }
    if (!IsPostBack)
    {
        //客户名称下拉列表框数据绑定
        cn.Open();
        string strsql = "select * from customers";
        SqlCommand cmd = new SqlCommand(strsql, cn);
        SqlDataReader dr0 = cmd.ExecuteReader();
        dpd_customer.Items.Add(new ListItem("所有","-1"));
        while(dr0.Read())
        {
            dpd_customer.Items.Add(new ListItem(dr0["CustomName"].ToString(),
            dr0["CustomID"].ToString()));
        }
        dr0.Close();
        //产品名称下拉列表框数据绑定
        strsql = "select * from products ";
        cmd.CommandText = strsql;
        SqlDataReader dr1 = cmd.ExecuteReader();
        dpd_product.Items.Add(new ListItem("所有", "-1"));
        while (dr1.Read())
        {
            dpd_product.Items.Add(new ListItem(dr1["ProductName"].ToString(),
            dr1["ProductID"].ToString()));
        }
        dr1.Close();
        cn.Close();
    }
}
```

（2）“统计”按钮单击事件处理程序，按类型统计销售情况。

```
protected void Button1_Click(object sender, EventArgs e)
{
    string sql = "select sum(ContractPrice),sum(ProductBook) from contract ,
    contract_detail where contract.ContractID=contract_detail.ContractID
    and ";
```

```
    if (dpd_static.SelectedValue == "0")//按日统计
    {
        sql += " datepart(yy,ContractStart)='" + txb_year.Text + "'";
        sql += " and datepart(mm,ContractStart)='" + txb_month.Text + "'";
        sql += " and datepart(dd,ContractStart)='" + txb_day.Text + "'";
    }
    else if (dpd_static.SelectedValue == "1")//按月统计
    {
        sql += " datepart(yy,ContractStart)='" + txb_year.Text + "'";
        sql += " and datepart(mm,ContractStart)='" + txb_month.Text + "'";
    }
    else//按年统计
    {
        sql += " datepart(yy,ContractStart)='" + txb_year.Text + "'";
    }
    if (dpd_customer.SelectedValue != "-1")
    {
        sql += " and contract.CustomID='" + dpd_customer.SelectedValue + "'";
    }
    if (dpd_product.SelectedValue != "-1")
    {
        sql += " and contract_detail.ProductID='" + dpd_product.SelectedValue
        + "'";
    }
    if (dpd_kind.SelectedValue != "-1")
    {
        sql += " and contract.ContractState='" + dpd_kind.SelectedValue + "'";
    }
    SqlCommand cmd = new SqlCommand(sql, cn);
    cn.Open();
    SqlDataReader dr = cmd.ExecuteReader();
    if (dr.Read())
    {
        string  money = "0";
        string count = "0";
        if (!(dr[0] is DBNull))
        {
            money = dr[0].ToString();
        }
        if(!(dr[1] is DBNull))
        {
            count = dr[1].ToString();
        }
        Lbl_money.Text = "本" + dpd_static.SelectedItem.Text.Substring(0, 1)
        + "总金额为: " +money;
        Lbl_count.Text = "本" + dpd_static.SelectedItem.Text.Substring(0, 1)
        + "销售量为: " + count;
    }
    else
    {
        Lbl_money.Text = "本" + dpd_static.SelectedItem.Text.Substring(0, 1)
        + "总金额为: 0";
        Lbl_count.Text = "本" + dpd_static.SelectedItem.Text.Substring(0, 1)
        + "销售量为: 0";
    }
    dr.Close();
    cn.Close();
}
```

（3）“退出”按钮单击事件处理程序。

```
protected void btn_exit_Click(object sender, EventArgs e)
{
    Response.Redirect("Login.aspx");
}
```

（4）统计类型下拉列表框的 SelectIndexChanged 事件处理程序，按类型显示不同的输入框。

```
protected void dpd_static_SelectedIndexChanged(object sender, EventArgs e)
{
    if (dpd_static.SelectedValue == "2")//只显示年输入框
    {
        Label2.Visible = false;
        txb_month.Visible = false;
        Label3.Visible = false;
        txb_day.Visible = false;
    }
    else if (dpd_static.SelectedValue == "1")//只显示年、月输入框
    {
        Label2.Visible = true;
        txb_month.Visible = true;
        Label3.Visible = false;
        txb_day.Visible = false;
    }
    else//显示年、月、日输入框
    {
        Label2.Visible = true;
        txb_month.Visible = true;
        Label3.Visible = true;
        txb_day.Visible = true;
    }
}
```

6. 系统运行界面

系统运行界面如图 11-19 和图 11-20 所示。

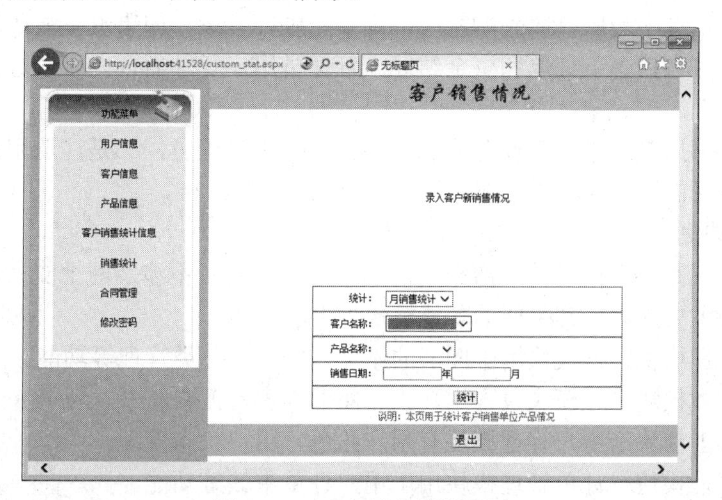

图 11-19 客户销售统计界面

图 11-20　合同管理界面

项目训练四　三层架构的网上书店系统

一、项目的功能需求

1．需求分析

随着电子商务的发展，网上购物服务逐渐深入到人们的生活中。对于电子商城，读者应该都比较了解，并且可能都已经有了在网上购买商品的体验。网上书店作为其中重要的一部分，给人们的生活带来了很多方便。通过网上书店，人们可以足不出户选购自己所需的图书。该系统主要由前台信息发布网站和后台管理维护系统两部分构成；在支持整个网站的运作功能的基础上，能帮助用户对前台网站进行日常管理和信息发布；主要实现对书籍的展示和销售，对整个网站的设计进行了总体描述。使用 ASP.NET 三层架构技术使得本系统结构灵活、性能更佳。

系统主要要完成以下任务：用户免登录可直接在前台浏览网站中书籍的情况，查找相关的图书；如果要把选中的图书放到购物车，则要先进行登录，如果没有注册，可以先进行注册。用户登录后可在后台下订单和资金结算。管理员用户登录后台，可以进行用户管理、图书管理和订单管理。

在这个网上书店系统中，主要分为三类角色。一是管理员，二是注册用户，三是直接在网站前台浏览信息的用户（不用注册和登录）。

2．功能模块划分

本项目系统仅是一个简易的三层架构的网上书店系统，不涉及网上支付部分。它仅以图书的在线销售为主要内容，其主要的功能模块如下。

（1）图书管理模块：该模块用于图书的添加、修改、分类管理等功能。

（2）图书发布模块：该模块包含用户查看图书列表、搜索图书、新书 RSS 发布等内容。

（3）用户管理模块：用户管理模块有用户角色、用户状态管理。

（4）订单管理模块：订单管理模块用于用户订单审核等功能。

（5）用户模块：用户模板包括用户注册、登录、购物车、订单结算等功能。

总体来说，这些功能模板可以分为：前台页面、管理员后台页面、用户后台页面三大部分。管理员后台所有页面在根目录下的 Admin 文件夹中；用户后台所有的页面在 Membership 文件夹中；前台页面直接放在根目录下。下面首先进行数据库设计。

二、数据库设计

1. 数据库的需求分析

根据简易网上书店的需求，需要在数据库中存储以下数据信息。

（1）用户信息类：用户基本信息表、用户角色表、用户状态表。

（2）图书信息类：图书基本信息表、图书分类表、出版社信息表、图书评论表。

（3）订单信息类：订单表、订单结算表。

（4）其他类：搜索关键字信息表。

各表之间的关系如图 11-21 所示。

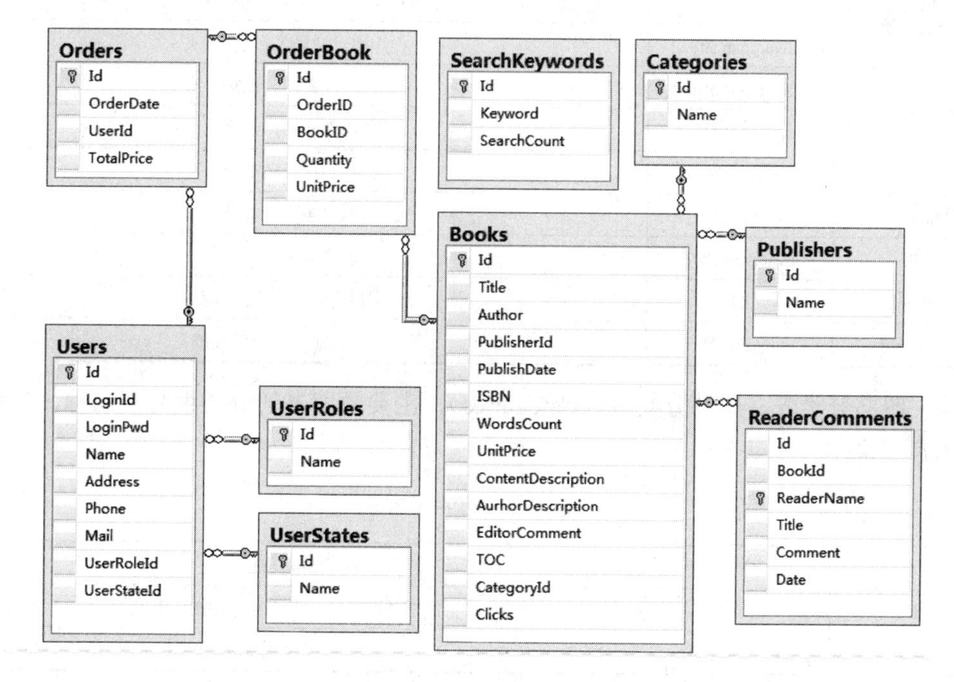

图 11-21　数据库关系图

2. 数据库的逻辑设计

根据上述分析，简化网上书店的表结构如下。

（1）用户角色表。用户角色表（UserRoles）用来存储系统使用者的角色分类信息，表的字段说明如表 11.19 所示。

表 11.19　用户角色表

字 段 名 称	数 据 类 型	描　述
Id	int	角色编号，自增长，主键，非空
Name	nvarchar(50)	角色名称，非空

（2）用户状态表。用户状态表（UserStates）用来存储系统使用者的状态信息，主要是正常状态和无效状态两种，表的字段说明如表 11.20 所示。

表 11.20　用户状态表

字段名称	数据类型	描　述
Id	int	状态编号，自增长，主键，非空
Name	nvarchar(50)	状态名称，非空

（3）用户信息表。用户信息表（Users）用来存储系统使用者的基本信息，表的字段说明见表 11.21 所示。

表 11.21　用户信息表

字段名称	数据类型	描　述
Id	int	用户编号，主键，自增长，非空
LoginId	nvarchar(50)	用户登录名，非空
LoginPwd	nvarchar(50)	用户密码，非空
Name	nvarchar(50)	用户实名，非空
Address	nvarchar(200)	用户地址，非空
Phone	nvarchar(100)	联系电话，非空
Mail	nvarchar(100)	联系邮箱，非空
UserRoleId	int	用户角色，非空，外键
UserStateId	int	用户状态，非空，外键

（4）图书分类表。图书分类表（Categories），主要是图书的分类编号和名称，表的字段说明见表 11.22。

表 11.22　图书分类表

字段名称	数据类型	描　述
Id	int	图书类别编号，自增长，主键，非空
Name	nvarchar(200)	图书类别名称，非空

（5）出版社信息表。出版社信息表（Publishers），主要是出版社编号和单位名称，表的字段说明见表 11.23。

表 11.23　出版社信息表

字段名称	数据类型	描　述
Id	int	出版社编号，自增长，主键，非空
Name	nvarchar(200)	出版社单位名称，非空

（6）图书信息表。图书信息表（Books），主要记录了网站上图书的基本信息，此表为核心表，表的字段说明见表 11-24。

```
        {
            tbx_id.Text = Session["UserID"].ToString();
        }
    }
```

（2）“确定”按钮单击事件处理程序，更新当前用户的密码。

```
protected void btn_ok_Click(object sender, EventArgs e)
{
    string strsql = "select * from users where UserID='" + Session["UserID"].
    ToString() + "'";
    SqlCommand cmd = new SqlCommand(strsql, cn);
    cn.Open();
    SqlDataReader dr = cmd.ExecuteReader();
    string oldpassword = "";
    if (dr.Read())
    {
        oldpassword = dr["UserPassword"].ToString().Trim();
    }
    dr.Close();
    if (oldpassword == tbx_oldpwd.Text)
    {
        if (txb_newpwd.Text == txt_newpdwa.Text)
        {
            strsql = "update users set UserPassword='" + txb_newpwd.Text + "'
            where UserID='"+Session["UserID"].ToString();
            cmd.CommandText = strsql;
            try
            {
                cmd.ExecuteNonQuery();
                Label1.Text = "修改成功!您的新密码是: " + txb_newpwd.Text + "!
                请您记清楚!";
            }
            catch (SqlException ex)
            {
                Label1.Text = "修改失败!原因: " + ex.Message;
            }
        }
        else
        {
            Label1.Text = "您两次输入的新密码不一致！请检查！";
        }
    }
    else
    {
        Label1.Text = "旧密码输入错误！请检查后重新输入！";
    }
    cn.Close();
}
```

5．销售管理模块

销售管理模块包括三个部分，分别是销售统计、客户销售统计、添加客户销售情况。下面就对销售统计页面的设计和功能给出解决的思路。其他的客户销售统计、添加客户销售情况以及合同管理模块、信息管理模块，请读者参考上述的分析思路，自行给出解决办法。

销售统计页面是销售部人员登录后首先进入的页面，其功能是进行销售统计。

销售统计页面主要使用了 DropDownList 控件、TextBox 控件、Button 控件和 Label 控件，各控件的属性见表 11.18。

表 11.18 销售统计页面的控件

控　件	ID	属　性
DropDownList	dpd_static	0-日销售统计、1-月销售统计、2-年销售统计
DropDownList	dpd_customer	默认
DropDownList	dpd_product	默认
DropDownList	dpd_kind	-1-所有、0-签订状态、1-发货状态、2-完成状态
Button	btn_ok	Onclick="btn_ok_Click"
TextBox	tbx_year	默认
TextBox	tbx_month	默认
TextBox	tbx_day	默认
Label	lbl_money	ForeColor="red"
Label	lbl_count	ForeColor="red"

页面的设计效果如图 11-18 所示。

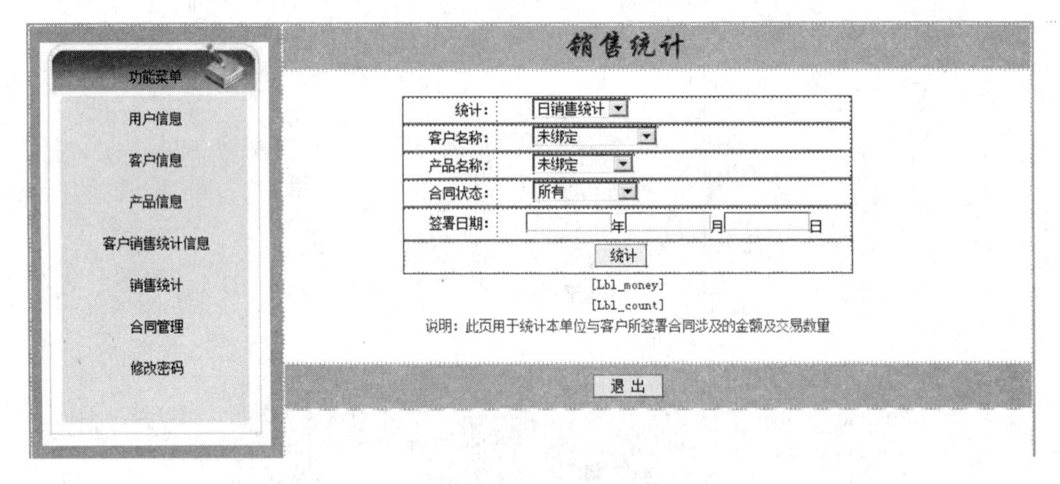

图 11-18 销售统计界面

销售统计页面主要用于统计本公司销售给客户的产品的情况，主要依据是所签订的合同信息。可以按照每天、每月或每年为时间单位进行统计，统计时间是合同签订时间，可以统计总金额和订货数量。

客户名称下拉列表框 dpd_customer、产品名称下拉列表框 dpd_product 中的数据在页面初始化事件中绑定、单击“统计”按钮将会根据输入对销售情况进行组合统计，结果显示在两个 Label 控件中，其中 lbl_money 显示销售总金额，lbl_count 显示产品销售总量。下面是销售统计页面的后台代码。

（1）页面初始化，绑定客户名称和产品名称下拉列表框。

```
SqlConnection cn;
protected void Page_Load(object sender, EventArgs e)
{
    string strconn = ConfigurationManager.ConnectionStrings["sqlconn"].
    ToString();
    cn = new SqlConnection(strconn);
    try
    {
        if (Session["UserType"].ToString() == "0" || Session["UserType"].
        ToString() == "2") ;
        else
        {
            Response.End();
        }
    }
    catch
    {
        Response.Write("您不是合法用户，请登录后再操作，<a href='Login.aspx'>返
        回</a>");
        Response.End();
    }
    if (!IsPostBack)
    {
        //客户名称下拉列表框数据绑定
        cn.Open();
        string strsql = "select * from customers";
        SqlCommand cmd = new SqlCommand(strsql, cn);
        SqlDataReader dr0 = cmd.ExecuteReader();
        dpd_customer.Items.Add(new ListItem("所有","-1"));
        while(dr0.Read())
        {
            dpd_customer.Items.Add(new ListItem(dr0["CustomName"].ToString(),
            dr0["CustomID"].ToString()));
        }
        dr0.Close();
        //产品名称下拉列表框数据绑定
        strsql = "select * from products ";
        cmd.CommandText = strsql;
        SqlDataReader dr1 = cmd.ExecuteReader();
        dpd_product.Items.Add(new ListItem("所有", "-1"));
        while (dr1.Read())
        {
            dpd_product.Items.Add(new ListItem(dr1["ProductName"].ToString(),
            dr1["ProductID"].ToString()));
        }
        dr1.Close();
        cn.Close();
    }
}
```

（2）“统计”按钮单击事件处理程序，按类型统计销售情况。

```
protected void Button1_Click(object sender, EventArgs e)
{
    string sql = "select sum(ContractPrice),sum(ProductBook) from contract ,
    contract_detail where contract.ContractID=contract_detail.ContractID
    and ";
```

```
    if (dpd_static.SelectedValue == "0")//按日统计
    {
        sql += " datepart(yy,ContractStart)='" + txb_year.Text + "'";
        sql += " and datepart(mm,ContractStart)='" + txb_month.Text + "'";
        sql += " and datepart(dd,ContractStart)='" + txb_day.Text + "'";
    }
    else if (dpd_static.SelectedValue == "1")//按月统计
    {
        sql += " datepart(yy,ContractStart)='" + txb_year.Text + "'";
        sql += " and datepart(mm,ContractStart)='" + txb_month.Text + "'";
    }
    else//按年统计
    {
        sql += " datepart(yy,ContractStart)='" + txb_year.Text + "'";
    }
    if (dpd_customer.SelectedValue != "-1")
    {
        sql += " and contract.CustomID='" + dpd_customer.SelectedValue + "'";
    }
    if (dpd_product.SelectedValue != "-1")
    {
        sql += " and contract_detail.ProductID='" + dpd_product.SelectedValue
        + "'";
    }
    if (dpd_kind.SelectedValue != "-1")
    {
        sql += " and contract.ContractState='" + dpd_kind.SelectedValue + "'";
    }
    SqlCommand cmd = new SqlCommand(sql, cn);
    cn.Open();
    SqlDataReader dr = cmd.ExecuteReader();
    if (dr.Read())
    {
        string  money = "0";
        string count = "0";
        if (!(dr[0] is DBNull))
        {
            money = dr[0].ToString();
        }
        if(!(dr[1] is DBNull))
        {
            count = dr[1].ToString();
        }
        Lbl_money.Text = "本" + dpd_static.SelectedItem.Text.Substring(0, 1)
        + "总金额为: " +money;
        Lbl_count.Text = "本" + dpd_static.SelectedItem.Text.Substring(0, 1)
        + "销售量为: " + count;
    }
    else
    {
        Lbl_money.Text = "本" + dpd_static.SelectedItem.Text.Substring(0, 1)
        + "总金额为: 0";
        Lbl_count.Text = "本" + dpd_static.SelectedItem.Text.Substring(0, 1)
        + "销售量为: 0";
    }
    dr.Close();
    cn.Close();
}
```

（3）“退出”按钮单击事件处理程序。

```
protected void btn_exit_Click(object sender, EventArgs e)
{
    Response.Redirect("Login.aspx");
}
```

（4）统计类型下拉列表框的 SelectIndexChanged 事件处理程序，按类型显示不同的输入框。

```
protected void dpd_static_SelectedIndexChanged(object sender, EventArgs e)
{
    if (dpd_static.SelectedValue == "2")//只显示年输入框
    {
        Label2.Visible = false;
        txb_month.Visible = false;
        Label3.Visible = false;
        txb_day.Visible = false;
    }
    else if (dpd_static.SelectedValue == "1")//只显示年、月输入框
    {
        Label2.Visible = true;
        txb_month.Visible = true;
        Label3.Visible = false;
        txb_day.Visible = false;
    }
    else//显示年、月、日输入框
    {
        Label2.Visible = true;
        txb_month.Visible = true;
        Label3.Visible = true;
        txb_day.Visible = true;
    }
}
```

6. 系统运行界面

系统运行界面如图 11-19 和图 11-20 所示。

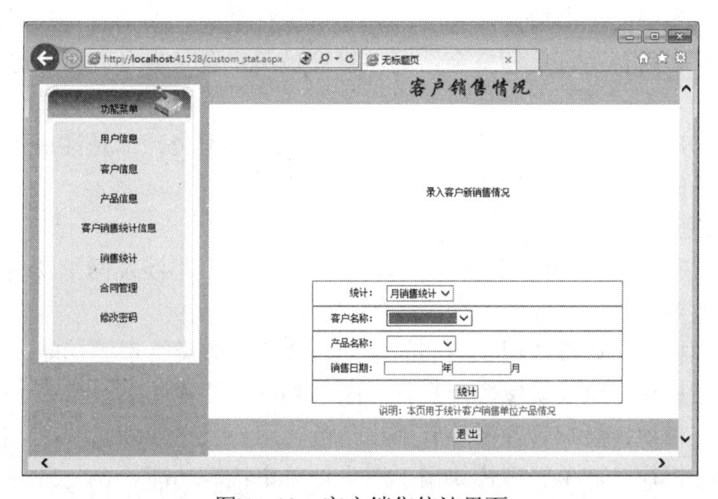

图 11-19　客户销售统计界面

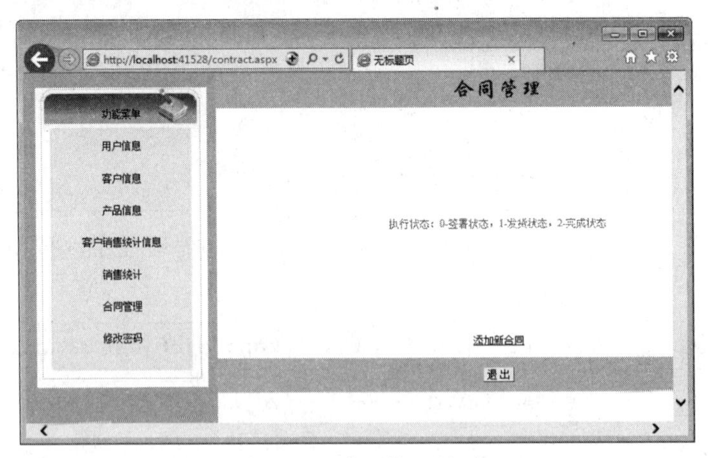

图 11-20　合同管理界面

项目训练四　三层架构的网上书店系统

一、项目的功能需求

1．需求分析

随着电子商务的发展，网上购物服务逐渐深入到人们的生活中。对于电子商城，读者应该都比较了解，并且可能都已经有了在网上购买商品的体验。网上书店作为其中重要的一部分，给人们的生活带来了很多方便。通过网上书店，人们可以足不出户选购自己所需的图书。该系统主要由前台信息发布网站和后台管理维护系统两部分构成；在支持整个网站的运作功能的基础上，能帮助用户对前台网站进行日常管理和信息发布；主要实现对书籍的展示和销售，对整个网站的设计进行了总体描述。使用 ASP.NET 三层架构技术使得本系统结构灵活、性能更佳。

系统主要要完成以下任务：用户免登录可直接在前台浏览网站中书籍的情况，查找相关的图书；如果要把选中的图书放到购物车，则要先进行登录，如果没有注册，可以先进行注册。用户登录后可在后台下订单和资金结算。管理员用户登录后台，可以进行用户管理、图书管理和订单管理。

在这个网上书店系统中，主要分为三类角色。一是管理员，二是注册用户，三是直接在网站前台浏览信息的用户（不用注册和登录）。

2．功能模块划分

本项目系统仅是一个简易的三层架构的网上书店系统，不涉及网上支付部分。它仅以图书的在线销售为主要内容，其主要的功能模块如下。

（1）图书管理模块：该模块用于图书的添加、修改、分类管理等功能。

（2）图书发布模块：该模块包含用户查看图书列表、搜索图书、新书 RSS 发布等内容。

（3）用户管理模块：用户管理模块有用户角色、用户状态管理。

（4）订单管理模块：订单管理模块用于用户订单审核等功能。

（5）用户模块：用户模板包括用户注册、登录、购物车、订单结算等功能。

总体来说，这些功能模板可以分为：前台页面、管理员后台页面、用户后台页面三大部分。管理员后台所有页面在根目录下的 Admin 文件夹中；用户后台所有的页面在 Membership 文件夹中；前台页面直接放在根目录下。下面首先进行数据库设计。

二、数据库设计

1．数据库的需求分析

根据简易网上书店的需求，需要在数据库中存储以下数据信息。

（1）用户信息类：用户基本信息表、用户角色表、用户状态表。

（2）图书信息类：图书基本信息表、图书分类表、出版社信息表、图书评论表。

（3）订单信息类：订单表、订单结算表。

（4）其他类：搜索关键字信息表。

各表之间的关系如图 11-21 所示。

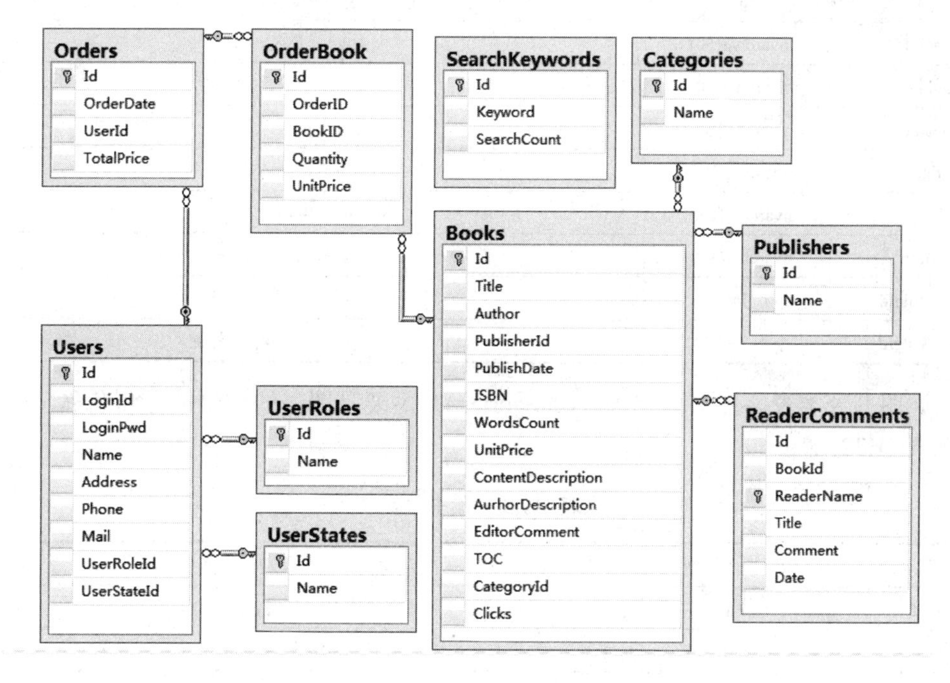

图 11-21　数据库关系图

2．数据库的逻辑设计

根据上述分析，简化网上书店的表结构如下。

（1）用户角色表。用户角色表（UserRoles）用来存储系统使用者的角色分类信息，表的字段说明如表 11.19 所示。

表 11.19　用户角色表

字段名称	数据类型	描　述
Id	int	角色编号，自增长，主键，非空
Name	nvarchar(50)	角色名称，非空

（2）用户状态表。用户状态表（UserStates）用来存储系统使用者的状态信息，主要是正常状态和无效状态两种，表的字段说明如表 11.20 所示。

表 11.20　用户状态表

字段名称	数据类型	描　述
Id	int	状态编号，自增长，主键，非空
Name	nvarchar(50)	状态名称，非空

（3）用户信息表。用户信息表（Users）用来存储系统使用者的基本信息，表的字段说明见表 11.21 所示。

表 11.21　用户信息表

字段名称	数据类型	描　述
Id	int	用户编号，主键，自增长，非空
LoginId	nvarchar(50)	用户登录名，非空
LoginPwd	nvarchar(50)	用户密码，非空
Name	nvarchar(50)	用户实名，非空
Address	nvarchar(200)	用户地址，非空
Phone	nvarchar(100)	联系电话，非空
Mail	nvarchar(100)	联系邮箱，非空
UserRoleId	int	用户角色，非空，外键
UserStateId	int	用户状态，非空，外键

（4）图书分类表。图书分类表（Categories），主要是图书的分类编号和名称，表的字段说明见表 11.22。

表 11.22　图书分类表

字段名称	数据类型	描　述
Id	int	图书类别编号，自增长，主键，非空
Name	nvarchar(200)	图书类别名称，非空

（5）出版社信息表。出版社信息表（Publishers），主要是出版社编号和单位名称，表的字段说明见表 11.23。

表 11.23　出版社信息表

字段名称	数据类型	描　述
Id	int	出版社编号，自增长，主键，非空
Name	nvarchar(200)	出版社单位名称，非空

（6）图书信息表。图书信息表（Books），主要记录了网站上图书的基本信息，此表为核心表，表的字段说明见表 11-24。

表 11.24　图书信息表

字段名称	数据类型	描　述
Id	int	图书编号，主键，自增长，非空
Title	nvarchar(200)	书名，非空
Author	nvarchar(200)	作者，非空
PublisherId	int	出版社编号，外键，非空
PublishDate	datetime	出版日期，非空
ISBN	nvarchar(50)	图书 ISBN 号，非空
WordsCount	int	字数，非空
UnitPrice	money	单价，非空
ContentDescription	nvarchar(max)	内容介绍
AurhorDescription	nvarchar(max)	作者介绍
EditorComment	nvarchar(max)	编辑推荐
TOC	nvarchar(max)	目录
CategoryId	int	图书类别，外键，非空
Clicks	int	前台浏览单击率，非空

（7）图书评论表。图书评论表（ReaderComments），主要记录了读者对图书的评论，表字段见表 11.25。

表 11.25　图书评论表

字段名称	数据类型	描　述
Id	int	评论编号，自增长，非空
BookId	int	所评论图书编号，外键，非空
ReaderName	nvarchar(10)	读者名字，主键，非空
Title	nvarchar(100)	评论标题，非空
Comment	nvarchar(300)	评论内容，非空
Date	datetime	评论日期，非空

（8）订单结算表。订单结算表（Orders），主要用于保存用户订单的总金额等信息，表的字段说明见表 11.26。

表 11.26　订单结算表

字段名称	数据类型	描　述
Id	int	订单编号，主键，自增长，非空
OrderDate	datetime	下单时间，非空
UserId	int	下单用户，外键，非空
TotalPrice	money	订单金额，非空

（9）订单信息表。订单信息表（OrderBook），主要保存用户登录后，在购物车中提交的

订单信息，表结构见表 11.27。

表 11.27　订单信息表

字段名称	数据类型	描　述
Id	int	订单编号，主键，自增长，非空
OrderID	int	订单编号，外键，非空
BookID	int	图书编号，外键，非空（一个订单中，可以有多本图书）
Quantity	int	图书数量，非空
UnitPrice	money	图书单价，非空

（10）关键字搜索统计表。关键字搜索统计表（SearchKeywords），主要用于保存网站上搜索的关键字的次数，便于了解用户对哪些类型的书比较感兴趣，表的字段描述见表 11.28。

表 11.28　关键字搜索统计表

字段名称	数据类型	描　述
Id	int	订单编号，主键，自增长，非空
Keyword	nvarchar(50)	搜索关键字，非空
SearchCount	int	搜索次数，非空

三、项目训练分析

1．解决步骤

根据系统功能要求，可以将问题解决分为以下步骤：

（1）创建解决方案。

选择“文件”|“新建项目”命令，选择空模板，创建新的解决方案 MyBookShop。接下来，在“解决方案资源管理器”窗口中右击“解决方案 MyBookShop”，选择“添加”|“新建项目”，在弹出的对话框中选择“类库”，为网上书店添加 Model 层、DAL 层和 BLL 层。最后，在“解决方案资源管理器”窗口中右击“解决方案 MyBookShop”，选择“添加”|“新建网站”，设置网上书店的 Web 网站目录。操作完成之后的效果如图 11-22 所示。

图 11-22　创建解决方案

（2）建立模型层。

通过数据库设计，我们现在有 10 张表，就要建立 10 个基础类。下面以图书分类表为例进行说明，其代码如下。

```
using System;
using System.Collections.Generic;
using System.Text;
namespace MyBookShop.Models
{
   [Serializable()]
   public class Category
   {
       private int id;
       private string name = String.Empty;
       public Category() { }
       public int Id
       {
           get { return this.id; }
           set { this.id = value; }
       }
       public string Name
       {
           get { return this.name; }
           set { this.name = value; }
       }
   }
}
```

（3）建立数据层。

1）添加引用。右击 MyBookShopDAL 层的“引用”文件夹，选择“添加 | 引用”命令，选中“项目”选项，选择 MyBookShopModels 选项，如图 11-23 所示，单击“确定”按钮。

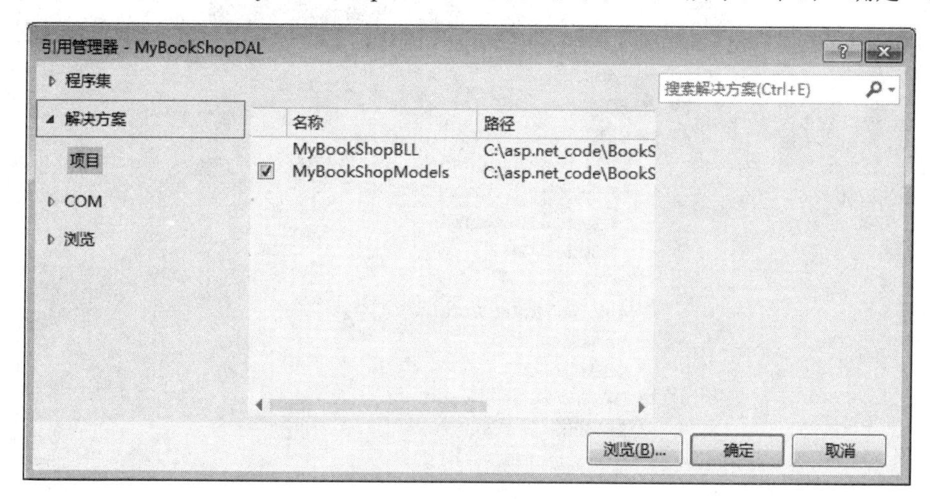

图 11-23　选择引用项目

书店的数据库连接字符串交在 Web.config 文件中配置，这样当数据库服务器发生改变时，用户可方便地修改。为了在程序中能够访问 Web.config，需要添加 System.Configuration 组件，类似的这些组件，当然也要引用。

2）添加 ADO.NET 操作类。在 MyBookShopDAL 上右击，选择“添加 | 类”命令，添加类“DbHelper.cs”。我们在 ADO.NET 中就是将连接字符串写入 DbHelper 类中的。另外，我们还有一些数据库操作的方法。

- ExecuteCommand 方法是执行 SQL 语句或存储过程后，返回影响的行数。

- GetScalar 方法也是执行 SQL 语句或存储过程后，返回第一行的第一列，比如插入新记录时，要返回自增的 id。
- GetReader 方法是执行 SQL 语句或存储过程后，返回一个 DataReader。
- GetDataSet 方法是执行 SQL 语句或存储过程后，返回一个 DataTable。

其部分代码如下。

```
public static int ExecuteCommand(string safeSql)
{
    SqlCommand cmd = new SqlCommand(safeSql, Connection);
    int result = cmd.ExecuteNonQuery();
    return result;
}

public static int ExecuteCommand(string sql, params SqlParameter[] values)
{
    SqlCommand cmd = new SqlCommand(sql, Connection);
    cmd.Parameters.AddRange(values);
    return cmd.ExecuteNonQuery();
}
```

3）添加其他数据层类。添加后如图 11-24 所示。其中列举了更改用户的状态代码。

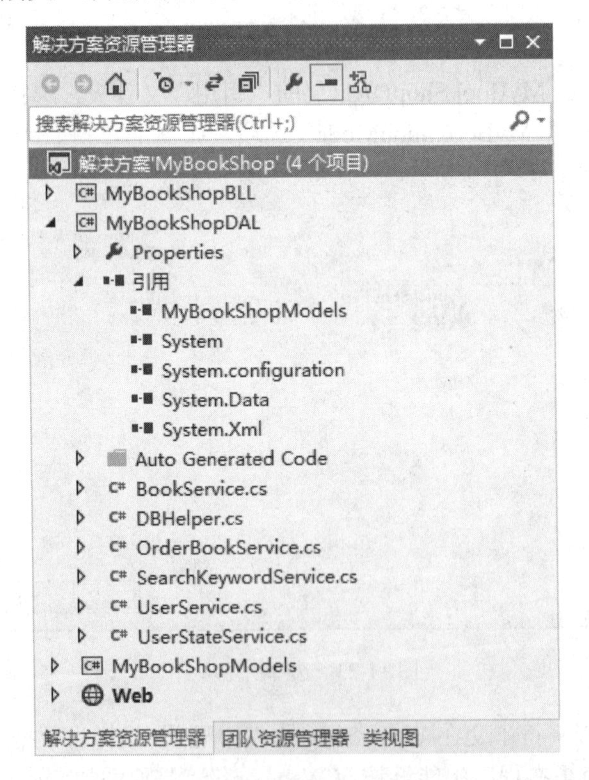

图 11-24　DAL 全部类添加完成

```
public static void ModifyUserStatusById(int id)
{ // 更改会员状态
    int status=0;
    User user=GetUserById(id);
```

```
        if (user.UserState.Id == 1)
        {
            status = 2;
        }
        else
        {
            status = 1;
        }
        string sql = "Update users SET userstateid ="+ status +" WHERE Id =
        @UserId";
        DBHelper.ExecuteCommand(sql, new SqlParameter("@UserId", id));
    }
```

（4）建立业务层。业务层主要用于把 Web 层与数据层隔开，不让 Web 直接访问数据层，以加强安全性。

添加所需的组件，在 MyBookShopBLL 层的“引用”文件夹处右击，在弹出的快捷菜单中选择“添加引用”命令。把 MyBookShopDAL 和 MyBookShopModels 添加引用。引用完成后，还要添加新类，整个三层架构，如图 11-25 所示。

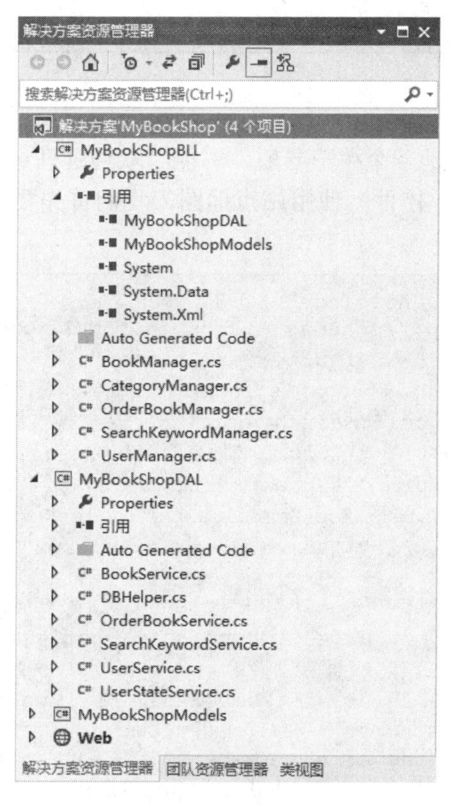

图 11-25　网上书店三层架构

（5）Web 网站的开发。

1）文件目录。在 Web 网站（表示层）下新建“Admin 文件夹”存放后台管理、新建“Membership 文件夹”存放用户登录页面管理、新建“Css 文件夹”存放 css 文件、新建“Images 文件夹”存放图片文件。

2）母版。创建三个母版文件，分别针对后台管理、登录用户和直接浏览网站用户。后台用户登录后的主界面如图 11-26 所示。

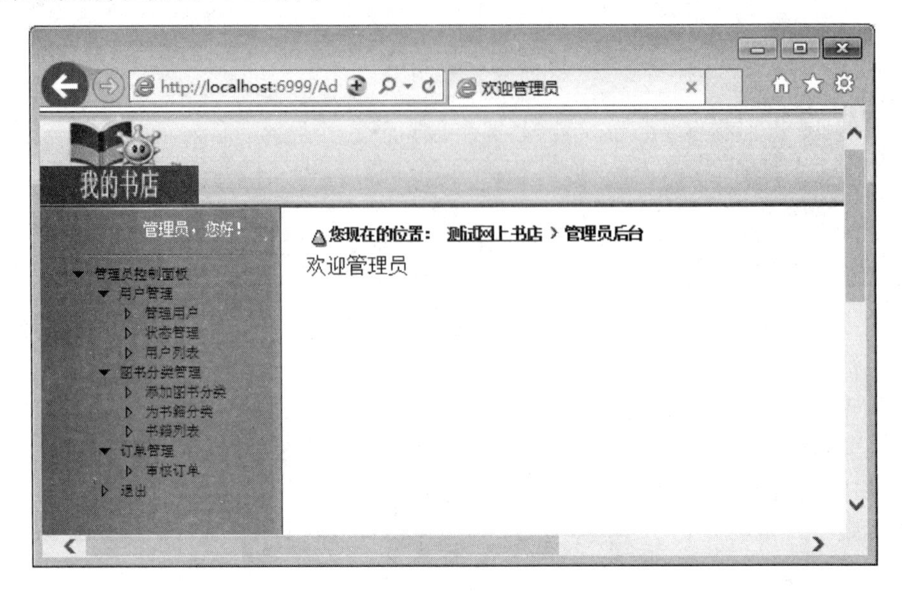

图 11-26　管理员后台的界面

可以看到，页面的左侧是一个树形导航，右侧“欢迎管理员”内容部分上面也有导航。由于右侧导航（SiteMapPath 控件）使用站点地图，我们首先要编写站点地图，Web.sitemap 文件如下。

```
<?xml version="1.0" encoding="utf-8" ?>
<siteMap xmlns="http://schemas.microsoft.com/AspNet/SiteMap-File-1.0" >
  <siteMapNode url="~\Default.aspx" title="测试网上书店"  description="">
      <siteMapNode url="BookList.aspx" title="图书列表页"  description=""/>
      <siteMapNode url="Search.aspx" title="搜索页"  description=""/>
      <siteMapNode url="" title="订单查询"  description="" />
      <siteMapNode url="Cart.aspx" title="购物车"  description="" />
      <siteMapNode url="~\BookDetail.aspx" title="图书详细页"  description="" />
      <siteMapNode url="~\Membership\Login.aspx"  title="用户登录"
      description="" />
      <siteMapNode Id="" url="" title="会员后台" description="">
          <siteMapNode url="~\Membership\UserRegister.aspx"  title="用户
          注册"  description="" />
          <siteMapNode url="~\Membership\UserLogin.aspx"  title="用户登录
          "  description="" />
          <siteMapNode url="~\Membership\UserModify.aspx" title="修改个人
          信息"  description="" />
          <siteMapNode url=""  title="退出登录"  description="" />
      </siteMapNode>

      <siteMapNode Id="" url="~\Admin\default.aspx" title="管理员后台"
      description="">
```

```
        <siteMapNode url="" title="用户管理" description="">
            <siteMapNode url="~\Admin\ListAllUsers.aspx" title="管理用
            户" description="" />
            <siteMapNode url="~\Admin\UserStatue.aspx" title="状态管理"
            description="" />
            <siteMapNode url="~\Admin\UserDetails.aspx"  title="修改用户
            资料"  description="" />
        </siteMapNode>
        <siteMapNode url="" title="图书管理" description="">
            <siteMapNode url="~\Admin\AddBooksCatagory.aspx" title="添
            加图书分类" description="" />
            <siteMapNode url="~\Admin\ListBooksByCategory.aspx" title=
            "为书籍分类" description="" />
            <siteMapNode url="~\Admin\BookDetail.aspx" title="图书详细信
            息" description="" />
            <siteMapNode url="~\Admin\ListOfBooks.aspx" title="图书列表
            页" description="" />
        </siteMapNode>
        <siteMapNode url="" title="订单管理" description="">
            <siteMapNode url="~\Admin\CheckOrders.aspx" title="审核订单
            " description="" />
        </siteMapNode>
        <siteMapNode url="~\Admin\LoginOut.aspx" title="退出" description=
        "管理员退出">
    </siteMapNode>
    </siteMapNode>
  </siteMapNode>
</siteMap>
```

同时编写左侧树形导航，用 XML 文件来实现包含管理员各功能入口。

（3）用户界面的设计

2．网站运行界面

根据系统功能要求，本项目主要界面如下。

（1）前台主界面，如图 11-27 所示。

图 11-27　网站前台界面

（2）用户管理，如图 11-28 所示。

△您现在的位置：测试网上书店 > 管理员后台 > 用户管理 > 管理用户

地址	用户名	电话	姓名	Email		
Guangzhou	jingjing	88888888	Jing Jing	jingjing@sina.com	删除	详细
asd	user	11111111111	user	1@1.c	删除	详细
admin	admin	13456	admin	123456@s.c	删除	详细
上海市华夏路100号	恰嬉猫	13774210000	qiaximao	qiximao@163.com	删除	详细
北京软件大学	王强	12334567891	wangqiang	wangqiang@163.com	删除	详细
Beijing	申波	010-64324947	shenbo	shenbo@263.com	删除	详细
aa	aa	aa	aa	aa@qq.com	删除	详细

图 11-28　管理员后台－用户管理右侧界面

（3）用户状态管理，如图 11-29 所示。

△您现在的位置：测试网上书店 > 管理员后台 > 用户管理 > 状态管理

启用用户　禁止用户

■ 全选	用户名	密码	地址	电话	姓名	电子邮件	用户角色	用户状态
□	jingjing	jingjing	Guangzhou	88888888	Jing Jing	jingjing@sina.com	普通用户	正常
□	bobo	123456	北京	010 5555555	张三	bobo3@d.c	普通用户	无效
□	user	123456	asd	11111111111	user	1@1.c	普通用户	正常

123

图 11-29　管理员后台－用户状态管理右侧界面

（4）添加图书分类，如图 11-30 所示。

△您现在的位置：测试网上书店 > 管理员后台 > 图书管理 > 添加图书分类

增加分类　重新生成XML

Id	分类名称
1	C#
25	.NET
29	ASP.NET
16	Basic VB VB Script
15	C C++ VC VC++
4	CSS Div
22	HTML XML
2	J2EE
21	Java Script Java

图 11-30　管理员后台－添加分类右侧界面

（5）为图书指定分类，如图 11-31 所示。

图 11-31　管理员后台－指定分类界面

（6）订单审核，如图 11-32 所示。

您现在的位置：测试网上书店 > 管理员后台 > 订单管理 > 审核订单

编号	日期	客户	总价(元)	详细
51	2014-10-11 10:35:55	user	99.00	查看详细
52	2014-10-11 13:48:42	qiaximao	198.00	查看详细
53	2014-10-12 16:48:36	user	99.00	查看详细
54	2014-10-12 16:49:06	user	564.00	查看详细
55	2014-10-22 14:59:30	qiaximao	45.00	查看详细
56	2014-11-07 13:55:03	user	98.00	查看详细
57	2014-11-13 9:07:48	user	99.00	查看详细
58	2014-11-28 15:03:31	user	49.00	查看详细
59	2014-11-28 15:16:24	user	49.00	查看详细
60	2014-12-11 8:51:07	user	39.00	查看详细
61	2014-12-11 8:53:05	user	99.00	查看详细
62	2015-01-14 22:06:42	Jing Jing	99.00	查看详细
63	2015-02-08 12:06:43	张三	49.00	查看详细
64	2015-03-03 14:08:02	aa	49.00	查看详细
65	2015-03-19 8:29:49	user	990.00	查看详细

图 11-32　管理员后台－订单审核右侧界面

（7）用户登录界面，登录后可使用购物车，如图 11-33 所示。

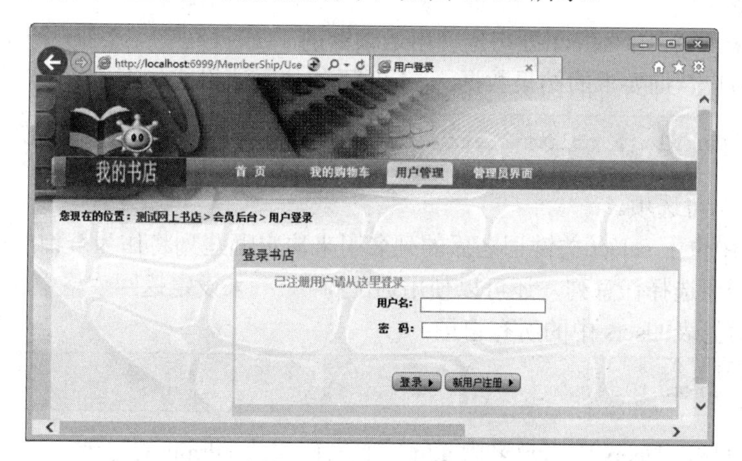

图 11-33　用户登录界面

（8）购物车，如图 11-34 所示。

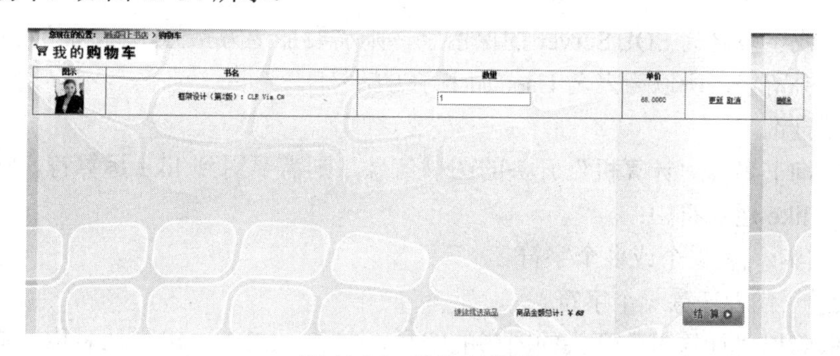

图 11-34　购物车界面

注意：

上面四个项目中的功能描述都是最基本的，读者可以发挥自己的想象，进行适当的增加，使得各项目的功能更加完善。或可以参考本书提供的源代码。

附录 A

结构化查询语言 SQL 简介

结构化查询语言（Structured Query Language）简称 SQL，是一种数据库查询和程序设计语言，用于存取数据以及查询、更新和管理关系数据库系统。SQL 是国际标准，被所有的关系数据库所支持。因此，学习 SQL 是非常必要的。以下就以本书的第 11 章，网上书店数据库为例，介绍最基本的 SQL 语句：

1．数据查询

（1）基本格式

众多的 SQL 命令中，select 语句是使用最频繁的。select 语句主要被用来对数据库进行查询并返回符合用户查询要求的结果数据。select 语句的语法格式如下：

```
select column1 [, column2,etc] from tablename [where condition];
```

方括号[]表示可选项。

select 语句中位于 select 关键词之后的列名用来决定哪些列将作为查询结果返回。用户可以按照自己的需要选择任意列，还可以使用通配符“*”来设定返回表格中的所有列。如：

查询用户信息表 Users 中的所有记录：

```
select * from [Users]
```

查询用户信息表 Users 中用户名为 admin 且密码也为 admin 的记录：

```
select * from [Users] where LoginID='admin' and LoginPwd='admin'
```

如果表名或字段名为 SQL Server 的保留字，则需要加上方括号[]。上面的例子中 User 为 SQL Server 的保留字，所以为表名 User 加上了方括号[]。

（2）模糊查询

如果要查询书名以“计算机”开头的图书信息，则需要用到 like 运算符。SQL 提供了 2 个通配符用于 like 运算符中：

1）通配符%:代表零个或多个字符。

2）通配符_:代表任意一个字符。

如查询书名以“计算机”开头的图书的编号、书名、ISBN、出版社名称、单价，则 SQL 语句为：

```
    select Books.Id, Books.Title, Books.ISBN, Publishers.Name, Books.UnitPrice
from Books, Publishers where Books. PublisherId = Publishers.Id and Title
Books.like '计算机%'
```

（3）排序

可以使用order by子句对查询出的数据进行排序。order by字句数据默认为升序排列，如果要降序排列，则在后面加上 desc。如从图书信息表中查询所有图书信息，且按照编号降序排列，则SQL语句为：

```
select * from Books order by Id desc
```

（4）聚合函数

可以在 select 语句中使用聚合函数对数据进行统计。SQL 中常用的聚合函数如表 A.1 所示：

表A.1　SQL常用聚合函数

函　数　名	说　　明
COUNT(*)	计算查询结果中的数据条数
MIN	查询出某一字段的最小值
MAX	查询出某一字段的最大值
AVG	查询出某一字段的平均值
SUM	查询出某一字段的总和

如要查询用户信息表中用户角色编号为1的用户数量，可以用如下的SQL语句：

```
select count(*) from Users where UserRoleId =1
```

（5）数据分组

利用GROUP BY子句，可以根据一个或多个组的值将查询中的数据记录分组。

如要分组统计用户信息表中，用户角色各个分组下的用户数量，可以用如下的SQL语句：

```
select UserRoles.Name As 角色名称,count(Users.Id) As 用户数量 from Users,
UsersRoles where Users.UserRoleId =UsersRoles.Id group by Users.UserRoleId
```

2．数据插入

SQL语言使用insert语句向数据库表格中插入或添加新的数据行。Insert语句的格式如下：

```
insert into tablename
(first_column,...last_column)
values (first_value,...last_value);
```

向出版社信息表中新增一条记录的SQL语句如下：

```
insert into Publishers values('电子工业出版社')
```

3．数据更新

SQL语言使用update语句更新或修改满足规定条件的现有记录。update语句的格式为：

```
update tablename
set columnname = newvalue [, nextcolumn = newvalue2...]
where condition;
```

修改用户状态表中编号为 1 的状态名称及备注信息的 SQL 语句如下：

```
update UserStates set Name='有效' where Id=1
```

4．数据删除

SQL 语言使用 delete 语句删除数据库表格中的行或记录。Delete 语句的格式为：

```
delete from tablename
where condition;
```

需要特别注意：如果没有 where 字句作为条件限定，将删除表中所有的记录!

删除编号为 1 的用户的 SQL 语句如下：

```
delete from Users where Id=1
```

5．存储过程

存储过程（Stored Procedure）是在大型数据库系统中，一组为了完成特定功能的 SQL 语句集，经编译后存储在数据库中，用户通过指定存储过程的名字并给出参数（如果该存储过程带有参数）来执行它。

创建存储过程的基本语法如下：

```
create procedure sp_name
begin
.........
End
```

根据用户编号，删除相应用户的存储过程如下：

```
USE [OnlineBookShop]
GO
CREATE Procedure [dbo].[DeleteUsersById]
@Id int
As
begin
   delete from Users where Id=@Id
end
```

其中@Id 为声明的参数，执行 DeleteUsersById 存储过程时需传入参数的值，示例如下：

```
use OnlineBookShop
exec DeleteUsersById @id=29
```

SQL Server 中通过 exec 命令来执行存储过程。

6．小结

本附录介绍了 SQL 的基本知识。实际上，SQL 语句有着非常丰富的技术内容，并存在着许多使用技巧，需要大家在项目实践中逐步掌握。同时，不同的数据库厂商都对标准 SQL 命令进行了一些扩充，读者请根据自己实际情况，查询各种资料，进一步掌握 SQL 命令。

附录B

C#编码规范

1．两种命名风格

C#中通常采用如下两种命名风格：

（1）Pascal 风格：每个单词的首字母均大写，其他字母小写；

（2）Camel 风格：首字母小写，其余每个单词首字母均大写。

2．文件命名

文件名通常采用 Pascal 命名风格，即每个单词的首字母均大写，其他字母小写。文件的扩展名一般用小写。如 HelloWorld.cs、FlyDuck.cs。

3．类命名

使用 Pascal 命名风格，如 HelloWorld、Student。

4．变量命名

使用 Camel 命名风格，如 isComplete、name。

5．属性命名

使用 Pascal 命名风格，如 IsComplete、Name。

6．方法命名

使用 Pascal 命名风格，能简明扼要地表达该方法的作用，如 SendMail、GetRandom。

7．接口命名

使用 Pascal 命名风格，一般用大写的英文字母 I 开头，如 IVideoCard、ISwitch。

8．其他建议

（1）取有意义的名字，尽量做到“见名知义”；

（2）要使一个代码块内的代码都统一缩进一个 Tab 长度（4 个空格）；

（3）要有合理的代码注释。

参考文献

[1] 金旭亮. ASP.NET 程序设计教程[M]. 北京：高等教育出版社，2009.

[2] 周洪斌，温一军. C#数据库应用程序开发技术与案例教程[M]. 北京：机械工业出版社，2012.

[3] 周洪斌. 基于三层架构的 ASP.NET 网站设计与开发[J]. 沙洲职业工学院学报，2014，1:9-13.

[4] 周金桥. ASP.NET 夜话[M]. 北京：电子工业出版社，2009.

[5] Stephen Walther，Kevin Hoffman，Nate Dudek 著. 谭振林等译. ASP.NET4 揭秘[M]. 北京：人民邮电出版社，2011.

[6] 冯涛，梅成才. ASP.NET 动态网页设计案例教程（C#版）（第 2 版）[M]. 北京：北京大学出版社，2013.

[7] 刘亮亮，潘中强. 精通 ASP.NET 2.0 数据绑定技术[M]. 北京：人民邮电出版社，2008.

[8] http://msdn.microsoft.com/library/

[9] http://www.cnblogs.com/zhouhb/

反侵权盗版声明

举报电话：（010）88254396；（010）88258888
传　　真：（010）88254397
E-mail：　dbqq@phei.com.cn
通信地址：北京市海淀区万寿路173信箱
　　　　　电子工业出版社总编办公室
邮　　编：100036